GUIDE PRATIQUE

DU

JARDINIER FRANÇAIS

OU

TRAITÉ COMPLET D'HORTICULTURE

contenant

1° TOUS LES DÉTAILS RELATIFS AU JARDIN POTAGER, AU VERGER,
A LA PÉPINIÈRE, A LA GREFFE ET A LA TAILLE DES ARBRES FRUITIERS, ETC.,
AUX PRINCIPALES PLANTES CÉRÉALES, FOURRAGÈRES,
ÉCONOMIQUES ET MÉDICINALES;
AUX MALADIES DES PLANTES, AUX INSECTES NUISIBLES;
2° TOUS LES DÉTAILS RELATIFS AU PARTERRE, AU JARDIN POTAGER;
A LA CULTURE DES ARBRES, ARBUSTES ET FLEURS D'ORNEMENT, RANGÉS PAR
ORDRE ALPHABÉTIQUE;
3° UN VOCABULAIRE DES TERMES DE JARDINAGE, DES NOTIONS
DE BOTANIQUE, ETC., ETC.

PAR

PH. DESMOULINS

Vice-président des Sociétés d'agriculture et d'horticulture du canton de l'Isle,
Membre de l'Académie nationale,
des Sociétés centrales d'horticulture de France, du Pontoise, de l'Isle-Adam,
Prix d'honneur, médaille d'or, diplôme d'honneur aux Expositions 1869-1870 — 1873-1875,
Médailles d'or et d'argent aux Expositions de Versailles,
Saint-Germain en Laye, Pontoise, Corbeil, Sceaux, Étampes, Isle-Adam, Montmorency.

TROISIÈME ÉDITION
Revue, corrigée et augmentée

PARIS
LAPLACE, SANCHEZ ET Cie ÉDITEURS
RUE SÉGUIER, 3
1881

GUIDE PRATIQUE

DU

JARDINIER FRANÇAIS

2327-81. — CORBEIL, TYP. ET STÉR. CRÉTÉ.

GUIDE PRATIQUE

DU

JARDINIER FRANÇAIS

OU

TRAITÉ COMPLET D'HORTICULTURE

contenant

1° TOUS LES DÉTAILS RELATIFS AU JARDIN POTAGER, AU VERGER,
A LA PÉPINIÈRE, A LA GREFFE ET A LA TAILLE DES ARBRES FRUITIERS, ETC.;
AUX PRINCIPALES PLANTES CÉRÉALES, FOURRAGÈRES,
ÉCONOMIQUES ET MÉDICINALES;
AUX MALADIES DES PLANTES, AUX INSECTES NUISIBLES;
2° TOUS LES DÉTAILS RELATIFS AU PARTERRE, AU JARDIN POTAGER;
A LA CULTURE DES ARBRES, ARBUSTES ET FLEURS D'ORNEMENT, RANGÉS PAR
ORDRE ALPHABÉTIQUE;
3° UN VOCABULAIRE DES TERMES DE JARDINAGE, DES NOTIONS
DE BOTANIQUE, ETC., ETC.

PAR

PH. DESMOULINS

Vice-président des Sociétés d'agriculture et d'horticulture du canton de l'Isle,
Membre de l'Académie nationale,
des Sociétés centrales d'horticulture de France, de Pontoise, de l'Isle-Adam,
Prix d'honneur, médaille d'or, diplôme d'honneur aux Expositions 1869-1870 — 1873-1875
Médailles d'or et d'argent aux Expositions de Versailles,
Saint-Germain en Laye, Pontoise, Corbeil, Sceaux, Étampes, Isle-Adam, Montmorency.

TROISIÈME ÉDITION
Revue, corrigée et augmentée

PARIS

LAPLACE, SANCHEZ ET Cie, ÉDITEURS

RUE SÉGUIER, 3

AVERTISSEMENT

Rassembler en un volume à bon marché, portatif, ni trop long, ni trop court, d'une lecture facile pour les personnes qui ne connaissent pas même les premiers éléments de l'horticulture ; indiquer les découvertes de nos devanciers, les simplifier, les rendre intelligibles à tous, tel est le double but que nous nous sommes proposé en publiant ce *Guide pratique du jardinier français.*

L'ouvrage se divise en deux parties, dont chacune peut être consultée séparément.

La première partie contient ce qui a rapport au choix des terrains, aux engrais, à la multiplication des plantes, à leurs maladies, aux insectes nuisibles, à la culture des légumes vivaces, des légumes racines, des légumes à bulbes comestibles, etc., etc. ; enfin, à tout ce que le *jardinier maraîcher* et le *jardinier pépiniériste* doivent savoir, et, certes, jamais nous n'avons tant exigé d'eux qu'aujourd'hui.

Pour être complet, nous avons parlé en quelques chapitres supplémentaires des plantes médicinales, économiques, des plantes de grande culture, matière bien rarement étudiée, même dans les traités de jardinage les plus gros et les plus coûteux.

1

La seconde partie est consacrée aux fleurs, aux arbres et arbustes d'ornement, aux serres, aux jardins paysagers, etc. Elle renferme la description succincte et les procédés détaillés de culture d'environ mille espèces de plantes d'agrémentde pleine terre, etc., etc.; des notions de botanique, très-simples, très-abrégées, qui suffisent pourtant à faire comprendre les termes les plus usités dans cette science d'elle-même gracieuse, mais si compliquée, si rebutante, quand on la hérisse d'expressions barbares ou pédantesques.

Mettant largement à profit les études et les découvertes de nos devanciers, et, qu'on nous permette de le dire, les résultats personnels d'une expérience déjà longue, nous avons cherché à faire de cette seconde partie le *vade mecum*, le guide indispensable du jardinier français.

De nombreuses figures, d'après nature, sont intercalées dans le texte.

Des tables par ordre de matières et par ordre alphabétique aident le lecteur à trouver, avec autant de sûreté que de promptitude, l'objet de ses recherches; l'homme des champs aussi bien que l'habitant de la ville, le garçon jardinier encore novice, le jeune enfant, se serviront sans aucune difficulté de ce livre, tant il est simple dans son plan général, clair dans chacun de ses chapitres et de ses alinéa; nous avons voulu le mettre à la portée de tout le monde, le rendre, en un mot, vraiment populaire. Puissions-nous avoir réussi à inspirer aux autres notre amour déjà ancien, mais toujours passionné, pour les fleurs belles et rares, et notre goût pour les produits moins nobles, mais plus utiles, plus positifs, du potager et du verger!

GUIDE PRATIQUE

DU

JARDINIER FRANÇAIS

PREMIÈRE PARTIE
POTAGER

CALENDRIER

DU

JARDINIER MARAICHER ET PÉPINIÉRISTE (1)

Janvier. — Ce mois est consacré aux défoncements, déjà commencés en novembre et en décembre ; à l'ouverture des fosses, où l'on plantera les Asperges en mars et en avril ; au transport du fumier et des engrais. Si le temps est doux, vous pourrez écarter la litière qui couvre le Céleri, les Artichauts, etc. ; semez par petites quantités sur côtières, sur ados bien abrités, au midi, les Fèves de marais et les Pois hâtifs ; vers la fin du mois, semez l'Oignon en terre légère, mais défendez-le contre les gelées à l'aide d'une litière. Renouvelez tous les quinze jours les fumiers de vos couches, où déjà vous avez dû semer, en décembre, les Concombres ; renouvelez les couches à Radis, à Raves, à Salades ; semez Gotte, Crêpe et autres laitues printa-

(1) Voir dans la seconde partie : *Calendrier du jardinier fleuriste*, et la remarque placée au bas de la première page de ce calendrier.

nières, qui pousseront sous cloche; Romaines, Cresson alénois, Chicorée d'été; le petit Radis blanc de Hollande, le violet et le rouge hâtifs, les Carottes, le Céleri, les Choux-Fleurs; les Melons, les Concombres en petits pots, dont vous ôterez le plant quinze jours après, pour le mettre à demeure sur couche nouvelle. Semez serré, sur couche tiède: Haricots hâtifs, Pois, Fèves; prenez en pleine terre et replantez serré, sur couche avec panneaux: Estragon, Oseille, Persil; semez Choux d'York; continuez à faire vos couches à Champignons en serres chaudes et à peine éclairées.

Nettoyez les Cardons, le Céleri, les Choux-Fleurs, la Chicorée, les Carottes, les Navets et autres racines encore en serre.

Plantez toutes les espèces d'arbres, les résineux exceptés, en terrains secs, mais remettez cette opération en mars ou en avril, si vos terrains sont froids et humides.

S'il ne gèle pas, commencez à tailler les Pommiers et Poiriers peu vigoureux; apprêtez vos échalas, vos lattes de treillage, etc.; préparez les branches et les rameaux de boutures que vous tiendrez enterrés à moitié, par le gros bout, dans du sable frais ou en terre légère, à l'abri des fortes gelées et des ardeurs du soleil, jusqu'en avril, époque de leur plantation. Vous soignerez votre serre à Ananas comme dans le mois précédent, et, si vous avez de la place pour y mettre des Fraisiers en pots, ils vous donneront des fruits à partir de février.

La serre à légumes offre: Cardons, Choux-Fleurs, Céleri, Barbe de capucin, Chicorée frisée, Carottes, Navets, Betteraves, Pommes de terre, etc. La pleine terre fournit: Poireaux, Ciboule, Choux de Milan, Choux de Bruxelles, Choux cabus, etc., Salsifis, Scorsonères, Mâches, Raiponces, Persil, etc. Les couches donnent: Laitue à couper, Cresson alénois, Estragon, Persil, Radis, Pourpier, etc.; quelques petites Asperges.

Février. — Labourez activement quand le temps le permet; semez dans la première quinzaine: Fèves de marais, Pois hâtifs, Oignons; dans la seconde quinzaine, sur côtières: Carottes, Poireaux, Épinards, Cerfeuil, Oseille, Panais, Pimprenelle, Ail, Échalotes, etc., etc. Réchauffez vos couches; faites-en de nouvelles, sur lesquelles vous repiquerez: Melons, Concombres,

Laitue gotte, Romaine, Choux-Fleurs hâtifs, Pois nains, Fèves, Aubergines.

On continue à tailler les Pommiers, les Poiriers et la Vigne ; on complète ses provisions de rameaux propres à la greffe ; semis de pepins de Pommier et de Poirier, et de graines de Châtaigniers, de Marronniers, etc.

Nettoyez vos serres, donnez-leur de l'air toutes les fois que le temps le permet.

La serre à légumes et la pleine terre fournissent les mêmes choses que dans le mois de janvier ; les Fraises des quatre saisons, forcées sous châssis, donnent des fruits plus abondants.

Mars. — Achevez vos labours ; enterrez fumiers et engrais ; semez Laitues, Pois, Fèves et les autres graines indiquées dans le mois précédent ; de plus : Bonne-Dame ; plantez les Asperges en terre forte et froide ; semez-les en place ou en pépinière. C'est maintenant qu'il faut mettre en terre les bulbes et racines recueillies l'année précédente et qui porteront graines : Betteraves, Navets, Carottes, Oignons, etc. Contre le hâle et les gelées, les semis et plantations veulent être recouverts d'un léger paillis ou d'une petite couche de terreau.

Sur couches et sous châssis plantez à demeure : Melons et Concombres, Chicorée fine d'Italie, Laitues, Choux-Fleurs, Aubergines ; semez Salades et fournitures, Raves, Haricots ; plantez pattes d'Asperges.

Vous taillerez vos arbres fruitiers en espalier, excepté ceux qui ont beaucoup de vigueur et les Pêchers ; vous attacherez aussitôt les rameaux ; vous labourerez le pied des arbres et y répandrez un paillis épais. Semez en pleine terre ou en terrine les pepins de Poirier, de Pommier, et les graines d'arbres et d'arbrisseaux ; vous pourrez déjà marcotter ou butter les mères de Cognassier et les boutures préparées dans le mois précédent. Boutures sous cloches : tuteurs aux arbres.

La serre à légumes ne donne plus guère que : Betteraves, Carottes, Navets, Pommes de terre ; la pleine terre fournit un peu plus abondamment : Chicorée sauvage, Poirée, Cerfeuil, Persil, Oseille, Épinards ; les couches offrent : Asperges, Raves, Radis, Choux-Fleurs, Laitues, etc.

Avril. — Comme on n'a plus à redouter les fortes gelées, il faut semer abondamment en sols doux et légers : Navets hâtifs, Choux de Milan et de Bruxelles, Cardon, Céleri, Chicorée d'été, Betteraves, Concombres, Cornichons, etc. ; plantez en pleine terre : Laitues, Choux-Fleurs, Concombres élevés sur couches ; on ne fait des couches ordinaires que pour Aubergines, Tomates, Melons et Concombres ; des couches sourdes pour Patates, Piments et Melons de la dernière saison. Néanmoins, de crainte du froid, n'arrosez que le matin et dans la journée.

Taillez les arbres fruitiers vigoureux réservés jusqu'à cette époque, et les Pêchers ; supprimez les bourgeons inutiles. En cas de gelée, couvrez avec des toiles ou des paillassons vos espaliers exposés directement aux rayons du soleil. Sarclez ; détruisez les nids de chenilles qui auraient échappé à l'échenillage d'hiver. On a dû faire toutes les greffes en fente quand les boutons des arbres s'allongeaient ; on bouture sous cloche quelques plantes et on greffe en approche ou autrement. Renouvelez hardiment l'air de vos serres, qui, pour la plupart, peuvent se passer de feu ; sortez les plantes les moins délicates.

La pleine terre et les couches donnent les mêmes produits que dans le mois précédent, mais en plus grande abondance ; Oignon blanc, Crambé, Brocolis, Asperges, etc.

Mai. — Redoublez d'ardeur. Dans la première quinzaine, plantez en grand les Haricots que vous voulez récolter secs, et semez de quinze jours en quinze jours ceux qui seront mangés verts ; semez de même, mais peu à la fois : Fèves, Pois, Laitues, Romaines, Cerfeuil, Épinards, etc. ; vous continuerez les semis de Betteraves, Carottes, Cardons, Cornichons ; de Choux à grosses côtes, Choux de Bruxelles, Choux-Navets, Navets hâtifs, Brocolis ; vous mettrez en place les Cardons et le Céleri élevés sur couche, les Choux, les Cornichons, les Concombres, les Tomates, les Aubergines, etc. Meules de Champignons en plein air.

Surveillez les branches de vos arbres fruitiers ; rabattez immédiatement les branches à fruits du Pêcher restées stériles sur les branches de remplacement, pour fortifier celles-ci ; détruisez limaçons, coupe-bourgeons, etc. Tuteurs, attaches ; premier binage.

Il y a maintenant abondance d'Asperges, de Fèves, de Raves, de Radis, de Céleri à couper, de Cardes, de Poirée, de Choux d'York, etc., etc. ; d'Artichauts, de Fraises, etc. On fait les premières greffes en flûte et en écusson à œil poussant.

Juin. — Mêmes travaux qu'en mai ; veillez à ce que le potager soit toujours pourvu de légumes de la saison, et n'oubliez pas ceux qui doivent donner leur produit plus tard ; ainsi, semez pour l'automne : Choux-Fleurs, Choux-Navets et Navets de Suède, Carottes, Navets, Brocolis, Céleri, Scarole, Pois de Clamart, Haricots, Radis noirs, etc.

Sarclages, binages ; pincement et suppression des bourgeons inutiles. On pratique la greffe en écusson à œil poussant sur toutes sortes d'arbres fruitiers.

Grande abondance de presque tous les légumes cités dans les deux mois précédents, et, de plus : Céleri blanc, Choux cœur-de-bœuf, Choux cabus blancs, Tomates, etc. ; Fraisiers, Framboisiers, quelques Cerisiers et Groseillers ; Prune Myrobolan, Poires de petit muscat et d'Amiré-Joannet.

Arrosements fréquents.

Juillet. — Il faut continuer les semis et plantations dont vous obtiendrez le produit en moins de quatre mois, tels que : Haricots pour manger en vert, Pois et Fèves, Radis noirs, Choux-Fleurs d'automne, Brocolis, Choux-Navets, Navets, Salades, etc. ; Ciboules pour l'hiver. On fait blanchir la Scarole et la Chicorée ; on butte le Céleri tous les quinze jours ; on tord les tiges des Oignons destinés à être conservés ; on arrache l'Ail et les Échalotes aussitôt que les fanes sont desséchées.

Palissez ; pincez ; découvrez les fruits trop ombragés par les feuilles ; ébourgeonnez pour former les quenouilles ; ratissez. Greffe en écusson à œil poussant ou à œil dormant. Détruire limaçons et perce-oreilles.

Abondance de toutes sortes de légumes ; la Tétragone remplace l'Épinard ; il y a déjà des pommes de terre hâtives. — Fraises, Melons, Figues, Abricots, Cassis, Groseilles à grappes, Groseilles à maquereau ; Framboises, Cerises, Guignes ; Pêches hâtives ; Prunes de Tours, Monsieur hâtif, Royale hâtive, etc. ;

Poires : Madeleine, Épargne, Muscat Robert, Rousselet hâtif ;
Pommes : Calville.

Arrosements fréquents.

Août. — On récolte les graines pour semis ; on continue la
plantation de tout ce qui sera consommé dans l'année courante, ou passera l'hiver, pour donner ses produits l'année suivante ; semez les Haricots pour manger en vert ; la Scarole, la
Chicorée, la Mâche frisée, la Tétragone, les Épinards, les Salsifis, les Scorsonères, les Raves, les Radis, les Navets, les Carottes, les Choux .d'York, les Choux cœurs-de-bœuf, Choux cabus, etc. Il faut faire de nouveaux plants de Fraisiers, replanter
les bordures d'Oseille, d'Hyssope, d'Estragon, de Lavande, etc.
Un peu de crottin ou de guano mis au pied des Choux-Fleurs,
égèrement déchaussés, activent leur végétation. Abattez les
fanes d'Oignons et coupez les tiges d'Artichauts qui ne donnent
plus. Meules de Champignons en pléin air.

C'est en août qu'on pratique la greffe à œil dormant sur bois
bien *aoûté*.

Il faut palisser les arbres fruitiers, découvrir avec précaution
les fruits prêts à mûrir, ébourgeonner les arbres et consolider
leurs tuteurs.

Les Artichauts plantés au printemps sont en plein rapport.

On a : Fraises des quatre saisons, Cerises, Bigarreaux,
Abricots, Pêches, Amandes, Figues, Noix vertes, Reine-
Claude ; Pommes d'Astracan, Passe-Pomme, Rambour d'été ;
Melons, etc., etc.

Arrosements fréquents.

Septembre. — Semez et plantez tout ce qui sera consommé
avant les gelées : Raves, Radis, Salades ; semez : 1º pour l'automne et l'hiver : Cerfeuil, Épinards, Navets, Mâches ; 2º pour
l'année suivante : Laitue de la Passion, Choux d'York, cabus, etc., que vous aurez soin de repiquer sur côtière ou en pépinière et sur les premières couches de décembre. Empaillez
les Cardes-Poirées, pour les faire blanchir, et buttez le Céleri.

Il y a peu de chose à faire dans le verger ; néanmoins, il
faut pincer et palisser les branches les plus vigoureuses des

Pêchers, découvrir les fruits trop cachés par les feuilles, donner le dernier sarclage à la pépinière, greffer les sujets dont la séve était trop forte dans le mois précédent, enfin garantir les plus belles grappes de chasselas, avec des sacs de crin ou de papier, contre les oiseaux, les mouches et les gelées hâtives.

On a beaucoup de légumes, beaucoup de fruits : Fraises des quatre saisons, Cerises du Nord, Figues d'automne ; excellentes Pêches : Madeleine de Courson, Bourdine, Brugnon, Admirable, Royale, Grosse violette ; Raisins : Chasselas, Muscat ; Prunes : Reine-Claude violette, Prune de Jérusalem, Damas de septembre, Surpasse-Monsieur, Sainte-Catherine, Dame Aubert, Couetsche ; Poires : Bon-Chrétien d'été, Bergamote d'été, Gros Rousselet, Doyenné, Beurré gris, Beurré d'Angleterre ; Pommes : Belle d'août, Reinette jaune hâtive.

Les arrosements doivent être modérés.

Octobre. — Dans la première quinzaine, vous renouvellerez le plant d'Artichaut, qui vous a déjà fourni deux récoltes ; vous sèmerez la Laitue crêpe et la Romaine, qu'il faudra replanter sur couche en novembre et décembre ; sur place vous ne devez semer, et seulement si le temps est favorable, que des Épinards, du Cerfeuil et de la Mâche, dont vous aurez les produits en mars. Repiquage de l'Oignon blanc, du Chou d'York et des autres Choux semés en août ; Laitue de la Passion.

A la fin du mois, coupez les tiges d'Asperges, fumez et labourez autour de ces plantes ; buttez-les un peu plus tard et en leur donnant une couverture contre les gelées ; coupez les montants d'Artichauts tardifs, et faites autour des pieds un petit labour pour attendre le buttage de novembre ; récolte des Patates, dont on laisse bien les racines se ressuyer au soleil, vers le milieu de la journée ; il faut ensuite les mettre en un lieu sain, à l'abri des froids et de l'humidité ; on arrache les Pommes de terre quand leurs fanes se flétrissent ; il faut soigner et couvrir les Haricots, butter les derniers Céleris.

N'oubliez pas non plus d'apprêter les provisions de fumier ; détruisez les vieilles couches, dont le fumier non consommé fournira des paillis ou sera enfoui comme engrais ; semez sur

vieille couche ou sous cloches les Salades que vous destinez à
vos côtières de février-mars.

Choisissez un jour sec pour cueillir les fruits d'hiver.

Veillez à maintenir la température des serres à un point convenable.

Novembre. — Dans ce mois et dans les deux suivants, repiquage des Choux d'York, des Cœurs-de-bœuf, du Chou de
Bruxelles, des Choux-Fleurs (châssis ou paillassons pour ces
derniers). Si les gelées menacent, arrachez Carottes, Navets,
Betteraves, Radis noirs, Chicorées, Scaroles, Cardons, Céleris, etc., et rentrez-les dans votre serre à légumes ; couvrez
de feuilles ou de litière les artichauts et autres légumes restés
en place. Semez sur les vieilles couches, sous cloches ou sous
châssis : Laitue gotte, Romaine, Radis hâtifs, Choux-Fleurs,
Concombres, etc., etc. ; les Fraisiers des quatre saisons conti-
nueront à donner des fruits si vous les protégez par des châssis.

Vous pouvez déjà tailler les arbres à pepins, faibles ou vieux,
et enlever les arbres morts. Il faut envelopper de paille les figuiers et les autres arbres ou arbrisseaux trop sensibles aux
froids de notre climat septentrional.

On a encore en abondance les légumes du mois précédent, et,
comme fruits : Fraises des quatre saisons, Chasselas, Poires
Crassane, Martin-Sec, Duchesse d'Angoulême, Chaumontel, Syl-
vange, Beurré d'Aremberg, etc.; Pommes Reinettes de Canada, etc.

Veiller à la température des serres.

Décembre. — Ce sont surtout les travaux de défoncement,
le labourage à la bêche, le transport des fumiers qui occupent
le jardinier dans ce mois-ci ; qu'il n'oublie pas la réparation
de ses outils, l'achat des coffres, des châssis, le nettoyage des
graines, etc., etc. Il sèmera encore du Pois Michaux en pleine
terre ; en serre, il repiquera : Laitues gotte, Romaines ; il sèmera : Concombres, Melons ; il plantera des Asperges sur couche
tous les quinze jours.

Si les gelées ne sont pas trop fortes, le jardinier taillera les
Pommiers et les Poiriers peu vigoureux. La serre aux Ananas

et la serre chaude doivent être maintenues à + 10 et 20 degrés
de température ; renouveler l'air et arroser avec précaution. Il
suffit, pour la serre tempérée et pour l'orangerie, que le thermomètre ne descende pas au-dessous de zéro, et si le soleil
veut y produire + 5 à 10, on lui fait la bienvenue.

Couvertures sur les serres pendant la nuit.

PRONOSTICS DU TEMPS

Il ne faut point dédaigner absolument les vieux proverbes,
fruits de l'expérience. Quand les hirondelles rasent souvent la
surface de la terre et des eaux, quand la corneille croasse au
sommet des arbres, quand l'huile de la lampe pétille et que la
mèche porte des moussures, c'est assez souvent signe de pluie.

Si les astres brillent de tout leur éclat dans les profondeurs
d'un ciel pur, si le brouillard tombe et se rabat promptement
sur le sol, il est probable que le temps sera beau.

Le soleil qui se couche derrière une nuée couleur de feu
annonce le vent pour la nuit ; s'il se cache dans une masse
bleue ou rouge, craignez la pluie ou le vent ; s'il se lève ou se
couche radieux et sans nuage, réjouissez-vous : il est à peu près
certain que vous aurez de belles journées.

Les nuages d'un blanc jaunâtre portent avec eux la grêle.

La météorologie (partie de la physique générale traitant
des phénomènes de l'atmosphère, de leurs causes et de leurs
effets) est plus précise que les traditions populaires ; elle nous
apprend, pour le *climat de Paris*, que :

1° La pluie et le beau temps se succèdent à des intervalles
courts et fréquents au printemps ; en été, l'atmosphère est
moins changeante ; les averses sont très-communes en automne,
mais les pluies de longue durée moins fréquentes qu'au printemps.

2° Le vent qui domine dans le premier mois de chaque équi-
noxe domine généralement six mois de l'année ; voilà pourquoi
l'on dit, dans quelques pays, que, s'il pleut le jour des Rameaux,

il pleuvra a la moisson. A Paris, si le vent commence a souffler sud, il tournera généralement dans le même sens autour de la rose des vents, c'est-à-dire qu'il soufflera à l'ouest, puis au nord, puis à l'est, pour revenir au sud et continuer ainsi. Les vents du sud-ouest sont généralement chauds, pluvieux et humides ; ceux du nord-ouest sont généralement froids ; ils amènent des nuages, mais rarement de la pluie. L'automne humide et l'hiver tempéré annoncent un printemps froid et sec. Si l'été est pluvieux, l'hiver sera rude.

Si le baromètre baisse, il faut s'attendre à la pluie ; s'il monte lentement et avec régularité, il indique généralement le beau temps ; si le mercure descend très-rapidement, il annonce un vent violent et des bourrasques dont vous apprendrez la fin par la pluie ; d'où le dicton : « Petite pluie abat grand vent. »

CHAPITRE PREMIER

**Choix du terrain. — Engrais. — Composts.
Amendements. — Irrigation.**

Il faut toujours préférer une terre même un peu médiocre, mais bien profonde, et, par conséquent, se prêtant
facilement aux améliorations du jardinage, à une terre
meilleure à la surface, mais sans épaisseur. Si vous avez le
choix entre plusieurs terrains en pente, prenez celui qui
fait face au levant ou au midi, fût-il inférieur en qualité à
celui qui regarde le nord ou l'ouest; assurez-vous tout
d'abord que vous vous procurerez de l'eau en creusant des
puits d'une profondeur ordinaire. Si le sol est calcaire, il
donnera à l'état sauvage : plusieurs espèces de **Véroni-**
que, le Gallium, le Sainfoin, l'Épine-Vinette, la Viorne,
la Clématite, l'Anémone pulsatille ; — s'il est argileux, il
donnera : le Jonc, l'Argentine, le Tussilage, la Saponaire ; — s'il est siliceux : l'Arénaire, la Vipérine, la Sper-
gule, etc.

La terre forte ou argileuse est toujours douce au toucher ; cuite au feu, elle fournit une brique serrée et con-
sistante. L'oxyde de fer communique au sol une couleur
jaune-rouge ; s'il y a trop d'oxydes métalliques, la végétation sera maigre. Le goût indique la présence du sel.
Si la terre contient beaucoup de soufre, elle en dégagera
les vapeurs en brûlant sur un fer rouge. C'est aussi à
l'aide du feu que vous pourrez déterminer la quantité de

substances végétales ou animales contenues en décomposition dans la terre, et qui en constituent essentiellement la richesse. Une motte de cette terre soumise à la chaleur rouge répand-elle en brûlant une odeur de graillon? concluez-en qu'elle renfermait beaucoup de matières animales; laisse-t-elle se dégager, sans odeur, une flamme bleuâtre? c'est qu'elle renfermait des débris végétaux en abondance.

On divise les engrais en *engrais végétaux* et en *engrais animaux*. Pour faire ceux de la première espèce, il faut ramasser les plantes fraîches de toute sorte et les enfouir avant que l'air libre leur ait enlevé leur humidité naturelle.

De tous les engrais ayant pour base les substances animales, le plus fort, le plus énergique, est le *noir animal* qu'à tort on croit bon pour la grande culture seule; employez-le avec précaution dans les terrains froids et argileux, il donnera une grande vigueur aux crucifères, aux légumes-racines sans leur communiquer un mauvais goût. Le *fumier d'écurie* peut remplacer tous les autres fumiers; il est très-bon pour construire les couches; il fermentera plus ou moins selon que vous le maintiendrez humide ou sec. Moins estimé que le précédent, comme étant moins actif, le *fumier d'étable* convient aux terrains gypseux, sablonneux, calcaires, trop légers, très-faciles à s'échauffer. Le *fumier de bergerie* mêlé au fumier d'étable est très-chaud. Il ne faut dédaigner ni la *colombine* ou déjections de pigeons, ni le *fumier de porc*, ni enfin les *engrais liquides;* ces derniers cependant, à cause de leur odeur infecte, ne doivent servir qu'à hâter la décomposition des débris de végétaux.

Le meilleur terreau s'obtient en laissant fermenter une année entière, sous la terre, les excréments des bêtes à cornes; il sera noir, égal en toutes ses parties, doux au toucher, sans mauvaise odeur. Le *terreau commun* est le produit de la décomposition complète des fumiers. Il y a aussi le *simple terreau végétal ;* il provient d'ordinaire des feuilles employées à construire les couches.

On appelle *compost* le mélange de diverses terres, de divers engrais dans les proportions les plus convenables à la culture de telle ou telle espèce de végétaux. Ainsi la terre à oranger est de la terre franche avec addition d'un quart ou d'un tiers de terreau de feuilles et de fumier gras ou de bonne terre de bruyère. La *terre de bruyère factice* se compose d'un mélange, par moitié, de sable siliceux et de terreau végétal ; ou bien de trois parties de terreau noir provenant de la décomposition d'ajoncs et d'une partie de sable pur.

On obtient les *eaux de fumier* ou *bouillons*, de la manière suivante. Dans une fosse large de quelques mètres, profonde de $0^m,80$ à un mètre, muraillée sur les côtés, percée au fond, faites arriver, par une bonde, l'eau de pluie sur une masse compacte de fumier de vache et de cheval, sortant de l'écurie ; au bout d'une quinzaine, faites écouler la partie liquide. Ce bouillon rend la vigueur et la beauté aux plantes malades et la verdure aux orangers ; usage modéré.

On appelle *amendements* les substances minérales qui n'alimentent pas les végétaux, mais modifient avantageusement le sol : sable, chaux, marne, plâtre, terres rapportées ; ajoutez-y les cendres et la suie. Pour le jardinage, la marne doit être mélangée avec partie égale de bonne terre ; il est bon d'en répandre un peu tous les quatre ans dans le potager, si le sol n'est pas par trop calcaire ou trop léger. Dans la terre la plus froide, il ne faut pas mettre plus de 25 à 30 litres de chaux par are pour un premier chaulage, et comme dose d'entretien, plus de 12 à 15 litres pour le même espace superficiel. La suie détruit les insectes ; on la délaie dans l'eau et on la répand avec beaucoup de prudence, sous forme d'arrosage. Les cendres et la charrée (cendres ayant déjà servi à couler la lessive) conviennent aux plantes peu amies des

fumiers gras ; on dépose les cendres par petites quantités
en même temps que les grains.

Irrigation. — Les eaux de pluie, surtout quand elles se
sont chargées d'une quantité plus ou moins considérable
de matières organiques en coulant sur la terre, passent avec
raison pour les meilleures eaux d'arrosement ; on doit
donc les recueillir avec grand soin. L'irrigation naturelle
consiste à diviser le potager en planches étroites dont la
terre est relevée sur les deux bords et un peu creusée au
milieu, formant rigole pour recevoir l'eau. Parmi les
instruments d'arrosage à la main, nous citerons : les arro-
soirs ordinaires, l'arrosoir à côtés plats, l'arrosoir anglais ;
les seringues à gerbe continue et la pompe ordinaire à la
main, la pompe Dietz, etc.

Les plantes à feuilles molles ou velues, Fraisiers, Laitues, Melons, etc., aiment les arrosages en pluie ; en général, il faut plus d'eau aux plantes dans la première période de leur végétation que lorsque les graines et les
fruits commencent à se former ; vous arroserez plus fréquemment les plantes cultivées pour leurs tiges et leurs
feuilles (Légumes, Fourrages), que celles que vous cultivez pour leurs fleurs ou leurs fruits. En été, donnez de
l'eau à vos plantes, matin et soir ; au printemps et à
l'automne, le matin seulement ; si vous arrosez en plein
soleil, que votre eau soit à une température aussi élevée
que celle des plantes. L'eau de puits, généralement très-
mauvaise pour les arrosages, perd un peu de sa crudité si
on l'agite beaucoup et longtemps à l'air avant de s'en servir. Les eaux de source sont souvent trop froides et veulent être exposées à l'air avant leur emploi ; les eaux sta-
gnantes engendrent trop souvent des mousses et font
jaunir le gazon. Les meilleures eaux courantes sont les
eaux de rivière.

CHAPITRE II

Outils et ustensiles de jardinage. — Abris pour la conservation des plantes : Châssis, Couches, Serres, Orangerie, Jardinières, Serres d'appartement, etc.

La *bêche* est l'outil principal, indispensable du jardinier ; elle doit être en rapport par son poids, par la longueur de son manche, avec la personne qui s'en sert. Il faut de plus qu'elle soit proportionnée à l'épaisseur de la couche végétale.

Pour une bonne terre ordinaire, ni trop forte ni trop légère, nous conseillons la *bêche commune à fer plat*, un peu plus étroite au bord inférieur qu'au bord supérieur. On substitue à la bêche commune, *la bêche à tranchant courbe*, pour un sous-sol pierreux et dur ; le bord tranchant au lieu d'être en ligne droite, décrit une courbe avec deux pointes aux extrémités. La bêche flamande légèrement recourbée vers le milieu de sa longueur, retient la terre trop légère qui autrement retomberait émiettée et mal retournée.

La *pioche* sert pour faire des trous, pour déraciner les arbres, pour défoncer les terrains compactes qu'entame difficilement la bêche. Si elle ne suffit pas, on prend un *pic*, qui diffère de la pioche par la force et la longueur de sa lame épaisse et étroite, et par sa pointe très-pénétrante.

La *houe* opère plus superficiellement, mais aussi plus vite que la bêche; on l'emploie pour les labours au pied des arbres ou dans les pépinières, pour le buttage des Pommes de terre, etc. La *houe ordinaire* est à lame carrée, un peu courbe en dedans, à manche court, qui oblige l'ouvrier à travailler courbé en avançant droit devant lui; par le travail à la bêche il marche à reculons. Pour défoncer les terrains durs et secs, on se sert d'une *houe à*

Fig. 1. — Houe.

lame triangulaire. On arrache les pommes de terre et les autres légumes-racines avec la *houe à deux dents plates* plus ou moins longues.

La *binette* est, après la bêche, l'instrument le plus employé en jardinage. Sa lame beaucoup plus légère et plus étroite que celle de la houe, sert à faire les trous pour semer les Haricots, butter certains plants, planter les Pommes de terre, etc. On appelle *binages* la seconde façon donnée aux terres. La *serfouette* diffère de la binette par sa lame plus étroite ; la *serfouette à fourche* a deux dents formant fourche du côté opposé à la lame ; elle sert à enfouir la terre autour des petites plates-bandes, à arracher les liserons, les racines de chiendent, etc., etc.

L'*ébourgeonnoir*, tenu à la main ou attaché à un bâton plus ou moins long, sert à couper les bourgeons et les rameaux qu'on veut retrancher du tronc des arbres ; les

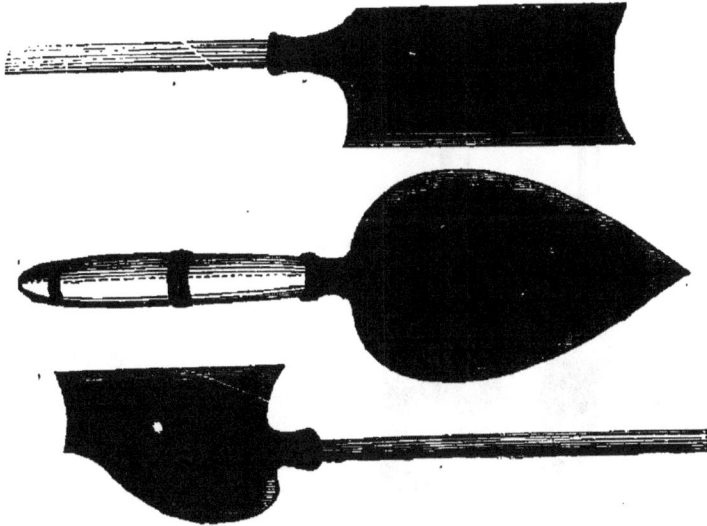

Fig. 2. — Ebourgeonnoirs.

trois formes indiquées ci-dessus sont les plus avantageuses.

Le *sarcloir*, dont l'usage est indiqué par le nom même, sert à briser ces croûtes durcies qui se forment autour des plantes pendant la sécheresse, et à enlever les mauvaises herbes.

L'*émoussoir* est une espèce de grattoir avec lequel on débarrasse le tronc et les branches des arbres à fruits, des plantes parasites qui leur nuisent : mousses, lichens, etc.

Avec la *ratissoire* on débarrasse les allées des mauvaises herbes, dont on coupe les racines au-dessous du collet.

Le *traçoir* est un instrument en bois avec lequel on trace sur le sol les rayons où l'on plantera et sèmera ensuite. Imaginez-vous une sorte de compas à branche immobile au milieu, à deux branches extérieures mobiles sur charnières, mais dont on maîtrise à son gré l'écartement au moyen des chevilles et des trous correspondants percés dans une pièce de bois courbe.

Les *fourches* et les *râteaux* sont connus de tout le monde ; qu'il nous suffise de dire, à propos de ces derniers, qu'il faut en avoir de différentes dimensions, à

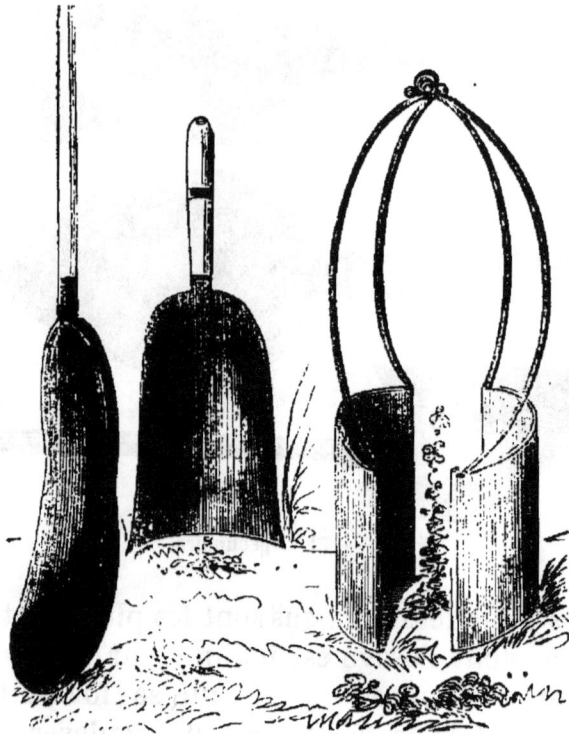

Fig. 3. — Déplantoirs.

dents plus ou moins espacées, bien forgées et pointues, de manière à s'adapter à toutes les façons que comporte le jardin, et à l'espacement des plantes.

Le *plantoir* se fabrique avec un morceau de bois dur ayant une de ses extrémités arrondie et un peu pointue ; l'autre bout, recourbé et formant un angle plus ou moins obtus, donne une prise commode à la main.

Il y a différentes sortes de *déplantoirs*, instruments propres à déplanter et à transplanter les végétaux ; le plus simple est une petite bêche en forme de truelle avec laquelle on enlève sans secousse la plante que l'on dépose ensuite dans le trou préparé pour la recevoir ; il y a d'autres transplantoirs à lames recourbées en demi-cercle et en trois quarts de cercle, d'autres formant cylindre complet.

La *pelle en bois* doit avoir le bas de sa partie plane garnie d'une bande de tôle ; on emploie encore des *pelles en fer* à lame recourbée et légèrement concave.

Il faut avoir des *serpettes* de dimensions différentes en bon acier, à manche de corne de cerf, conservant ses aspérités et noirci, ayant un rebord large et saillant, de manière que l'instrument reste ferme dans la main ; les serpettes de Rouen ont une grande réputation méritée.

Parmi les principaux *greffoirs* nous citerons le *greffoir ordinaire* dont le manche est muni à sa base d'un morceau d'ivoire en spatule qui sert à soulever l'écorce ; la lame se replie comme celle d'un couteau. Le *greffoir à lame rentrante* ou *à coulisse* avec spatule ; le *métro-greffoir* qui permet, au moyen d'une vis de pression, de mesurer la profondeur à faire ; le *greffoir pour la greffe en fente*, le *greffoir-noisette* pour la greffe à la Pontoise ; le *greffoir-sécateur*, pour la greffe annulaire.

Il y a des *sécateurs* de plusieurs grandeurs ; quand on se sert de cet instrument, il faut avoir soin de tourner sa lame tranchante en dehors et non du côté de la branche à couper ; pour les grosses branches on préfère le *sécateur-ébranchoir*.

La *serpe* doit avoir le tranchant bien acéré et le dos très-épais.

Il faut prendre des *scies* pouvant toujours fonctionner entre les rameaux des arbres touffus ; on achève, à l'aide de la serpette, le travail grossièrement fait par la scie.

Le *croissant*, l'*ébranchoir* et l'*émondoir* servent pour l'élagage et l'émondage des grands arbres ; il faut les fixer

Fig. 4. — Ebranchoir.

solidement par leur douille à leur manche, long de plusieurs mètres.

L'*échenilloir* est un instrument en forme de ciseaux, placé au bout d'un long manche pour atteindre facilement les branches les plus hautes ; on le met en mouvement en tirant l'une des lames à l'aide d'une ficelle ; une sorte de filet, attaché au-dessous, reçoit la partie coupée. C'est vers la fin de l'hiver, avant l'éclosion des œufs, qu'il faut faire l'échenillage.

Les *cisailles* sont de grands et forts ciseaux, armés de deux poignées solides, ils servent à émonder les jeunes arbustes, les palissades de verdure, les haies, etc.

Le *rouleau* de fonte, de bois ou de pierre consiste en un cylindre creux ou plein, muni d'un manche à poignée, que le jardinier pousse devant lui; on rend le cylindre creux plus ou moins pesant en chargeant plus ou moins sa partie intérieure.

La *claie* sert à cribler terres, terreaux et composts nécessaires à la culture ; les claies à baguettes de fer sont plus

Fig. 5. — Echenilloir.

solides et font un meilleur service que les claies à baguettes de bois.

Avec la *truelle*, assez définie par son nom, on dispose la terre dans les pots, on ouvre dans la tannée les trous où ces mêmes pots seront placés.

Le *cueille-fruit* ou *cueilloir*, porté sur un long manche, sert à cueillir, sans les endommager, les fruits placés hors de la portée du bras.

On appelle *abris* tout ce qui défend les plantes contre les froids, les vents violents, la trop grande ardeur des rayons solaires. Énumérons les principaux abris.

L'*ados* est une élévation de terre en forme de dos de bahut, plus large du bas que du haut, généralement appuyée
à un mur par sa partie haute, exposée au midi, avec pente
de 0ᵐ,32 environ ; l'ados fournit les primeurs, et fait
pousser plus vite que sur un sol horizontal : Salades, Raves,
Pois français des quatre saisons, etc.

Les *murs de pierre* sont les meilleurs de tous les abris
pour les arbres à fruits ; les murs blancs réfléchissent la
chaleur solaire, les murs noirs l'absorbent ; du côté du
midi, ils hâtent la maturité des fruits et des légumes et
protégent les arbres frileux contre le froid ; du côté du
nord, ils défendent les plantes des pays froids contre la
trop grande ardeur du soleil. A défaut de pierres, on cons-
truit des murs en planches à peu près de la même hauteur
(2ᵐ,50) et, pour les rendre durables, on les enduit de goudron.

Deux rangées de topinambours d'une croissance si rapide, à feuillage si abondant, font un excellent *brise-vent*
pour les plantes de serre froide et de serre tempérée qui
passent l'été en plein air ; pour les semis qui craignent la
sécheresse, etc.

Des *auvents mobiles*, en planches ou en paille, placés au-
dessus des espaliers, les préservent des gelées tardives du
printemps ; dans le même but, on étend des paillassons ou
des toiles au-devant des arbres en fleur ; on en couvre les
serres et les châssis pour rompre les rayons du soleil en été
et pour amortir le choc des grêlons.

Le *paillis* est une couche de litière courte ou de fumier
à moitié consommé dont on se sert, à partir de mars, pour
retenir l'eau des pluies et des arrosements ; pour étouffer
les graines de certaines mauvaises herbes ; pour empêcher la terre de se fendiller, de sécher, de durcir ; pour
protéger enfin les plants délicats contre les gelées du printemps.

Les *cloches de verre* se posent à plat sur le sol quand les
végétaux qu'elles sont destinées à abriter peuvent se pas-

ser d'air. Si la chaleur est trop forte ou si les nuits sont froides, on couvre ces cloches d'un peu de paille longue ou d'une grosse toile ; si la température est douce, on peut soulever un peu les cloches du côté du midi. Les *verrines* sont des compartiments de verre réunis au moyen de bandes de plomb ; elles ont sur leurs facettes une ou deux petites fenêtres qu'on ouvre à volonté pour donner de l'air aux plants ainsi renfermés ; les verrines rendent beaucoup de services, mais coûtent cher.

Les *cages* sont des cylindres fermés ou ouverts, faits en osier, munis de pieds pointus qu'on enfonce en terre. Ce genre d'abri ménage à certaines plantes la quantité de lumière qu'elles peuvent supporter lors de leur premier développement et les défendent contre les animaux.

Les *contre-soleil* (contre le soleil) sont des moitiés de pots à fleurs, coupés dans le sens de la longueur, et qu'on place devant une jeune plante afin de l'abriter contre la chaleur et le vent ; on les emploie surtout pour Concombres, Cornichons, Citrouilles et autres cucurbitacées.

Les *châssis*, indispensables pour obtenir des primeurs, consistent en deux parties : le coffre et le châssis proprement dit ; le coffre est d'ordinaire en bois et varie, comme longueur, entre 1m,30 et 4 mètres, sur un mètre de largeur seulement, quand il doit renfermer une couche chaude ; vous pouvez lui donner 1m,30 de large pour les couches tièdes ou sourdes. Le derrière de la caisse est toujours plus élevé que le devant pour ménager au panneau une inclinaison plus ou moins grande. On donne de l'air par derrière ou par devant en levant les panneaux à l'aide d'une crémaillère, en les faisant glisser doucement en arrière, en avant ou de côté. Les carreaux de vitres posés en recouvrement doivent être à la fois très-transparents et assez épais. Le coffre repose sur le sol et s'y enfonce même de quelques centimètres, quand la chaleur artificielle est produite par la fermentation du fumier ; si c'est un thermosiphon qui remplit cet office, le coffre repose sur un

2

plancher en bois au-dessous duquel passent les tuyaux de l'appareil, une garniture extérieure de fumier chaud hâte ou force les plants contenus dans le coffre ; une simple litière avec des feuilles sèches les préserve du froid. Chaque châssis mobile est muni de deux poignées en fer. Le châssis fixe, haut de 2^m,10 à 2^m,80 sur le derrière et de 0^m,70 sur le devant, est une sorte de petite serre, où l'on met, plantés en pots, les arbrisseaux de pleine terre, simplement pour les préserver du froid, ou pour les forcer : dans le premier cas, une couverture extérieure de feuilles sèches ou de lattes suffit ; dans le second, il faut un réchaud de fumier renouvelé tous les 15 ou 20 jours ; on établit à l'intérieur une couche sourde où l'on fait poser sous les planches portant la terre les tuyaux d'un thermosiphon. Pour la construction des châssis mobiles ou fixes, on préfère avec raison le bois de chêne goudronné à l'intérieur et peint à l'huile à l'extérieur. Sur les *châssis économiques* en bois blanc, les carreaux de vitres sont remplacés par des toiles ou des feuilles de papier enduits d'huile de lin.

Les *couches* sont formées de fumier soit seul, soit mêlé aux feuilles mortes, à la mousse, etc., et susceptible de s'échauffer et d'amener plus ou moins longtemps la chaleur qu'il dégage. Les couches n'alimentent pas directement les végétaux, mais doivent être recouvertes d'un lit plus ou moins épais de terreau, de terre de jardin, associés en proportions diverses. Il faut les protéger par un abri naturel ou artificiel contre les vents du nord, les placer sur un sol plutôt sec qu'humide. Pour les *couches chaudes* on emploie le fumier de cheval dans toute sa fermentation, au sortir de l'écurie, bien mêlé, bien arrosé. Ce fumier a par-dessus tous les autres la propriété d'interrompre sa fermentation quand il est sec, et de la reprendre, dès qu'on l'arrose ; des *réchauds* ou ceintures de fumier récent entretiennent ou rendent la chaleur à ces couches dont la longueur est indéterminée, dont la largeur varie de 0^m,80 à 1^m,30, et la hauteur de 0^m,80 à un mètre. Les mêmes dimensions, ou à peu près, s'observent pour les *couches tièdes* construites avec un mélange de fumier de cheval, de fumier de vache, et de feuilles ; pour les *couches sourdes* construites, si l'on veut, avec les mêmes matières que les précédentes, et ayant pour caractère distinctif d'être établies dans des tranchées de 0^m,30, et d'être bombées en dessus. Vous remarquerez, de plus, que les couches sourdes gardent leur chaleur longtemps, mais ne peuvent la renouveler à l'aide de réchauds ; il est bon néanmoins de garnir d'une épaisse couche de fumier sec et chaud les sentiers qui séparent ces couches.

Nous dirons d'une manière générale, que, pour monter convenablement une couche, il faut bien mélanger les fumiers, les étendre par fourchées égales, les tasser, en frapper toute la surface avec le dos de la fourche, en déterminer nettement les bords verticaux. Certains jardiniers montent leurs couches par grands lits de fumier superposés dans le sens de la largeur et de la longueur ; d'autres préfèrent, avec raison, monter immédiatement l'un des bouts de la couche à la hauteur voulue, et continuer ainsi jusqu'à l'autre bout, en travaillant à reculons. Mieux vaut mouiller les fumiers avant leur mise en place qu'après. Dans les bâches et dans les serres chaudes les couches se font avec de la tannée.

Les couches à champignons, terminées en forme de toit, se font dans les caves ou celliers obscurs et exempts de courants d'air, avec du crottin d'âne, de cheval ou de mulet bien imbibé de l'urine de ces animaux ; ces couches produisent d'elles-mêmes ; sinon il faut les garnir de fragments de blanc de champignons disposés en échiquier à 0^m,16 les uns des autres et affleurant la surface, ou de morceaux très-menus de jeunes champignons frais cueillis et lavés à l'eau fraîche.

Les *bâches* sont ordinairement construites en maçonnerie ; elles ont leur sol plus bas de 0^m,50 à 0^m,60 que le sol extérieur ; elles sont assez hautes à l'intérieur pour qu'un homme de taille moyenne puisse partout s'y tenir debout ; on les chauffe au moyen de fourneaux dont l'ouverture est disposée de telle sorte que la fumée ne puisse nuire aux Ananas, aux plantes bulbeuses du Cap, à la Vigne, aux Bruyères, etc., que ces bâches contiennent le plus généralement. Le vitrage fixé par une charnière au mur du fond se soulève par devant pendant toute la belle saison, la nuit comme le jour, excepté dans les temps pluvieux ; on a des toiles et des paillassons contre la trop grande chaleur et les gelées ; une couche épaisse de sable de rivière ou même de mâchefer défend le fond contre les insectes.

L'*orangerie* diffère de la serre proprement dite par l'absence d'un toit vitré, par sa construction toute en maçonnerie ; elle est percée de larges fenêtres au midi ; les plantes n'y reçoivent la lumière que d'un seul côté ; il ne faut donc pas donner trop de profondeur à ce genre de bâtiment ; il suffit que la température de l'orangerie ne descende jamais au-dessous de zéro en hiver et, pour obtenir ce résultat, un appareil permanent de chauffage n'étant pas nécessaire, on se contente d'un poêle.

La *serre froide* construite à un ou deux versants, à surface plate ou bombée, sert à loger les plants qui suspendent naturellement leur végétation en hiver sans perdre leurs feuilles ou qui continuent à vivre comme dans leur pays natal où l'hiver est inconnu : Camellias, Pelargoniums, Calcéolaires, Azalées de l'Inde, Magnolias, etc. Comme dans l'orangerie, il suffit qu'il ne gèle pas dans la serre froide ; la *serre hollandaise*, la *serre flamande* diffèrent peu de la serre froide ordinaire : toiles, paillassons contre les gelées et la trop grande action des rayons solaires. Le *jardin d'hiver*, fort à la mode depuis quelques années, est une serre à deux versants avec allées et bassin ; mêmes observations que pour la serre froide.

La *serre tempérée* est la plus utile de toutes les serres ;

si elle ne coûtait pas un peu cher à construire, elle aurait remplacé depuis longtemps toutes les orangeries élevées à si grands frais dans les deux siècles précédents. On la fait à un ou deux versants ; on la chauffe de préférence par un thermosiphon. Cet appareil consiste en une chaudière hermétiquement fermée sous laquelle on allume du feu à volonté ; des tuyaux de fonte de fer ou de cuivre partent de la chaudière et, après avoir décrit des circonvolutions plus ou moins longues dans la serre, reviennent aboutir à la chaudière sur un point de sa surface latérale situé plus bas que leur point de départ ; il s'établit ainsi des courants d'eau chaude ascendants et d'eau froide descendants jusqu'à parfait équilibre de température pour tout le contenu de la chaudière. On place d'ordinaire la chaudière et son foyer en dehors de la serre dans un compartiment isolé, caveau, etc. Les serres tempérées à deux versants de grande dimension sont surmontées d'une galerie destinée à faciliter la manœuvre des toiles et des paillassons. Des vitrages à charnière s'ouvrant et se fermant à volonté permettent le dégagement de l'air chaud de l'intérieur ; mais on introduit l'air froid du dehors avec une extrême précaution, par des tuyaux appuyés contre les tuyaux du thermosiphon et qui reçoivent un peu de sa chaleur. L'eau destinée aux arrosages des plantes élevées en serre tempérée doit être maintenue à la température de cette serre de + 6 à 20. La nuit, il ne faut pas que la température dépasse + 6 à 10 degrés afin de laisser la force de végétation se calmer un peu.

La construction et le mode de chauffage et de ventilation de la *serre chaude* sont les mêmes que pour la serre tempérée ; on porte la chaleur jusqu'à + 30 et 40 degrés centigrades ; l'atmosphère doit être aussi sèche que possible et maintenue à + 15 pendant la période du repos ; il faut de l'humidité pendant la période de végétation, arrosements fréquents sur la terre et sur le feuillage. Les orchidées et les aroïdées exigent beaucoup d'humidité. Afin

2.

de fournir à chaque série de plantes la température convenable, on partage souvent la serre chaude par des cloisons vitrées, et l'on modifie à son gré la température intérieure de chaque compartiment.

La *serre à forcer*, destinée à hâter la maturité du raisin, des pêches et la floraison des plantes d'ornement, etc., est une serre tempérée ou chaude, plus ou moins étroite et plus ou moins longue.

La *serre à multiplication* est une serre froide exposée ordinairement au nord ou au couchant, pour défendre les plantes de serre multipliées de greffes et de bouture contre l'action directe des rayons solaires. On appelle *serres mobiles*, de longs panneaux de châssis vitrés, appuyés à un mur d'espalier, plus ou moins inclinés, chauffés par un poêle à grands tuyaux, ou par un thermosiphon, enfin bien calfeutrés. Avec ces sortes de serre on force Figuiers, Pêchers et autres arbres fruitiers en espalier déjà en rapport.

La *serre d'appartement* est une serre en miniature sous laquelle on met un réservoir d'eau, chauffé par une lampe à esprit-de-vin ou à huile ordinaire.

L'*aquarium* est une sorte de serre généralement voûtée, et occupée presque dans sa totalité par un bassin plein d'eau maintenue à la température que réclament les belles plantes tropicales, telles que Victoria regia, Nelumbo, etc., etc.; on ménage autour une plate-bande pour les plantes étrangères d'ornement, avides d'une atmosphère à la fois chaude et humide.

L'*aquarium d'appartement* est un appareil porté par des colonnes de cuivre dans l'une desquelles passe un conduit de plomb destiné à amener l'eau, tandis qu'une autre de ces colonnes laisse échapper par un petit trou le trop plein du bassin; ce qui détermine un courant continu du liquide. Cette sorte d'aquarium coûte un peu cher; en voici deux autres beaucoup plus simples et d'ailleurs très-suf-

fisants pour élever les plantes de nos ruisseaux et de nos
étangs.

Fig. 6 et 7. — Aquariums d'appartement.

Si l'aquarium est alimenté par l'eau douce, vous pouvez y faire vivre, au milieu de beaucoup de plantes aquatiques, des épinoches, poissons très-intéressants à étudier,
et des coquillages d'étangs, etc.; s'il est alimenté par l'eau

de mer avec fond garni de galets, de cailloux plats, de rocailles, etc., vous pourrez y avoir, outre les algues, les zoostères, les varechs, etc., l'hippocampe (poisson à tête de cheval) et autres petits poissons aux mœurs curieuses, des coquillages, etc. ; on conseille de placer ces sortes d'aquarium près des fenêtres bien éclairées.

Les *suspensions florales*, sortes de culs-de-lampe suspendus au plafond, servent à cultiver en terre tourbeuse mélangée d'un peu de terre de bruyère et recouverte d'un lit de mousse humide, quelques orchidées rustiques : la Burlingtonia candida à fleurs blanches translucides avec bande jaune ; le Zigopetalum à fleurs vertes marbrées de brun ; le Stanthopéa à fleurs tigrées ; l'Oncidum papillon, ainsi nommé parce que sa forme rappelle cet insecte ; les Œrides ; d'autres plantes encore : l'Achiménès à longues fleurs du plus beau bleu avec nuance blanche au centre ; le Cactus flagelliforme avec fleurs rouges nombreuses et superbes ; le Cactus serpentin à fleurs d'un bleu-rosé, à tiges cylindriques et qui rappelle les enroulements du serpent ; le Pétunia hybride à fleurs violettes ; la Saxifrage sarmenteuse à fleurs d'un rose mêlé de blanc et de jaune ; la Torénie asiatique et la Torénie magnifique ; des Capillaires, des Sedum, des Pelargonium à feuilles de lierre à fleurs rosées, des Crassules blanches ou écarlates, etc., etc.

Dans les *jardinières* bien garnies d'une terre légère, mais substantielle, avec lit de cailloux fins, sur fond en zinc, on élèvera facilement la petite Marguerite, la Saxifrage mignonnette ; on y place plus souvent encore des plantes toutes venues, achetées en pots, telles que : Camellias, Crocus, Bulbocode, Perce-Neige, Jacinthe, Hellébore (Rose de Noël), Helléborine, Violette : JANVIER-FÉVRIER. — Dielytra remarquable, Adonide, Saxifrage de Sibérie, Hôteia du Japon, Tritélée uniflore, Ficoïde tricolore, Narcisse de Constantinople, Fritillaire méléagre : MARS. — Auricules, Scilles, Muscaris odorants ; variétés

de Narcisses; Silénés, Épimèdes, Pâquerettes doubles en
AVRIL. — Variétés d'Anémones, Eucharidium, Gilia,
Giroselle de Virginie, Oxalides, Némophiles, Adonide
d'été, Lychnides, Œillet mignardise, Œillet d'Espagne,
Saxifrage ombreuse, Renoncule des fleuristes, Glaïeuls
hâtifs, etc., en MAI. — Cupidone bleue, Éphémère de
Virginie, Amaranthe, nombreux Pélargoniums, Érine
des Alpes, Bermudienne, Calandrine, Chrysanthème
caréné, Cinéraire maritime, Amaryllis, Lis, Campanules, Lobélies, Œnothères, etc., etc., en JUIN. — Pervenche de Madagascar, quelques petits Phlox, Achiménès,
Lupins, Crassule, Myrthe, Bruyères, Lantanas, Orangers
nains, etc., etc.

Mais si vous voulez que vos plantes restent vigoureuses,
il faut les exposer le plus possible à la lumière, leur donner de l'air, même en hiver dès que l'atmosphère extérieure est assez chaude; débarrasser leurs feuilles de la
poussière à l'aide d'un plumeau, d'un linge mouillé ou
d'une pomme d'arrosoir à trous très-fins; pour ces arrosements, à faire plutôt le soir que le matin, vous vous servirez d'eau de pluie ou de rivière de préférence à toute
autre eau et après l'avoir fait un peu tiédir. Les plantes
grasses ou à feuilles vernissées et coriaces peuvent rester
longtemps sans eau; les plantes à feuillage tendre souf-
frent et meurent vite de sécheresse.

En *carafes*, on cultive des oignons de fleurs; ils réussissent si l'on a soin : 1° de les placer de façon que la
base de la bulbe pose sur le bord de la carafe et que le
plateau et les racines qui sortent de celui-ci baignent
complétement dans l'eau; 2° de leur donner de l'air et de
la lumière sans les exposer à une chaleur trop forte; 3° de
changer l'eau de temps en temps en tout ou en partie,
mais de manière que la carafe reste bien pleine; vous
pouvez y jeter quelques grains de sel de cuisine pour empêcher le liquide de se corrompre. Quand les racines sont
bien développées et que les boutons se montrent, la

grande lumière devient moins nécessaire et l'on peut remettre les oignons sur la cheminée, sur les meubles de
l'intérieur de l'appartement. C'est ainsi qu'on soigne :
Ornithogales, Amaryllis, Crocus, Jacinthes, Narcisses,
Scilles d'Italie et de Sibérie, etc., etc.

Sur des *fenêtres à double châssis*, on élève des plantes
qui veulent une chaleur modérée et craignent les gelées ;
on peut avoir des *fenêtres-serres* chauffées par des bassins d'eau chaude à tuyau, par des petits thermosiphons,
etc., etc. A bonne exposition, en plein air, souvent sur
les balcons on a : Pois de senteur, Capucines, Lierre, Réséda, etc., etc. (1).

---

(1) Il ne faut jamais garder de fleurs, la nuit, dans la chambre où
l'on couche.

CHAPITRE III

Des moyens de multiplication des plantes. — Semis. — Bourgeons et Marcottage. — Bouturage. — Greffes. — Métissage. — Hybridation.

Le but principal de toute l'horticulture est la multiplication des plantes. Les plantes se multiplient par graines dans leurs conditions primitives et naturelles ; mais il nous faut recourir à des moyens artificiels dans nos cultures.

En même temps que le semis est la manière la plus sûre d'avoir des individus robustes et croissant vite, il procure des variétés très-curieuses ; les racines, les tiges et les branches perpétuent les plantes sans altération.

Prenez des graines bien mûres, ce que vous reconnaîtrez au poids, à la couleur, à l'inspection des organes internes qui doivent être complets ; pas trop vieilles, n'ayant ni rides ni altérations.

Le meilleur moyen de conserver les graines est de les enfermer dans des sacs de toile, plus ou moins épaisse, quand elles ont été débarrassées de toute humidité. Les grosses graines à écorce dure se sèment profondément ;

une mince couche de terre ou de terreau pulvérisé suffit pour recouvrir les autres graines fines; les plus petites lèvent même sans être enfouies; il faut frotter entre les mains pendant quelques instants et mêler avec de la cendre ou de la poussière les graines à aigrettes, à membranes, à poils, pour les empêcher de s'attacher les unes aux autres.

On hâte la germination des graines à noyaux (cerisier, prunier) et des graines à enveloppe très-dure par la *stratification;* c'est-à-dire qu'on tient ces graines plus ou moins longtemps dans des pots pleins d'une terre ou d'un sable assez humide pour fermenter par l'action de la chaleur du sol dans lequel on les enfonce à 0^m,30 ou 0^m,40, à exposition du midi, après quoi, le germe étant développé, on sème en ligne ou à la volée. Les graines donnent plus de chevelu en terre douce et légère qu'en terre forte.

Semis à la volée. — C'est répandre les graines aussi également que possible en les jetant avec la main à une certaine distance. — *Semis en paquets* ou *potets.* On fait des trous à une distance plus ou moins grande selon l'espèce de la plante qu'on entoure d'abord avec une partie de la terre retirée, pour la butter plus tard légèrement. — *Semis en terrines* et *en pots.* On pratique ce semis pour plantes isolées, incapables de supporter, sans danger, la transplantation; si les plantes aiment beaucoup l'eau, il est inutile de percer les pots que l'on plonge jusqu'au quart de leur hauteur dans le liquide qui, s'infiltrant peu à peu à travers les parois, humecte suffisamment les jeunes racines; les terrines ou pots percés doivent être garnis de gros sable pour faciliter l'écoulement de l'eau. — *Semis en rayons.* On trace les rayons au cordeau, on leur donne environ 0^m,03 à 0^m,06 de profondeur; on sème et on recouvre la graine avec la terre levée d'abord. — *Semis en pépinières.* Les pepins et les graines se sèment à la volée et doivent être enfouis à 0^m,03 de profondeur;

les noyaux se placent un à un, à distance convenable, dans des trous de 0ᵐ,06. Paillis ou feuilles à demeure contre les gelées jusqu'au printemps. — *Semis sur couche.* On confie à la couche ou à la cloche toutes les graines trop délicates pour être jetées en pleine terre.

On appelle repiquage toute transplantation non définitive.

Les *tubercules* sont des racines, des tiges souterraines ou des ramifications de tiges souterraines de formes variées; séparés et mis en terre, ils forment de nouvelles plantes : Dahlia, Cyclamen, Pomme de terre, Topinambour, etc. Chacun des yeux des tubercules produit de véritables racines, des tiges, des individus complets en un mot. Si vous coupez les gros tubercules en autant de parties qu'il y a d'yeux, chacune de ces parties donnera une nouvelle plante. Les *caïeux* et les *bulbilles* n'en doivent être détachés que lorsqu'ils sont mûrs, ce que vous constaterez par l'entière dessiccation des feuilles à l'aisselle desquelles naissent ces petits corps. On appelle *œilletons* les rejets enracinés qui se montrent au collet ou sur les racines de certains végétaux. Les plantes à racines vivaces produisent des touffes plus ou moins épaisses avec *graines*, *boutons* ou *turions*, que l'on sépare par éclats en automne et vers la fin de l'hiver, pour se procurer, par leur moyen, de nouveaux individus. Le fraisier et d'autres végétaux ont des *coulants* ou *stolons*, sortes de tiges grêles munies de *bourgeons* à leurs articulations; ces *bourgeons* séparés et mis en terre deviennent de nouvelles plantes.

Le *marcottage* consiste à enterrer une portion d'un végétal dont une extrémité saillit au dehors, tandis que l'autre adhère à la plante mère chargée de nourrir cette sorte de bouture jusqu'au moment où, ayant pris racine, elle vivra de sa vie propre. On dit que la *marcotte* est *simple* quand on couche en terre à environ 0ᵐ,08, 0,ᵐ10 de profondeur une branche solidement fixée dans cette position par des crochets en bois et recouverte de terre; on

dit qu'il y a *marcotte en serpenteau*, quand le sommet de
a branche, au lieu de rester librement dressé hors de
rre, est recouché, afin de l'obliger à donner d'autres
marcottes; dans la *marcotte par strangulation*, on serre, à
l'aide d'un fil de fer ou de lin, l'écorce de la branche en-
terrée, près et au-dessous d'un œil; dans la *marcotte par
circoncision*, on enlève au-dessous d'un œil une bande circulaire d'écorce, de façon de maintenir la séve descendante
à la base de la lèvre supérieure et à faire naître là un
un bourrelet d'où partent les racines ; dans les *marcottes
par torsion*, on tord une branche à écorce fibreuse et mince
dans l'endroit où elle doit émettre des racines ; dans la
marcotte par incision simple, on fend la branche dans son
milieu et l'on maintient l'écartement des parties séparées,
en mettant entre elles une pierre ou un autre corps dur ;
dans l'*incision à talon*, on fend d'abord horizontalement
la branche jusqu'à son centre, puis verticalement en remontant ; dans l'*incision compliquée*, sur la fente horizontale pratiquée comme ci-dessus, on fait deux entailles per-
pendiculaires maintenues écartées à l'aide de petits cailloux ; dans la *marcotte par amputation*, on agit comme
dans l'incision à talon et on enlève complétement le morceau coupé ; enfin, dans *la marcotte par cépée*, après avoir
coupé à fleur de terre un arbre ou un arbuste, on recouvre
de terre les souches ; ces souches donnent dans cet état
plusieurs rejets qu'on enlève quand ils ont pris racine.

Les pousses annuelles sont souvent trop élevées pour
être couchées ou ramenées au niveau du sol ; ou bien le
bois est trop cassant pour se prêter à la courbure. Dans
ce cas, après avoir donné de solides tuteurs à la branche
à marcotter, on la fait passer dans un panier ou dans un
pot à profonde échancrure, dans des vases en verre en
forme d'entonnoirs ou dans des sortes de godets de plomb
ou de zinc, garnis de terre à l'intérieur ; on arrose cette
terre ; on sépare la marcotte quand elle a pris racine.

On appelle *bouture* le rameau jeune et frais que l'on

met en terre par le bout coupé pour lui faire prendre racine. Cette opération est fondée sur la propriété inhérente aux bourgeons adventifs et à tous les germes latents des plantes, de se convertir en branches ou en racines, selon la diversité du milieu où ils se trouvent. Les boutures suppléent avec avantage dans bien des cas à la multiplication par graines. Peu de plantes se refusent à cette opération. Pour qu'elle réussisse, il faut qu'une grande abondance de tissu cellulaire provoque promptement l'émission des racines à l'extrémité enfouie du rameau et que le sol soit, autant que possible, humide et chaud ; il est important d'empêcher la transpiration des rameaux et l'évaporation de l'humidité de la terre. La mousse humide et la terre de bruyère favorisent le développement des racines.

Bouture simple. — Pour les arbres d'une venue très-facile : Platanes, Peupliers, Saules et spécialement les végétaux des bords des eaux, vous couperez, en décembre ou en mars, de jeunes branches de deux à six ans, vous les émondrez en leur laissant des yeux, vous les enfoncerez par leur gros bout dans des trous profonds, de trois à cinq décimètres carrés, remplis d'une terre légère bien pressée en tous sens. Ces branches se couvriront de feuilles dans la même saison.

Pour les arbres d'agrément et de reprise difficile, coupez en mars, au-dessous d'un nœud, de jeunes pousses de l'année précédente, divisez-les en tronçons de cinq à six bourgeons, enfoncez-les en botte pendant un mois jusqu'à un quart de leur longueur dans du sable frais, à l'abri du vent et de la gelée ; au commencement d'avril, bouturez chacun des tronçons au plantoir, en terrain bien labouré, au nord ou au levant, en laissant deux ou trois yeux au-dessus du sol ; arrosez en pluie douce ; paillez, maintenez toujours la fraîcheur. On bouture avec *bourrelet* ou *à talon* les espèces qui ne se prêtent pas aux deux procédés ci-dessus indiqués. Dès le mois de juin de l'année précédente, on fait un anneau circulaire à la jeune bouture, ou bien une forte ligature avec du fil métallique, afin de déterminer sur ce point un bourrelet abondant en tissu cellulaire ; ou bien, enfin, on éclate une branche de dessus le tronc en tirant de haut en bas de manière à enlever avec elle l'empâtement formé naturellement à sa jonction, et l'on plante. Ce procédé nuit aux plantes *mères*, et ne doit être pratiqué qu'avec réserve.

Pour la Vigne, le Groseiller, plusieurs Rosiers, etc., on recourt à la *bouture en crossette* ou à *bois de deux ans :* on enlève avec la bouture un assez long morceau d'une branche de deux ou trois ans ; on émonde, an couche la vieille branche en terre de bruyère, à une profondeur d'environ $0^m,12$; enfin, on arrose et l'on couvre d'un paillis. On bouture généralement *sous cloche* les plantes d'orangerie, de serre ; les plantes herbacées, Dahlias, etc. Voici la manière de procéder : Dans des terrines ou des pots profonds de $0^m,1$ ou $0^m,2$ garnis de terre de bruyère et de terreau, avec lit de sable, vous piquerez à l'aide d'un plantoir non pointu, les boutures feuillées en mai et en juin, en ne leur laissant que la sommité et deux feuilles, après avoir bien tassé la terre, vous arroserez ; vous laisserez se ressuyer à l'ombre ; vous mettrez le tout sur couche couverte ou en un lieu chaud, à l'ombre. L'air doit être renouvelé avec soin et précaution ; il faut être sobre d'arrosements, enlever les vapeurs qui se déposent sur les parois intérieures de la cloche et les moisissures qui se forment souvent autour des jeunes pieds. Les mois de mai et de juin nous ont toujours paru particulièrement favorables aux boutures sous cloche. L'Oranger se multiplie même par feuilles bouturées ; le Lis, etc., par écailles.

La *greffe* a pour but de faire croître le rameau ou le bourgeon d'une plante sur une autre plante. Pour que l'opération réussisse il faut deux conditions principales : 1° coïncidence dans le développement du rameau qu'on

enlève et qu'on appelle la *greffe* et dans le développement de
la plante sur laquelle on le met et qu'on nomme le *sujet ;*
2° identité, sinon d'espèce et de genre, du moins de famille et certains rapports entre les individus. Faisons connaître les greffes les plus fréquemment employées.

La *greffe par approche* consiste à lier fortement ensemble deux branches d'arbres voisins, après les avoir
préalablement entaillés jusqu'au
quart de leur épaisseur. Les deux
entailles doivent être faites de manière à bien entrer l'une dans l'autre; on préserve les plaies du contact de la lumière, de l'air et de
l'eau, avec l'onguent de saint Fiacre ou avec la cire à greffer. On
enlève la plupart des rameaux au-
dessus et au-dessous de la greffe ;
peu à peu on incise le pied, atten-
dant pour le couper, que la soudure soit complétement effectuée,
ce qui a lieu dans le courant de
l'année même. Par ce procédé de
greffe, on donne une vigueur nouvelle aux vieux arbres d'espaliers.
A cet effet, on plante à côté de l'arbre épuisé deux sauvageons de la

Fig. 8. — Greffe par approche.

même espèce ; on les courbe en croix ou à peu près, sur
le tronc du premier un peu au-dessus l'un de l'autre ; on
fait les entailles convenables pour les greffer par approche; l'année suivante, la soudure bien opérée, on déca-
pite les deux sauvageons chargés uniquement de fournir
au vieil arbre une séve fraîche et forte, de le rendre fertile, comme aux jours de sa jeunesse. Par la greffe par
approche, on forme des espaliers, des haies, des clôtures;
il faut surtout la pratiquer en faveur des végétaux délicats,
à l'époque où la séve est en mouvement.

La *greffe herbacée* est une espèce de greffe par approche, avec cette différence, qu'au lieu d'opérer sur des branches ligneuses âgées au moins d'un an, on la pratique sur des plantes herbacées, ou à peine ligneuses, principalement sur la pousse terminale des arbres résineux conifères pendant la plus grande activité de leur végétation. Après avoir retranché cette pousse terminale par une section triangulaire, on met à sa place le scion taillé en biseau. La ligature doit être faite avec précaution et adresse : le défaut de consistance de cette sorte de greffe l'expose bien plus que la précédente à être étranglée si elle est trop serrée.

La *greffe en fente,* la plus usitée pour les arbres fruitiers, consiste à couper horizontalement par le pied le sujet ou les branches qu'on veut greffer ; sur la partie plate ainsi sectionnée, ou *plateau,* on fait par le milieu une fente de $0^m,03$ à $0^m,04$ avec une serpette et un marteau ; on prend la greffe ou scion (rameau de l'année précédente, bien aoûté) garnie de 2, 3 ou 4 yeux, on taille cette greffe en biseau par le gros bout sur ses deux faces, et on l'insère dans la fente de manière que les écorces soient au même niveau et parfaitement en rapport. On peut mettre deux, trois ou quatre scions si le plateau est assez large; après quoi, sans ébranler les scions, on enlève les petits coins de bois qui tenaient les fentes ouvertes, on serre avec un fil de laine, et l'on cicatrise les plaies avec de la cire à greffer. Pour réussir dans cette opération, il importe que le sujet soit bien en séve, et que les scions n'aient point encore poussé. On les coupe d'avance et on les tient frais en les enterrant au nord; on les greffe au premier printemps, ou en septembre (greffe à œil dor-

Fig. 9.
Greffe en fente.

mant). Dans ce dernier cas, greffe et sujet commenceront
en même temps leur sommeil d'hiver et se ranimeront ensemble au printemps ; il reste d'ailleurs encore assez de
séve pour déterminer une soudure complète. Cela ne détruit pas la règle générale de la greffe par scion, règle
ainsi formulée : *que le sujet soit en séve et que la greffe soit
sur le point d'y entrer.*

La *greffe en couronne* se pratique sur les sujets trop gros
pour être fendus. Après amputation horizontale, on insère
entre l'aubier et l'écorce écartés l'un de l'autre à l'aide
d'un coin de bois très-dur, les scions taillés en biseau d'un
côté sur une longueur de $0^m,04$ à $0^m,05$. On entoure d'un
lien, on garnit de cire à greffer. Ainsi, point de fente à la
surface de la coupe restée parfaitement intacte ; tel est le
caractère de la greffe en couronne. Une branche d'un fort
diamètre reçoit, de cette façon, dix scions et plus.

La *greffe en flûte* ou *en sifflet* consiste à amputer une
branche, dans un œil, à un endroit bien lisse, à fendre
l'écorce sans blesser le bois, en deux ou trois lanières de
$0^m,06$ de long ; on enlève sur la greffe, qui doit être autant
que possible, de la grosseur du sujet, un anneau d'écorce
avec ses bourgeons ; on l'enfile sur l'aubier du sujet, et l'on
relève les lanières sans couvrir les yeux. Si le diamètre du
sujet est plus grand que celui de la flûte, l'anneau est
rogné de manière à bien s'adapter à la place désignée et
l'on recouvre avec une des lanières tombantes détachées
préalablement ; si ce diamètre est moins long, on enlève
une lanière au sifflet, on rejoint les bords ; cire à greffer
sur les fentes. Cette sorte de greffe est employée surtout
pour les Noyers et les Châtaigniers.

La *greffe en écusson à œil poussant* se pratique en mai-
juin ; la *greffe en écusson à œil dormant* se pratique en avril
et en septembre ; elles ont pour caractère propre de n'in-
troduire sur le sujet aucune partie du bois de la greffe.
Voici comment on opère : 1° Après avoir détaché du rameau que vous voulez greffer un bourgeon bien formé,

vous supprimez la feuille, mais en gardant la partie du
pétiole adhérente à l'œil que vous enlevez avec son écorce,
carrément en dessus, en pointe en dessous, en forme
d'écusson, d'où le nom de cette sorte de greffe ; 2° Vous
faites sur le sujet au point réservé à l'écusson, une incision en T droit ou en ⊥ renversé et pénétrant jusqu'au
bois ; vous écartez vers le haut les deux lèvres de l'écorce
à l'aide de la spatule de votre greffoir ; 3° Vous glissez

Fig. 10. — Écusson.   Fig. 11. — Greffe en écusson.

l'écusson entre l'écorce et le bois dans l'incision faite sur
le sujet en déterminant la coïncidence la plus exacte.
Après quoi, rapprochez et liez les lèvres de l'écorce pour
fixer solidement le bourgeon, mais sans le recouvrir. Ne
coupez ni la tige ni les branches au moment où vous gref-

fez ; vous amèneriez une pousse intempestive exposée à
beaucoup de mauvaises chances ; attendez donc quelques
jours, jusqu'à parfaite soudure ; alors pincez l'extrémité
de vos scions ; coupez à moitié ; puis retranchez. Si vous
avez greffé à œil dormant à l'automne, remettez cette partie de l'opération au printemps suivant. Il faut desserrer
les ligatures si elles déterminent des étranglements, et supprimer avec soin les yeux qui se développeraient en même
temps que celui de l'écusson.

La *greffe à l'anglaise* ou *greffe par copulation* ne s'applique qu'à des sujets exactement du même diamètre que les
scions ; on taille en biais le sommet des premiers et le bas
des seconds de manière que toutes leurs parties se recouvrent et que les bords des deux écorces coïncident sur
tous les points. Ligature ; cire à greffer.

La *greffe à la Pontoise* particulièrement en usage pour
les arbres et arbustes d'ornement gardant leurs feuilles en
hiver, se pratique de la façon suivante : quand finit le
sommeil d'hiver et que la séve reprend son cours, vous
pratiquez sur le côté du sujet une fente triangulaire dans
laquelle vous introduisez le bas de votre greffe taillée en
coin, puis vous liez ; mais il faut garder sous châssis, une
quinzaine de jours environ, les arbustes ainsi greffés ; sans
quoi, le scion employé étant chargé de feuilles et souvent même de fleurs ou de boutons de fleurs, périrait par
l'évaporation.

La *greffe faune* n'étant qu'une variété peu importante de
la greffe en flûte, nous nous dispensons d'en parler.

Rappelez-vous que, pour toutes les greffes, il faut choisir une température douce et plutôt humide que sèche ;
prendre des arbres riches en séve ; ne pas laisser la séve
abandonner les greffes et, à cet effet, supprimer tous les
bourgeons placés au-dessous d'elles ; desserrer, une quinzaine de jours après l'opération, les ligatures qui, souvent,
déterminent des bourrelets nuisibles ; avoir des instruments
bien aiguisés, bien propres, d'ailleurs simples et adoptés

3.

par les gens d'expérience : serpette ordinaire, serpe, scie à main, greffoir en fente ; des liens en osier, en fil de laine, en écorce de tilleul, en fer, etc.; du mastic liquide à greffer, de l'onguent de saint Fiacre; de la cire à greffer à employer à un degré de chaleur tel qu'on puisse la manipuler sans se brûler.

Les semis de graines font naître, chez la plupart des plantes des variétés qui, tout en conservant les caractères essentiels de l'espèce, se distinguent de leur type respectif par certaines marques particulières ; ce phénomène s'observe souvent dans les plantes longtemps soumises à la culture; ces variétés restent quelquefois si semblables à elles-mêmes, à travers une longue suite de générations, qu'on se croirait presque en droit de les déclarer de véritables espèces : Oignons, Choux, Melons et beaucoup de plantes potagères ; Roses, Œillets, Reines Marguerites, Azalées, Pélargoniums, Dahlias, etc. Si vous voulez fixer, autant qu'il dépend de vous, ces caractères nouveaux, vous élèverez loin de tous les autres individus de même espèce, ceux chez lesquels ces manifestations se sont produites : c'est en cela que consiste la *sélection*. Si vous mettez très-longtemps vos sujets choisis à l'abri du croisement, par les plantes typiques, ils vous fourniront des types nouveaux. Les variétés de plantes vivaces se conservent par la greffe, le bouturage et le marcottage.

Quand une espèce a donné *naturellement* quelques variétés tranchées, vous en augmenterez le nombre par le *croisement artificiel* ou *métissage* qui se pratique ainsi : après avoir laissé fleurir simultanément les races ou variétés dont vous désirez obtenir des formes métisses, vous portez le pollen de l'une sur le stigmate d'une autre. L'opération est donc bien simple ; seulement elle demande, pour réussir, certaines précautions dont nous dirons quelques mots. Il faut enlever à la fleur dont vous féconderez l'ovaire, les étamines sans leur laisser répandre leur pollen, n'attendez donc pas l'ouverture de la corolle ; aussitôt le pollen étranger déposé sur le stigmate, garantissez la fleur de tout contact avec le pollen de la plante même ou des autres variétés. A cet effet, coupez toutes les autres fleurs, couvrez d'un morceau de toile à claire-voie la fleur artificiellement fécondée jusqu'à ce que son ovaire grossisse ; les plus petits insectes pourraient lui apporter ce pollen dont l'action rendrait nuls tous vos soins.

Pour l'*hybridation*, vous opérerez comme pour le métissage en observant cette différence capitale : le croisement a lieu non plus entre des races ou variétés de même espèce, mais entre des espèces différentes, d'où résultent bien plus d'incertitudes. Il y a chance de réussir si les deux espèces appartiennent non-seulement à la même famille naturelle mais encore si elles sont du même genre, sans différer trop l'une de l'autre.

Les métis et les hybrides tiennent assez souvent tantôt du père, tantôt de la mère ; les métis proprement dits sont presque toujours aussi fertiles que les espèces typiques ; les fleurs hybrides sont affectées d'une stérilité totale dans le cas simultané d'avortement de leur pollen devenu par là impropre à la fécondation, et de la mauvaise conformation des parties extérieures de l'ovaire ou des ovules ; les fleurs hybrides sont affectées de stérilité partielle si le pollen seul fait défaut, l'ovaire et les ovules restant dans les conditions normales. Certains Pétunias hybrides sont très-fertiles ; ils se fécondent eux-mêmes ou se croisent entre eux et donnent naissance à beaucoup de variétés hybrides.

Les hybrides plus ou moins fertiles ne font point souche d'espèce ; dès leur seconde génération, il y a tendance à revenir aux formes spécifiques ; puis retour complet ou incomplet à ces formes. En général, les croisements entre races de même espèce ou entre espèces différentes déterminent, chez les plantes, une faculté de varier. L'hybrida tion ne doit jamais être pratiquée pour les plantes potagères auxquelles elle ne pourrait que nuire; on connaît à peine les résultats qu'elle aurait sur les arbres fruitiers; le mieux est de s'abstenir ici de toute tentative imprudente.

CHAPITRE IV

Maladies des végétaux. — Animaux nuisibles.

SECTION PREMIÈRE. — MALADIES DES VÉGÉTAUX.

Il y a des maladies qui, comme la pléthore chez les hommes et les animaux, proviennent d'une surabondance de vie dans les plantes. Ainsi certains rameaux, appelés, pour cette raison, *gourmands*, s'approprient presque tous les sucs et laissent sans vigueur les autres parties de l'individu ; coupez les gourmands, diminuez le fumier ; remplacez la terre trop grasse, trop substantielle, par une terre plus maigre, plus légère. On appelle *phyllomanes*, et vulgairement *portefeuilles*, les arbres qui donnent des feuilles au lieu de fruits; on *effane*, c'est-à-dire qu'on coupe les feuilles. La *carpomanie* est le contraire de la *phyllomanie :* l'arbre a beaucoup trop de fruits, mais petits, de mauvaise qualité, arrivant difficilement à maturité; par la taille et l'ébourgeonnement, on remédie au mal.

La *fasciation,* si commune chez les Composées et sur les Rosiers, consiste en l'aplatissement accidentel des tiges dans des rameaux naturellement cylindriques; d'ailleurs là fasciation n'ôte point aux plantes leur vigueur et les fait rechercher, à cause de cette monstruosité même, comme ornement.

On remédie à l'étiolement et à la langueur des plantes qui se trouvent en mauvais terrain ou mauvaise exposition, en les changeant de place et en leur donnant fumier, lumière, air et chaleur.

La *stérilité* a pour causes ordinaires : le froid, qui gèle les organes de la fructification ; le chaud, qui dessèche le stigmate et le rend impropre à retenir le pollen ; les pluies, qui l'enlèvent des étamines avant qu'il ait fécondé le pistil.

Les oignons de Jacinthes et de Glaïeuls, etc., sont sujets à la *morve blanche,* causée par des froids très-vifs. Sans détruire les formes extérieures des tubercules, la morve blanche les change en une pulpe blanche, gluante, inodore, légèrement acide et demi-liquide.

On arrête parfois la marche de cette maladie grave en enlevant les tuniques atteintes par la contagion, en mettant les oignons en pots garnis de terre sableuse, à exposition chaude, mais hors de l'action directe des rayons solaires.

Les espèces jardinières de Pommes de terre : la Marjolaine, la Chaville, la Schaw et les Sept-Semaines, sont sujettes à une maladie qui se manifeste par la *frisole,* ou plissement particulier des feuilles sur elles-mêmes, en passant du vert au brun foncé, par l'apparition de taches brunes à la surface des tiges ; si vous divisez le tubercule, vous verrez qu'il a pris une teinte jaunâtre, puis brune, étendue irrégulièrement en longueur et en largeur. Coupez sans délai, au niveau du sol, toutes les parties extérieures de la plante ; à l'arrachage, vous aurez des Pommes de terre petites, mais bonnes pour la plupart. Il faudra seulement les laisser exposées au soleil, à l'air libre, puis les rentrer en temps sec. Mangez sans scrupule les Pommes de terre un peu atteintes, pourvu que les parties altérées aient été enlevées préalablement ; les féculeries achèteront même les plus mauvaises.

MALADIE DE LA VIGNE.

Le soufrage à sec de la vigne est préférable en plein soleil, de 10 heures du matin à midi : une première fois, lorsque la vigne commence à entrer en végétation ; la seconde fois, au moment de la floraison ; une troisième fois, la grappe étant en verjus.

La *maladie de la Vigne* consiste dans la multiplication rapide d'un Champignon microscopique, l'*oïdium Tuckeri*, sur les feuilles, les sarments, les grappes et les grains de Raisin, qu'on dirait alors recouverts d'une poussière blanchâtre ou d'un duvet pulvérulent. Examiné au microscope, ce duvet présente des filaments fins, rameux et cloisonnés, des spores ovales ou elliptiques, joints bout à bout, comme les grains d'un collier. Les feuilles se crispent, les fruits se crevassent et se dessèchent. Le seul remède est la fleur de soufre, répandue à l'aide d'un soufflet Gontier sur l'individu malade, préalablement bien bassiné. La valeur de la récolte sauvée ainsi, en tout ou en partie, compense la peine et le prix de la médication.

Le *blanc de meunier* est une autre maladie due pareillement au développement d'un Champignon microscopique, l'*érysiphé* ; cette maladie s'attaque en particulier aux arbres à fruits : Prunier, Pommier, etc. ; aux arbustes d'ornement : Rosier, etc. ; à quelques plantes annuelles : Pensée, etc. On prévient l'érysiphé en maintenant la végétation énergique et vigoureuse ; les moyens curatifs restent encore à découvrir.

Les *ulcères*, desquels s'écoulent la gomme ou d'autres sucs provenant de la séve décomposée, rongent le bois peu à peu jusqu'au cœur et le tuent, si l'on ne retranche promptement et profondément la partie endommagée, en ayant soin de garnir la cicatrice d'onguent de Saint-Fiacre ou de cire à greffer : plus tard l'écorce s'avance des deux côtés et recouvre la blessure. Même précaution contre les ulcères des racines

On appelle *loupes* des excroissances arrondies, plus ou moins volumineuses, qui naissent sur l'Orme et sur d'autres arbres ; si elles ne sont pas assez multipliées pour nuire à la croissance du végétal, on les y laisse subsister ; on tire même partie, dans les travaux de marqueterie, de leurs verrues et de leurs nœuds de nuances variées.

La *chlorose* ou *panachure* altère la couleur verte des feuilles et les rend marbrées ou panachées : Aucuba, Phalaris rubané, etc. ; on regarde souvent cet état morbide, en réalité, comme un perfectionnement, un agrément de l'individu ; la panachure disparaît quelquefois quand on donne aux plantes une terre plus substantielle.

La foudre brise le tronc et les branches des arbres, enlève l'écorce et le bois, divise ce dernier en fibres longitudinales : *clivage*. Le froid occasionne la *champelure* de la Vigne ou mort des jeunes rameaux et même des branches, qui se coupent et se désarticulent aux nœuds, et quelquefois de telle sorte qu'il ne reste plus de bois pour la taille. On nomme *gélivure* les fentes produites sur le tronc des arbres, tantôt dans l'écorce seule (*gélivure simple*), tantôt dans le bois proprement dit (*gélivure entrelardée*). Il n'y a pas de remède contre la champelure et la gélivure ; on les prévient en abritant les arbres à l'aide de haies, de brise-vent ; en chaussant leurs pieds avec du sable ou de la terre sèche ; en roulant autour de leurs troncs une corde de paille sèche, etc.

Les jets de mercure, d'arsenic, de baryte, etc. ; les prussiates de soude, l'acétate de cuivre, le sulfate de quinine ; les oxydes solubles d'étain, de cuivre ; la chaux vive ; les acides sulfurique, prussique, muriatique, etc. ; les alcools, les éthers, les extraits de Ciguë, de Stramoine, de Jusquiame noire, empoisonnent les végétaux. Il faut donc bien veiller sur les rebuts des fabriques de soude et d'autres produits chimiques qui se trouveraient dans le voisinage des jardins.

Les causes extérieures, grands vents, etc., amènent souvent la *décortication*, la *déchirure* ou la *fracture* de certaines parties de l'arbre; il faut employer la cire à greffer de préférence à l'onguent de Saint-Fiacre pour hâter la guérison de ces plaies; on préserve souvent les arbres en attachant les branches trop lourdes, trop chargées de rameaux ou de fruits. Si la déchirure ne s'étend pas trop profondément, on applique, sur les deux points opposés à la fente, des morceaux de bois creusés en gouttière, et l'on serre avec des liens de chanvre ou de fer, qu'il ne faudra enlever que cinq ou six ans après, le rapprochement étant parfaitement opéré. Cire à greffer, onguent de Saint-Fiacre. Si la partie rompue ne peut être rattachée, sciez-la assez bas au-dessous de la fracture pour enlever sur la surface amputée toute trace de fente ou de déchirure, puis parez avec la cire à greffer.

Non-seulement la grêle fait subir aux parties des végétaux qu'elle frappe des lésions purement mécaniques, mais l'acide nitreux qu'elle tient en suspension les désorganise, comme vous le remarquerez facilement sur les feuilles et les tiges des Melons, où les grêlons laissent des taches qui grandissent, passent du jaune au brun et tuent la partie frappée. Pas de remède, mais des préservatifs : châssis vitrés et paillassons.

Les clous, les balles lancées par les armes à feu, les pierres, les cornes d'animaux, demeurent souvent dans les plaies qu'elles ont faites ; vous les y laisserez, à moins que vous puissiez les extraire sans trop agrandir la plaie. La cicatrisation se fait très-bien d'elle-même, et les corps ensevelis peu à peu dans le bois ne gênent pas la circulation de la séve.

La *nécrose* ou mort du bois est produite par les contusions, les brûlures, la taille mal faite, le froid, etc. Elle s'accuse par une portion de bois morte, sèche, presque toujours plus longue que large, enfermée dans les tissus sains. Tantôt vous abandonnerez la nécrose à la nature, tantôt vous l'attaquerez avec la gouge. Vous n'y donnerez pas lieu si, dans la taille et l'élagage d'un arbre, vous pratiquez obliquement la section de haut en bas, pour faciliter l'écoulement de la pluie, et si vous recouvrez la surface dénudée avec du goudron ou de la poix.

Les *helminthes entophytes*, petits vers minces, allongés, presque transparents, remplissent parfois le péricarpe du Blé (*blé hâve* ou *rachitique*) et le détruisent; l'humidité est favorable à leur développement et à leur vie; on ne connaît aucun moyen de les détruire.

Les *champignons entophytes* s'attaquent à toutes les parties des végétaux. On appelle *ergot* une maladie des semences des Graminées, qui s'allongent, deviennent d'un noir violacé, et sortent d'entre les balles sous la forme de petites cornes noires ou d'ergots. Tous ces ravages, comparables à ceux de la gangrène sur les créatures vivantes, sont dus probablement à la présence, encore assez mal constatée, d'un champignon vénéneux. Point de remède.

Les *champignons œcidies* attaquent les Composées, les Légumineuses, les Ombellifères; les champignons *rœstélies* croissent principalement sur les Poiriers; les *péridermium* se voient sur les feuilles des Pins; les *phragmidium* sur les Rosiers, les Framboisiers, les Fraisiers, etc.; la *rouille rouge* détruit les feuilles des Graminées; le *charbon* se rencontre sur le Blé, l'Avoine, l'Orge, le Millet, le Maïs, etc.; contre le charbon, le chaulage réussit assez souvent. La *fumagine* et le *miellat*, productions végéto-animales, recouvrent les stomates de la face supérieure des feuilles et les font périr. Les Orangers, les Citronniers, les Myrtes, les Cistes, les Érables, les Oliviers, sont particulièrement sujets à ces deux dernières maladies.

Le *gui* s'attache de préférence sur les Pommiers, les Saules, les Peupliers, les Tilleuls, etc.; plus rarement sur les Chênes. La *cuscute* prend pour victimes le Serpolet, le Lin, la Vigne; l'*orobanche* vit aux dépens des Légumineuses, du Serpolet, de l'Armoise des champs, du Chanvre, de la Fève. Les *mélampyres*, les *rhinanthes*, les *euphrasies*, se nourrissent des sucs de plusieurs espèces de plantes qu'elles épuisent. Il faut détruire ces dangereux parasites en sarclant avec soin.

Le *byssus* ou *blanc des racines* se développe sur les racines et les radicelles des Rosiers, des Pommiers, des Pêchers, etc.; il ressemble à du plâtre. Ce champignon est très-redoutable; souvent il ne manifeste sa présence qu'après avoir tué l'individu sur lequel il s'est fixé. On sauve quelques plantes atteintes de cette sorte de lèpre secrète, en les arrachant, en coupant les racines trop malades, en lavant toutes les racines encore saines ou à peu près à grande eau, en les brossant même, puis on replante dans une terre meuble, à l'abri des ardeurs du soleil.

SECTION DEUXIÈME. — ANIMAUX NUISIBLES.

Parmi les animaux mammifères nuisibles aux plantes nous citerons, le *rat*, la *taupe*, le *loir* et le *lérot*. Les rats élisent volontiers domicile dans les vieux murs dégradés où ils se multiplient, et d'où ils sortent, la nuit surtout, pour butiner les fruits des espaliers; le meilleur piége employé contre eux est le *quatre de chiffre* ainsi appelé à cause de la disposition particulière des petits bâtons qui maintiennent en équilibre une planche chargée d'un corps pesant; on l'amorce avec des morceaux de lard roux grillé. La taupe rend de vraies services en détruisant les larves d'insectes et certains oignons de mauvaises plantes, mais, d'un autre côté, elle bouleverse tellement le sol des jardins qu'on est obligé de lui donner la chasse. Son travail le plus actif se fait de dix heures à midi; on la surprend alors, d'un coup de bêche on la met hors de terre pour la tuer. Le loir et le lérot sont surtout redoutables pour les jardins voisins des bois et des parcs; ils vivent de fruits; on les prend dans des piéges en forme de cage d'osier, amorcés par un fruit bien mûr, mais dif-

fèrent de ceux qui sont à leur disposition sur l'espalier ;
les loirs et les lérots encore jeunes s'apprivoisent comme
les écureuils.

Parmi les mollusques, les *limaces* commettent, surtout
à l'automne et au printemps, de grands dégâts dans les
jardins, elles multiplient vite et deviennent un vrai fléau ;
faites chasser les limaces par le canard qui en est très-
friand ; ou bien jetez à plat, sur la terre, des feuilles de
Chou ou de Romaine ; les limaces viendront s'en nourrir
avec avidité et s'y abriteront même la nuit pour être plus
tôt à la curée le lendemain ; dès le matin, avant le lever
du soleil, vous les enlèverez ; au lieu de les écraser réga-
lez-en vos bêtes de basse-cour. Les limaçons ou escar
gots sont faciles à surprendre après les fortes ondées
dans la belle saison, car c'est alors qu'ils se répandent
partout, en quête d'une nourriture à leur convenance et
assez variée : plantes potagères, plantes d'ornement, fruits,
boutons de fleurs, etc. ; détruisez-les sans pitié : vous en
préserverez vos arbres à fruits et vos Dahlias en défendant
le pied de ces végétaux par un amas circulaire d'écailles
d'huîtres pilées dont les lames tranchantes suffiront pour
tenir vos ennemis à distance. On fait en Bourgogne et ailleurs un grand commerce d'escargots.

Insectes. — Le plus nuisible des insectes de nos climats
est le hanneton. Il paraît ordinairement en France dans
la seconde quinzaine du mois d'avril à l'état de larve,
pendant trois ou quatre ans il se nourrit alors des racines
de plantes ; à l'état d'insecte parfait, il en dévore les parties vertes ; secouez ou gaulez les arbres le matin, les hannetons tombent ; vous les écrasez et vous les donnez mêlés
à d'autres aliments, aux porcs, aux poules, etc., qui en
sont très-friands. Les femelles des hannetons pondent leurs
œufs en terre dans des trous de $0^m,08$ à $0^m,10$ de profondeur ; les larves sorties de ces œufs sont nommées *mans,*
vers blancs ou *turcs ;* les taupes les détruisent, mais en
bouleversant elles-mêmes le terrain d'une telle sorte que

le remède est presque aussi préjudiciable que le mal.

Les *cantharides* sont plus redoutables à l'état d'insectes parfaits, qu'à l'état de larves en mai ou en juin : en un jour elles détruisent tout le feuillage des Frênes, des Chênes, des Troënes sur lesquels elles s'abattent ; secouez ces arbres, dès le matin : les cantharides tombent engourdies sur les linges étendues préalablement à terre ; l'immersion immédiate dans le vinaigre les tue ; bien séchées, enfermées dans des pots vernissés à l'intérieur, elles se conservent trente ou quarante ans ; les pharmaciens les achètent assez cher.

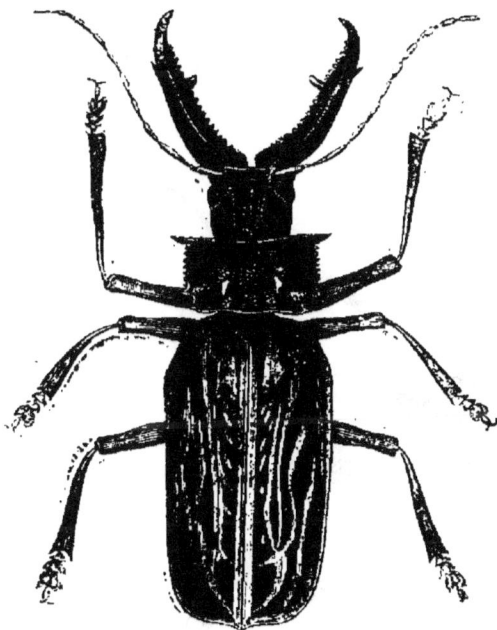

Fig. 12. — Lucane ou Cerf-Volant.

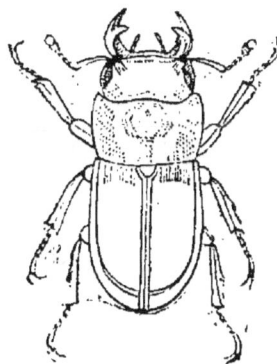

Fig. 13. — Biche ou Cerf-Volant (femelle).

La larve de *cerf-volant* (lucane) vit dans les tissus ligneux des vieux chênes, des arbres fruitiers ; quelquefois on réussit à la détruire partiellement en vidant les galeries qu'elle creuse et en les injectant d'un liquide brûlant.

La larve du *charançon des grains* paraît au commencement du printemps et se multiplie jusqu'en automne ; on conseille de recouvrir les tas de blés dévastés par cet ennemi, de feuilles de Noyer, de Sureau, d'Hièble, de Tanaisie ; nous doutons fort de l'efficacité de ce remède ; les meilleurs préservatifs sont les silos, les jarres, les tonneaux secs et bien bouchés.

Le. *charançon satiné vert* ou *lizette* pique les feuilles, en fait des cornets pour y déposer ses œufs d'où sortent des larves blanches et sans poils, déjà très-voraces dans cet état. L'année suivante, elles sont tout aussi dangereuses, à l'état d'insectes parfaits ; enlevez feuilles, œufs et larves et brûlez-les.

Les *scolytes destructeur* et *typographe,* s'attaquent aux Ormes et aux Pins ; enlevez l'écorce externe et rugueuse des arbres où ils s'établissent.

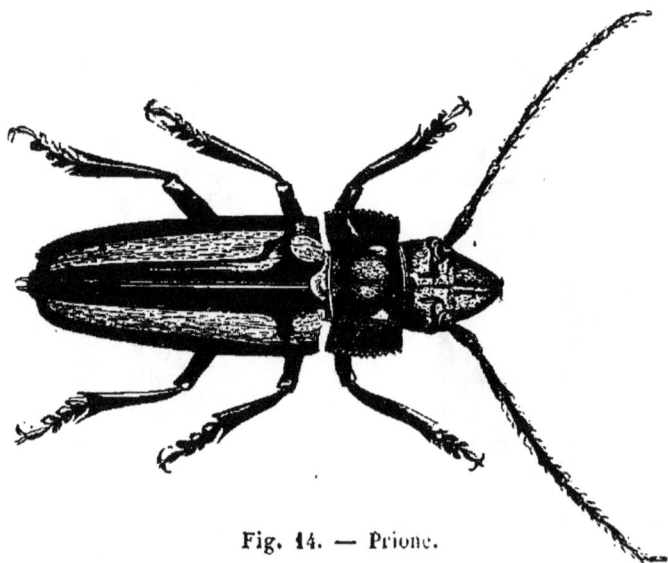

Fig. 14. — Prione.

Les *capricornes héros*, parasites des vieux Chênes, les *saperdes*, parasites des Blés et des Peupliers doivent être enlevés avec les parties du végétal par eux rongées.

Le *prione*, ainsi appelé d'un mot grec qui veut dire scie, par allusion à la forme de ses mandibules, est un insecte nocturne très-redoutable par les dégâts qu'il fait subir au Chêne.

L'*altise, tiquet* ou *puce de terre,* d'une belle couleur bleue métallique, se rencontre sur les jeunes plants de crucifères de nos potagers, Chou, Colza, Navet, et, dès leur germination, rongent leurs cotylédons, criblent leurs feuilles séminales d'une infinité de petits trous. Sarclez avec soin, secouez doucement les plantes atteintes, en promenant dans leur voisinage de large planches enduites de glu ou de goudron ; les altises effrayées sautent sur ces planches et se font prendre.

L'*eumolpe de la vigne, gribouri, coupe-bourgeon* ou *écrivain,* doit ce dernier nom aux traces qu'il laisse sur les feuilles par lui rongées, traces qui représentent assez bien les lettres A, I, L, V ; dépalissez et secouez avant le lever du soleil les ceps envahis par ces insèctes qui tombent dans une corbeille placée préalablement sous les branches; après quoi vous les détruisez.

Le *scarabée* et l'*eucampe* s'attaquent à toutes sortes d'arbres ; leurs larves sont très-voraces.

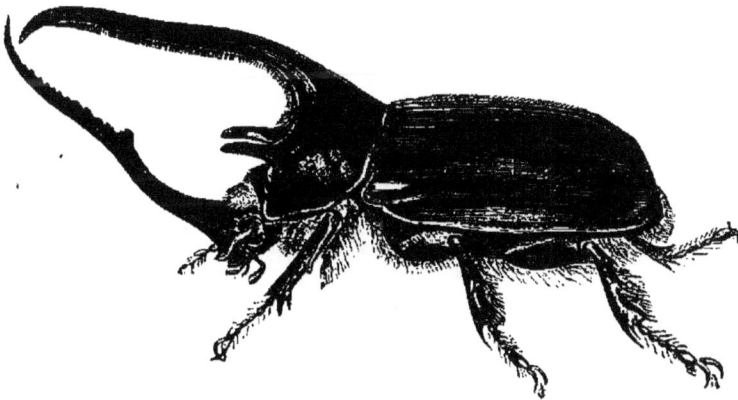

Fig. 15. — Scarabée.

La *chrysomèle à corselet noir,* parasite de la Vigne, la *chrysomèle galéruque* ennemie de l'Orme sont détruites par les fumigations de soufre. Il faut faire des battues générales en règle, contre les sauterelles et les criquets voyageurs, donner leurs cadavres à la volaille, ou les convertir en engrais.

La *courtillière* ou *taupe-grillon* dévore beaucoup de lar-

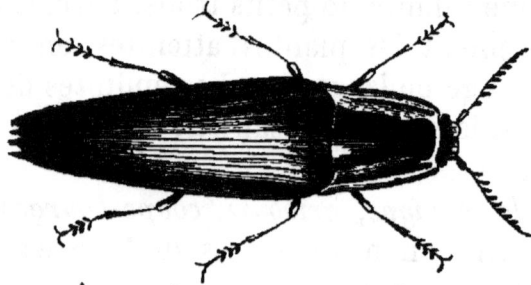

Fig. 16. — Eucampe.

ves, d'insectes et de vers, mais pour les chercher, elle brise et déchire toutes les racines qu'elle rencontre sur son passage; ses dégâts étant plus préjudiciables que ses services ne sont utiles, il faut la détruire en versant de l'eau et de l'huile ou de l'urine de cheval chauffée à + 40°, dans son nid, sorte de petit globe de terre bien pétrie avec ouverture dirigée vers la surface du sol à 0^m,01 ou 0^m,02 de profondeur.

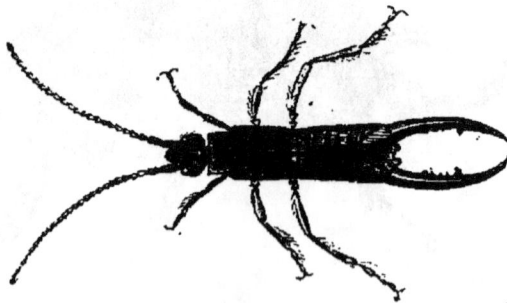

Fig. 17. — Perce-oreilles ou Forficules.

Les *perce-oreilles* ou *forficules* sont des maraudeurs nocturnes funestes aux œillets, etc., aux fruits, aux légumes; placez dans les endroits qu'ils fréquentent des ergots de porcs à l'intérieur desquels les forficules se réuniront à l'approche du jour ; vous les y surprendrez et puis les jetterez au feu.

Les *termites lucifuges* d'autant plus redoutables qu'ils sont invisibles pendant le jour, attaquent les Amandiers, les Pruniers, les Pêchers et autres arbres à suc gommeux, flétrissant les feuilles, desséchant les fruits ; les plantes annuelles, Dahlias, Balisiers, etc., touchés par eux meurent avant de fleurir ; faites parvenir jusque dans les profondeurs des refuges de ces insectes, quand vous les découvrez, du chlore ou de l'hydrogène sulfuré, à l'aide de tubes en verre ; ils mourront asphyxiés. Ils recherchent l'ombre : laissez le soleil bien éclairer les végétaux, voilà un moyen préservatif aussi simple qu'efficace.

La *guêpe* commune se nourrit principalement des fruits les plus mûrs et les plus savoureux ; inondez d'eau bouillante son nid ou guêpier, sorte de grosse boule d'environ $0^m,30$ à $0^m,33$ de diamètre, caché en terre ; ou asphyxiez toute cette maudite colonie par l'introduction dans sa demeure d'une mèche soufrée et enflammée. Si le nid échappe à vos recherches, attachez aux branches des arbres fruitiers : 1° des fioles pleines d'eau miellée où les guêpes ne tarderont pas à se noyer ; 2° des planches superposées, enduites de miel, mises en mouvement par une ficelle ; elles viendront se faire écraser dans ce piége primitif, mais sûr.

Les *abeilles* ne font aucun mal aux fleurs ; elles en facilitent au contraire la fécondation, en transportant le pollen des unes aux autres ; il est donc aussi odieux qu'absurde de détruire ces insectes utiles.

Sauterelles. — *Eremobia limbata, Bradyporus dasypus.* On reconnaît la sauterelle à ses pattes postérieures beaucoup plus longues que les antérieures, ce qui lui permet de faire de grands sauts : d'où son nom. Elle vole aussi, haut et loin ; le mâle fait entendre une sorte de chant en frottant ses cuisses contre ses élytres ; la femelle dépose

4

en terre ses œufs renfermés dans une membrane mince.
Ses larves ne diffèrent de l'insecte parfait que par l'absence
d'ailes et d'élytres. C'est surtout le *criquet* ou *sauterelle de*

Fig. 18. — Sauterelle.

passage qui occasionne des dégâts dans les champs; contre
la sauterelle et contre l'Eremobia limbata et le Bradyporus

Fig. 19. — Eremobia limbata.

Dasypus, qui lui ressemblent beaucoup, il faut organiser
de sérieuses battues; on utilisera leurs cadavres comme

Fig. 20. — Bradyporus Dasypus.

nourriture des oiseaux de basse-cour et des cochons. Les
lézards et les grenouilles font une guerre acharnée aux

sauterelles dont ils détruisent en une journée des quantités considérables.

Cochenille. — Il serait injuste de ne dire que du mal de cet insecte dont plusieurs espèces, la *cochenille du cactus*, la *cochenille de Pologne*, etc., sont recherchées pour la belle couleur rouge qu'elles fournissent, mais il faut détruire sans pitié : la *cochenille du figuier*, la *cochenille des orangers*, la *cochenille des serres*, la *cochenille du pêcher*, si funestes aux feuilles et aux fruits des arbres ; les cochenilles s'accumulent par plaques à l'insertion des grosses branches. La femelle, ainsi fixée sur l'arbre, sécrète une matière cotonneuse dont elle s'enveloppe et dans laquelle elle dépose ensuite ses œufs ; en mourant elle lègue à sa

Fig. 21.
Cochenille.

progéniture sa peau desséchée comme un abri impénétrable à la pluie et au froid.

Blatte. — Cet insecte ne se montre que la nuit, il attaque non-seulement les feuilles et les fruits, mais le pain,

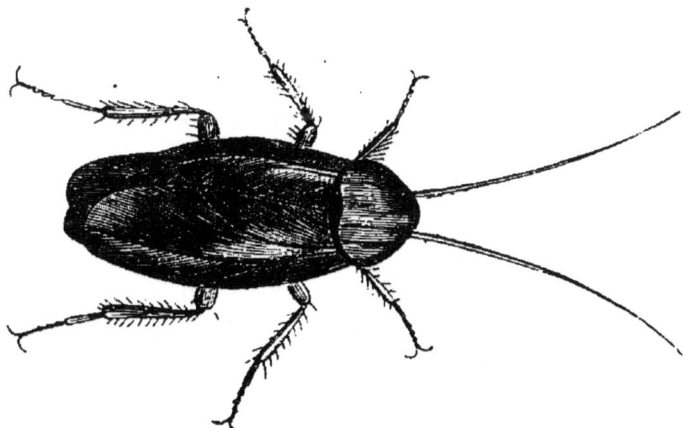

Fig. 22. — Blatte.

la farine, le poisson, etc. ; la lumière l'épouvante ; il se laisse facilement prendre. On reproche au *grillon* des dégâts du même genre.

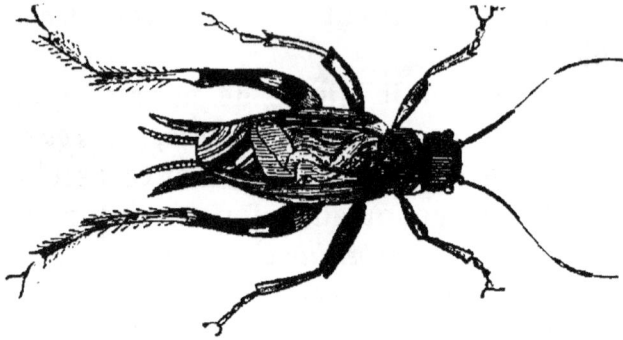

Fig. 23. — Grillon.

La *fourmi noire* nuit aux plantes par ses travaux souterrains et se nourrit de fruits mûrs, Pêches, Abricots, etc.
Attirez-la donc dans des fioles pleines d'eau sucrée et miellée ; répandez sur son passage habituel un mélange de
fruits mûrs écrasés et d'arsenic blanc ou de sublimé cor-

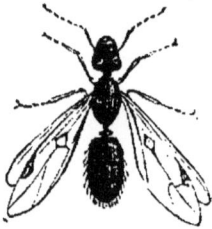

Fig. 24. — Fourmi ailée.

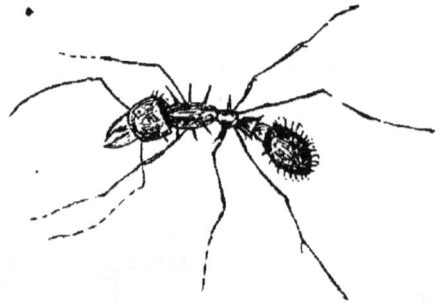

Fig. 25. — Fourmi.

rosif qui l'empoisonnera : détruisez-la en masse dans son
habitation en y répandant, le soir, de l'eau bouillante avec
quelques cuillerées d'huile.

Les *cynips*, les *diploptères*, les *cécidomies* font naître sur
les différentes parties des Chênes, des Pins, des Saules,
des Ormes, des Erables, des Rosiers, du Lierre, etc., des
excroissances nommées *galles*, si elles sont fermées de
tous côtés ; *fausses-galles*, si elles gardent quelques com-
munications avec le dehors.

Les *pentatomes des potagers* causent des dommages aux fleurs et aux légumes ; secouez les végétaux atteints par eux, au-dessus d'un vase à large ouverture, bien vernissé ; ces insectes y tombent et vous les brûlez. Vous reconnaîtrez facilement les pucerons aux deux cornes ou mamelons d'ordinaire dirigés en haut et fixés à l'extrémité de l'abdomen ; de ces mamelons sort un liquide sucré dont les fourmis se montrent très-avides ; d'où le nom de *vaches des fourmis*, donné aux pucerons ; ces mères improvisées et leurs nourrissons vivent en bonne intelligence et se fréquentent de jour et de nuit. Les pucerons piquent et sucent les feuilles, les déforment, les imbibent d'une matière visqueuse très-nuisible. Le puceron vert est l'ennemi particulier des Rosiers, dont il détruit les jeunes pousses et les boutons ; des Choux, Choux-Fleurs, Navets, Radis. On s'en débarrasse par des fumigations de tabac faites sous cloche le matin ou le soir, par un temps calme ; enlevez la cloche dès que les pucerons tombent asphyxiés, afin que la fumée se dissipe sans nuire à la végétation.

Le *puceron noir* regardé avec raison comme le même que le précédent et qui doit, sans doute, sa couleur noire au suc de la Fève dont il est très-avide, attaque toujours cette plante par les feuilles du sommet ; retranchez ces feuilles et brûlez-les.

Le *puceron lanigère* ou porte-laine, bien différent des pucerons vert et noir, n'a de commun avec eux que sa propagation d'une rapidité effrayante ; il vit aux dépens des Pommiers de nos vergers, du Pommier d'ornement à fleur semi-double, sur l'écorce desquels il détermine des chancres de mauvaise nature, très-souvent mortels ; pratiquez contre lui le *coulinage*. Cette opération consiste à promener, en hiver,

Fig. 26.
Puceron grossi.

sur les arbres infectés par cet insecte, la flamme modérée

4.

d'une torche de paille tordue et résineuse; vous grillez ainsi les poils du puceron lanigère qui ne tarde pas à périr; l'action de ce feu est trop passagère pour attaquer l'écorce du végétal.

La *tenthrède ou mouche à scie*, est ainsi appelée, parce qu'elle est. armée d'une sorte de scie avec laquelle elle entaille l'écorce de la plante à laquelle elle confie son œuf; cet œuf croît et vit aux dépens du

Fig. 27. — Tenthrède méridionale (femelle).

végétal, et se change en une fausse chenille, puis en insecte parfait dont nous donnons ici la figure.

Libellule ou *demoiselle*. — C'est à tort que l'on fait la guerre à la libellule si bien nommée par Linnée, l'*épervier des insectes*, qu'elle détruit en effet par centaines, en

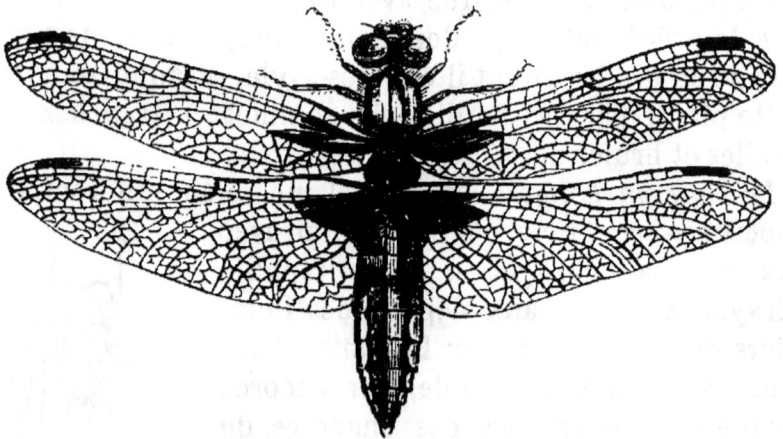

Fig. 28. — Libellule déprimée (femelle).

un jour, sans nuire à aucune plante. Les rossignols, les fauvettes, détruisent les chenilles par milliers; attirez donc ces oiseaux insectivores en tenant à leur disposition, dans l'endroit le plus tranquille de votre potager, à l'ombre des berceaux, des auges pleines d'eau, des sébiles de buis garnies de vers de farine ; vous serez amplement récompensé de ces prévenances peu coûteuses; mais que cela ne vous dispense pas de détruire tous les nids de chenilles à la taille d'hiver, d'en rechercher les œufs, au point de jonction des branches, dans les fentes de l'écorce. Si, malgré vos soins diligents, les chenilles se multiplient, surprenez-les le soir, au moment où réunies en paquets sur les rameaux, elles vont s'endormir, et faites les périr en les arrosant d'eau de savon ; après quoi, lavez à l'eau fraîche la place inondée par ce liquide corrosif.

La *piéride du chou* perfore de part en part les feuilles de cette plante et ne laisse souvent que les côtes et les nervures ; chassez-la de nuit, à la chandelle, ou le matin, avant le lever du soleil ; elle se cache en terre pour se préserver de la chaleur du jour.

La *fiente* du porc employée comme fumure du houblon, le préserve quelquefois de son ennemi dangereux : *l'hépiale du houblon*.

La *livrée*, la plus commune des chenilles, doit son nom aux lignes longitudinales de couleurs variées dont son dos est marqué; on la détruit au printemps dans son nid facile à trouver.

Épargnez les larves du *carabe sycophante*, favorisez-en même le développement : ces larves dévorent par centaines les *chenilles processionnaires* dans leurs nids.

La *chenille à queue d'or* est très-commune, très-féconde, velue, brune ; elle a seize pattes : elle vit aux dépens de toutes sortes d'arbres aux branches desquels elle colle de gros paquets blancs et soyeux ; profitez du moment où elle s'y retire, coupez et brûlez ces branches.

La *chenille du saule* hache de petits fragments de bois et, les mêlant avec de la soie, en forme une coque très-dure et très-solide qu'il faut détruire.

Donnons seulement les figures de quelques autres che-

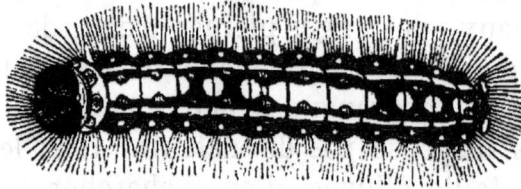

Fig. 29. — Chenille du saule.

nilles très-nuisibles; les décrire serait dépasser les limites
de cet ouvrage.

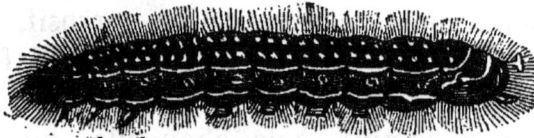

Fig. 30. — Chenille du peuplier.

Fig. 31. — Chenille du sapin.

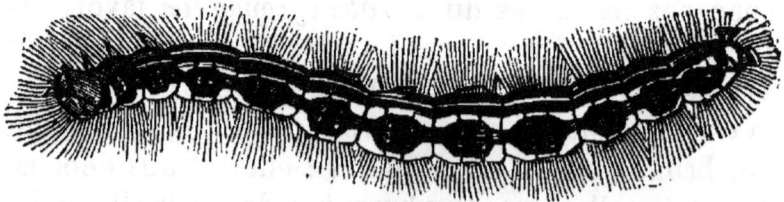

Fig. 32. — Chenille ilicifolia.

Le nid de la *chenille du chêne* est difficile à trouver. Des
lanières égales, quatre ou cinq fois plus longues que larges
se recouvrent les unes les autres et se réunissent en cer-

tains endroits par une véritable couture finement faite ; le tout forme une sorte de hotte; la chenille du chêne a l'odorat très-fin, elle sent de loin son ennemi.

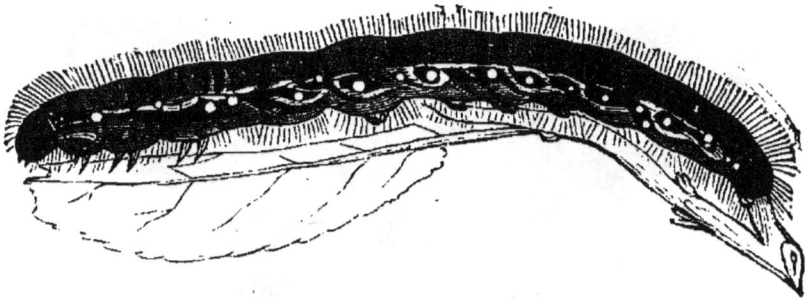

Fig. 33. — Chenille du chêne.

Fig. 34. — Autre chenille du chêne.

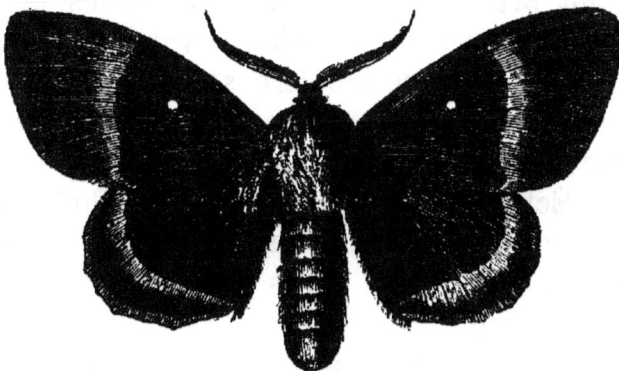

Fig. 35. — Papillon du chêne (mâle).

C'est au printemps que les milliers d'œufs pondus par les papillons éclosent et donnent le jour à des milliers de chenilles ; si vous avez négligé de détruire les œufs, détruisez les chenilles ; sans tenir nul compte de la beauté merveilleuse de leurs ailes, détruisez la plupart des papil-

Fig. 36. — Papillon demi-paon de nuit (mâle).

lons de jour et de nuit. Le *paon* et le *demi-paon de nuit* sont très-communs dans les jardins des environs de Paris ; ils ont des ailes épaisses, larges et grises, avec plaques brunâtres et lignes rougeâtres en zigzag ; un œil large, brun, bordé de noir, noir au centre, occupe le milieu de chaque aile.

La *pyrale* est longue d'environ 0^m,020, à tête et à premier segment bruns, verte ou jaunâtre dans les autres parties ; elle roule les feuilles où elle s'abrite le jour, profitant de la nuit pour commettre ses ravages effrayants sur les tiges, les fleurs et les grappes de la vigne. On trouve les œufs recouverts d'un mucilage verdâtre à la surface des feuilles. Échaudez les ceps, passez les échalas au feu ; donnez la chasse à l'insecte parfait, papillon qui vient étourdiment se brûler aux petits feux allumés la nuit, de distance en distance.

On ne connaît point de préservatif contre l'*œcophore olivelle* si funeste au Blé, au Seigle et à l'Orge.

Il est utile de laver pendant l'hiver l'écorce des arbres fruitiers avec un fort lait de chaux, pour détruire, au moins en partie : les larves des *pyrales* des pommiers et des poiriers, ce sont ces larves qui rendent les *fruits véreux*.

L'Olivier a pour ennemi le *chiron* ou larve du *Dacus oleæ*.

Défendez avec soin vos serres et vos châssis contre l'*armadille* (cloporte-boule), et surtout contre les *cloportes* communs si nombreux dans les caves, les lieux humides ; ils coupent les plantules et les rongent jusqu'au cœur. Vous les prendrez par le moyen indiqué plus haut pour prendre les Perce-oreilles.

CHAPITRE V

Légumes vivaces et légumes proprement dits : 1° Artichauts, Asperges ; — 2° Pois, Haricots, Fèves, Lentilles.

L'Artichaut est une plante à longues et fortes racines, originaire de la Barbarie et de l'Europe méridionale (Composées). Ses variétés les plus remarquables sont :

L'Artichaut de Provence, ou artichaut sans foin, à tête allongée ; il est moins charnu mais plus hâtif que ceux dont nous parlerons ci-après ; il craint la gelée et ne peut se cultiver avec succès que dans nos départements du Midi. — L'A. *gros camus de Bretagne* à tête large, aplatie, d'un vert peu foncé, est assez précoce, mais pas très-charnu ; il prospère particulièrement en Touraine et dans la plupart des départements du centre de la France. — L'A. *gros vert de Laon*, à écailles pointues, divergentes, est le meilleur, le plus estimé et le plus cultivé des artichauts sous le climat de Paris et des environs. — L'A. *violet hâtif* est petit, mais très-délicat, il se mange plutôt cru, à la poivrade, que cuit.

On multiplie l'Artichaut par la séparation des rejetons ou œilletons détachés, d'ordinaire à la mi-avril, des anciennes souches ; chaque pied peut fournir 6 à 12 rejetons ; on conserve les deux ou trois plus beaux sur la souche, on éclate les autres le plus près possible de la racine afin de les enlever avec leur talon ; on raccourcit les feuilles à la longueur de 0ᵐ,16, et l'on plante en échiquier de 0ᵐ,80 à 1 mètre de distance, en terrain préalablement bien ameubli et bien fumé ; si cela est possible, le fumier doit être étendu dans tout le carré d'artichauts. Il faut mouiller largement et donner un fort arrosage de deux jours en deux jours jusqu'à ce que la végétation soit vigoureuse ; en automne se fera la première récolte. L'Artichaut craint les rigueurs de l'hiver. A l'approche des gelées on coupera très-près des racines les tiges montées, et l'on buttera chaque pied par un temps sec, afin que la terre ainsi entassée ne garde pas une humidité qui engendrerait la pourriture ; de plus, on couvrira chaque touffe de feuilles ou de litières faciles à soulever quand l'air est chaud, à abattre quand reprend le froid. Vers la fin de mars, litières et feuilles seront enlevées, les buttes de chaque pied détruites ; le sol nivelé recevra un bon labour, chaque touffe ne devra conserver que deux ou trois des plus forts œilletons. Il est toujours bon, par prévoyance, d'arracher, avant les gelées, quelques pieds qui, plantés dans une cave saine ou dans un cellier, échapperont aux atteintes de la mauvaise saison et formeront une réserve précieuse. Cependant, si l'hiver a détruit tous les pieds, il reste le semis. On le fait en février ou en mars, sur couche tiède et sous châssis, en pots ou en plein terreau, on fait aussi le semis en place à la fin d'avril, ou au commencement de mai, en planches, en séparant deux ou trois graines par chaque fossette terreautée. Un plan d'Artichauts ne donne guère un bon rapport que pendant quatre ans ; renouvelez-le donc la troisième année ; vous pouvez, à la fin de l'été, empailler et blanchir vos vieilles pousses comme des Cardons. La graine d'Artichaut conserve cinq ou six ans ses propriétés germinatives ; elle fait cailler le lait sans communiquer au fromage une mauvaise saveur.

L'Asperge (Liliacées) est un légume indigène dans plusieurs parties de la France et surtout dans le Var, à racine vivace nommée *griffe* ou *patte*, produisant chaque année des tiges nouvelles qui meurent à la fin de l'été. Il y a deux variétés principales : L'A. *verte* ou *commune*; la *grosse-violette* ou A. *de Hollande*. D'ordinaire on sème la graine d'Asperge en pépinière, en octobre, ou de la mi-février à la fin de mars, à la volée, ou mieux, en rayons. Il faut choisir un sol léger, mais fertile; une terre forte mais bien amendée avec beaucoup de cendres ou de sables siliceux; on recouvrira la graine de 0^m,02 à 0^m,03 de terre et de terreau; on arrose, on sarcle et l'on bine délicatement, de peur d'enlever, avec les mauvaises herbes, les asperges naissantes, d'abord menues comme des fils, et à peine visibles. Ce plant s'emploie dès la première année, quoique l'habitude soit de le laisser croître deux ans; si l'on suit cet usage, on continuera la seconde année les soins donnés pendant la première.

L'important et le difficile est de bien établir le plant à demeure. Certains jardiniers creusent des fosses d'environ 1 mètre de profondeur dont ils enlèvent toute la terre pour la remplacer par une terre plus féconde étendue sur un lit de plâtras, de gros sable, des détritus de Genêt, de Bruyère, etc., avec engrais : tourbes, vases et curures de fossés et d'étangs, etc. D'autres jardiniers se contentent de faire des tranchées de 0^m,30 à 0^m,40 de profondeur bien fermées; d'autres labourent et fument simplement le fond, puis plantent et sèment à plat. Ils varient aussi la disposition et l'espacement des plants; tantôt ils réunissent jusqu'à trois ou quatre rangs d'Asperges dans une fosse ou planche large de 0^m,90 à 0^m,60 avec ados; tantôt ils plantent par lignes isolées également distantes les unes des autres de 0^m,50 à 1^m,60, utilisant d'ailleurs ces grands intervalles par d'autres cultures. Sans vouloir nullement critiquer ces méthodes, qui ont de bons résultats (malgré les ados déclarés ici nuisibles par l'expérience), nous conseillons de procéder de cette façon : après avoir bien fumé votre terrain, tracez dans les planches dirigées de l'est à l'ouest, vos lignes au cordeau, marquez sur la largeur de chacune d'elles la place de chaque plant par une petite butte de terre, puis sur cette place même, et sans tarder, établissez votre griffe qui craint la sécheresse d'une exposition prolongée à l'air et veut que son chevelu soit ménagé avec le plus grand soin ; terreautez chaque planche ; arrosez, binez, sarclez. Vers la fin d'octobre ou en novembre, vous couperez les tiges sèches. Pour la culture ultérieure, vous prendrez la terre nécessaire à vos rechargements annuels en automne dans les intervalles qui se creusent de plus en plus en forme de rigoles, tandis que le sol s'exhausse autour des Asperges ; vous ferez, au printemps, un léger petit labour ou un crochetage à la fourche ; vous fumerez tous les deux ou trois ans avec du fumier court au commencement ou à la fin de l'hiver.

Si le sous-sol est d'une nature ingrate et toujours humide, mieux vaut planter à plat en maintenant entre les planches des intervalles de 0^m,60. Si, au lieu de planter des griffes, vous semez sur place, voici ce qu'il vous faudra faire : Votre terrain bien préparé, bien fumé, comme nous l'avons dit ci-dessus, vos lignes tirées au cordeau, enfin vos distances fixées, creusez une fossette, où dans le premier cas vous auriez élevé une butte, et semez à 0^m,03 l'une de l'autre 3 ou 4 graines que vous recouvrirez de terreau. Quand le plant sera bien levé, vous arracherez les sujets les plus faibles pour ne garder que les plus vigoureux ; tout le reste de la culture des semis est semblable à la culture par griffes, mais vous n'aurez les produits de votre semis qu'une année plus tard. Pour se procurer des asperges entièrement blanches, il faut les couper entre deux terres, dès que leur sommet apparaît au-dessus du sol; à Paris et dans les environs, on les récolte dès qu'elles ont émis hors de terre une pousse colorée légèrement en vert et en violet, longue d'environ un décimètre. Servez-vous d'un couteau court pour ne pas attaquer le plateau central des griffes. Ne cherchez jamais à faire succéder l'Asperge à l'Asperge même; elle fatiguerait trop le sol; elle ne peut croître à la même place qu'après un intervalle d'au moins dix ans.

Les Asperges les meilleures à forcer sont celles qui ont au moins cinq ou six ans ans de plantation. Quand on veut les chauffer, on creuse et on enlève la terre des sentiers qui séparent les planches et on la remplace par du fumier chaud et foulé; on recharge les planches avec la terre des sentiers mêlée de fumier frais et l'on recouvre avec les châssis vitrés. Cette opération se fait en décembre ou en mars. De temps en temps on ôte le fumier de l'intérieur des châssis et l'on coupe les pousses, dites Asperges blanches, parce qu'elles ont peu de couleur. Un fumier nouveau remplace le fumier épuisé; pendant la nuit, des paillassons ou de la litière défendent les Asperges du froid et de l'humidité et sont enlevés le jour, s'il ne gèle pas. Le plant doit se reposer un an; on le chauffe l'année suivante. On obtient par un procédé analogue les Asperges vertes forcées.

SECTION DEUXIÈME. — POIS, HARICOTS, FÈVES, LENTILLES.

Le Pois (Papilionacées) est originaire du midi de l'Europe. Il demande une terre saine et légère où il ne faut pas le cultiver plusieurs années de suite, si l'on veut qu'il soit riche et beau. On le sème en touffes ou en rayons, à exposition chaude. Vous ferez des rayons à $0^m,20$ environ les uns des autres et dans chacun des trous creusés à $0^m,35$ d'intervalle, vous mettrez 5 ou 6 Pois. Jusqu'à la récolte, binez, sarclez, ramez les grandes espèces, pincez les espèces hâtives à la 3° ou 4° fleur. Les Pois originaires des pays chauds ne supportent la culture à l'air libre que quand il ne gèle plus ; cependant les *Pois de la Sainte-Catherine* peuvent être risqués le long des murs exposés en plein midi, lors même que les froids sont encore à redouter. Pour les primeurs, construisez des couches recouvertes de 0^m,25 à 0^m,30 de terre ; semez en novembre, décembre, janvier ; bâches, couches ou châssis. Pincez à 3 ou quatre fleurs ; vous replanterez le plant, fait en pépinière, quand il aura 0^m,08 ou 0^m,10. Dès que vos Pois auront atteint de 0^m,22 à 0^m,25, il faudra, avant la floraison, les coucher au fond du châssis, en posant doucement des lattes sur leurs tiges afin de les maintenir à plat trois ou quatre jours ; les lattes enlevées, les têtes se redressent et continuent à pousser, leur partie inférieure seule restant couchée ; cette courbure artificielle développe beaucoup la fructification de ce légume. Indiquons quelques-unes des plus importantes variétés de Pois.

Pois à écosser nains. Le *nain hâtif* se sème ordinairement avant l'hiver, au pied des murs exposés au midi ; il a pour caractère distinctif de prendre fleur dès le 2° ou le 3° nœud. — Le P. *nain de Hollande*, plus petit que le précédent et de saison moyenne, a les cosses et les grains petits, on peut le mettre en bordure dans les terres ordinaires ; on l'élève aussi sous châssis. Le P. *très-nain à châssis* atteint à peine à 0^m,16 de hauteur, il est très-précoce ; sa cosse contient cinq grains. — Le P. *gros nain tardif* donne de gros grains de bonne qualité ; fort et trapu il veut plus d'espace que les précédents. — Le P. *nain vert petit*, et le P. *nain vert de Prusse* sont deux espèces productives à grains fins et délicats.

Pois à écosser à rames. — Le P. *Michaux de Hollande* se sème à la fin de février ou au commencement de mars ; pincé, il se passe de rames ; il supporte difficilement l'hiver et ne vient pas dans les terrains humides. — Le P. *Michaux* ou *petit Pois de Paris*, aussi précoce que bon, se

sème avant l'hiver au pied des murs exposés au midi;
on le pince à 3 ou 4 fleurs; on le rame dans les bonnes
terres; sa sous-variété, le P. *de Ruelle* demande les mêmes
soins. — Le P. *de Clamart* ou *carré fin* donne un grain
serré et sucré; on le sème en plein champ et sans rames,
pour l'arrière-saison; dans les jardins il faut le ramer.
— Le P. *gros vert normand* à grandes rames est tardif,
mais donne un grain d'excellente qualité en sec. — Le
P. *géant* a des grains d'une grosseur extraordinaire, mais
mous et peu savoureux. — Le P. *carré blanc* est bon et
sucré, mais s'emporte trop souvent en tiges et en feuilles.
— Le P. *fève* grand et tardif a de gros grains tendres peu
sucrés. — Le P. *vert de Noyon* se contente d'un terrain
très-ordinaire; il est demi-hâtif et productif. —Le P. *ridé*,
originaire d'Angleterre, est sans rival pour ses grains sucrés gros et ridés, enfermés dans une cosse longue, grosse
et bien pleine. — Le P. *ridé nain blanc hâtif* réunit la pré-
cocité des P. Michaux aux qualités des P. ridés. Le P. *turc*
a deux variétés, l'une à *fleur rouge*, l'autre à *fleur blanche;*
il charge beaucoup et donne un grain peu estimé. — Le
P. *à cosse violette* fournit un grain grisâtre, très-gros,
farineux, un peu dur, enfermé dans une cosse violet-
pourpre. A la cuisson, il prend la teinte du café torréfié; il
a le goût de la petite fève de marais.

Pois sans parchemin ou *mange-tout*. Le P. *sans parchemin nain et hâtif* de Hollande, vient très-bien en pleine
terre; on le cultive aussi sous châssis. Le P. *sans parchemin blanc à grandes cosses* ou *corne de bélier* est tardif, il
produit beaucoup dans de bons terrains. — Le P. *sans
parchemin à demi-rames*, moins tardif que le précédent, a
une cosse moins large, mais plus remplie. — Le P. *sans
parchemin nain ordinaire* a des cosses petites, mais très-
nombreuses et très-tendres. — Le P. *géant sans parchemin*,
cultivé surtout dans les environs de Paris, l'emporte sur
toutes les autres espèces par la largeur et la grandeur de
ses cosses.

Le P. *sans parchemin à cosses jaunes* se cultive comme le P. sans parchemin ordinaire dont il a les qualités et qui l'a fourni. — Le P. *sans parchemin à cosses blanches*, ainsi appelé à cause de la couleur blanchâtre de ses cosses, est d'une assez bonne qualité ; il veut être ramé.

Les Pois, surtout les plus précoces, ont pour ennemie la *bruche*, coléoptère dont la femelle pond des œufs dans chaque graine à peine formée, afin que ses larves y trouvent dès leur naissance une nourriture abondante ; on éviterait peut-être, au moins en partie, les ravages de cet insecte, en semant au commencement de mai ou en avril ; d'ailleurs, le Pois percé par la bruche est encore bon pour les semis quand le germe reste intact, ce qui arrive souvent.

Il ne faut écosser les Pois mûrs, gardés comme grains de semence, qu'au moment de les confier à la terre ; ils conservent plusieurs années leurs propriétés germinatives.

Pois chiche. — Cette plante voisine des Pois, mais d'un genre différent, se sème au printemps et se récolte en automne, sous le climat de Paris où elle ne mûrit pas complétement ; on fait des purées aux croûtons avec son grain naturellement un peu coriace et de digestion difficile. Dans les pays chauds, on sème en automne et l'on récolte en été. Le Pois chiche bas et trapu, n'a pas besoin de rames. Pour le nord de l'Europe, on préfère avec raison le P. *chiche rouge* à grain brun, plus hâtif que le P. *chiche commun*.

Le Haricot (Papilionacées) est originaire de l'Inde ; il ne réclame pas autant de soins que le Pois. Il lui faut une terre douce, légère, un peu fraîche, bien fumée avec un engrais consommé ; vous y sèmerez par touffes les espèces hâtives vers le 20 avril : cinq ou six grains par trou ; vous donnerez deux binages en rechaussant légèrement au second. Il faut attendre, pour les autres espèces, la première quinzaine de mai ; juin et juillet pour les *suisses*

et, en particulier, pour le *nain hâtif de Hollande* et le
flageolet, préférés par les maraîchers des environs de Paris.

Si votre terre est argileuse et compacte, augmentez la
quantité d'engrais, retardez vos semis ; recouvrez peu la
graine. Dans les terres fortes, préférez au semis en
touffes, le semis en ligne, grain par grain à environ
$0^m,08$ de distance, avec entre-lignes de $0^m,30$ à $0^m,40$.
Mêlez à la terre des cendres de bois, de tourbe ou de
houille, en petite quantité.

Les semis de Haricots verts se continuent pendant juillet et même jusqu'à la mi-août ; si vous faites ces derniers
sur plates-bandes, bien abritées quand l'année n'est pas
trop sèche, ces produits tardifs ne mûriront pas avant
l'arrivée des gelées, mais comme haricots verts ou comme
haricots écossés frais, ils vous dédommageront amplement de vos peines.

A l'aide des châssis, du fumier et des réchauds, on peut
avoir des Haricots verts nouveaux pendant une grande
partie de l'hiver et pendant tout le printemps, en semant
sur couche chaude ; on repique le plant tout jeune sur
des couches moins chaudes, par touffes de trois ou quatre
plantes, à intervalles de $0^m,30$; il faut aérer de temps en
temps et surtout à l'époque de la floraison ; essuyer la
vapeur qui s'attache au vitrage ; enfin arroser abondamment. La variété préférée, dans ce cas, est le *Haricot nain de
Hollande* qui donne ses produits après deux mois et demi à
trois mois du culture ; il ne faut ni le coucher ni l'étêter.

Citons comme nouveautés : Le *Bicolore* d'*Italie* sans parchemin. — Le H. *jaune hâtif* de *six semaines*; le H. *Valentin
nain hâtif sans parchemin*.

Le *Haricot d'Espagne* est une plante d'ornement connue
par ses belles grappes de fleurs d'un rouge écarlate ; on
arrache sa racine de la forme et de la grosseur d'un
navet, pour la conserver à la cave dans du sable frais et
la replanter en mars ; il fleurit et donne indéfiniment
des graines.

FÈVE (Papilionacées). — La Fève se contente de tout terrain, mais elle préfère un sol frais, bien fumé, non exposé au plein soleil. On la sème en février, en mars et en avril, en lignes, ou par touffes en mettant 3 ou 4 graines dans chacun des trous, espacés d'environ 0ᵐ,30-35 ; au second binage on les rechausse pour les fortifier ; dès que la fleur est passée, il faut pincer l'extrémité de la tige et des branches afin de hâter la formation des cosses inférieures. Si l'on enlève la fève au quart ou à la moitié de son volume normal, on coupe les tiges au niveau du sol, on les défend contre la sécheresse et, de cette manière, on obtient une seconde récolte en automne.

Parmi les principales variétés, citons : la *Fève des marais*, originaire de la Perse ; la grosse F. *ordinaire*, la F. *de Windsor*, de forme arrondie ; la *naine hâtive ;* la *Julienne ;* la *naine rouge*, la plus hâtive et la plus naine de toutes ; la F. *verte* tardive, race très-productive, originaire de la Chine ; la F. *à longue cosse*, hâtive et bien fournie.

Les Fèves gardées dans leurs cosses conservent leurs facultés germinatives plus de cinq ans.

LENTILLE (Papilionacées). — On sème la Lentille en mars et avril, de préférence dans les terrains secs et sablonneux, en lignes ou par touffes. Une variété dite *Lentille à la Reine*, L. *rouge*, a la graine petite, rousse et bombée ; elle est d'un goût plus fin que la L. *commune*. Quelques personnes, fidèles aux usages des anciens, font germer les Lentilles avant de les faire cuire, pour augmenter leur goût sucré ; il ne faut battre la Lentille qu'au moment de la semer ou de la manger, de cette manière elle se conserve bien pendant deux ans.

La GESSE se sème comme le Pois et se mange en purée.

CHAPITRE VI

Légumes-racines : Carottes, Navets, Panais, Radis, Raves, Raiforts, Salsifis, Scorsonères, Betteraves, Pommes de terre, Topinambours (1).

CAROTTE. — La Carotte est une plante bisannuelle, indigène (Ombellifères). Elle compte un grand nombre de variétés ; nous citerons seulement les principales.

Parmi les rouges, les plus estimées sont : la *rouge courte de Hollande;* la *rouge anglaise d'Altringham;* la *rouge longue commune;* la *rouge demi-longue* ou *carotte de Meaux.* — Les Carottes rouges ont, en général, plus de goût que les jaunes et les blanches. La Carotte rouge courte de Hollande est précoce, de bonne qualité, préférable pour les semis d'automne et du commencement du printemps. Les jardiniers des environs de Paris en ont obtenu une sous-variété très-recherchée pour les ragoûts ; la *rouge d'Altringham* et la *rouge de Meaux* ont une belle couleur et une saveur très-agréable. La R. *longue commune* et la R. *pâle*

---

(1) On rattache à tort ces deux dernières plantes à la section des légumes-racines, puisque les parties comestibles de la Pomme de terre et du Topinambour sont des tubercules et non de vraies racines.

de Flandre se conservent mieux d'une année à l'autre que toutes les autres Carottes.

Parmi les *jaunes* on ne cultive dans les jardins que la *jaune courte* et la *longue d'Achicourt*, près d'Arras, toutes deux d'excellente qualité.

Parmi les *blanches*, les plus estimées par leur douceur et leur faculté à se conserver longtemps, sont : la *blanche commune*, la *blanche de Breteuil*, la *blanche transparente*, la *blanche à collet vert ;* la *violette* jaune à l'intérieur et très-sucrée, mais sujette à monter, si on la sème de bonne heure, et de conservation très-difficile en hiver. — La *Carotte violette d'Espagne*, d'un violet presque noir, ou *Carotte noire de l'Inde* est plutôt un objet de curiosité qu'un vrai légume de potager.

La Carotte demande un sol gras et profond ou une terre franche et douce, fumée dans l'année ou, au plus tard, dans l'automne qui précède les semis. On commence les semis dès février, à exposition abritée, alors qu'on n'a à craindre ni l'araignée ni le limaçon; les semis de mars, avril, mai et juin sont plus exposés aux attaques de ces deux ennemis redoutables; c'est en septembre qu'on sème la Carotte hâtive qui passe l'hiver en place, et fournit des racines nouvelles au printemps et au commencement de l'été. On sème à la volée, ou en lignes espacées de 0^m,15-20, environ 40 à 50 grammes de graines par are ; on recouvre au râteau ; quelquefois on met un peu de terreau ; si le sol est léger et sablonneux, il faut le tasser avec le rouleau. Les graines de Carottes mettent longtemps à lever et demandent des soins assidus; il faut les sarcler, les éclaircir de manière à laisser au moins un espace de 0^m,15 entre chaque pied. Lorsqu'il manque du plant, on en repique, en prenant bien garde à l'extrémité des racines.

La graine employée doit avoir deux ans; être préalablement bien frottée et débarrassée de ses poils.

On récolte de bonne heure la Carotte courte; la longue

résiste aux gelées, quand on l'abrite par une couche de sciure de bois ou de litière ; il est toujours prudent de ne pas attendre les rigueurs de l'hiver pour la rentrer et pour choisir les racines porte-graines.

Pour la culture forcée, on sème de préférence la Carotte grelot, sous châssis et sur couche chargée de 20 à 25 cent. de terreau ; on éclaircit le plant, s'il est trop serré, et l'on donne de l'air quand le soleil répand un peu de chaleur.

Contre les araignées (Théridions), arrosage avec de l'eau mêlée d'une certaine quantité de suie ; ou avec une infusion de tabac de *caporal :* 60 grammes dans 12 litres d'eau bouillante dont il faut attendre l'entier refroidissement avant de s'en servir.

NAVET. — Le Navet est bisannuel et indigène (Crucifères). Il veut une terre légère et un peu humide ; la sécheresse le rend dur, filandreux et âcre ; on le sème à la volée depuis la fin de juin jusqu'en octobre ; on hasarde quelquefois des semis de printemps avec de la graine de deux ou trois ans. La quantité de semence varie suivant la saison, elle est, en moyenne, de 15 à 20 grammes par are. On couvre au râteau ; on éclaircit et on sarcle ; on fait la guerre à l'*altise* ou *puce de terre.* D'ailleurs le plus sûr moyen de préserver les Navets de cette ennemie, c'est de choisir pour les semis un sol labouré et bien fumé, pour que la végétation soit promptement de force à résister à cet insecte qui s'attaque surtout aux feuilles naissantes.

Parmi les *Navets secs* citons : le N. *Freneuse,* le plus estimé pour les ragoûts, il est roussâtre, petit et demi-long ; le N. *Petit Berlin,* le plus petit de tous ; le N. *jaune long* qui ne vient bien que dans un terrain sablonneux et doux ; le N. *de Meaux,* blond, en forme de carotte effilée :

Parmi les *Navets tendres* on cultive surtout les suivants : le N. *blanc-plat hâtif,* le *rouge-plat hâtif,* précoce ; le N. *des Sablons,* blanc, demi-rond, très-savoureux ; le N. *des*

Vertus, le N. *de Claire fontaine*, le *gros long d'Alsace*, la *rave du Limousin*, le N. *rose du Palatinat*, etc.

Parmi les *demi-tendres :* le N. *Boule-d'Or*, le N. *jaune de Hollande*, le N. *jaune d'Ecosse*, le N. *gris de Morigny*, le N. *jaune de Finlande*, très-bons et assez forts pour résister aux premières gelées.

Il est prudent d'arracher les Navets avant les premiers froids qui, sans les détruire, altèrent leurs tissus, leur donnent un mauvais goût et les rendent même indigestes. On les conserve dans un cellier ou dans une cour saine en les recouvrant de sable frais. La graine de Navets garde trois ou quatre ans ses propriétés germinatives.

PANAIS. — Le Panais est une plante indigène, bisannuelle (Ombellifères). On le sème à l'air libre, de préférence en février ou en mars. On le cultive comme la carotte. Il faut éclaircir le plant quand les jeunes individus sont de la grosseur du petit doigt. La graine ne garde qu'un an ses propriétés germinatives. Il y a une variété de Panais dite : *Panais rond* ou *de Metz*, en forme de toupie ; elle est préférable pour les terres qui ont peu de fond et où l'espèce commune viendrait difficilement.

RADIS (Crucifères). — Plante annuelle de la Chine. Les principales variétés sont : le *Radis blanc hâtif*, le R. *blanc ordinaire*, le R. *demi-long*, le R. *demi-rose*, le R. *gris d'été*, le R. *rose ordinaire*, le R. *rose hâtif*, le R. *jaune d'été*, le R. *jaune hâtif*, le R. *gros violet d'hiver*, le R. *rose d'hiver de Chine*, etc.

Nouveautés : R. *blanc de Russie ; Gros* R. *d'hiver*, à semer en juin ; se conserve très-bien tout l'hiver.

On sème la plupart des Radis, surtout les petits Radis ronds, toute l'année. Au printemps, on sème sur couche la graine de Radis seule ou mêlée à la graine de laitue et d'oignons à repiquer ; la pleine terre suffit dans les autres saisons, au midi en hiver, un peu à l'ombre en été.

Le RADIS NOIR se sème au printemps et se récolte en

automne; bien cultivé, bien arrosé, dans un sol léger et frais, il devient très-gros, mais reste coriace.

La Rave *commune* et ses variétés, la R. *violette hâtive*, la R. *rose*, la R. *tortillée du Mans*, la R. *rouge longue*, ont la même culture et les mêmes usages que les Radis; terre douce.

Le Raifort *sauvage*, à saveur piquante, se multiplie de graines semées en été dans un terrain frais et ombragé, ou de tronçons de racines plantées au printemps.

On mange sa racine rapée sous le nom de *moutarde d'Allemagne* ou *moutarde de capucin*.

On force le Radis d'hiver sous châssis, en prenant les soins indiqués déjà plusieurs fois à propos des primeurs: réchauds, binage, sarclage, etc.

Salsifis. Scorsonère. Scolyme d'Espagne. — Ces plantes appartiennent à la famille des Composées et s'obtiennent toutes trois par le même mode de culture. On les sème à la volée, ou même en rayons, en mars, avril ou en juillet et août; il leur faut une terre substantielle, bien ameublie, labourée à fond, fumée de l'année précédente, des arrosements nombreux par les temps de sécheresse; on éclaircit, on bine, on sarcle. La récolte des racines se fait en automne et jusqu'au printemps; les semis d'été ne donnent des racines comestibles que l'année suivante. Les graines de Salsifis et de Scorsonère conservent leurs propriétés germinatives pendant deux ans; elles ne lèvent jamais en totalité. Le semis du Scolyme d'Espagne doit être fait par lignes espacées d'environ 0m,43; on met les plantes à une distance de 0m,25 l'une de l'autre; comme le Salsifis et la Scorsonère, le Scolyme d'Espagne supporte assez bien les gelées; cependant si l'hiver est par trop rigoureux, il faut couvrir le Salsifis de litière sèche.

Betterave (Chénopodées). — Plante bisannuelle originaire du midi de l'Europe; elle offre comme variétés potagères : la *Betterave grosse rouge* ordinaire, la plus cultivée de toutes et la moins difficile pour le choix du terrain ; la B. *écorce* ou *crapaudine* à écorce chagrine; la B. *rouge ronde*, un peu rugueuse, d'un rouge très-foncé; la *petite rouge de Castelnaudary* à racine en fuseau ; on la vante avec raison pour sa chair fine et délicate ; la B. *de Bassano*, à chair blanche et délicate, très-recherchée pour la table; la *jaune ordinaire*, très-sucrée; la *jaune globe*, presque sphérique à chair blanche, serrée, sucrée, avec bandes orange.

On sème la graine de Betterave à la volée, au printemps, dans une terre bien ameublie par un ou deux labours profonds et fumée de l'année précédente; si l'on a semé en pépinière, on repique le plant quand il a atteint la grosseur du doigt; on arrose souvent, jusqu'à ce qu'il soit bien repris; on sarcle et l'on bine. Les plants doivent être à environ 0^m,40 ou 0^m,50 les uns des autres. On arrache les racines vers la Saint-Martin (première quinzaine de novembre). Après avoir coupé les feuilles, on dépose les Betteraves dans une cave saine; on met en jauge et l'on couvre de litière les porte-graines. Ces graines conservent leurs propriétés germinatives pendant 4 ou 5 ans.

POMME DE TERRE (Solanées). — Originaire de l'Amérique. Les jardiniers ne cultivent que les espèces les plus précoces. Il faut les planter en mars, à bonne exposition, en terre sablonneuse et légère, non fumée, se bornant à recouvrir chaque trou d'une poignée de litière contre les gelées, On plante les tubercules, soit entiers, soit coupés en morceaux, dont chacun doit avoir un ou deux bons yeux. Si l'on plante en hiver, il faut faire les trous plus profonds; on doit laisser de 0^m,50-60 d'intervalle entre les pieds. On sarcle ou bien l'on butte.

Pour la culture forcée on place les tubercules tirés du germoir (1) où ils ont été mis dès la fin de novembre;

(1) Le germoir est un châssis vitré avec coffre qu'on pose sur plate-

sur couche chaude, sous châssis, paillassons et litière la
nuit, mais on laisse pénétrer la lumière toute la journée;
sans cette précaution l'étiolement est à craindre; une
température douce et uniforme suffit. La disposition
ordonnée pour chaque châssis est de 4 rangs et 6 plants
par rang; au commencement de la végétation, les espaces entre rangs seront avantageusement occupés par les
graines de Radis, d'Oseille, de petite Laitue, de Tomate;
mais dès que les tiges de Pommes de terre ont acquis de
la force, il leur faut tout le terrain; arrosage modéré
d'abord, puis plus abondant: de l'air dès que la saison le
permet. On ne force que la variété dite *Marjolin*.

Les semis de graines de Pommes de terre ne sont pas à
dédaigner.

Citons: la *Pomme de terre de Jeaucé*, demi-tardive, ronde,
à chair jaune, très-bonne; la P. *comice d'Amiens*, hâtive,
ronde, jaune; la P. *Shaw*, jaune, ronde; la P. *Segonzac*, la
P. *Kidney hâtive* ou *Marjolin*, allongée, jaune, très-hâtive;
la P. *Châtaigne Sainville*, une des meilleures; la P. *Truffe
d'août*, rouge et ronde; la *rouge longue de Hollande*, la *jaune
longue de Hollande*, la *Descroizille*, demi-longue, très-délicate; la *Vitelotte*, rouge, longue, préférée pour les ragoûts;
*Caillou blanc; Flocon de neige; Princesse; Quarantaine violette;
marjolaine Tétard; pomme de terre ruban rouge; Belle de Bro-
wenell*, belle variété à tubercule allongé d'un rouge violacé.

TOPINAMBOUR OU POIRE DE TERRE (Composées). — Originaire du Brésil. Il est haut de 2 mètres à 2^m,60 avec fleurs
semblables à de petits soleils, il a le goût d'artichaut. Il
réussit sans fumure dans les plus mauvais terrains où vous
le planterez, au premier printemps, par tubercules entiers
de moyenne grosseur, pour en récolter les produits en
automne. Il se soutient et se perpétue pour ainsi dire indé-

bande au pied d'un mur à exposition chaude; les Pommes de terre
qu'on y place serrées les unes contre les autres, en sont retirées dès
qu'elles ont émis pousses et racines.

finiment de lui-même. Avec les Topinambours plantés
très-serrés, vous formerez de bonnes haies qui garantiront,
contre les coups de vent, les plantes délicates de serre
froide ou de serre tempérée mises en pleine terre pendant
la belle saison. On cultive, dans les mêmes mois que les
Pommes de terre, deux variétés de Topinambours : l'une
d'un rouge violacé, l'autre blanche ou jaunâtre; on ne les
arrache qu'au fur et à mesure des besoins de la consommation.

CHAPITRE VII

Légumes à bulbes comestibles : Oignons (espèces et variétés), Poireaux (espèces et variétés), Ail, Ciboule, Ciboulette, Échalote.

OIGNON (Liliacées). — Cette plante vivace, mais traitée dans la culture comme bisannuelle, offre beaucoup de variétés facilement modifiées par l'influence du terrain et du climat : l'*Oignon blanc* gros et l'O. *blanc* hâtif, bon et doux ; l'O. *bulbifère à rocambole* ou O. *d'Egypte* dont la tige porte des bulbes réunies en tête, ou rocamboles, d'où son nom ; l'O. *blanc de Nocera* se mange confit dans du vinaigre comme hors-d'œuvre avec les Cornichons : l'O. *d'Espagne* de couleur soufrée, à chair tendre et agréable ; l'O. *corne-de-bœuf* à bulbes de 0^m,30 de long ; l'O. *globe*, beau, mais de conservation assez difficile sous sa forme sphérique ; l'O. *patate*, ne donnant ni graines ni rocamboles et se multipliant par caïeux ; l'O. *poire*, chair un peu grossière et d'un goût très-fort ; l'O. *jaune* ou *blond des Vertus* et l'O. *de Cambrai*, tous deux gros, très-bons et de longue conservation ; l'O. *de Madère*, rouge pâle, très-gros et d'une saveur douce ; etc., etc.

Les Oignons blancs sont livrés à la consommation en été ; les autres, de meilleure garde, se mangent en automne et en hiver.

Dans le Nord on laisse le semis d'Oignon en place ; dans

le Midi on sème en pépinière avant l'hiver et l'on établit ses carrés de plantation au printemps. Ces deux manières ont d'incontestables avantages; nous préférons la première : mais nous les expliquons brièvement l'une et l'autre.

Semis en place. — Choisissez une terre substantielle, légère, fumée de l'année précédente; passez le rouleau afin de bien tasser; semez à la volée à raison de 100 à 120 grammes par are, en février ou en mars; enterrez légèrement avec le râteau, mettez un peu de terreau et tassez de nouveau avec le rouleau; arrosements d'abord très-modérés; sarclages et éclaircissage. En août et en septembre, vous coucherez les fanes, afin de ralentir la séve et de hâter la maturité. Vous laisserez sécher votre récolte pendant quelques jours, sur le sol nu, puis vous rentrerez en temps sec.

Transplantation. — Vous ferez des semis très-épais en août ou en septembre, et vous repiquerez avant l'hiver s'il s'agit de l'Oignon blanc; pour les autres espèces, remettez les transplantations au printemps. Après avoir fait vos rayons avec une houe, vous disposez vos Oignons à environ 0^m,10 les uns des autres, ne recouvrant que les racines, mais tenant prêtes vos litières contre les grands froids; arrosage et sarclage comme on l'a indiqué ci-dessus pour les semis. Vous récolterez en août et en septembre.

Beaucoup de jardiniers vantent avec raison et pratiquent la méthode Nouvellon. Voici en quoi elle consiste. On sème très-dru en pépinière, au mois d'août, on arrose seulement autant qu'il faut pour que la graine lève; on laisse ensuite le plant se former et sécher sur pied; chaque graine procure ainsi un Oignon parvenant de la grosseur d'un pois à celle d'une noisette. Ce sont des réserves à repiquer en lignes au printemps. Arrosements, sarclages, etc.

Tous les Oignons ont une disposition à monter en hiver, à s'épuiser aussi par des pousses prématurées; il faut donc

les tenir dans un lieu où il ne gèle pas, mais plutôt froid
que chaud.

Vous donnerez aux Oignons porte-graines, aussitôt
qu'ils s'allongeront, de solides tuteurs afin de les préserver contre les coups de vent. Les graines mûres conservent leurs propriétés germinatives plus de deux ans ; laissez-les dans les capsules en têtes que vous réunirez en
bottes et suspendrez en lieu sec jusqu'au moment de vous
en servir.

Poireau ou Porreau (Liliacées). — Originaire de Suisse.
Bisannuel. Le Poireau offre plusieurs variétés dont les
principales sont : le *Poireau long ordinaire*, très-bon pour
le semis de pleine terre : le *gros court*, propre seulement
aux semis de printemps ou de couches sous le climat de
Paris ; le *gros court de Rouen* qui, en Normandie, parvient
quelquefois à la grosseur du bras ; le *jaune du Poitou*;
P. *monstrueux de Carentan*, très-gros et très-rustique.

On sème dru le Poireau en février, mars et juillet, en
terre substantielle, amendée de préférence l'automne précédent, avec du fumier de cheval ou de mouton, avec du
marc de raisin, de la charrée, et non pas avec le fumier
frais des bêtes à cornes; on replante, dès que l'individu a
acquis la grosseur d'un tuyau de plume, dans des rayons
profonds d'environ 0^m,12 et distants les uns des autres de
0^m,15 à 0^m,16, après avoir coupé l'extrémité des feuilles et
des racines; arrosages fréquents pendant les sécheresses ;
sarclage. Quelques jardiniers coupent jusqu'à 5 ou 6 fois
les feuilles des Poireaux, en été, afin de leur donner de
la force.

Pour forcer le Poireau, on le sème sur couche et sous
châssis à la mi-décembre avec réchauds et couvertures; on
le replante en février; on le livre à la consommation en
juillet. Il faut arracher et replanter dans des tranchées
profondes les pieds qui montent trop vite au printemps.
La graine provient des nouvelles plantations faites aussi en
mars et garde ses propriétés germinatives deux années de

suite ; on la conserve enfermée dans les têtes. Le Poireau bien formé ne gèle pas ; mais un froid même peu rigoureux détruit le jeune plant.

Ail (Liliacées). — Originaire de Sicile. L'Ail, cultivé surtout dans le Midi de la France, offre quatre variétés principales : l'*Ail commun*, l'A. *d'Espagne*, l'A. *rose hâtif*, l'A. *d'Orient*. Il faut à cette plante un sol plutôt sec qu'humide, amendé avec du fumier de cheval depuis un an ou deux, à exposition chaude. On multiplie l'Ail par caïeux enterrés à 0ᵐ,15 ou 0ᵐ,20 d'intervalle, en planche ou mieux en bordure ; on plante en février ou mars pour récolter au printemps ; on plante aussi au printemps pour récolter en août et septembre. Dès que paraissent la feuille et la tige florale, on les tord et on les noue ensemble pour arrêter la séve au profit des bulbes ou *gousses d'Ail ;* il ne faut arracher les pieds que quand les fanes sont complétement desséchées ; on les laisse se ressuyer au soleil, on lie par bottes, enfin on suspend en lieu sec.

En laissant monter quelques plants on parviendrait, quoique difficilement, sous le climat de Paris, à avoir de la graine ; mais elle ne donnerait, la première année, que des bulbilles pour les plantations ; il y aurait une année de retard dans la récolte ; la multiplication par séparation des caïeux est donc à bon droit à peu près la seule pratiquée.

Ciboule (Liliacées). — On cultive la Ciboule commune comme plante bisannuelle ou comme plante vivace ; on sème sa graine au printemps comme celle du Poireau. On repique le plant très-jeune, mais en gardant une distance de 0ᵐ,16 entre les touffes ; on récolte pendant tout l'été ; on sème vers la fin de juillet pour l'automne. Il lui faut une terre légère et substantielle. Quelques jardiniers préfèrent planter la Ciboule vivace en bordure comme l'Ail, et lui laisser ainsi former de grosses touffes qu'ils dédoublent deux fois par an.

Outre la *Ciboule commune* et la C. *vivace*, nous citerons :

Civette-Saint-Jacques avec ses variétés, multipliée par caïeux au printemps ou à l'automne, en bordure. La *Ciboulette* ou *Civette* indigène et vivace, plus petite que la Ciboule, multipliée par caïeux séparés en mars, mise en planche ou plus ordinairement en bordure; bonne terre, exposition chaude, arrosements en été. Gardez les graines de Ciboule et de Ciboulette enfermées dans leurs capsules; elles sont bonnes pendant 2 ou 3 ans.

ÉCHALOTE (Liliacées). — Originaire de la Palestine. On la cultive comme l'Ail, à la même époque, en terre douce et saine, fumée l'année précédente. On plante les bulbes en rayons de 0^m,15 de distance, jusqu'à fleur de terre en février-mars pour récolter en juillet et août; ou en octobre-novembre, pour récolter en juin de l'année suivante; on arrache quand la feuille se dessèche; on laisse les Échalotes se ressuyer au soleil pendant quelques jours; puis on les porte au grenier, au sec, et à l'abri du froid. Les deux principales variétés d'Échalotes sont : l'*Échalote de Jersey* et l'E. *d'Alençon,* plus grosses que l'espèce commune, mais moins délicates et moins faciles à conserver.

CHAPITRE VIII

Légumes à feuilles et à fleurs comestibles : Chou (ses variétés), Choux-raves, Choux-navets (variétés), Épinards, Tétragone, Oseille, Céleri, Céleri-rave, Cardons, Cresson de fontaine, Cresson alénois, Rhubarbe, Persil, Cerfeuil, Estragon, Pourpier, Fenouil, Capucine, Bourrache.

Chou (Crucifère). — Indigène. Bisannuel, trisannuel et presque vivace (dans certaines variétés). Ce légume réclame beaucoup de soins, mais il suffit de résumer ici les principes généraux de sa culture, d'ailleurs simple et facile. Avant tout, il lui faut une terre fraîche, meuble, un peu forte, largement fumée, un peu ombragée. Vous sarclerez avec soin votre jeune plant, vous l'éclaircirez s'il vient trop serré ; vous le défendrez contre les tiquets, les limaces, les vers (voir Insectes nuisibles). Vous le mettrez à demeure, en quinconce, à des distances de 0ᵐ,50 pour les petites espèces, et de 0ᵐ,70-80 pour les plus grosses. Si vous transplantez par un temps sec, vous arroserez doucement. Les porte-graines sont mis en terre au printemps ; ils ont pour ennemis les pucerons ; comme les Choux formés ont pour ennemis les chenilles. Les Choux, en général, résistent bien au froid, et vous vous contenterez souvent de les arracher et de les laisser sur place la racine en l'air ; ils périraient si la pluie et la neige fondue pénétraient entre leurs feuilles et s'y changeaient en glaçons ; vous pouvez aussi, après leur avoir enlevé leurs plus grandes feuilles, les conserver dans un cellier ; on en jauge au pied d'un mur, à bonne exposition avec litière et paillassons. Pour utiliser le temps et le terrain, quelques jardiniers contre-plantent, c'est-à-dire mettent le plant des Choux pommés, etc., entre les lignes de Pommes de terre ou d'autres plants précoces; celles-ci enlevées, on donne une façon au carré de Choux restés à demeure.

Nous allons indiquer quelques-unes des principales espèces ou variétés et les soins particuliers qu'elles réclament ; établissons d'abord cinq grandes séries : les *Choux pommés*, les *C. de Milan pommés*, les *C. verts* ou *sans tête*, les *C. à racines* ou *à tige charnue*, les *Choux-fleurs*, et *les Brocolis*.

Le *Chou pommé* ou *cabus* offre comme principales sous-variétés : le *C. d'York* à pomme petite, allongée, très-estimé et très-précoce. — Le *C. cœur-de-bœuf*, très-bon. — Le *gros cabus blanc* avec les variétés suivantes : le *C. de Saint-Denis* ou *C. blanc de Bonneuil* à grosse pomme ; le *C. cabus d'Alsace*, très-prompt à former tête; le *C. conique de Poméranie* à pomme régulièrement conique ; le *gros C. d'Allemagne* qui donne une pomme énorme en bonne terre ; le *C. de Hollande*, de moyenne grosseur, assez hâtif ; le *C. Joannet* et le *C. Joannet tardif*, estimés; le *C. de Vaugirard* ou *pommé d'hiver*, qui mûrit à la fin de l'hiver ; le *vert glacé*, qui résiste bien aux froids, etc. — Le *C. hâtif* ou *pain-de-sucre* à pomme allongée, tendre et recherché. — Le *C. pommé rouge*, très-estimé et très-cultivé dans le nord où on le mange même en salade. C'est avec tous les gros Choux cabus que l'on fait la *choucroûte*.

Les *C. d'York* se sèment en août-septembre pour mettre en place en octobre-novembre; quelquefois on les repique en pépinière et on ne les replante qu'en février-mars.

Les *C. cabus* se sèment en général : 1° en février sur couche, s'il faut remplacer les plants d'automne ; 2º au commencement de mars, sur plate-bande ; 3º dans le courant du même mois, jusqu'en avril, en pleine terre terreautée ; 4º surtout à la fin de juillet et dans le courant d'août, jusqu'au 8 septembre.

Les individus provenant des semis d'août se replantent en pépinière, d'octobre en novembre, et sont mis en plant en novembre-décembre, en terrain sec ; ou, en février-mars, en terrain froid.

Chou de Milan ou *pommé frisé.* Il offre comme variétés :

Le *Chou de Milan très-hâtif d'Ulm,* peu gros, mais très-bon et prompt à pommer.

Le *Pancalier de Touraine.* — Le *Joulin,* le *gros Milan,* etc. — Le *C. de Milan des Vertus,* remarquable par sa grosseur et sa beauté ; il pousse comme les Choux cabus, et vient bien avec eux, surtout dans un terrain bien fumé. — Le *C. de Milan de Norwége* qui résiste bien à l'hiver. — Le *C. de Bruxelles* qui émet, à l'aisselle de ses feuilles, de petites pommes tendres et délicates ; on les cueille au fur et à mesure qu'elles grossissent ; il résiste aux plus fortes gelées et l'on en jouit depuis l'automne jusqu'à la fin de l'hiver, par des semis successifs.

On sème généralement les Choux de Milan en août-septembre, à une distance variant de 0^m,50 à 1 mètre, selon la grosseur des variétés.

Les *Choux verts* sont plutôt des plantes fourragères que des légumes proprement dits ; le potager admet pourtant le *frisé nain* et ses deux sous-variétés le *frisé panaché,* et le *frisé prolifère;* les curieuses productions foliacées implantées sur les nervures de leurs feuilles leur font même obtenir place parmi les plantes d'ornement. On sème les choux verts généralement de mars en mai et de juillet en août, de 0^m,80 à 1 mètre pour les grandes espèces ; à 0^m,60 pour les petites.

Chou-rave. — Quoique l'on ne mange pas les feuilles de cette plante, nous avons cru convenable de la réunir

6

aux autres Choux; car c'est un vrai Chou à tige renflée au-dessus du sol et formant une sorte de boule au sommet; sur les côtés de cette boule sont implantées les feuilles. Le Chou-rave a le goût du Chou et du Navet; il résiste aux gelées assez fortes. On le sème ainsi que ses variétés en pépinière, de la fin de mars à la fin de mai; on met le plant dans un sol frais et bien fumé; il faut l'arroser très-abondamment, sans quoi sa boule se développe mal et reste filandreuse. Feuilles et boules servent de nourriture aux bestiaux; on conserve la racine en caisse ou en jauge, comme les Navets, à moins qu'on ne préfère la laisser sur place, car, sous le climat de Paris, ce Chou passe très-bien l'hiver en plein air. Citons : le C. *rave à feuilles découpées;* ses feuilles élégantes rappellent celles de l'Artichaut; pomme petite, mais délicate. — Le C. *navet* ou C. *turneps,* avec ses variétés (C. *navet ordinaire,* C. *navet blanc* et C. *navet blanc à collet rouge*), capables de résister aux plus grands froids; on les sème clair, de la fin de mai à la fin de juin, sans prendre la peine de les transplanter. — Le C. *rutabaga* ou C. *navet jaune,* à racine arrondie et jaunâtre, se sème en place de la fin de mai à la mi-juillet.

Les porte-graines doivent être abrités au moyen de litière et de paillassons; la graine se conserve 5 à 6 ans.

Chou-fleur. — Il faut au Chou-fleur une terre douce, bien fumée, beaucoup d'arrosements, une température plutôt humide que sèche ou trop chaude; voilà pourquoi il réussit mieux au printemps et en automne qu'en été. On sème en septembre sur terreau, au midi; on repique en pépinière et l'on abrite contre les gelées; on met en place en mars à une distance d'environ 0^m,60; il produit en juin et juillet. Pour ce semis on préfère, avec raison, le Chou-fleur dur et le demi-dur. On sème aussi, mais très-clair, sur couche chaude, sous cloche ou sous châssis, en février pour repiquer en mars et au commencement d'avril, avec abri de paillassons, et planter en pleine terre à la fin d'avril; on aura des produits en juin-juillet. Choisissez pour ce semis l'espèce dure ou la tendre.

Pendant la seconde quinzaine de juin on sème le demi-dur sur plate-bande terreautée, à l'ombre et sans repiquer; on met en place en juillet; arrosages abondants soir et matin; produits en octobre-novembre. Les Choux-fleurs placés en lieu sec, sur des tablettes ou suspendus dans un cellier ou dans une cave bien saine, se conservent pendant tout l'hiver.

Lors de la transplantation des Choux-fleurs, il faut ménager entre leurs pieds des intervalles d'environ 0^m,50 à 0^m,60 en tous sens. Dès que les pommes commencent à se former, ne négligez pas de les couvrir avec quelques morceaux de leurs feuilles fraîches posées à plat pour les préserver du contact direct de l'air et de la lumière.

On compte trois races principales de Choux-fleurs : le *tendre* ou *salomon* à feuille plus unie, plus droite, moins large que celle des autres; à pomme prompte à se former, mais peu compacte; le *dur* à tige grosse et courte à pomme serrée, pesante et compacte, souvent il ne forme pas du tout sa pomme; le *demi-dur* tient du *salomon* et du *dur* et l'emporte sur eux. On cultive encore comme sous-variétés des précédents : le *Chou-fleur Lenormand* à très-grosses pommes, le *Chou-fleur de Roscoff* (Bretagne), *de Malte, de Chypre, de Hollande*, etc.

On réserve, comme porte-graines, des pieds de Choux-fleurs semés en automne, hivernés sous châssis, à tige forte, à pomme ferme, serrée, nette et blanche.

Brocoli. — C'est une espèce de Chou-fleur à feuilles ondulées, à dimensions plus grandes; on le cultive comme le Chou-fleur, mais il craint plus que lui les rigueurs de l'hiver. Il offre pour variétés principales : le *blanc*, le *violet* et le *violet nain hâtif* ou *Chou-fleur noir de Sicile*. On sème le Brocoli en mai-juin : à l'arrivée des froids on couche sa tige et on la recouvre de litière; on récolte au commencement du printemps. L'Angleterre

nous a fourni le B. *mammouth*, race tardive, mais dont la
tête égale en volume celle des plus gros Choux-fleurs.

La culture des Brocolis ne réussit bien qu'au Midi, à
partir de la Loire.

Nous ne dirons que quelques mots : 1° sur le *Chou chinois* ou *Pe-Tsaï*, intermédiaire entre le Chou et le Navet ;
il croît vite et peut être semé pendant une grande partie
de l'année, mais il réussit mieux en été et en automne
qu'au printemps; 2° sur le *Chou-marin* dont la racine vivace donne chaque année des tiges et des pousses; il lui
faut une terre saine et profonde et, de préférence, des engrais salins. Multiplication par graines et par boutures.

ÉPINARDS (Chénopodées). — De l'Asie septentrionale,
annuel. On peut semer, très-clair, à la volée, des Épinards, tous les mois, de mars à la fin d'octobre, dans une
terre bien fumée, un peu fraîche; on arrose assez fréquemment; — à mi-ombre les semis d'été, car la chaleur
fait monter très-vite cette plante ; les variétés à graine
ronde sont préférables pour cet usage. Quelquefois, en
hiver, les feuilles d'Épinard paraissent gelées ; trempez-les
dans l'eau froide, laissez-les se ressuyer à l'air, sur des
planches bien sèches.

Les rayons doivent être espacés de 0^m,16. La graine
battue, dès sa maturité, se conserve pendant plusieurs
années; on prend celle de deux ans pour les semis de
printemps et d'automne. Il faut arracher les individus
mâles aussitôt leur floraison passée.

Les principales variétés sont : l'E. *à graine épineuse;*
l'E. *commun*, l'E. *anglais*, l'E. *de Hollande*, l'E. *de Flandre*,
l'E. *d'Esquermes;* ces trois derniers à graine lisse. L'E.
monstrueux de Viroflay, très-recommandable.

La TÉTRAGONE, de la Nouvelle-Zélande, assez commune
maintenant dans nos jardins, remplace, au moins pendant l'Été, l'Épinard dont elle a la couleur et le goût.
Vous la sèmerez en couche ou dans des trous remplis de
terreau et espacés de 0^m,50; un seul pied peut couvrir une

surface d'un mètre carré, arrosages fréquents pendant l'été. On mange l'extrémité des branches et les feuilles de la Tétragone.

Oseille (Polygonées). — Vivace et commune dans les prés. On multiplie l'Oseille par semis, faits en lignes, au printemps et à l'automne, en tout terrain et à toute exposition ; les gelées ralentissent sa végétation, mais sans la détruire, sans même attaquer ses feuilles, cependant il est prudent de la couvrir de paille ou de litière sèche. On multiplie aussi l'Oseille par division de touffes au printemps et à l'automne, cependant, les semis n'en restent pas moins nécessaires de temps à autre pour maintenir les propriétés de chaque espèce. — Variétés : l'O. *de Belleville*, moins acide que l'Oseille commune, à feuilles plus larges, très-cultivée dans les environs de Paris ; — l'O. *vierge*, très-délicate, à feuilles plus blondes, plus larges que celles de l'Oseille commune ; on peut l'empêcher de grainer, ses fleurs mâles et ses fleurs femelles sont sur des pieds séparés ; on la multiplie par éclats ; — l'O. *à feuilles claquées*, encore peu répandue ; — l'O. *des neiges* pousse même sous la neige. Les graines d'Oseille gardent leurs propriétés germinatives pendant 3 ans.

Céleri (Ombellifères). — Indigène, bisannuel. Il lui faut un terrain naturellement frais, ou des arrosages fréquents. On le sème de janvier jusqu'en avril, sur couche ou sous cloche et sous châssis ; en pleine terre, à partir d'avril à exposition abritée, en lignes séparées par des intervalles suffisants, pour permettre de prendre la terre nécessaire aux buttages. Cette opération se fait avant les fortes gelées, à trois ou quatre reprises ; au fur et à mesure que les plants s'allongent, on les attache ; on couvre de terre d'abord jusqu'au premier lien, huit jours après jusqu'au second, huit autres jours après jusqu'au troisième ; il ne reste plus à découvert que l'extrémité des feuilles. En gique et dans le nord de la France les jardiniers transplantent les pieds de Céleri dans le fond d'un fossé, ramènent la terre relevée de chaque côté et buttent. Avec beaucoup de terreau et une bonne litière, on peut laisser une partie du Céleri sur place dans le potager ; on rentre l'autre partie dans la serre aux légumes, on butte avec du sable ou de la terre légère, pour faire blanchir selon les besoins de la consommation ; on en tient en réserve en jauge ; le froid est mortel au Céleri. Dans nos départements du Nord, on est obligé de faire hiverner sous châssis les porte-graines, que, dans le Midi, on transplante simplement à chaude exposition avec couverture. La graine conserve pendant deux ou trois ans ses propriétés germinatives; les plus nouvelles sont les meilleures.

Principales variétés : le *Céleri court hâtif*, le C. *plein blanc*, le C. *nain frisé*, le C. *violet de Tours*, le C. *creux*, le C. *à couper;* ces deux derniers ne se buttent pas.

Le CÉLERI-RAVE (1), encore peu connu et peu répandu, a un goût aromatique, qui ne convient pas à tous les estomacs; c'est pourtant un excellent légume ; il lui faut un sol profond, naturellement frais ou presque continuellement arrosé. On traite son semis comme celui des autres espèces. On plante à la distance de $0^m,50$; on entoure les planches, si cela est possible, de rigoles qui retiennent l'eau et procurent ainsi au Céleri cette humidité perpétuelle dont il est très-avide. C'est la méthode allemande. On recherche les racines fibreuses, le chevelu. On rentre les pieds de Céleri-rave, on les entoure l'hiver de sable ou de terre légère; quelques pieds laissés dehors en terre saine bravent le froid sans le secours des paillassons et de la litière.

CARDON (Composées). — De Barbarie. Bisannuel. Les diverses variétés de Cardon se sèment en mai, à la place même où elles doivent prendre toute leur croissance, car elles ne supportent pas les transplantations.

_____

(1) On ne mange que la racine du Céleri-rave ; néanmoins nous n'avons pas cru nécessaire de séparer cette plante des autres inscrites dans ce chapitre sous le nom de plantes à feuilles comestibles.

Vous ferez des trous espacés de 0^m,80 à 1 mètre en tous sens, bien terreautés et dans chacun desquels vous déposerez deux ou trois graines, vous réservant de ne laisser ensuite que le plus beau pied; vous traitez ces plants comme ceux des Artichauts, mais il faut les arroser plus souvent quand les feuilles auront atteint 1^m,50 à 2 mètres; vers la mi-juin, rassemblez-les avec des liens d'osier ou de paille, revêtez-les d'une chemise de paille, dont vous défendrez le pied contre le vent par un petit buttage de 0^m,06 de hauteur, ainsi vous déterminerez l'étiolement; n'oubliez pas que les côtes doivent être mangées, dès qu'elles sont blanches, sinon elles pourriront. Vous lèverez donc en motte, à la fin de l'automne, vos Cardons destinés à la conserve d'hiver, vous les planterez dans du sable frais en lieu sec et à l'abri de la gelée, et vous ne les empaillerez qu'au fur et à mesure des besoins de la consommation. Ne liez pas vos porte-graines, buttez-les simplement comme ceux des Artichauts; ils fleuriront l'été suivant et vous donneront une semence qui se conserve cinq ou six ans.

Variétés : Le C. *de Tours*, à côtes pleines et épaisses, préféré à tort au suivant; — le C. *inerme*, presque aussi plein que celui de Tours ; — le C. d'*Espagne*, à côtes creuses ou demi-creuses; — le C. *à côtes rouges*, très-larges et très-pleines; — le C. *Puvis*, remarquable par son volume, ses côtes larges et demi-pleines; beaucoup de jardiniers le proclament avec raison le meilleur des Cardons; il vaut certainement celui de Tours, à épines dangereuses; il n'a que peu de piquants, quelquefois il n'en a pas du tout.

CRESSON *de fontaine* (Crucifères). — Vivace, indigène. Il faut au Cresson de fontaine un filet d'eau courante ou des baquets à moitié remplis de terre, et presque continuellement couverts d'une nappe d'eau, multipliez de graines ou de racines. On fait aussi de grandes *cressonnières* artificielles, quand le terrain se prête à ce genre de culture.

Variétés : le C. *des prés* se sème au printemps dans une

terre humide; mêmes propriétés, mêmes soins que pour le Cresson de fontaine. Le C. *de terre* se sème en terre humide, franche et légère, au printemps, en lignes; il remplace aussi le Cresson de fontaine.

Le CRESSON ALÉNOIS OU PASSERAGE CULTIVÉ (Crucifères). — Annuel, de Perse. Cette plante doit son nom de Cresson à la saveur piquante et âcre de ses feuilles, saveur assez analogue à celle du Cresson de fontaine. Le Passerage dure peu et monte vite; il lui faut une terre chaude et sèche avec exposition au Midi; en été on renouvelle les semis tous les quinze jours. Trois variétés : le C. *alénois frisé*, le C. *à larges feuilles* et le C. *doré*. Fourniture bien propre à relever le goût des premières Salades de printemps, toujours un peu fades; très-salutaire. Le Cresson alénois ne vaut plus rien dès qu'il est monté. — Arrosages fréquents en été.

RHUBARBE (Polygonées). — D'Asie. La Rhubarbe se multiplie par graines, semées dès leur maturité en mars, sur plate-bande de terre légère, pour mettre en place après la première année en terre saine et profonde, en observant une distance d'environ 1^m,30 entre les individus. On multiplie aussi par séparation de touffes; arrosages fréquents. Les meilleures espèces sont : la *Rhubarbe ondulée*, la *Rhubarbe australe* ou *du Népaul*, la *Rhubarbe groseille*, préférable aux deux précédentes. On sait que les Anglais consomment beaucoup de Rhubarbe pour leurs tartes. Le *Tartreum* n'est qu'une variété de la Rhubarbe ondulée.

PERSIL (Ombellifères). — Le Persil est l'un des assaisonnements les plus usités. Les graines de Persil commun restent longtemps avant de germer; il faut les semer de bonne heure au printemps, ou, en grand, dès le mois de février, en terre bien ameublie; les rigoles seront éloignées de 0^m,35 les unes des autres, afin qu'on puisse facilement biner la terre dans ces intervalles et sarcler. En hiver le Persil se vend au poids et fort cher; aussi les maraîchers de Paris transplantent-ils en automne une cer-

taine quantité de Persil au pied d'un mur, au Midi, avec
châssis vitrés, comme garantie contre la gelée.

Le Persil ne fleurit et ne donne de la graine que dans la
troisième année; mais alors il meurt. Quelques personnes
qui craignent de le confondre avec la Ciguë, cultivent de
préférence le *Persil à feuilles crispées*. Les variétés de Persil
cultivées sont : le P. *commun;* le *frisé*, le *nain très-frisé;*

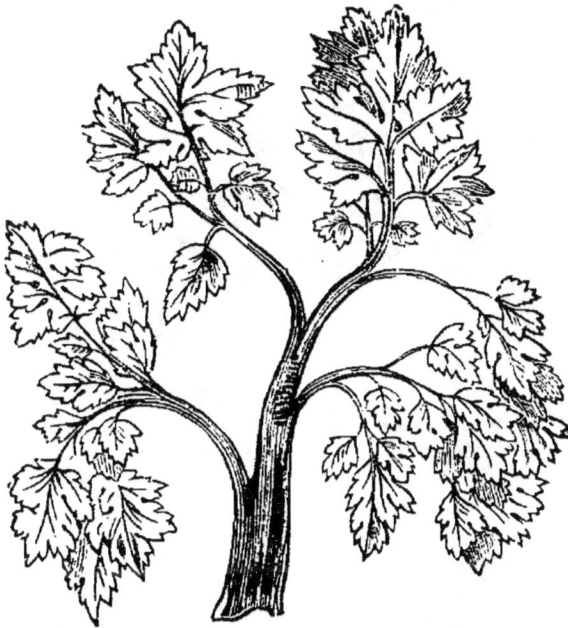

Fig. 37. — Persil.

les deux dernières ne sont pas constantes et redeviennent
souvent *Persil commun;* la seule espèce réellement dis-
tincte est le *Persil à grosse racine charnue*, très-recherché
en Belgique et en Hollande comme assaisonnement pour le
poisson ; nous l'employons peu en France.

CERFEUIL (Ombellifères). — Indigène et annuel. On sème
le Cerfeuil en mars, au pied d'un mur, à exposition
chaude ; en juin au nord et à l'ombre, et à toute exposition dans l'intervalle de la fin de mars à septembre. La

graine mûrit dans l'année et se conserve pendant trois ans.

Variétés : C. *frisé*, C. *musqué* ou d'*Espagne*, à saveur anisée. Multipliez par semis au printemps et par séparation de pieds. — C. *tubéreux* ou *bulbeux*, semis de septembre à décembre, en terrain doux et sarclé avec soin.

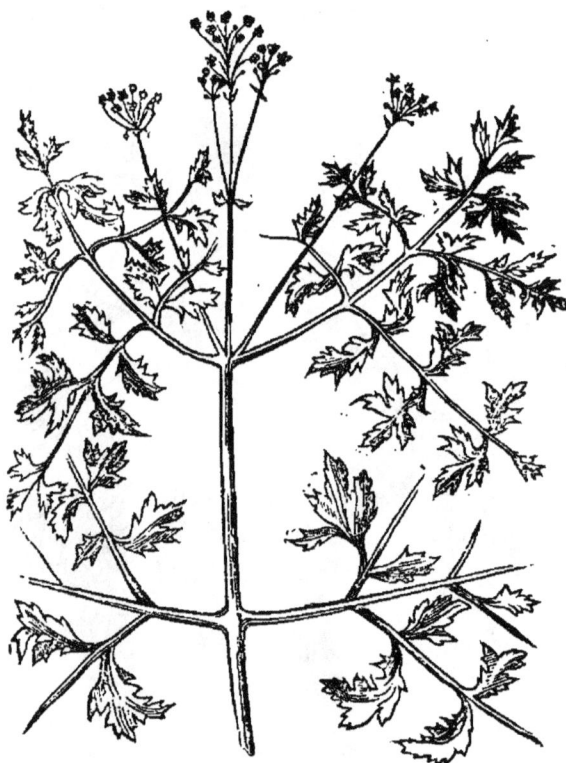

Fig. 38. — Cerfeuil.

— C. *de Prescott* (de Russie), à racine comestible, très-employé pour farcir dindons, oies, etc., semis à la fin d'avril; récolte fin d'août; conservation en lieu sec jusqu'en mars. Il faut toujours éplucher le Cerfeuil avec soin afin de n'y pas laisser la petite Ciguë (*Ethusa cinapium*) que vous reconnaîtrez au vert plus foncé et aux divisions plus pointues de ses feuilles.

La grande Ciguë est facile à reconnaître à ses tiges

parsemées de taches livides, qui rappellent celles de la peau d'un serpent, à son odeur repoussante, à sa saveur très-amère, à l'âcreté de toutes ses parties; ses feuilles ressemblent à celles du Cerfeuil sauvage; elles sont deux et trois fois ailées, grandes, un peu molles; les folioles sont pinnatifides, aiguës, d'un vert noirâtre; les fleurs sont blanches, disposées en ombelles très-ouvertes, à

Fig. 69. — Petite Ciguë.

plusieurs folioles. Le calice est entier; les pétioles sont inégaux, courbés en cœur, les semences ovales et globuleuses, à côtes tubuleuses. On trouve la grande Ciguë dans les lieux incultes, dans les décombres, le long des haies, etc. (1).

ESTRAGON (Composées). — De Sibérie, vivace. Multipliez en avril par l'éclat des pieds, placés à 0m,30 les uns des autres ; sous le climat de Paris, il brave facilement les rigueurs de l'hiver ; au nord de la vallée de la Seine, on rabat

Fig. 40. — Grande Ciguë.

les tiges en novembre-décembre ; on butte et on garnit de litière sèche.

POURPIER (Portulacées). — Originaire du Midi de la France,

(1) On combat l'empoisonnement par la Ciguë à l'aide d'acides végétaux, vinaigre, jus de citron, et au moyen de purgatifs promptement administrés.

annuel. Cette plante, qu'autrefois on mettait en salade, se mange maintenant cuite à l'étuvée. Elle est douce et rafraîchissante. On la sème en pleine terre à partir de mai pendant tout l'été. Pour primeurs, on sème sur couche, sous châssis, sur terreau consommé ; dans les deux cas, il est bon de se rappeler que le plant s'étendant vite sur tout le sol, il faut être ménager de la graine. Bassinages fréquents.

Variétés : le P. *doré*, le P. *doré à très-larges feuilles*. Dans le but de prolonger la production des feuilles, partie comestible de ce légume, on retranche les sommités, dès qu'elles sont prêtes à fleurir. La graine conserve ses propriétés germinatives pendant cinq ou six ans.

FENOUIL (Ombellifères). — Il est originaire des contrées méridionales de l'Europe, et très-recherché des Italiens, qui en consomment d'énormes quantités ; dans les environs de Paris, on le cultive peu. On le sème à partir de février-mars en terre légère, sablonneuse et bien amendée ; à la volée ou en pépinière ; dans le dernier cas on replante en gardant une distance d'environ 0^m,20 entre chaque pied. Binages, sarclages, arrosages. Le Fenouil est très-échauffant ; il ne faut pas trop en manger. On en garnit les ragoûts, le macaroni, etc., etc.

CAPUCINE (Tropéolées). — Originaire de l'Amérique du Sud. Nous ne parlerons ici que des variétés comestibles. La *grande* et sa variété à *fleur brune;* la *petite* dont les fleurs à peine formées et les graines encore vertes sont confites et remplacent les câpres ; les fleurs fraîches assaisonnent la salade. Semées en mars le long des treillages et des tonnelles, les Capucines fleurissent tout l'été.

BOURRACHE (Borraginées). — Indigène, annuelle. On sème clair, en place, au printemps et à l'automne ; ses fleurs d'un joli bleu ornent les salades comme les fleurs de la Capucine ; ses feuilles sont un bon sudorifique. Aucun soin de culture ; il faut seulement empêcher la Bourrache d'envahir le potager par ses graines.

CHAPITRE IX

Salades : Laitues de printemps, d'été, d'hiver, Laitues romaines, Chicorée, Scarole, Chicorée sauvage, Chicorée barbe-de-capucin, Mâche, Raiponce

Laitues (Composées). — D'Asie. Toutes les nombreuses variétés de Laitues produites par la culture peuvent être rangées dans deux divisions générales : 1° *Laitues pommées;* 2° *Laitues romaines* ou *chicons*. Parmi les Laitues de la première division on nomme les plus précoces de toutes, *Laitues de printemps;* les plus volumineuses et les moins sujettes à monter, *Laitues d'été;* enfin celles qu'on traite comme plantes bisannuelles à partir de l'automne pour être mangées au printemps de l'année suivante, s'appellent *Laitues d'hiver;* on comprend également dans cette division les *Laitues à couper* non pommées.

En général les Laitues montent vite et prennent difficilement dans les terrains trop légers, trop chauds et trop secs; elles poussent avec une extrême lenteur dans les terrains forts et froids.

Les principales *Laitues de printemps* sont : la L. *crêpe* et les L. *gottes* ou *gau*, d'assez peu de valeur, tenant mal, c'est-à-dire beaucoup trop promptes à monter avant d'avoir formé leur pomme ou presque immédiatement après, mais très-précoces; voilà leur seul mérite. Une variété, la *gotte à cordon rouge* se force sur couche ou se cultive en pleine terre sur côtière, au midi, dès les premiers jours de printemps. La variété dite *dauphine*, très-estimée en Angleterre, nous fournit la meilleure des Laitues de printemps.

Les principales *Laitues d'été* sont : la L. *blonde de Versailles*, très-délicate ; la L. *blonde paresseuse*, la L. *chou* ou L. *de Batavia*, la L. *de Gênes*, la *rousse de Hollande*, etc. La L. *chou* offre des pommes aussi grosses que celles de nos *Choux pommés* les plus forts, mais sa saveur n'est pas très-agréable ; en beaucoup de pays on ne cultive cette plante que pour les porcs qui en sont très-avides. Dans les terrains médiocres, vous planterez la *blonde pa ·esseuse* et la *rousse de Hollande*, très-rustiques et réussissant d'elles-mêmes quand on les abandonne à leur végétation naturelle.

On cultive comme *Laitues d'hiver :* la L. *de la Passion*, la *morine*, la *petite crêpe,* la L. *noire*, toutes peu délicates de goût, très-rustiques et capables de passer l'hiver en pleine terre si vous les plantez à bonne exposition ; elles poussent dès le premier printemps. Elles conviennent spécialement pour la culture forcée dont nous parlerons plus loin. Les maraîchers nomment *Laitues à couper*, non pas des espèces particulières, mais des plants de *Laitues crêpes* ou de *Laitues gottes*, semés très-épais : ils les coupent au collet de la racine dès que paraît la quatrième feuille et les livrent à la consommation ; la *Laitue chicorée* et la *Laitue épinard* ont cette destination particulière.

Parmi les nouveautés *vraies*, nous n'admettons guère que la *Grosse laitue blanche d'hiver*, d'une culture facile.

Les *Laitues romaines* comptent encore plus de variétés et de sous-variétés que les Laitues rondes. Nous citerons seulement les principales : la *verte hâtive de printemps et d'été*, la *verte maraîchère d'été*, la *grise maraîchère*, la plus grosse qui soit connue ; la *rouge d'hiver*, assez peu sensible au froid ; l'*alphange à feuilles épaisses*, la *blonde marai-*

chère, la *blonde de Brunoy*, très-grosse et assez voisine de
l'*alphange*, ayant besoin, comme elle, d'être liée. Toutes
sont bonnes et avantageuses, mais vous préférerez avec
raison : la *romaine verte maraîchère d'été* et la *grise maraîchère d'été* et *d'arrière-saison*, auxquelles vous ajouterez
même la *romaine à feuilles d'artichaut*, tendre, délicate,
fort grosse, capable de résister aux premières gelées blanches. Toutes les Romaines se coiffent facilement, c'est-à-
dire ont une tendance à rabattre l'un sur l'autre les sommets de leurs feuilles ; vous favoriserez encore cette disposition naturelle en serrant les feuilles par le milieu de
leur hauteur, avec un lien de paille mouillée.

La graine de Laitue (quelle qu'en soit l'espèce) se sème
en terre plutôt légère que forte, à la volée, très-clair, se
recouvrant à peine. Les Laitues à pomme ronde n'exigent
pas un repiquage, car elles pomment très-bien en place.
Le plant se met en quinconce à des distances qui varient
de 0^m,40 à 0^m,20 entre chaque pied, suivant la grosseur
des individus ; ne tassez pas trop fortement la terre afin
que les racines partant de vos Laitues s'enfoncent facilement dans le sol et paillez les planches pour que l'eau de
vos arrosages ne rende pas la terre trop compacte.

Vous sèmerez les Laitues de printemps en mars pour
les repiquer en avril ; les Laitues d'été du 15 avril à la
fin de juillet pour qu'elles se succèdent sans interruption
tout l'été et vous fournissent de bon plant à repiquer ; les
Laitues d'hiver en trois ou quatre fois différentes, du 15
août au 15 septembre pour les transplanter avant la Toussaint et les laisser en place l'hiver avec paillassons et litière ; les Laitues à couper qui ne se repiquent pas, se
sèment sur couche et sous châssis en janvier ; sur couche
sourde dans la bâche économique dès la mi-décembre,
quand l'hiver n'est pas rude. Le printemps venu, vous
recommencerez vos semis en plein air sur plate-bande
terreautée et vous pourrez les continuer pendant tout
l'été de quinzaine en quinzaine. Arrosages, sarclages.

Les ennemis de la Laitue sont les vers blancs.

Les *Romaines* se cultivent à peu près comme les Laitues rondes ; on élève sous cloche ou sous châssis, pour forcer ou pour transplanter à l'air libre, le plant de la Romaine maraîchère afin de pouvoir la livrer à la consommation dès le premier printemps. Le plant se repique, sur lignes, en échiquier à environ 0^m,04 de distance ; on le risque en partie à l'air libre de février en avril, quelquefois même, dès la fin de décembre. Prendre garde à la gelée, aux coups de soleil. Pour la culture forcée pratiquée sur une si grande échelle aux environs de Paris, vous sèmerez la graine des Laitues précoces sous cloche, sur plate-bande terreautée, au midi, accordant à votre plant le moins d'air possible (culture à l'étouffée) ; vous repiquerez sous d'autres cloches (à raison de cinq individus par cloche), puis sur couches, ne laissant entre la surface de votre couche et le vitrage que l'espace nécessaire, car vos Laitues ne doivent pas devenir grosses ; il leur faut donc peu de place ; vous entretiendrez une chaleur modérée, mais constante, par les réchauds de fumier, ou mieux, par le thermosiphon ; vous aurez soin d'essuyer la vapeur condensée sur les parois intérieures de vos châssis ; la buée qui retombe à froid sur les feuilles y fait des taches.

Réservez pour porte-graines les plus belles Laitues de chaque variété sans les lier ; écartez-en les oiseaux en général et surtout les chardonnerets, au moyen de petits miroirs attachés par des ficelles à des bâtons légèrement inclinés, ou par d'autres épouvantails en chiffons, etc.

La graine de Laitue conserve ses propriétés reproductives pendant trois ou quatre ans ; pour vos semis, vous prendrez, de préférence, la graine de deux ou trois ans ; le plant qu'elle fournit monte moins vite que celui qui proviendrait de la graine de l'année précédente.

Chicorée (Composées). — Indigène et vivace. Il faut pardonner à la Chicorée son amertume, en considération des

autres qualités que possède cette Salade, la plus saine de
toutes. Elle est très-sensible au froid, et ne peut être cultivée à l'air libre qu'à partir du mois d'avril. Enterrez
peu, ou même n'enterrez pas sa graine, que vous sèmerez
sur planche bien terreautée. Quand vous mettrez en place,
conservez entre chaque pied une distance d'environ
0ᵐ,30-32 en tous sens; donnez à la Chicorée les mêmes
soins qu'à la Laitue jusqu'au moment où ses feuilles étalées en rond se rejoignent les unes sur les autres; il faut
les lier pour faire blanchir. A partir d'avril les semis se
renouvellent de mois en mois et sont mis en place jusqu'en septembre; si l'automne est beau, vous aurez ainsi
des réserves faciles à conserver en cave ou en cellier pour
l'approvisionnement d'hiver. Bien prendre garde aux
moindres gelées.

Les jardiniers qui pratiquent la culture forcée sèment
la graine de Chicorée frisée sur couche chaude, sous
châssis en février-mars, et même quelquefois en janvier,
pour la grande primeur, sur couche très-chaude; ils repiquent toujours sur couche bien chaude en laissant des
intervalles de 0ᵐ,20 en tous sens.

Les principales variétés de Chicorée sont : la *Chicorée
d'été* ou *d'Italie*, très-recherchée pour les premières saisons et même pour l'automne, elle se garnit vite et bien;
la C. *de Meaux* sujette à monter, si vous la semez avant le
mois de juin; elle se garnit lentement; la *rouennaise* ou
corne-de-cerf, à cœur bien fourni, jaune et tendre; la
toujours blanche, demi-pleine, appropriée surtout au climat du Midi; la *Scarole* ou *Escarole*, ou *Endive*, qu'on cultive comme la Chicorée frisée ordinaire, mais sans jamais
la forcer; on la blanchit à la fin de l'automne sur place
en couchant les feuilles réunies par leurs extrémités et
en les maintenant dans cette position par un poids de
terre proportionné à leur force; on récolte dès que le temps
s'adoucit. La *Chicorée sauvage* ou *Chicorée à café* qui vient
dans les lieux incultes, au bord des chemins; vous en

sèmerez les grains très-abondamment, et vous cueillerez les plus petites feuilles dès leur apparition, pour les manger en salade, seules ou mêlées avec la Mâche ou la Laitue à couper. C'est avec la *Chicorée sauvage* que les maraîchers préparent cette salade si connue à Paris sous le nom de *Barbe-de-capucin*. Ils sèment au printemps la graine de la Scarole, très-serrée dans les mauvais terrains sablonneux; en novembre ils arrachent le plant, et après en avoir enlevé toutes les feuilles, excepté la feuille centrale naissante, ils le confient, par bottes d'environ 0ᵐ,20 de diamètre, à des couches de fumier chaud préparées d'avance dans des caves, dans de vastes carrières abandonnées où ne parviennent ni l'air ni la lumière extérieurs.

Nouveauté : C. *sauvage à grosse racine*, très-heureusement cultivée dans les environs de Bruxelles; on en fait une bonne Barbe-de-capucin.

La graine de Chicorée conserve cinq ou six ans ses propriétés germinatives; on préfère la vieille comme donnant des plants moins sujets à monter.

Mache, Boursette, Doucette, etc. (Valérianées). — Annuelle, indigène. Citons les trois variétés : la *Mâche commune*, la M. *ronde*, la M. *d'Italie* ou *régence*. On sème la Mâche depuis le mois d'août jusqu'à la fin d'octobre, à la volée, en terre meuble, fumée de l'année précédente; par exemple, sur des planches qui restent disponibles après avoir donné plusieurs produits de potager; on recouvre légèrement et l'on arrose par les temps secs; on cueille 'es pieds de Mâches les plus avancées au fur et à mesure des besoins de la consommation. La graine tombant d'elle-même dès qu'elle est mûre, il faut arracher les porte-graines avant leur entière maturité et les suspendre en un lieu sain mais pas trop sec. La graine garde ses propriétés germinatives pendant cinq ou six ans au moins. La Mâche passe pour être meilleure quand elle a supporté une ou deux fois la gelée. La Mâche qui croît

d'elle-même à l'état sauvage dans les moissons s'appelle
Mâche de blé ou *oreille de lièvre*.

Nouveauté : M. *à feuilles de laitue*, d'un beau vert blanc;
plante recommandable et d'une culture facile.

RAIPONCE (Campanulacées). — La *Campanule raiponce*
vient naturellement dans les bois, le long des haies ; ses
feuilles et ses racines sont comestibles. On la sème en
plein été, en terre légère, bien terreautée, en la recouvrant à peine avec les dents du râteau ; si l'on oublie les
arrosages, la racine devient si dure qu'elle cesse d'être
mangeable. La Raiponce sauvage a un goût plus fin, plus
délicat que la raiponce cultivée.

CHAPITRE X

Plantes à fruits comestibles : Fraisier (espèces et variétés), Fraisiers remontants, Fraisiers non remontants, Fraisier haut-bois bifère ; Ananas ; Melon, Cantaloups, Melons brodés, Melons à écorce lisse, Pastèques, Concombres, Cornichons, Courges ; Tomates, Aubergines, Piment.

FRAISIER (Rosacées). — Vivace. Le Fraisier, peu difficile sur le choix du terrain, est le premier, dans notre climat, à nous donner son fruit délicieux, et c'est encore lui qui nous l'accorde plus longtemps que toutes les autres plantes; il brave les froids les plus rigoureux, même ceux de Sibérie et du Groënland, qui durent neuf ou dix mois ; néanmoins il préfère un terrain substantiel et un peu frais. Tous les fraisiers, excepté le F. *buisson* et le F. *Gaillon*, envoient autour d'eux, en tous sens, des *filets* ou *coulants* garnis de nœuds de distance en distance; ces nœuds s'enracinent à leur tour et donnent d'autres filets ; laissez-les prendre un libre essor en août-septembre, si vous voulez du plant par ce moyen; sinon coupez-les ou plutôt empêchez-les de se développer, car ils affaiblissent les pieds-mères. Le F. *buisson* et le F. *Gaillon* se multiplient par la division des touffes au printemps et à l'automne, en ayant soin que chaque éclat conserve quelques racines.

7.

Vous n aurez recours au semis de graines de Fraisiers
que quand il s'agira de régénérer ou de maintenir sans
altération les bonnes espèces ou de créer de nouvelles variétés; c'est ainsi qu'on a obtenu toutes ces variétés de
Fraisiers à gros fruits, d'origine américaine.

Pour les semis, vous prendrez les fraises mûres les
plus belles, vous les écraserez dans l'eau, afin d'en séparer
les semences; vous les confierez ensuite à une terre
légère, douce, bien divisée, bien terreautée; vous les recouvrirez de $0^m,001$ de terreau ou de terre de bruyère
tamisés; exposition chaude mais abritée contre le soleil
et les grands vents, au moyen de paillassons; bassinages
fréquents; le plant met environ quinze jours à lever; à
deux mois, il peut être repiqué en place ou en pépinière.

Si vous ne voulez faire votre semis qu'au printemps
suivant sur couche ou en pleine terre, laissez sécher la
graine, et conservez-la à l'abri de l'humidité.

Le Fraisier se plante en bordure ou en planche en gardant entre chaque pied une distance de $0^m,30$ à $0^m,40$
dans une terre ni argileuse, ni trop compacte, bien
labourée, bien fumée, bien débarrassée des racines de
liserons ou d'autres plantes vivaces qui peuvent s'y trouver; vous sarclerez, vous binerez, vous arroserez; un
paillis épais garantira le fruit du contact avec la terre
nue, sur laquelle il se salirait, et empêchera beaucoup de
mauvaises herbes de renaître. Il faut renouveler le plant
tous les deux ou trois ans si vous voulez conserver vos récoltes bonnes et abondantes. Dans la première quinzaine de
septembre, on arrache dans les bois les Fraisiers sauvages.
Les plantations de Fraisiers se font ordinairement vers la
mi-septembre. Les Fraisiers à très-gros fruits réclament
entre eux un écartement de $0^m,35$ à $0^m,40$ en tous sens;
les variétés petites ou moyennes se contentent d'intervalles de $0^m,25$ à $0^m,30$.

Les arrosements doivent être fréquents pendant la saison chaude; vous les interromprez à l'approche des pre-

mières gelées blanches. Les Fraisiers ont pour ennemi le ver blanc dont vous les garantirez si, avant de les planter, vous garnissez le fond du terrain avec un lit bien épais, bien piétiné, de copeaux de menuisier ou de feuilles de châtaignier; après quoi, la terre remise en place, vous procédez comme à l'ordinaire. L'urine chaude du gros bétail, répandue sur le terrain destiné aux Fraisiers, tue la taupe-grillon, un de leurs ennemis les plus redoutables.

Pour la culture forcée, vous vous servirez des filets émis en juillet par les jeunes Fraisiers *des quatre saisons, de la princesse royale, du comte de Paris*, plantés dans le mois de mars de la même année, vous les élèverez en pépinière à mi-ombre, jusqu'au commencement de septembre ; alors vous plantez trois pieds dans chacun des pots préparés à l'avance, avec une bonne terre légère et substantielle, vous rangerez ensuite ces pots (environ une quarantaine) dans un châssis pas trop profond et de manière à ce que vos Fraisiers soient au plus à quelques centimètres du vitrage. En décembre vous forcerez successivement vos pots en les transportant soit dans la serre aux ananas, soit sous châssis, en tannée ou en fumier de couche bien chaude, toujours aussi près que possible du vitrage, car la lumière leur est nécessaire.

On peut aussi, au moyen d'abris (paillassons, châssis), hâter beaucoup la récolte des Fraisiers laissés en pleine terre, à exposition convenable.

On appelle F. *remontants*, ceux qui donnent plusieurs récoltes dans la même année. Citons les deux principales variétés : Le F. *des Alpes* ou *des quatre saisons* ou de *tous les mois*, c'est le meilleur des Fraisiers remontants et même de tous les Fraisiers ; ses fruits sont presque aussi délicats que les fruits du F. *des bois* et se récoltent depuis le mois d'avril jusqu'aux gelées, en pleine terre, et, pendant l'hiver sous châssis et en serre chaude. Il faut le renouveler quelquefois par semis, car il dégénère assez facilement; il offre comme sous-variétés : le F. à *fruits blancs*, le *noir de Gilbert* à fruits fortement colorés, les *quatre saisons meudonnaises.* Le F. *buisson de Gaillon* donne des fruits en tout semblables à ceux du F. *des quatre saisons* et demande les mêmes soins de culture. Il fleurit un peu plus tard au printemps. D'ordinaire on l'emploie pour garnir les plates-bandes le long des allées; par l'absence de filets, il est en effet très-propre à cet usage. Il faut le renouveler souvent : ses touffes trop fournies s'étouffent, s'étiolent par le centre, et ne produisent plus. Un léger paillis ou de la mousse préservent le F. *Gaillon* des coups de soleil et d'un contact trop direct de ses fruits avec le sol. Distance entre les pieds, 0^m,30. Sous-variété à *fruits blancs*, très-bonne, comme le Gaillon proprement dit, elle donne plus en seconde saison et à l'automne qu'au printemps. On appelle F. *non remontants* ceux qui ne fournissent qu'une récolte chaque année ; toutes les tentatives faites pour rendre *remontants* les Fraisiers à gros fruits sont restées sans résultat. Le F. *des bois* à fruit rond ou allongé, petit, mais excellent. — Le F. *de Montreuil* la plus grosse et la plus productive des variétés dues au F. *des bois*, veut, pour son plant, un endroit sec et sableux, et pour sa transplantation définitive, un terrain frais et riche. — Les *Caprons,* à fruit peu coloré, d'un goût légèrement musqué, ont leurs fleurs mâles et leurs fleurs femelles sur des pieds séparés : les plantes mâles, qui sont naturellement stériles, occupent donc, en pure perte, une place précieuse dans le potager. — Les F. *ananas* ont une saveur fade et musquée qui ne convient pas à beaucoup de personnes ; leurs pédoncules grossissent et s'épaississent au fur et à mesure que le fruit grossit. — Les F. *américains* ont fourni et fournissent encore continuellement beaucoup de variétés par les croisements hybrides et les semis ; leurs fruits arrondis sont plutôt sucrés qu'acides, tandis que leurs fruits coniques sont plutôt acides que sucrés. Parmi les espèces américaines les plus dignes de figurer dans le potager, nous citerons : l'*écarlate de Virginie*, à feuillage élevé, d'un vert bleuâtre, à fruit petit, rond, percé de cavités profondes, très-précoce ; il donne de la fin de mai à la fin de juin. L'*écarlate américaine*, très-productrice ; fruit oblong rouge foncé, chair rose. Le F. *du Chili*, à très-gros fruits ; il demande un terrain substantiel et une exposition au midi. — Le F. *superbe de Wilmot*, fruits très-beaux, pouvant atteindre jusqu'à 0^m,22 de circonférence. Le *Goliath*, fruits presque aussi gros que celui du *Wilmot*. Le F. *queen Victoria*, très-beau, fruit gros, rouge foncé, vernissé, d'un goût fin et parfumé. La *British queen*, très-productive, la meilleure des variétés américaines, à fruit arrondi.

On appelle F. *haut-bois*, un Fraisier remarquable par l'élévation et l'élégance de ses tiges florales, et par son fruit d'une saveur vineuse ; il est *bifère*, c'est-à-dire que, sans être vaiment remontant, il refleurit en automne et donne une seconde récolte presque aussi abondante que la première.

Comme les grosses Fraises ne produisent qu'une fois dans l'année, le jardinier devra en cultiver plusieurs variétés mûrissant à des époques successives, pendant deux mois, dans l'ordre suivant :

Première quinzaine.	*Troisième quinzaine.*
Princesse royale,	F. Elton,
Black Prince de Cuthill,	Duchesse de Trévise,
Keen's seedling.	Superbe Wilmot,
	Queen Victoria.

Deuxième quinzaine.	*Quatrième quinzaine.*
Comte de Paris,	British queen,
Caroline,	Barne's large White,
Ananas.	F. du Chili.

ANANAS (Broméliacées). — De l'Amérique méridionale. L'Ananas appartient exclusivement en France, etc., à la

culture forcée. On le multiplie par les œilletons qui naissent à la base de sa tige, par les touffes nommées *couronnes*,
qui surmontent son fruit, et par le semis de ses graines ;
on emploie presque toujours les deux premiers moyens ;
on a recours au troisième pour obtenir de nouvelles variétés. Les œilletons et les couronnes se traitent comme
les boutures de plantes grasses ; vous ne les planterez pas
au moment même où vous venez de les détacher, mais
vous les ferez se ressuyer à l'air, en leur laissant la cou-
pure du talon. La culture complète demande de dix-huit
mois à deux ans. Vous pouvez la commencer en tout
temps. Si vous avez planté vos œilletons au commencement de novembre, en pots remplis de terre de bruyère
et plongés dans une couche maintenue toujours très-
chaude, 20° centigrades pendant la nuit, et 25° pendant le
jour, vous attendrez jusqu'au printemps pour monter une
nouvelle couche, très-chaude, où les Ananas développent
promptement leurs racines; vous retrancherez alors toutes
les racines jusqu'au niveau du collet ; dix ou douze heures après, il faut les bouturer dans des pots plus grands
que les premiers et remplis d'un mélange par parties égales de terreau, de terre de bruyère et de bonne terre de
jardin ; vous mettez ces pots dans la tannée d'une serre à
forcer, aussi près que possible du vitrage. Arrosages et as-
persions de temps à autre; nettoyage des feuillages avec
un linge ou une éponge humide ; chaleur élevée jusqu'à
35 et 40 degrés ; fortes fumigations de tabac contre les
insectes parasites, le *pou*, insecte du genre cochenille, etc.
Vers la fin de l'été, les plantes sont *faites* ou en *roseaux ;*
beaucoup de jardiniers, aussitôt la floraison passée et le
fruit formé, font subir aux racines des Ananas une amputation presque aussi sévère que celle dont nous avons
parlé ci-dessus. Vous replacez chaque individu dans un
pot large d'environ $0^m,20$, plongé dans une tannée nouvelle, et vous vous contentez d'une température de
$+ 30°$-$32°$. Distance entre chaque pied, $0^m,60$.

Beàucoup de personnes ont adopté, depuis quelques années, la méthode anglaise qui nous a toujours réussi et que nous croyons au moins aussi bonne que la précédente. Elle consiste à planter les Ananas enracinés, après leur premier hiver, dans une terre de bâche de 0^m,60-80 de profondeur, bien chauffée par les tuyaux du thermosiphon ; on ne leur fait subir ni transplantation ni amputation ultérieures, distance entre chaque pied, 0^m,60. Arrosages fréquents.

Les graines d'Ananas, semées au printemps en terre de bruyère, lèvent assez vite, mais leur plant ne donne du fruit qu'au bout de cinq ans.

Principales variétés : l'A. *providence* et l'*Enville* très-précoces ; le *Cayenne* et ses variétés : — l'A. *Otaïti* et l'A. de la *Jamaïque*, très-tardifs ; l'A. *Comte de Paris*, d'une culture facile ; l'A. de la *Martinique ;* l'A. *Charlotte Rothschild ; Princesse de Russie ; Enville Pellevilain ; Enville* Mme *Gonthier*, etc.

MELON (Cucurbitacées). — Originaire de l'Asie. Les premiers semis se font en janvier, dans des pots de 0^m,11 de diamètre en dehors, que vous enterrerez dans des couches recouvertes de châssis et de paillassons ; à raison d'une graine pour chaque pot ; vous pourrez aussi semer en plein terreau, dans de petites rigoles de 0^m,04 de profondeur, en laissant entre chaque graine une distance de 0^m,08 ; ou bien, enfin dans des terrines que vous confierez pareillement à une couche chaude. Vous donnerez de l'air aux heures les plus favorables de la journée ; vous débarrasserez le vitrage de la buée, qui se suspend à ses parois intérieures. Vous repiquerez sur couche préparée comme la première, un mois après vous mettrez en place, toujours sur couche, à raison de deux ou trois pieds par panneau, ayant soin d'enfoncer chaque pied jusqu'aux cotylédons. Quand le plant a quatre feuilles, vous l'étêterez pour favoriser la pousse des bourgeons aux aisselles des feuilles ; vous taillerez les branches à la sixième ou septième feuille, et quand il y aura un fruit vous pincerez un œil au-dessus.

Les Melons, dits *de cloche*, se sèment en mars-avril, sur couche, sous châssis, et sont repiqués en motte et en rang, à distance moyenne de 0ᵐ,80 à 0ᵐ,85, avec cloche ombragée, pendant quelques jours, sur chaque pied jusqu'à ce qu'il ait bien repris. De temps en temps, vous donnerez de l'air et de la lumière. Taille et conduite comme ci-dessus. Dans le Midi, on sème quatre ou cinq graines dans des tas de fumier, recouverts de terre. On choisit les plus beaux plants dès qu'ils sont levés, et l'on sacrifie tous les autres ; les fruits ainsi obtenus n'ont pas beaucoup de goût.

Ne cultivez pas trop près les uns des autres les *Melons,* les *Concombres,* les *Potirons,* etc. : la poussière fécondante, en se répandant en tous sens, altère profondément les espèces et vous donnent des *Citrouilles-melons* d'une saveur désagréable.

On sème le Melon à l'air libre, du 10 au 20 mai, sur plate-bande de fumier à demi décomposé, inclinée au midi avec terreau mêlé à de bonne terre ordinaire ; inutile de repiquer ; de temps en temps répandez autour des pieds de Melons quelques poignées de colombine (fiente d'oiseaux de basse-cour ou de colombier), et arrosez.

Il ne faut récolter la graine que dans les fruits parvenus à complète maturité ; la bien faire sécher et la conserver à l'abri de l'humidité ; préférez les vieilles semences aux jeunes.

Les meilleurs de tous les Melons sont les *Cantaloups,* et les meilleurs de tous les Cantaloups sont : le *Cantaloup orange,* petit, rond, à côtes, à chair rouge un peu ferme ; le plus hâtif des Melons ; conséquemment le plus employé pour primeur.

Le *Noir des Carmes,* à fruit rond, vert-noir, à côtes peu relevées, quoique bien prononcées, sans gales ; chair rouge, vineuse, très-bonne ; très-hâtif sous châssis. —

Le *Prescott,* le plus estimé à Paris ; à côtes plus ou moins galeuses; à nuances variant du vert à l'argenté ; le *petit Prescott,* à fond noir ou brun, à couronne avec point saillant au centre de cette couronne ; — le C. *d'Alger,* à chair rouge ; — le C. *de Hollande,* etc. — Le M. *maraîcher brodé.*

Nouveauté : *cantaloup d'Épinal ;* il arrive au poids d'environ 2 kilog.; chair d'une belle couleur, fine et savoureuse.

Pour les semis en place, employez de préférence ce dernier Melon, le M. *de Honfleur,* le M. *sucrin de Tours,* le M. *sucré vert d'Angers.*

Dans le Midi, on cultive principalement : le *Melon de Malte,* à chair blanche, fondante et sucrée; hâtif; de moyenne grosseur. — Le M. *de Cavaillon* ou M. *d'hiver,* à chair d'un blanc verdâtre, juteuse et fine. — Le M. *d'Odessa,* vert, rayé de jaune; à chair verte fondante ; comme les deux précédents.

La Pastèque ou Melon d'eau (Cucurbitacées). — A chair rouge ou blanche, assez fade, ne peut être cultivé en France, que dans les départements du Midi, où vit l'Oranger ; il vient en plein champ, dans des trous remplis préalablement de terre substantielle et de fumier; on l'abandonne à lui-même. Arrosements par les trop grandes sécheresses.

Concombre (Cucurbitacées). — Originaire de l'Inde. Il se cultive comme le Melon, soit sur couche, soit à l'air libre. On le sème dans la première quinzaine de mai, en conservant entre chaque pied une distance d'environ 1ᵐ,50, à partir du centre des trous qui, eux-mêmes, ont chacun environ 0ᵐ,50 de diamètre, et ont été préalablement remplis de fumier frais et de bon terreau mêlé à de la terre substantielle. Paillis; arrosages fréquents. On concentre toute la sève au profit du fruit, en taillant et en pinçant. Pour les Concombres de primeurs, *blanc hâtif* et *hâtif de Hollande,* se rappeler ce que nous avons dit plus haut sur les Melons de primeurs.

Le *Concombre de Bonneuil* se cultive à l'air libre et fournit la *pommade de Concombre*.

CORNICHONS (Cucurbitacées). — Ce sont des Concombres
cueillis dans la première période de la formation de leurs
fruits. On cultive comme Cornichons : 1° le *petit Concombre vert;* à l'air libre, sans le tailler ; arrosages fréquents ;
2° le *C. serpent*, ainsi nommé à cause de la forme allongée et flexueuse de ses fruits ; espèce moins productive
que la précédente parce qu'elle se ramifie beaucoup moins.
Mêmes soins de culture.

COURGES OU POTIRONS (Cucurbitacées). — On les sème en
place, en avril-mai, sur tas de fumier, garni de terreau,
en terrain humide ; à exposition chaude; on fait des trous
semblables à ceux où l'on dispose les graines de Concombres, mais plus grands, plus profonds, plus espacés selon
la grandeur des variétés; lorsque les graines ont levé, on
choisit les plus beaux plants, à raison d'un à laisser dans
chaque trou; d'ordinaire on les abandonne à leur développement naturel, à l'exception du Potiron proprement
dit, dont on coupe la première tige au-dessus du deuxième
ou du troisième œil, et quand le fruit est noué, on arrête
la branche qui le porte à deux ou trois yeux au-dessus.

Parmi les espèces et variétés cultivées, citons les principales.

Le *Potiron proprement dit*, à fruits souvent énormes,
très-pesants, avec les variétés suivantes : P. *d'Espagne*,
meilleur que le précédent; le P. *de Chypre*, à chair verdâtre, peu épaisse ; le *Giraumon-Turban*, à fruit jaune et
verdâtre, assez sucré. — Les *Courges proprement dites*,
dont les variétés les plus estimées, sont : la *Melonée* ou
Muscade de Marseille, qui mûrit difficilement dans les
environs de Paris, mais bien dans le Midi de la France ;
— la *C. de Messine*, presque sans vide intérieur; la *C. de
l'Ohio* (Amérique), à fruit pesant jusqu'à 3 ou 4 kilog. ;
chair douce et sucrée; la *C. à la moelle* ou *moelle végétale*
à fruit long de $0^m,14$ à $0^m,22$; d'un jaune pâle; à chair

douce et fondante ; très-estimé des Anglais ; l'*Artichaut de Jérusalem non coureur ;* à chair fine et délicate. — La *Gourde de Pèlerin*, la *Courge Massue*, etc., ne sont pas comestibles. La graine des Courges conserve ses propriétés germinatives de six à huit ans. On multiplie aussi ces plantes par boutures et par greffe herbacée.

Nouveautés : *Courge plate rayée ; Courges gaufrées* à fruits sphériques pesant de 6 à 7 kilogrammes ; chair sucrée et fine, d'un beau rouge doré.

TOMATE OU POMME D'AMOUR (Solanées). — Du Mexique, annuelle. La Tomate redoute le froid comme les Melons et les Courges, et ne peut être semée à l'air libre qu'à partir de la mi-mai : les froids de l'automne détruisent beaucoup de ces plantes si elles n'ont pu mûrir jusqu'à cette époque ; il est donc plus prudent de semer sur couche, en février et en mars, sur les parties vides des plants de Melon ; on repique sur couche ; puis l'on met en place, dès que la chaleur de l'atmosphère est suffisante. La Tomate se contente d'ailleurs d'une terre fraîche, et bien ameublie et demande peu de soins ; un peu d'eau et du fumier lui suffisent pour croître à peu près partout, avec bonne exposition au midi ; on la pince pour arrêter ses folles pousses ; on la palisse pour soutenir ses tiges molles.

On force la Tomate en semant sur couche chaude dès les premiers jours de janvier, pour repiquer sur une autre couche chaude et mettre en place sur une troisième couche chaude ; on taille sévèrement, on laisse peu de fruits ; la récolte se fait en juin.

Pour les Tomates de pleine terre, si les froids de l'automne arrêtent leur maturité, il suffit pour leur faire prendre la couleur rouge, de les mettre en serre chaude sur des tablettes, ou même sur la cheminée de cuisine.

Nouveauté : *Tomate rouge naine hâtive ;* variété très-productive ; chair fine et savoureuse.

Les graines conservent pendant trois ans leurs propriétés germinatives.

AUBERGINE OU MÉLONGÈNE, *Mérangène* (Solanées). — Cette plante, d'une culture si répandue et si facile dans le Midi, ne donne de bons fruits, sous le climat de Paris, que quand on la force, comme on force la Tomate, avec cette différence que, pour augmenter le volume de l'Aubergine, on la repique jusqu'à trois fois, à huit ou dix jours d'intervalle, chaque fois, sur couches très-chaudes; on la met en place en mai; on la récolte en juillet. On sème aussi sur couche en mars, on repique sur couche en avril, puis on plante à l'air libre, au pied d'un mur, à chaude exposition. On distingue les variétés suivantes : la *violette longue*, la plus cultivée ; la V. *ronde* et la *panachée de la Guadeloupe*, à fruit blanc, violet; dans le Midi, on mange même le fruit assez peu sain de l'A. *poule-pondeuse* ou *Plante-aux-OEufs.*

PIMENT (Solanées). — Cette plante se cultive comme l'Aubergine. On sème sur couche en février-mars ou sur terreau en avril; on replante fin avril ou première quinzaine de mai, sur plate-bande au midi, ou dans des pots enterrés dans une couche. On récolte les fruits dans l'année.

Variétés : le *Poivre long;* le *Gris doux d'Espagne;* le *Violet;* le *Piment-Tomate*, à fruit jaune, arrondi, assez doux, mais qui mûrit difficilement. — Le *P. enragé des Antilles* est un arbuste de serre. Plusieurs Piments sont traités comme plantes d'ornement dans les provinces du Nord de la France; dans le Midi, ils viennent à l'air libre.

Nouveauté : *Piment rouge d'Espagne;* très-jolie race de Piment à fruit long de 0m,15 à 0m, 16 centimètres, à peu près cylindrique dans toute sa longueur. Fruits d'un beau rouge corail, très-charnus et d'une extrême douceur.

CHAPITRE XI

Champignons. — Plantes médicinales. — Plantes économiques.

Nous avons dit plus haut (1) de quelle manière il fallait préparer le fumier destiné aux Champignons; parlons maintenant de la culture de ces cryptogames. Quand le blanc a pénétré jusqu'au sommet de la meule en s'attachant solidement, il faut gopter, c'est-à-dire recouvrir toute la surface d'environ 0^m,01 de terre tamisée très-fin et un peu salpêtrée, qu'on applique avec le dos de la pelle; on remet la couverture et l'on arrose assez légèrement; si la saison l'exige; après la cueille, on remet un peu de terre aux places vides laissées par les Champignons enlevés; on peut de cette façon obtenir des produits pendant quatre ou cinq mois encore.

Dans la méthode anglaise, on prend deux ou trois charges de brouettes de crottin provenant d'animaux nourris surtout de fourrage sec, avoine, féverolles, etc.; on l'émiette aussi fin que possible; on en forme des couches de 0^m,20-25 d'épaisseur qui, par le tassement, se réduisent, au bout de quelques jours, à 0^m,12-15; vers leur centre on enfouit du blanc choisi avec soin et, pendant

(1) *Voy.* le chapitre des *Engrais.*

deux mois environ, on a une récolte assez abondante pour une famille. Les jardiniers d'Outre-Manche n'établissent pas ces sortes de couche sur le sol, mais sur des tablettes à rebords, dans un hangar à la fois chaud et obscur adossé au mur d'une serre à un seul versant; nous avons vu, chez quelques Écossais, des couches de Champignons dans de larges et profonds tiroirs sous de grandes tables de cuisine.

Les Champignons, même les meilleurs, les plus connus, ceux de couche enfin, deviennent dangereux quand ils ont vieilli, il faut les manger dès leur éclosion; si les bords se sont déployés et que les lames de dessous le chapeau aient passé du rose violacé au brun ou au noir, jetez-les; ils pourraient tout au moins vous donner une affreuse indigestion.

Les plantes médicinales (1) émollientes sont :

La GUIMAUVE, fleurs, feuilles et racines. Multip. par touffes ou par graines, au printemps, en tout terrain un peu profond. Les racines, dépouillées préalablement de leur écorce, sont suspendues dans un local bien aéré où elles sèchent et se conservent fort longtemps. — La MAUVE A FEUILLES RONDES, même culture que les Guimauves. Feuilles et fleurs servent. — Le LIN, les graines pour tisanes, etc., sa farine pour cataplasmes. — La CONSOUDE. Racine sèche ou verte.

Les plantes pectorales émollientes sont:

La VIOLETTE, fleurs et feuilles. — Le BOUILLON BLANC, fleurs et feuilles. Multip. par graines en terre légère, à exposition chaude.

Les plantes diurétiques émollientes sont :

Le CHIENDENT. Racines. Multip. par trace en tout ter-

(1) Voy. pour le détail de quelques-unes de ces plantes à leur nom dans la culture des *Plantes d'ornement* (2ᵉ partie) ; voy. aussi au *Plantes potagères*.

rain et à toute exposition. — La BOURRACHE OFFICINALE. Fleurs et feuilles fraîches ou sèches.

Les plantes narcotiques sont :

La BELLADONE. Plante très-vénéneuse et dont il ne faut se servir qu'avec les indications du médecin ; feuilles et racines ; ses baies, assez semblables à de petites cerises noires sont un poison. Multip. par graines ou par racines en toute terre, à exposition chaude. — La CIGUË, plante très-vénéneuse. Feuilles et racines servent. Semis au printemps ; mise en place ou en pépinière pour repiquer en gardant entre chaque pied 1 mètre de distance. — La POMME ÉPINEUSE OU STRAMOINE. Très-vénéneuse. Suc de la plante et des feuilles. — PAVOT. Pétales, feuilles et graine. — MORELLE NOIRE. Toute la plante sert. — Multip. par graines en avril en toute terre, à toute exposition. — La JUSQUIAME NOIRE. Très-vénéneuse. Feuilles, racines, graines et fleurs servent. Multip. par graines en terre sèche légère.

Les plantes rafraîchissantes sont :

La RÉGLISSE. Sa racine. — L'ÉPINE VINETTE. Ses baies.

Les plantes excitantes aromatiques sont :

La SAUGE. Fleurs et feuilles. — La LAVANDE. Épis fleuris et fleurs. — La MÉLISSE OU CITRONNELLE. Épis fleuris et feuilles. Semis ou éclats de pieds en terre légère, à exposition chaude. — La MARJOLAINE. Épis et feuilles. — Le ROMARIN. Feuilles et fleurs.

Les plantes antispasmodiques excitantes sont :

Le SAFRAN. Ses stigmates sont seuls employés. — La PIVOINE OFFICINALE. Graines, fleurs et racines. — La TANAISIE. Sommités des tiges, fleurs et graines. — La VALÉRIANE OFFICINALE. On emploie la racine arrachée avant la végétation de la plante. Semis en place au printemps, ou éclats en automne ; terre fraîche et franche. — La CAMOMILLE PUANTE OU MAROUTE. La plante entière. Multip. par graines. — La MENTHE POIVRÉE. Toute la plante. Multip. par drageons au printemps et à l'automne.

Les plantes stomachiques toniques sont :

La CAMOMILLE ROMAINE. Fleurs et tiges fleuries. — L'AB-
SINTHE. Feuilles et sommités des rameaux. — Le TRÈFLE
D'EAU. Feuilles. — La GENTIANE. Racine. — La PETITE
CENTAURÉE. Sommités fleuries. Multip. par graines au
printemps en terre légère, un peu sèche.

Les plantes dépuratives sont :

La SAPONAIRE. Plante entière; on fend les racines dans
leur longueur et on les coupe en morceaux de 2 ou 3
centimètres de long pour faire de la tisane. Multip. par
rejetons à l'entrée de l'hiver. — La PATIENCE. Racines.
Multip. par graines à l'automne. — La CHICORÉE SAUVAGE.
Racines. — Le HOUBLON. Ses cônes florifères. La BARDANE.
Racines. Multip. par graines en tout terrain. — Le Pissenlit.
Racines et feuilles. Multip. par graines en tout terrain.

Les plantes purgatives sont :

La GRATIOLE. Tiges et feuilles; multip. par éclat des
touffes en terre humide. — Le RICIN. Semences et feuilles.
— Le NERPRUN. Fruits; multip. par graines et par marcottes.
— L'ELLÉBORE. La racine. — Le CONCOMBRE SAUVAGE. Fruit
et racines. — La RHUBARBE. Racines. — La BRYONE. Racines; multip. par graines dès leur maturité ou par éclats;
en toute terre.

Les plantes antiscorbutiques sont :

Le CRESSON. Plante entière. — La MOUTARDE. La graine.
— Le RAIFORT SAUVAGE. Racines; multip. par graines et par
éclats, en terre ombragée et fraîche. — Le COCHLÉARIA.
Feuilles; multip. par graines au printemps, en terre substantielle, légère et fraîche.

Les plantes employées comme expectorants-excitants,
sont :

L'AUNÉE. Racines; multip. par graines et par éclats, en
terre ombragée, humide. — La SCILLE. L'oignon. — Le
LIERRE TERRESTRE. Toute la plante; multip. par graines,

terre sècne un peu ombragée. — L'HYSSOPE. Toute la plante.

Les plantes astringentes sont :

La ROSE DE PROVINS. Les pétales de la fleur encore fermée. — La TORMENTILLE. Racines ; multip. par graines ou par éclats, en terre sèche et légère. — La BISTORTE. Racines ; multip. par graines ou par éclats, en terre marécageuse ou au moins humide et ombragée.

Les plantes employées comme carminatifs-excitants sont :

L'ANGÉLIQUE ARCHANGÉLIQUE. Racines et feuilles. Semis au printemps et à l'automne. — L'ANIS. Graines. Semis en terre légère et chaude ; arrosements fréquents. — La CORIANDRE. Graines. Même culture que le Fenouil.

Les plantes employées comme diurétiques excitants atoniques, sont :

Le GENÉVRIER. Racines. — Le CÉLERI. Racines. — L'ARRÊTE-BŒUF. Racines ; multip. par graines, à exposition chaude, en terre légère. — Le PETIT HOUX. Racines.

Plantes économiques (1) :

ARACHIDE, PISTACHE DE TERRE, *Arachys hypogœa* (Papilionacées.) — Du Mexique. Sa culture se rapproche beaucoup de celle des haricots. Semez en terre douce, légère, assez échauffée pour amener promptement la germination. Binage entre les rayons et les touffes. L'Arachide réussit dans les terrains où les Melons viennent en plein champ.

BETTERAVES A SUCRE. — Voy. Betteraves, plantes potagères.

CAMÉLINE OU CAMOMILLE, *Myagrum sativum* (Crucifères). — Plante oléagineuse. On la sème au printemps, à raison d'environ 5 kilog. de graines pour un hectare, en terre à

_____

(1) *Voy.* aussi *Plantes fourragères.*

blé ou dans un sol sablonneux ; on la récolte dès que les capsules jaunissent.

CARDÈRE, CHARDON A FOULON, C. A BONNETIER, *Dipsacus fullonum* (Dipsacées). — Plante bisannuelle armée de forts et nombreux crochets très-propres à peigner les draps. Bonne terre, semis à la volée ou mieux en rayons, au printemps dans les pays du Nord, à l'automne dans le midi de l'Europe ; sarclages ; distance entre chaque pied, 0ᵐ,32. Dès que leurs têtes jaunissent, vous coupez les tiges en leur laissant une longueur d'environ 0ᵐ,30 pour pouvoir les lier.

CARTHAME, SAFRAN BATARD, *Carthamus tinctorius* (Composées). — Terrains secs et profonds, semis à la volée, ou mieux en rayons, dès le mois de mars ou au commencement de mai, selon le climat, quand les gelées ne sont plus à redouter. Espacer les plantes de 0ᵐ,33. Récolte des fleurons en temps sec ; dépôt dans un lieu bien sain et bien aéré. La graine donne une huile très-employée en Orient ; les perroquets se nourrissent ordinairement de cette graine.

CHANVRE, *Cannabis sativa* (Cannabinées). — Il faut au chanvre une terre légère, franche, substantielle, bien ameublie par un labour à l'automne, un autre au printemps. Semez immédiatement après une pluie fécondante, enterrez très-peu la graine. Sarclage, éclaircissage. Récoltez les pieds mâles, les premiers à mûrir, dès qu'ils jaunissent, et les pieds femelles, quand la graine est presque mûre. Remuez souvent cette graine pour en empêcher la fermentation ; tenez-la à l'abri des vents et des oiseaux. Elle donne de bonne huile à brûler. 4 hectolitres suffisent pour ensemencer un hectare.

Le *Chanvre de Piémont*, plus haut et plus fort que le précédent, convient surtout pour les cordages employés bord des navires ; une terre très-ordinaire peu ou point fumée lui suffit ; réservez cependant un carré de votre chènevière, plus riche en humus, plus fertile, pour les pieds de Chanvre qui doivent vous fournir les graines à semer.

Chanvre de Chine, aux branches plus larges, plus étendues que celles du Chanvre commun, atteint quelquefois jusqu'à 4 mètres de hauteur, mais fleurit et graine rarement sous le climat de Paris.

Colza. Voy. Chou.

Corchorus Textilis ou Lo-Ma. — Il diffère peu du *Corchorus olitorius* ou *Corette potagère ;* il donne une filasse grossière.

La Garance, *Rubia tinctorum* (Rubiacées). — Vivace et indigène. Il lui faut une terre légère, fraîche, substantielle, bien labourée, bien fumée ; semez en mars-avril, à la volée ou même en rayons dans lesquels vous répandrez la graine aussi également que possible, à la distance de 0ᵐ,03 à 0ᵐ,04. Sarclage, rechargeage dans la première année. Nouveaux sarclages, nouveaux rechargeages l'année suivante en novembre ; vous couperez la plante dès qu'elle est en fleur si vous voulez vous en servir comme fourrage. La troisième année, vous récolterez en août-septembre les racines qui s'enfoncent quelquefois dans le sol jusqu'à 0ᵐ,40 à 0ᵐ,50 ; vous les porterez sur une aire bien propre, vous les remuerez à la fourche afin d'enlever la terre ; vous les mettrez à sécher dans un lieu sec et aéré ou dans une étuve.

Gaude, *Reseda luteola* (Résédacées). — Bisannuelle. On la sème d'ordinaire en juillet, dans les terrains secs et sablonneux, parmi les haricots, etc. Sarclages à l'automne et au printemps suivants ; en été on arrache les tiges dès qu'elles jaunissent ; on les fait sécher par petites bottes placées à distance les unes des autres ; trop entassées elles risqueraient de fermenter.

Guizotia oléifère (Composées). — On a essayé déjà à plusieurs reprises, mais sans succès, la culture de cette plante, dont les tiges s'éclatent très-fréquemment et qui en France, donne bien moins de graines qu'en Abyssinie, d'où elle est originaire.

HOUBLON, *Humulus lupulus* (Cannabinées). — Indigène dans le nord de l'Europe et de l'Amérique septentrionale. Fleurs dioïques, les mâles en grappes paniculées; les femelles réunies en un cône écailleux à l'extrémité d'un pédoncule ovulaire, composé de grandes écailles ou bractées membraneuses, d'un blanc roussâtre, ovales, concaves à leur base. Tiges dures, anguleuses, atteignant jusqu'à 6 et 7 mètres de hauteur, à l'aide de soutiens. Feuilles grandes, rudes, pétiolées, opposées, dentelées en scie. Le Houblon aime les lieux humides, abrités, les haies, la lisière des bois; il craint les chaleurs; il fleurit en juillet.

Les bestiaux se nourrissent volontiers des feuilles et des tiges de Houblon. Les cônes ont une odeur forte, narcotique, un peu vireuse, un goût amer; ils servent aux brasseurs pour la fabrication de la bière. Dans le nord de l'Allemagne et dans quelques autres contrées on mange les jeunes pousses de Houblon en salade ou préparées comme des asperges. Ses sarments, ramollis dans l'eau, donnent des liens solides et flexibles; ils pourraient même faire une sorte de filasse grossière.

Le Houblon garnit les tonnelles, les berceaux, treillages, etc. Les limites de cet ouvrage ne nous permettant d'entrer dans aucun détail sur la culture de cette plante importante, nous renvoyons le lecteur aux traités spéciaux. Qu'il nous suffise de dire que le Houblon exige un terrain très-riche et des soins coûteux.

LIN, *Linum usitatissimum* (Linées).— Cultivé pour l'huile que donne sa graine et pour la filasse que procure son écorce. On sème le Lin au printemps et quelquefois en automne; pour le semis d'automne on préfère le *lin d'hiver*.

Il faut au Lin une terre légère, labourée en tous sens et bien fumée. On sème à la volée : 1° dru pour obtenir une filasse très-fine; 2° clair, si l'on désire de la graine. La graine de Riga est la plus estimée de toutes; sa sous-variété à fleur blanche ou *Lin royal* ou *Lin d'Amérique à fleur blanche* donne des tiges à fibres d'une souplesse remarquable. Citons encore comme variétés principales : Le L. *froid*, le L. *chaud*, le L. *de mars*, le L. *de maï*. Le *Lin à fleur blanche* se distingue des autres races de Lin, par ses tiges de grandeur moyenne, peu ramifiées, à graines mûres au moment même d'arracher la plante ; il réussit facilement, donne des produits réguliers et ne dégénère pas. Sa filasse, est très-recherchée pour la filature mécanique.

L'arrachage du Lin a lieu quand les capsules sont devenues jaunes ; après avoir enlevé la graine immédiatement, soit en battant les tiges, soit en les faisant passer entre les dents d'une sorte de râteau, on fait rouir sur le pré ou dans l'eau.

On a calculé qu'il faut environ 100 à 175 kilogrammes de graine de Lin par hectare.

Lin vivace, *Linum perenne*. — Il faut semer ce lin assez dru pour obliger les tiges à se dresser et à s'allonger ; terre substantielle et bien fumée.

Madia du Chili, *Madia sativa* (Composées). — Plante très-rustique, d'une croissance rapide ; elle donne une bonne huile à manger ; mais d'une saveur qui n'est pas du goût de tout le monde et qu'on emploie aussi pour la fabrication du savon, le foulage des draps, etc., terrain ordinaire mais profond. Semis de la mi-mars à la fin de juin, par lignes espacées de 0m,40, avec plantes de 0m,12 à 0m,15 sur le rang. Il faut de 12 à 15 kilog. de semences par hectare. Récolte quand les graines prennent une teinte grisâtre. L'odeur forte et désagréable du Madia le garantit des attaques de tous les insectes.

Ortie cotonneuse, A-Poo des Chinois, *Urtica nivea* (Urticées). — Semis en terrine ou sur une plate-bande de terre douce, en recouvrant à peine : on met en place la seconde année ; l'ortie cotonneuse réussit mieux dans le

8.

midi de la France que dans le nord. Les expériences de culture ne sont pas encore bien concluantes.

Pavot, Oliette ou Œillette, *Papaver somniferum* (Papavéracées). — On cultive cette plante particulièrement dans nos départements du Nord; elle fournit une huile à manger moins délicate que l'huile d'olive, mais qui n'offre aucun des inconvénients qu'on lui a souvent attribués. Il faut au Pavot une terre douce et substantielle, bien ameublie. Semis à la volée de la fin de mars jusqu'en mai et juin: même en septembre dans le Midi, sur trèfles et luzernes défrichés, mais pas après les avoines; répandez les graines aussi également que possible, en les recouvrant à peine; vous donnerez plusieurs façons, avec une binette, et vous éclaircirez de manière que les tiges aient entre elles un espace de 0ᵐ,15 à 0ᵐ,25. En septembre vous arracherez les Pavots dont la maturité s'annonce par la couleur grise des têtes; vous réunirez en petits tas mis debout, vous battrez sur place et ferez tomber les graines sur des toiles étendues sur le sol.

Deux ou trois kilogrammes suffisent pour ensemencer un hectare.

On appelle *Œillette aveugle* des Pavots à grosses têtes dépourvues de trous et d'opercules.

Le *Pavot blanc* (*Papaver somniferum album*) est moins cultivé pour sa graine que pour ses grosses capsules dont on se sert en médecine; elles fournissent l'opium par incisions faites sur pied.

Persicaire, indigo, Renouée tinctoriale, Loureiro; *Polygonum tinctorium* (Polygonées, de deux mots grecs qui signifient : *plantes à plusieurs nœuds*). — Plante vivace en Chine; traitée comme annuelle en France et qu'il vaut mieux reproduire de graines que de boutures. Semis à la mi-mars pour le climat de Paris, en pépinière, pour être transplantée, ou en terrain léger, sain et fertile. Cloches et châssis. Vous ferez la plantation en lignes séparées les unes des autres par un intervalle de 0ᵐ,50 à

0^m,65 pour faciliter les binages et la récolte. Un mètre carré de pépinière vous donnera une centaine de plants bons à mettre en place quand ils ont 4 ou 5 feuilles, en mai ou à la fin d'avril. Binages, sarclages, arrosages. Il faut environ deux kilogrammes de graines par hectare pour le semis en lignes, et six kilogrammes par hectare pour le semis à la volée.

La *Renouée poivre d'eau*, qu'il ne faut pas confondre avec la précédente, ou *Persicaire à feuilles de pêcher*, se plaît dans les lieux humides, au bord des ruisseaux ; elle a une saveur âcre, brûlante, poivrée, d'où vient son nom ; ses fleurs blanchâtres, lavées de rouge, s'épanouissent dans le courant de l'été. On l'unit quelquefois à l'oseille, aux raisins secs ; on emploie ses semences au lieu de poivre dans la préparation de quelques aliments. On en tire une couleur d'un jaune verdâtre à laquelle la *gaude* est préférée avec raison ; enfin elle sert comme engrais.

La *Bistorte* doit son nom (deux fois torse) à sa racine grosse, fibreuse, repliée deux fois sur elle-même ; tous les bestiaux, à l'exception du cheval, en sont très-avides ; on apprête et l'on mange ses feuilles tendres, comme celles des épinards, ses semences peuvent servir à la nourriture des oiseaux de basse-cour. Sa racine, qui contient beaucoup de tannin et d'acide gallique, perd sa stypticité, par plusieurs lotions successives, et donne une fécule qui, mêlée à la farine de froment, même en assez grande quantité, altère peu la qualité du pain.

La *Renouée vivipare*, qui offre beaucoup de rapports avec la Bistorte, aime les pays froids, les pâturages des Hautes-Alpes et des Pyrénées. Les Samoyèdes et les Tartares réduisent ses racines en farine.

La *Renouée amphibie*, aux épis touffus de fleurs d'un rouge agréable, épanouies en août-septembre, est mangée avidement par les moutons, les chevaux et les cochons, mais dédaignée par les vaches ; on la fauche et on l'ajoute à la masse des fumiers.

La *Renouée d'Orient, Cordon de Saint-Jean, Monte-au-ciel, Cordon de cardinal, Persicaire du Levant*, à tige haute de six pieds, fournit des graines très-bonnes pour les volailles.

RADIS OLÉIFÈRE, RAIFORT DE LA CHINE; *Raphanus sativus oleifer* (Crucifères). — Cette plante, apportée de Chine en Italie et d'Italie en France, donne une huile bonne à manger. Il lui faut une terre douce et un peu profonde. Semis en automne dans nos provinces du Midi; au printemps dans le Nord. Sarclages, binages; éclaircissage de manière à laisser un intervalle d'environ $0^m,25$ entre chaque plant.

RÉGLISSE, *Glycyrrhiza glabra* (Papilionacées). — L'espèce la plus connue est la Réglisse à fruits glabres, à racine longue, traçante, ligneuse, jaunâtre en dedans, d'une saveur douce et sucrée. Elle a plusieurs tiges hautes de trois à quatre pieds, garnies de feuilles composées de six ou sept paires de folioles, avec une impaire, glabres, ovales, un peu visqueuses. Il lui faut un sol doux et profond. Multip. par drageons ou pieds enracinés, plantés au printemps à intervalle de $0^m,30$. Fumier. Les racines n'acquièrent qu'au bout de trois ans toutes leurs qualités.

RHUBARBE, *Rheum* (Polygonées). — Nous ne conseillons pas la culture en grand de cette plante qui demande beaucoup de soins et qui ne donne son produit principal, les racines, qu'après quatre ou cinq ans. Il faut à la Rhubarbe une terre légère, profonde, plutôt un peu sèche qu'humide, avec exposition au levant. Multip. par graines ou par drageons. Distance entre chaque plant : 1 mètre à $1^m,30$. Sarclage, binage, la première année; simple labour au printemps, les années suivantes. Récolte à la fin de l'automne. On coupe les racines par fragments, longs d'environ $0^m,06$; après en avoir enlevé l'épiderme, on les dessèche doucement, on les râpe, on adoucit les angles et l'on roule dans une barrique.

La Rhubarbe du commerce appartient à l'espèce *Rheum dalmatum* ou *Rhubarbe palmée*, originaire de la Chine.

La *Rhubarbe ondulée* ou *Rhubarbe de Moscovie* est très-estimée des Russes qui en mangent les feuilles, crues ou cuites comme celles des plantes potagères.

La *Rhubarbe pulpeuse*, originaire du Liban et du Carmel, est vantée comme remède contre les maladies inflammatoires ; ses pétioles, mangés crus, sont très-agréables au goût, légèrement acides et rafraîchissants ; on les confit au miel, au sucre, au moût de raisin, et de cette façon ils se conservent facilement toute l'année.

La *Rhubarbe compacte*, originaire de la Tartarie et de la Chine, a de grandes feuilles glabres en cœur, sa racine est tonique à petite dose et purgative à haute dose.

La *Rhubarbe raponthic*, originaire de l'Asie, des bords du Volga, etc., est cultivée dans nos jardins sous le nom de *Rhubarbe des Moines*, elle a une racine grosse, jaune à l'intérieur, un peu rougeâtre à l'extérieur ; une tige forte et charnue ; des feuilles très-amples, en cœur ; des fleurs petites d'un blanc jaunâtre, disposées en grappes paniculées. Dans quelques contrées, ses feuilles et ses jeunes pousses se mangent préparées de différentes manières ; la plante entière donne une couleur jaune et s'emploie surtout pour la teinture des cuirs. Elle jouit des mêmes propriétés toniques et purgatives que la précédente.

CHAPITRE XII

De la taille des arbres considérée d'une manière géné rale (1) : Yeux, Boutons, Bourgeons, Rameaux, Faux-Rameaux, Branches, Dards, Bourses, Lambourdes, Brindilles, Cochonnets, Entaillage, Éborgnage, Ébourgeonnage, Pinçage, Palissage, Cassage, Incision annulaire, Saignée, Arcuer.

La *Taille* est une opération par laquelle on coupe une partie des branches ou jets d'un arbre, pour donner à cet arbre une certaine disposition, ou pour lui faire porter les plus beaux fruits, et, chaque année, presque un même nombre. Chaque variété d'arbre exige une taille qui lui est exclusivement propre ; nous ne parlerons que de la taille des arbres fruitiers dans ce chapitre et dans les suivants. Elle varie d'après les considérations d'âge, de terrain ; on tient compte aussi de l'état de santé ou de maladie des plantes, des différences de climat, etc. Cependant la pratique a formulé des lois générales qu'il faut connaître et suivre.

1° Donnez toujours aux branches des arbres fruitiers une direction rapprochée le plus possible de la ligne

---

(1) Nous indiquerons, dans la suite de l'ouvrage, la taille particulière à chaque espèce d'arbre fruitier. Pour la *Greffe*, le lecteur consultera le chapitre III, *Multiplication des plantes.*

horizontale, la direction perpendiculaire étant favorable au développement du bois et non à la production du fruit;

2° Veillez avec soin à maintenir l'équilibre entre les diverses parties de l'arbre, inclinant vers le sol tout rameau qui s'emporte, redressant, au contraire, tout rameau peu vigoureux, car la séve tend toujours à monter.

Pour bien appliquer la taille, il faut connaître quelques termes fort usités dans cette opération.

On appelle œil la partie de la plante qui donne naissance aux feuilles; bouton, la partie de la plante qui produit la fleur; le bouton naît de l'œil; on nomme œil latéral celui qui est en côté; — œil terminal celui qui termine un rameau; — sous-œil, l'œil rudimentaire, non apparent ou le bourgeon qui remplace celui qu'on a détruit; — gourmand, le bourgeon qui prend de grands développements; — œil simple celui qui est solitaire; — doubles, triples ou multiples, les yeux réunis par 2, par 3 ou en plus grand nombre. Toute feuille porte virtuellement un œil à sa base; cet œil est le point de départ de toutes les théories de la taille. Le bouton est l'œil modifié, développé, la preuve de la virilité végétale; il produit une partie herbacée plus ou moins garnie de feuilles qui est nommée bourgeon.

Le bourgeon ayant achevé sa végétation annuelle s'appelle rameau; quand il a plus d'un an il s'appelle branche. La branche charpentière ou branche-mère est celle qui détermine la forme de l'arbre; — les branches à bois, nées de la branche charpentière, sont beaucoup plus petites qu'elle; les branches à fruits, nées des branches à bois, donnent des fleurs ou des fruits; les branches de remplacement sont celles qu'on laisse se développer pour remplacer les premières frappées de maladie, etc. On désigne aussi sous le nom de branches sous-mères ou simplement de sous-mères les branches issues directe-

ment de la branche charpentière; on les dit sous-mères
inférieures, si elles sont placées au-dessous de la branche
mère ; — sous-mères supérieures, si elles se trouvent au-

Fig. 41. — Rameau à fruits.

Fig. 42. — Bourse et Dards.

dessus; — enfin on appelle coursonnes, les branches
placées sur les charpentières et devant produire des
branches à fruits.

Fig. 43. — Bourses avec Lambourdes
et Yeux.

Fig. 44. — Brindille
sur Bourse.

Les rameaux courts, pas très-gros, surtout à angle droit,
terminés par un œil pointu, sont des dards; — la bourse

est une nodosité développée par l'affluence de la séve sur un point où il y a des fleurs ou des fruits. La lambourde est un rameau court et gros, à feuilles très-rapprochées, et qui semblent sortir d'un pli ou d'une sorte d'anneau.

Les brindilles sont des branches grêles, très-ramifiées, indiquant presque toujours, pour les sujets vigoureux, une prochaine fructification; si la brindille, au lieu de se terminer par un bouton à bois, montre à son extrémité un bouton à fruit, on la nomme brindille couronnée. Le cochonnet ou bouquet de mai est un rameau grêle, simple s'il est court, ramifié s'il est gros; il se couvre de boutons et donne de très-bons fruits; on le trouve sur les arbres fruitiers à noyaux et particulièrement sur le pêcher.

L'*Entaillage* est une opération qui consiste à faire, au printemps, avant l'ascension de la séve, des entailles transversales plus ou moins longues sur l'écorce du tronc ou des branches pour arrêter momentanément la séve. Veut-on activer le développement d'une partie de l'arbre? on entaille au-dessus; veut-on, au contraire, le ralentir? on entaille au-dessous.

L'*Eborgnage* consiste à supprimer des yeux inutiles ou mal placés; cette opération se pratique lors de la taille ou un peu après sur les végétaux encore dépourvus de leurs feuilles.

L'*Ebourgeonnage* consiste à supprimer les bourgeons inutiles ou mal placés, depuis le moment où ils ont atteint à peine quelques centimètres jusqu'à leur entier développement; cette opération se pratique en sec, c'est-à-dire sur les végétaux non encore pourvus de feuilles; elle demande beaucoup de prudence.

Le *Pinçage* ou *pincement* est une opération qui a pour objet d'arrêter ou de modérer le développement de certaines parties, en supprimant l'extrémité des bourgeons. Vous pincez à une, à deux, à trois feuilles, quand vous supprimez l'extrémité du bourgeon au-dessus de la pre-

mière, de la deuxième ou de la troisième feuille à partir
de la base du bourgeon. Le *pincement continu*, qui demande
beaucoup de réserve et de prudence, s'exécute successivement sur les mêmes bourgeons, au fur et à mesure
qu'ils développent de nouvelles productions.

Le *Palissage* consiste à attacher le long des murs, des
treillages, etc., les bourgeons des arbres conduits en
espalier ou en contre-espalier; on palisse à *la loque*, c'est-
à-dire avec des chiffons de drap fixés à l'aide de clous ou
bien avec des joncs. Le palissage doit être pratiqué au fur
et à mesure des développements de l'arbre, de juin en
août; on n'attache que les parties bien développées.

Le *Cassage* consiste à rompre, vers la fin de l'été, les
bourgeons destinés à la production des parties fruitières,
dards, lambourdes, etc.

L'*Incision annulaire* a pour but de faire grossir les fruits
et de hâter leur maturité. Elle consiste à enlever sur toute
la circonférence d'une tige ou d'une branche un morceau
d'écorce large de quelques millimètres; un instrument
particulier, dit *cisaille* ou *pince annulaire*, sert pour cette
opération.

La *Saignée* est une incision longitudinale faite sur
l'écorce très-dure de certains arbres : 1° pour débrider les
tissus et faciliter la marche de la séve; 2° pour guérir de
la gourme les arbres fruitiers à noyaux.

L'*Arcure* consiste à courber les branches rebelles pour
les contraindre à donner des fruits, ou, tout au moins, à
prendre une position favorable à la circulation de la séve.

CHAPITRE XIII

Pépinière. — Observations générales sur les semences d'arbres et d'arbustes. — Arbres à fruits à noyaux : Du Pêcher, de l'Abricotier, de l'Amandier, du Prunier, du Cerisier, des Bigarreautiers, des Merisiers, de l'Olivier.

CONIFÈRES. — Beaucoup de conifères ne se cultivent point en pépinière, on prend leurs plants dans les bois où ils se sèment d'eux-mêmes; avant de faire usage des graines, on les expose dans une étuve, de manière que, sous l'action d'une chaleur modérée, les écailles du cône s'ouvrent et laissent libres les semences. Les cônes du Cèdre du Liban ne doivent pas subir cette opération préalable; on les ouvre avec précaution au moyen d'un instrument tranchant; son plant ne restera pas plus de deux ans en pépinière; mieux vaut l'élever dans des pots profonds et le transplanter ensuite en motte; on traitera de même les Cyprès.

Nous classerons les *Conifères* d'après l'époque de leur maturité.

Espèces.	*Époque de la maturité.*
Pin sylvestre	Novembre.
Pin à pignons	Décembre.
Pin Weymouth	Octobre.
Pin cembro	Novembre.

Espèces.	*Époque de la maturité.*
Sapin baumier	Septembre.
Sapin épicéa	Octobre.
Thuya (deux variétés)	Novembre.
Cyprès (deux variétés)	Janvier.
Genévrier de Virginie	Décembre.
Cèdre du Liban	Mars.

GLANDS, AMANDES, NOIX, NOISETTES, CHATAIGNES, etc.
— Toutes ces semences peuvent être semées à l'état frais,
excepté si elles viennent de pays lointains, car, alors, il
faut les faire sécher. On les conserve bien en les cachant
dans un mélange de sable fin et de cendres tamisées. Vous
sèmerez en ligne, à la fin de février : Marrons d'Inde,
Marrons, Châtaignes, Amandes, Glands, Noix, Noisettes,
dans une terre franche et ameublie, à une profondeur
de 0^m,02 à 0^m,03. Attendez jusqu'à la fin de mars et
jusqu'au commencement d'avril pour semer le Sycomore
et le Hêtre, 0^m,02 de profondeur; le plant de ces deux
arbres est sensible au froid.

Espèces.	*Époque de la maturité.*
Bouleau	Novembre.
Amandier	Septembre.
Noisetier Aveline	Octobre.
Staphyléa	Octobre.
Érable, faux Platane, etc.	Octobre.
Platane occidental	Décembre.
Noyer (deux variétés)	Septembre et octobre.
Marronnier d'Inde	Octobre.
Hêtre	Septembre et octobre.
Frêne	Novembre.
Châtaignier	Novembre.
Chêne rouvre et tous les autres Chênes d'Europe	Décembre.
Chêne écarlate	Novembre.
Chêne yeuse	Novembre.
Chêne-liége	Novembre.

ARBRES ET ARBUSTES A PETITES SEMENCES MOLLES. — Vous
pouvez, immédiatement après la récolte, confier à la terre

ces semences d'une maturité très-précoce ; elles vous donneront du plant avant l'hiver ; ne retardez, jusqu'au printemps, que les semences de certaines variétés qui craignent
le froid.

Espèces.	Époque de la maturité.
Peuplier	Mai.
Aune	Novembre.
Orme	Juin.
Saule	Juin.
Syringa	Octobre.
Ciste	Septembre.

ARBRES ET ARBUSTES A SEMENCES LÉGUMINEUSES. — Vous
ferez vos semis en février, pas trop serrés, à 0^m,02 de profondeur, en terre sablonneuse et légère : vous éclaircirez
en juillet et août, époque critique pour ce plant.

Espèces.	Époque de la maturité.
Cytise	Octobre.
Robinia, faux Acacia	Novembre.
Baguenaudier	Octobre.
Gléditzia, Févier de la Chine	Novembre.

FRUITS, BAIES ET CAPSULES CONTENANT DES PEPINS. — Il
faut préserver les pepins de la chaleur ; vous dirigerez de
préférence vos planches de l'Est à l'Ouest.

Espèces.	Époque de la maturité.
Tilleul	Novembre.
Jasmin	Octobre.
Troëne	Octobre.
Chèvrefeuille	Août.
Berbéris, Épine-vinette	Septembre.
Sureau	Septembre.
Cornouiller	Octobre.
Vigne	Octobre.
Coignassier	Novembre.
Pommier	Octobre.
Poirier	Octobre.

FRUITS ET BAIES A NOYAUX. — Préférez le mois de février et le commencement de mars pour les semis des

noyaux. On sème rarement le Néflier qui ne lève qu'après deux ans ; l'Aubépine et le Houx doivent être semés de 0ᵐ,15 à 0ᵐ,18 de distance entre chaque noyau, et à 0ᵐ,14 de profondeur ; leur plant craint les chaleurs trop ardentes. Abris.

Espèces.	*Époque de la maturité.*
Pêcher	Août et septembre.
Prunier	Octobre.
Abricotier	Août et septembre.
Cerisier	Juillet.
Laurier	Novembre.
Laurier cerise	Septembre.
Néflier	Décembre.
Sorbier des oiseleurs	Août.
Sorbier pinnatifide	Octobre.
Sorbier terminal	Novembre.
Alisier	Novembre.
Aubépine	Octobre.
Houx	Novembre.
Nerprun	Octobre.
Daphné	Juin.
Viorne	Juin.
Phylliréa	Février.
Rosier	Octobre.
Alaterne	Octobre.

Le PÊCHER (Rosacées). — Originaire de Perse, a produit, par la culture, un grand nombre de variétés, soit en espalier, soit en plein vent. Les différentes espèces sont : le P. *à fruit garni de duvet* et dont la chair n'adhère pas au noyau ; — le P. *à fruit duveteux* et à chair adhérente ; — le P. *à fruit lisse*, non adhérent ; — le P. *à fruit lisse* et à chair adhérente au noyau.

Dans la première classe, nous citerons comme principales variétés : la *Pêche admirable*, grosse, jaune, fine, sucrée, qui réussit en plein vent ; — la P. *abricotée*, un peu farineuse, rappelant le goût de l'abricot, et provenant de semence. — L'*Avant-Pêche blanche*, à fruit blanc, petit, sucré, mais peu parfumée ; précoce. L'arbre qui la porte est délicat. — La *Belle Beauce*, de très-bonne qualité, mais un peu tardive. — La *Cardinale*, marbrée en dedans, comme une betterave ; pas très-estimée. — La *Chevreuse hâtive*, et la *Chevreuse tardive*, de bonne qualité. — La *Grosse mignonne* ordinaire, délicate et sucrée, jaune du côté resté à l'ombre, rouge du côté exposé au soleil ; divisée en deux lobes, par un large sillon. — La *Déesse hâtive* et la *Galande*, d'excellente qualité. — La *Magdeleine blanche*, à chair blanche, fine et musquée. — L'*Alberge jaune*, à chair jaune à la circonférence, rouge autour du noyau. — La *Belle de Paris*, à gros fruit, marbré de rouge et très-délicat. — La P. *de Vénus*, à gros fruit, surmonté d'un mamelon ; chair délicate, la meilleure de toutes.

Dans la seconde classe, on range : la *Pavie jaune*, la *Pavie tardive*, la *Pavie de Pomponne* et la *Persée*.

Dans la troisième, la *Jaune lisse*, petite, qui ressemble à l'abricot ; la P. *violette de Courson*, marbrée de rouge.

Dans la quatrième, on trouve le *Brugnon*, d'un rouge-clair, très-vif du côté exposé au soleil.

Pour l'époque de la maturité, on peut classer les Pêches de la manière suivante : l'*Avant-Pêche blanche* et l'*Avant-Pêche rouge*, mûrissent dans la seconde quinzaine de juillet. — La *Petite mignonne*, la *Grande mignonne*, la *Belle de Paris*, la *Pourprée*, en août. — La P. *de Vénus*, la *Bourdine*, les *Chevreuses*, en septembre. — La *Pavie de Pomponne* et la P. *abricotée*, en octobre. — Les *Brugnons* mûrissent du commencement d'août à la fin d'octobre. — La *Pavie tardive*, en novembre.

Exposition. — Vous placerez à l'exposition sud : la *Chevreuse*, la *Galande*, la *Grosse mignonne*, l'*Avant-Pêche rouge*, la *Belle Beauce*, la *Nivette*, la *Pourprée*, la P. *de Vénus*, la *Pavie*, la *Violette de Courson* et la *Jaune lisse*. — Les autres espèces viennent à toute exposition, excepté à l'exposition nord.

Culture. — Il faut au Pêcher une terre plutôt légère que forte, mais profonde et substantielle. Quelques variétés se reproduisent de semences : la *Pêche abricotée*, la *Bour-dine*, l'*Admirable*, la *Grosse mignonne;* pour les autres, on recourt à la greffe ; tantôt on prend, à cet effet, l'Amandier à coque dure, peu difficile sur le choix du terrain, peu sujet aux maladies du Pêcher ; tantôt le Prunier et surtout le P. de Damas noir, qui vient bien dans un sol humide et peu profond. On pratique la greffe à écusson depuis juillet jusqu'à la mi-septembre, à 0^m, 15 de terre pour les espaliers et à 2 mètres environ pour les sujets de plein vent.

Il ne faut procéder aux plantations que lorsque la séve a été complétement arrêtée par une gelée assez forte. — On choisit de jeunes plants lisses d'écorce, à tige droite, nie, sans mousse, à racines bien formées. On ameublit a terre, on la remplace même par une terre nouvelle, si, déjà, dans les années précédentes, elle a servi à la culture des Pêchers, des Pruniers et des Abricotiers. On élève la greffe à 0^m,50 au-dessus du sol, en gardant une distance d'environ 6 mètres entre chaque pied ; une couche de fumier de 0^m, 10-12 d'épaisseur recouvre toute la plantation. Arrosages, sarclages, labour et engrais en automne : en hiver, on enlève avec un petit balai fin le givre ou la neige qui couvrent les rameaux. En été, nouveaux arrosages qu'il faut cesser huit ou dix jours avant la maturité du fruit. Petits paillassons contre les ardeurs du soleil. En août-septembre, on fait la récolte.

Taille. — Règle générale, les rameaux de l'année donnent seuls des fleurs et des fruits. Quand la jeune branche, née d'un œil à bois de l'année précédente, a porté fruit, on la taille sur son œil inférieur, afin que ce dernier s'ouvre sur un bourgeon qui sera, plus tard, branche à fruit. Quand il naît sur une des branches coursonnes inférieurement au bon œil à bois, il faut le tailler pour prévenir ainsi le prolongement et l'épuisement de la branche coursonne.

Dès la première année de la transplantation, on commence à tailler le Pêcher et à lui donner telle ou telle forme ; la règle, dont il ne faut point se départir, est celle-ci : ménager un nombre de branches coursonnes, régulièrement distribuées, pour que toutes les parties de l'espalier fournissent leur contingent de bonnes Pêches, et favoriser, au bas des branches qui ont porté fruit, la naissance des branches de remplacement. Les dispositions, ordinairement adoptées, sont les suivantes :

1° ESPALIER CARRÉ. — On rabat en février-mars, à la hauteur d'environ 0^m,25, le Pêcher greffé d'un an. On choisit quatre des bourgeons les plus beaux, les mieux

Fig. 45. — Pêcher carré   Fig. 46. — Pêcher carré
(1re année).   (2e année).

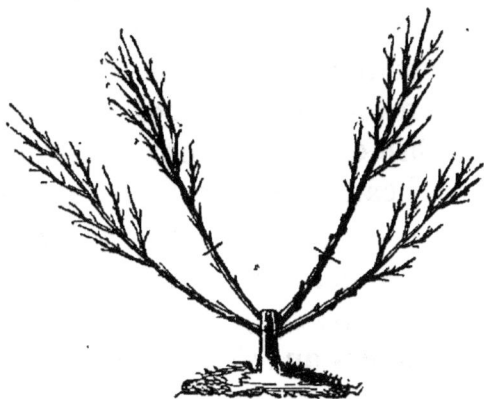

placés ; on les attache dans une direction un peu oblique, mais sans gêner la circulation de la séve ; on place les bourgeons de devant et ceux de derrière.

La seconde année, dès le mois de février, on dispose en V ouvert, formant un angle de 45 degrés, les rameaux intérieurs, destinés à former les mères-branches ; les deux autres rameaux toujours dans le même sens, mais plus obliques, seront les sous-mères ; c'est alors aussi qu'on taille les mères-branches, à la hauteur fixée pour les sous-mères, qui naîtront des yeux latéraux, tandis que les yeux terminaux, en s'allongeant, contiendront les branches-

9.

mères. On taille les premières sous-mères à environ 0^m,30, sur un bon œil qui les prolongera. Si la première année n'a donné que deux branches, au lieu de quatre, on disposera toujours en V ; on taillera sur deux yeux, dont l'un, supérieur, continuera la branche-mère ; et l'autre, inférieur, latéral en dehors, fournira la première sous-mère.

Les branches fruitières se taillent à une longueur de 10 à 15 centimètres, suivant leur force et leur position. On aura soin de conserver au moins un œil (le plus près de la base) il deviendra la branche de remplacement productive de fruits, l'année suivante.

La troisième année, on taille de manière à favoriser l'allongement de l'arbre, s'il est vigoureux et bien équilibré en toutes ses parties, en tirant une autre sous-mère ; si l'arbre est faible, on se borne à tailler les branches-mères beaucoup plus court, sans tirer de sous-mère.

Les soins généraux à prendre, en quatrième et en cinquième année, sont les mêmes que dans la troisième ; on tire de nouveau une ou plusieurs sous-mères ; on arrête les branches qui s'emportent.

Si tout est bien équilibré, il faut attacher les branches aux places qui leur sont destinées ; si l'équilibre est mal établi, abaissez les parties fortes, redressez ou rendez libres les parties faibles.

Votre arbre doit avoir maintenant six membres inférieurs ou sous-mères, trois sur chacune de ses deux mères-branches. Vous dépalisserez les parties les plus jeunes ; vous garnirez l'intérieur de votre espalier, en prenant près de l'enfourchement, sur une coursonne de chacune des mères-branches, un rameau qui, relevé presque verticalement, devient la première sous-mère. Vous en surveillerez le développement. Cette sous-mère s'emporte-t-elle ? rabattez-la sur un bourgeon plus faible.

Taillez les autres parties en ayant égard à leur force et

à la place qu'elles occupent; attachez doucement, sans gêner la circulation de la séve.

Quand l'arbre est vigoureux, vous tirerez, cette même année, plusieurs autres branches, à égale distance l'une de l'autre, alternant le plus possible avec les sous-mères.

Un pêcher carré, bien conduit, bien complet, doit présenter douze membres, six sur chaque mère-branche; les branches-charpentières bien garnies orffent de nombreuses coursonnes riches elles-mêmes en bourgeons.

L'espalier carré couvre très-promptement la surface d'un mur par suite de la position verticale donnée aux membres de l'intérieur; mais cette position verti-

Fig. 47. — Pêcher carré (8ᵉ année), formation complète

cale même rend très-difficile le maintien de l'équilibre de la séve.

2° Nous dirons la même chose de l'*Espalier en V ouvert* ou *à la Montreuil,* dont la taille est analogue, mais plus simple que celle du précédent; taille très-peu pratiquée aujourd'hui.

3° *Espalier en Palmette.* — C'est l'espèce de taille la plus simple, la plus répandue et la plus profitable. Pour la Palmette simple on rabat, en février-mars, à environ 0^m, 30 du sol le Pêcher (greffé d'un an) sur un bon œil qui donne une pousse unique, laquelle deviendra la flèche ou tige centrale de la Palmette. A la première taille on

obtient deux bras latéraux qu'on palisse obliquement à
même hauteur, l'un à droite, l'autre à gauche; ne les
obliger à prendre la position horizontale qu'à la fin de
l'été, quand la pousse annuelle touche à son terme; l'année suivante, la flèche donne deux autres bras latéraux
qu'on étend parallèlement aux deux premiers et ainsi de
suite d'année en année, jusqu'à ce que le pêcher atteigne
la hauteur du mur. Ménager toujours l'œil supérieur destiné à la prolongation de la tige.

Fig. 48. — Palmette simple   Fig. 49. — Palmette simple
(1re année).   (2e année).

Palmette double. — Au lieu d'une tige, vous en aurez
deux, par suite de la bifurcation de la tige principale dès
sa naissance ; chacune de ces tiges n'a de membres que
d'un côté. Voici comment vous obtiendrez ces deux branches-mères verticales. Supposant toujours l'arbre greffé
et planté à l'ordinaire, rabattez à environ 0^m,35 du sol ;
dès que les bourgeons se développent, choisissez deux
des plus beaux, aussi voisins l'un de l'autre que possible et

venus de chaque côté de la tige ; attachez-les obliquement ou verticalement, et ne les ramenez à la direction
horizontale qu'à la fin de l'été ; veillez à ce qu'ils se forti-
fient également. Au printemps suivant, vous taillerez ces
deux branches sur deux yeux dont un, le terminal, prolongera la tige ; dont l'autre, inférieur et externe, formera
le premier membre horizontal ou premier bras de la Palmette.

Chaque année vous répéterez la même opération, ne
négligeant ni le pincement, ni l'ébourgeonnage, ni l'équilibre général de l'arbre. Vous pourrez aussi former vos
membres secondaires avec l'extremité de la branche verticale, en l'inclinant quand elle atteint la hauteur où doit
être placée la branche latérale ; vous continuez alors votre

Fig. 50. — Palmette double.

branche verticale à l'aide du bourgeon né à l'endroit de 'a
courbure.

Dans certains pêchers, à végétation forte et rapide, il
n'est pas rare d'obtenir deux étages de branches latérales
dans la même année : 1° en pinçant le bourgeon qui prolonge la partie verticale dès que ce bourgeon est à la hauteur où l'on veut des bras latéraux ; 2° en favorisant la
naissance des bourgeons anticipés, prompts à se montrer,
après l'opération du pincement.

La *Palmette double* est moins usitée et moins avanta-
geuse que la *Palmette simple*.

4° Pour prendre une idée exacte de la taille du Pêcher
en U, figurez-vous la Palmette double décrite ci-dessus,
mais privée de membres latéraux. Il vous suffit, une fois
les deux branches verticales établies, de les maintenir en
équilibre, bien garnies de branches fruitières; si, malgré
tous vos soins, les parties supérieures s'emportent, rap-
prochez-les sur un bourgeon inférieur. D'ailleurs, même
conduite.

Palmette en cordons horizontaux. — Vous plantez plusieurs pêchers le long d'un espalier, à environ 4 mètres
de distance l'un de l'autre. Vous opérez la première taille
de toutes leurs tiges sur un œil de devant, en conservant tous les yeux au-dessous (à l'exception de ceux de
devant ou de derrière); ils vous donneront les branches à
fruits.

A la taille suivante, vous coupez toutes les pousses sur
un œil de devant pour obtenir le prolongement et, sur un
œil latéral à droite, pour former le premier rang de cordons. Quand les rameaux de prolongement ont poussé,
taillez-les de la même façon sur un œil de devant; l'œil
de côté, à gauche, formera le second rang de cordons à
$0^m,45$ du premier. Même mode d'établissement pour les
trois autres cordons. Quant au sixième, courbez et palissez
l'extrémité du rameau destiné à le former dès que ce
rameau a dépassé les $0^m,45$ qui doivent le séparer du précédent. Vous ne taillerez les extrémités des cordons que
lorsqu'elles touchent les tiges du voisin vers lequel elles
se dirigent; après quoi, vous les rabattrez sur un rameau
ou sur un faux rameau palissé convenablement et taillé
lui-même sur un œil de devant. Quelquefois, afin d'obtenir des cordons à la même hauteur, vous écussonnerez à
œil dormant, en août, à la place convenable, et vous couperez au printemps suivant.

5° Pour le cordon oblique simple, vous planterez des

Pêchers greffés d'un an à une seule tige, à 0^m,75 les uns des autres, en les inclinant tous sur un angle de 60 degrés que vous réduirez, l'année suivante, à 45 degrés. Vous veillerez à ce que la croissance se fasse avec régularité, à ce que les yeux concourent à former sur la tige des coursons également espacés. Cette sorte d'espalier ne doit pas dépasser 3 mètres de hauteur.

Fig. 51. — Cordon oblique.

MALADIES DES PÊCHERS. — Le *Blanc* ou *Meunier* est causé par un champignon et se manifeste par une poussière blanchâtre et farinacée sur les feuilles et quelquefois même sur les fruits. — La *Grise* est due à la présence de myriades de petits insectes, à la face inférieure des feuilles qu'ils sucent et épuisent. Remèdes : chaux nouvellement éteinte, 2 kilog. ; 500 grammes de fleur de soufre, le tout mélangé ; bassiner le matin, avant le lever du soleil, les parties malades. Contre le puceron du Pêcher : eau de tabac ; mettre 1/2 kilog. à tremper pendant 24 heures dans de l'eau chaude, ajoutez à cette dissolution environ 10 à 12 litres d'eau froide ; fleur de soufre projetée sur les feuilles avec un soufflet ou avec une houppe à soufrer. Arrosages avec de l'eau tenant en dissolution un peu de sulfate de fer.

L'ABRICOTIER (Rosacées). — De l'Arménie. Il fleurit en

février-mars ; il se reproduit par semis ou par greffe. Les principales variétés sont : l'*Abricot précoce* ou *Abricotin*, de deuxième qualité ; le *blanc* à gros fruit, ayant le goût de pêche, très-bonne qualité ; l'A. *de Provence*, sucré et vineux ; l'*Alberge*, à fruits abondants ; l'A. *noir*, couleur lie de vin foncée, chair d'un rouge de feu, troisième qualité.

L'A. *d'Alexandrie ; gros hâtif de Saint-Jean ; gros rouge précoce*, à gros fruit, orangé, de première qualité, mûrit vers la mi-juillet et vient très-bien en plein vent; l'A. *Angoumois hâtif*, petit et allongé, d'un jaune presque rouge, à odeur forte, deuxième qualité, mûrit en juillet ; l'A. *commun*, à gros fruit rond, un peu pâteux quand il est trop mûr, deuxième qualité; il lui faut l'exposition nord et le plein vent ; très-productif; l'A. *de Jacques*, de grosseur moyenne, arrondi, d'un jaune rougeâtre, première qualité, il mûrit vers la mi-août; l'A. *de Hollande* ou *Amande aveline*, petit, jaune, verreux, deuxième qualité; il mûrit vers la fin de juillet; l'A. *Musch de Turquie*, à fruit de grosseur moyenne, arrondi, jaune foncé, à pulpe assez transparente pour laisser voir jusqu'au noyau, d'un goût fin et très-agréable; il mûrit vers la mi-juillet : il exige l'espalier, première qualité; l'A. *Moorpark*, assez semblable à l'Abricot-pêche, mûr à la mi-août; l'A. *de Nancy*, gros, un peu aplati et rugueux, jaune orangé, fondant, première qualité; on le déclare même, avec raison, le meilleur de tous les Abricots; son noyau est le seul où vous remarquerez un trou à passer une épingle, reproduction par graines, beaucoup de variétés; l'A. *Pourret*, à gros fruit vineux, deuxième qualité, il mûrit à la mi-août; l'A. *Beaugé*, à gros fruit arrondi, jaune, de première qualité, il mûrit au commencement de septembre; l'A. *précoce d'Esperen*, à fruit de grosseur moyenne, aplati, jaune, première qualité, il mûrit au commencement de juillet; l'A. *Royal*, à fruit rond, orangé, transparent, fondant, première qualité; il mûrit à la fin de juillet; toute exposition, excepté l'exposition au nord.

Le fruit de l'Abricotier ne possède toutes ses qualités que quand il provient d'arbres à haute tige, conduits en plein vent, taillés rarement dans les premières années, puis abandonnés à leur végétation naturelle.

Taille et culture. — L'Abricotier se contente d'une terre légère et profonde exposée au midi ou au levant. Pour les semis, on choisit les noyaux des meilleurs fruits, on les fait stratifier et, à l'automne, on les plante à environ 0ᵐ, 055 de profondeur.

On greffe l'Abricotier en écusson, à œil dormant ; on ra-

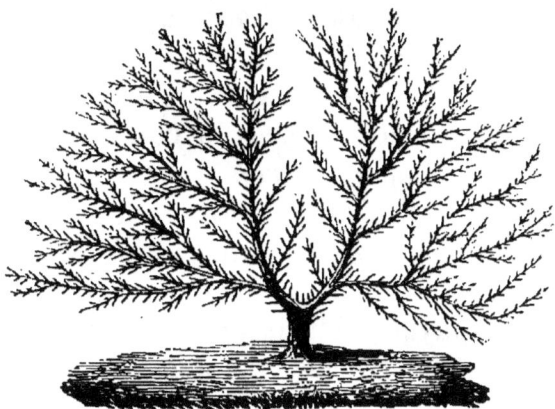

Fig. 52. — Éventail queue de Paon.

bat, à 0ᵐ, 25 du sol et on choisit, après la première année, deux ou quatre des bourgeons les plus vigoureux qu'on fixe dans une direction un peu oblique. A la deuxième année, on taille plus ou moins long, selon la force des branches: on pince les bourgeons inutiles. La troisième année, on allonge les branches charpentières, en conservant des bourgeons, afin que, si l'une de ces branches venait à manquer, on pût la remplacer par un bourgeon bien placé qu'il faudrait rattacher au même endroit. Suppression des productions fruitières surabondantes. On obtient ainsi l'*Eventail queue de Paon*, la meilleure des formes pour cet arbre. Garantir les fleurs contre les gelées et les fruits contre les coups de soleil, au moyen de toiles et de paillassons.

AMANDIER (Rosacées). — D'Asie. On le sème à l'automne, en terre profonde et calcaire, à exposition chaude, en prenant pour graines, les amandes des fruits tombés naturellement. On le greffe et on le taille pour le plein vent ou pour l'espalier ; il exige les mêmes soins de culture que le Pêcher et l'Abricotier ; les mêmes précautions contre les gelées et les coups de soleil. Ses variétés sont rangées en trois divisions : 1° les *Amandes à coque dure ordinaire*, à *coque tendre ordinaire*, *Princesse*, *Sultane*, etc. ; 2° les *Amandes amères ;* 3° *L'Amandier-Pêcher*, hybride du Pêcher et de l'Amandier.

PRUNIER (Rosacées). — D'Asie. Il fleurit en mars. On peut classer ses variétés d'après la couleur des fruits en *Jaunes*, *Violettes*, *Rouges*, *Noires*.

Prunes jaunes. — La *Prune abricotée ;* de forme allongée ; jaunâtre d'un côté, rouge de l'autre ; à chair jaune ferme, plus délicate que celle de la *Prune abricot*, avec laquelle on la confond souvent. Mûrit au commencement de septembre. — La *Reine-Claude*, diaphane, jaune-rougeâtre, ronde ; mûrit en septembre. — La *Prune de Catalogne* ou de *Saint-Barnabé*, petite, longue et jaune. — La *Brignole* jaune pâle du côté resté à l'ombre, rouge du côté exposé au soleil ; chair médiocre. On en fait des pruneaux. — La P. *de Briançon*, non comestible mais dont l'amande fournit de l'huile. — La *Goutte d'or*, grosse et ovale ; bonne qualité. — La *Prune impériale* blanche, grosse et allongée ; chair ferme adhérente au noyau. — La P. *Jefferson*, rouge-jaune ovale ; très-belle et très-bonne variété ; mûrit vers la fin d'août. La *Mirabelle* (grosse et petite) fruit rond ou presque rond ; chair fine et sucrée de première qualité ; mûrit à la mi-août. — La P. *de Monsieur*, deuxième qualité ; mûrit fin juillet. La P. *de Monsieur à fruit jaune*, fruit jaune piqueté et lavé de pourpre ; première qualité, mûrit dans la seconde moitié de juillet. Les P. *Washington*, à gros fruit globuleux, d'un jaune verdâtre ou teint de rouge du côté exposé au soleil; chair fondante comparable à celle de la Reine-Claude. Première qualité; mûrit en septembre. — La P. *Sainte-Catherine*, moyenne, ovale, sucrée; première qualité; l'espèce la meilleure pour faire les pruneaux dits *Pruneaux de Tours;* mûrit en septembre-octobre.

Prunes violettes ou rouges. — La P. *Damas-musqué;* mûrit à la mi-août; *Damas violet*, de première qualité; mûrit fin de septembre; *Damas de Tours* ou P. *Impériale;* très-bonne qualité; mûrit à la mi-août. Tous les Damas se perpétuent par leurs semences. — *Prune diaprée rouge* ou *Impératrice*, à fruit moyen, allongé, rouge cerise d'un côté, chair ferme, sucrée, de première qualité; mûrit au commencement de septembre. — L'*Impériale violette*, grosse comme un œuf, très-souvent verreuse et gommeuse; deuxième qualité; mûrit à la mi-août. — La *Prune de Montfort.* — La P. *Perdrigon rouge*, petite et ovale. — La *Reine-Claude rouge.* — La *Reine-Claude violette.* — La P. *Royale hâtive.* — La P. *Saint-Julien.* — La P. *pêche*, très-grosse et ovale. — La P. *Victoria*, très-grosse et ovale; mûrit en août. — Les *Prunes d'Agen*, délicieuses en pruneaux; objet d'un commerce important.

Prunes noires. — La *Prune Damas noire.* L'arbre qui la porte est cultivé pour greffer le Pêcher, le Prunier et l'Abricotier. — La P. *diaprée noire*, petite et ovale, se ridant sur l'arbre, avant de tomber. — La P. *impériale de Milan*, un peu allongée, de moyenne grosseur; peau noire, piquetée de points noirs grisâtres. Très-bonne qualité; mûrit en septembre.

Prunes blanches. — La P. *Perdrigon blanche*, très-saine, très-parfumée, mûrit en espalier au commencement de septembre. L'arbre se reproduit de noyau. — La *Prune-Cerisette*, blanche et rouge.

Prunes vertes. — La P. *bifère*, employé en compotes; mûrit à la mi-juillet et à la mi-septembre. — La *Reine-Claude; Abricot vert* ou *Verte-bonne;* grosse, sphérique, piquetée de gris et de rouge; la meilleure de toutes les prunes; mûrit en août.

Culture du Prunier. — Cet arbre se contente du sol le plus ordinaire, pourvu que ce sol ne soit ni marécageux, ni glaiseux, ni trop sablonneux; dans les pays méridionaux, toutes les expositions lui conviennent; dans les pays du Nord, il lui faut le levant ou le midi. On le reproduit par le semis de ses noyaux stratifiés ou par ses rejetons; le premier moyen est préférable pour les arbres en plein vent.

On sème au printemps et l'on soigne le jeune plant mis, soit en plate-bande, soit en pépinière; on lui laisse prendre de la force, avant de le greffer, surtout avant de le greffer en fente. La greffe en écusson se pratique en été. On plante le Prunier l'année qui suit la première greffe qu'on rabat de 4, de 6 yeux et plus, selon la vigueur des sujets; on a soin de détruire, en les coupant à la racine, les rejetons inutiles dont cet arbre est très-prodigue. La taille en *palmette* se fait suivant les principes généraux indiqués pour cette opération. D'ailleurs, le Prunier est rarement mis en espalier; il aime encore moins le fer que l'abricotier.

Le Prunier de plein vent demande seulement à être débarrassé du bois mort, des branches inutiles et de la mousse. Comme le Pêcher, cet arbre est sujet à la *Gomme* et quelquefois au *Blanc*. Remède : renouveler la terre du pied; projeter sur les feuilles malades, de la fleur de soufre; enlever la gomme et cicatriser les plaies.

La Prune séchée au four se conserve très-bien. Le bois du Prunier est assez estimé en menuiserie.

CERISIER (Rosacées). — De l'Asie Mineure. Nous rangerons ses 70 variétés dans trois catégories : première, les Cerisiers proprement dits; deuxième, les Bigarreautiers; troisième, les Merisiers. Tous ces arbres ne donnent leurs fleurs que sur le bois de l'année précédente; leurs fruits sont ronds ou en cœur, rouges, blancs, jaunes ou noirs, selon les espèces.

Cerisiers proprement dits. — La *Cerise d'Allemagne* ou *de Chaux*, à fruit gros d'un rouge foncé; mûrit vers la fin de juillet. — L'*Anglaise tardive*, chair ferme et agréable au goût, première qualité; mûrit au commencement d'août. — La *Belle de Châtenay*, gros fruit rouge, chair ferme, douce, première qualité; mûrit au commencement d'août. — La *Belle de Choisy* ou *Dauphine*, grosse, ronde, transparente, peu colorée, chair sucrée, première qualité; mûrit fin juin. — La *Courte-queue* ou *gros Gobet* ou *Montmorency*, d'un rouge très-vif; beaucoup de variétés; mûrit à la mi-juillet. — La *Cerise commune*, avec ses variétés; la *Grosse*, la *Madeleine*, la *Cerise de pied*. Fruit petit et acide. L'arbre ne se greffe pas; il se propage par drageons. — La *Griotte commune*, arrondie, grosse, presque noire, chair d'un rouge foncé, deuxième qualité; mûrit au commencement de juillet. — La C. *du Nord; Belle Griotte;* en forme de cœur, d'un rouge vif, deuxième qualité; mûrit en septembre. Comme toutes les Griottes, on la préfère pour confire à l'eau-de-vie. — La *Cerise du Portugal*, petite Griotte, à chair douce; mûrit au commencement de juillet. — La C. *Royale*, hâtive, l'une des meilleures variétés; à fruit gros arrondi, passant d'un rouge vif au rouge brun. — La C. *de la reine Hortense* ou *Seize à la livre*, à gros fruit rond, d'un rouge vif, parfumé; première qualité; mûrit au commencement de juillet. — La C. *de la Toussaint*, produite par un petit arbre à rameaux pendants comme ceux des saules pleureurs, acide; troisième qualité; mûrit en juillet. La floraison de son arbre se prolonge pendant quatre mois. — La C. *à Trochet*, d'un rouge vif, acide, de qualité inférieure; on trouve quelquefois jusqu'à six et huit de ces Cerises attachées au bout d'une seule et même queue.

Bigarreautiers. — Ces arbres sont plus gros, plus trapus que les Merisiers, leurs rameaux pendent plus, leurs

fruits ont une chair croquante qui diffère de celle de la
Guigne.

Variétés : le *Bigarreau à gros fruit rouge*, de première
qualité, mûrit à la fin de juillet. — Le B. *à feuilles de
tabac* ou *quatre à la livre*, curieux par ses feuilles, mais
qui ne mérite guère la culture, puisqu'il ne donne que
des fruits petits, peu nombreux et sans qualité. — Le B.
de Metzel, à gros fruit, rouge foncé, de goût très-agréable,
première qualité, mûrit en juillet. — Le B. *hâtif*, petit,
en cœur, d'un rouge clair, à chair ferme parsemée de
fibres blanches, première qualité, mûrit en juin. — Le
B. *cœur de pigeon*, en cœur, chair croquante, le meilleur
de tous les Bigarreaux, mûrit en juillet. — Le B. *blanc*,
deuxième qualité, un peu rouge du côté exposé au soleil,
mûrit en juin. — Le B. *belle de Richemont*, à gros fruit, en
cœur, d'un beau rouge luisant, variété couleur de chair,
première qualité, mûrit à la mi-juillet.

Merisiers et *Guigniers*. — Le merisier, dont le type se
trouve dans nos forêts, est plutôt cultivé pour son bois
que pour son fruit. Il se plaît dans les sols granitiques et
sablonneux ; sa variété parfectionnée est le Guignier, qui
lui-même nous donne comme variétés les plus répan-
dues : la *Guigne noire luisante*, la plus grosse, la plus luisante et la meilleure des Guignes ; elle mûrit fin juin. —
La G. *noire hâtive*, la plus précoce et la plus commune,
mais de troisième qualité ; mûrit dans la première moitié
de juin. — La G. *rose hâtive*, rouge tendre, très-aqueuse.
— La G. *grosse ambrée* ou *grosse merise blanche*, fruit en
cœur, sucré, long de $0^m,020$, de troisième qualité, mûrit
de juin à la mi-juillet.

Les Merisiers à fruit rouge ou blanc servent de sujets
pour greffer les bonnes espèce de cerisiers.

Culture du Cerisier. — C'est un arbre essentiellement
rustique, robuste, s'accommodant de toute sorte de terre,
pourvu qu'elle ne soit ni trop humide, ni trop argileuse.
On sème ses noyaux pris dans les bois. On le greffe en

écusson et à œil dormant ou bien en fente, mais, dans ce dernier cas, la réussite de l'opération est moins assurée. Quelques bonnes espèces se mettent en espalier; les autres viennent en plein vent. L'écorce du Cerisier étant très-dure, très-serrée, comprime les sucs séveux; de là l'usage de faire de temps à autre, sur cette écorce, des incisions longitudinales, pour faciliter le développement du tronc. Mêmes maladies que les arbres fruitiers à noyaux ; mêmes remèdes.

Les Cerises se conservent sèches ou dans l'eau-de-vie. On en fait une sorte de vin, du kirsch, du marasquin, des confitures, du raisiné.

OLIVIER (Jasminées). — D'Asie. Haut de 8 à 10 mètres. Les variétés les plus généralement cultivées sont: l'O. *Aglandeau* ou *Caianne*, à fruit rond, très-amer, mais fournissant une huile superfine. — L'O. *d'Espagne;* il donne une olive fort grosse et très-bonne confite; huile amère. — L'*Amellon* ou *Amelline* ou *plant d'Aix*, fruit en forme d'Amande ; Olive très-bonne confite; huile douce. — La *Picholine* ou *Saurine,* la meilleure des Olives confites; huile douce et fine. — L'O. *Pointue* ou *Rougette*, huile estimée. — L'O. *Verdole* ou *Verdau*, à fruit ovoïde qui pourrit vite à l'époque de la maturité. — La *Galiningue* ou *Laurine*, à fruit rougeâtre, résistant bien au froid, etc.

Culture. — En France il faut aux Oliviers une région toute particulière, dite *région des Oliviers;* on les multiplie par semis, par boutures et par drageons. La bouture est le moyen le plus simple pour avoir de bons fruits; le semis ne rapporte qu'après 10 ou 12 ans et, comme le drageon, il faut qu'il soit greffé. On préfère la greffe en couronne, quoique la greffe en fente et la greffe en écusson réussissent bien. On plante les Oliviers en quinconce, en bordure; on garde entre les pieds une distance de 10 à 13 mètres selon la vigueur de l'espèce et la bonté du sol; on les fume de temps à autre avec du fumier consommé.

des débris de chiffons de laine, de poil, de cornes et d'ongles d'animaux.

Les fruits les plus hâtifs paraissent en novembre; on les cueille à partir de cette époque jusqu'en mars. Dans beaucoup de pays, on les laisse sur les arbres ou bien tombés à terre; mais on obtient de meilleure huile en les enlevant par une belle et chaude journée, pour les étendre pendant une semaine environ sur un plancher sec ou sur des claies et pour les presser ensuite sans écraser les noyaux, l'huile des amandes étant inférieure à celle de la pulpe.

Quant on veut confire les Olives, on les cueille avant leur maturité et l'on corrige leur amertume naturelle au moyen d'une préparation dont le sel marin est la base. On les mange mûres avec un assaisonnement d'huile, de sel et de poivre.

CHAPITRE XIV.

Arbres fruitiers à pepins : Coignassier, Poirier, Pommier, Néflier, Orangers et Grenadiers.

COIGNASSIER (Rosacées). — De l'Europe méridionale. On le cultive plutôt en vue d'avoir des rejetons pour la greffe des Poiriers, que pour en récolter les fruits assez estimés surtout dans le midi de la France. Le Coing communique aux confitures une odeur délicieuse. Le Coignassier se multiplie : 1° quelquefois par graines semées, dès leur maturité, en terre légère, fraîche, bien ameublie, à exposition chaude ; sarclage, binage ; — 2° plus souvent, par marcottes ou par cépées, après avoir établi des mères qui doivent fournir, chaque année, des scions plus ou moins enracinés, destinés à la greffe des Poiriers. On distingue : 1° le C. *à fruit*, ayant la forme de Pommes ; 2° le C. *à fruit*, ayant la forme de Poires. Le C. de *Portugal* est préféré pour être élevé en arbre et faire des mères ; son fruit sert pour gelée, conserves, marmelade, etc.

POIRIER (Rosacées). — Indigène. Haut de 7 à 13 mètres. Il fleurit en avril ; voici ses variétés principales d'après l'époque ordinaire de leur maturité qui commence en juillet.

Poires à couteau.

Poire guenette, petite, fine et sucrée. — P. *d'Angleterre*, chair fondante, saveur fine et agréable; queue longue et arquée se confondant avec le fruit. — P. *de Madame*, blanche, acidulée, agréable, peau lisse. — P. *de Doyenné*, à chair blanche, fine, beurrée, très-juteuse, acidulée, plus ou moins parfumée; à peau lisse, d'un jaune vif, un peu rouge du côté exposé au soleil; à queue grosse et courte, légèrement enfoncée dans le fruit. Blettit vite. — P. *Épargne*, à chair fine, juteuse, fondante, d'une saveur qui rappelle le goût de la Crassane; à queue longue, arquée, placée dans l'axe ou sur le côté du fruit. Sujette à blettir. — P. *Mouille-bouche*, de moyenne grosseur; queue longue; peau fine et lisse, d'un vert jaunâtre, teintée de rose du côté exposé au soleil; chair excellente. — P. *Romaine*, à fruit oblong, de grosseur moyenne; chair fine, fondante juteuse, sucrée, acidulée, un peu musquée; excellente qualité. — P. *sans pepins*, à fruit gros, arrondi, un peu aplati, à queue assez longue, à peau olivâtre, à chair blanche, fondante, très-fine; d'un goût sucré, acidulé. Qualité excellente. Elle n'a pas de pepins. — P. *longue-verte*, à fruit très-allongé, en forme de fuseau, à queue droite se confondant avec le fruit; à chair fine, sucrée, très-juteuse et rappelant la saveur de certains Cantaloups. P. *de Montigny*, fruit moyen, obtus, assez semblable au Doyenné par la forme, queue droite enfoncée dans le fruit; chair blanche, fondante, sucrée, très-juteuse, quelquefois un peu trop musquée. — P. *Six*, fruit moyen, à queue renflée à son point d'insertion sur le fruit; saveur très-juteuse, sucrée. Excellente qualité. — P. *Grésilier*, ronde et de moyenne grosseur, taches grises, chair blanche, verdâtre au pourtour, musquée et juteuse. — P. *de Beurré*, peau rude, chair blanche, fine, parfumée, juteuse. — P. *duchesse d'Angoulême*, fruit gros, bosselé; queue droite ou légèrement oblique, peau un peu rude, passant du vert-jaune au jaune assez vif, avec teinte rouge du côté exposé au soleil; chair ferme et demi-cassante ; très-juteuse, sucrée, citronnée et plus ou moins parfumée. Excellente qualité. — P. *Rose*, longue, bosselée, chair fine et parfumée, — P. *Silvange*, chair verdâtre, parfumée. — P. *Goulu-Morceau*, en forme de gros coing, rouge du côté exposé au soleil ; chair blanche, juteuse, parfumée, un peu acide. — P. *Gros-Rousselet* et *Petit-Rousselet*, à chair cassante et parfumée. — P. *Noireau-Poiteau*, à peau rude, chair fine, juteuse et sucrée ; blettit vite. — P. *Lougard*, fruit long, presque cylindrique, peau gercée, chair de couleur saumonée, très-juteuse, très-fine, sucrée, fondante, peu parfumée. — P. *Saint-Germain*, longue, bosselée ; chair blanche, parfumée, juteuse, un peu acide, légèrement astringente. — P. *Crassane*, de moyenne grosseur, peau rude, terne, parsemée de points et de marbrures fauves ; chair d'un blanc-jaunâtre, juteuse, très-parfumée, acidulée. Excellente qualité.

Indiquons encore comme de très-bonnes Poires à couteau : la P. *de la Pentecôte*, la P. *Royale d'hiver*, la P. *Bonne de Soulers*, la P. *du Curé*, la P. *Bon chrétien*, la P. *de Rance*, la P. *de Douville*, la *Belle-Angevine*.

Poires à peau jaune et rouge.

Nous devons nous borner à citer, comme étant les plus remarquables ; la P. *Amirale*, la *Belle alliance*, la *Bellissime d'hiver*, la P. *Arteaux*, la P. *Chair à Dame*, la P. *d'Amboise*, la P. *d'Amour*, la P. *du Coq*, la P. *d'Abondance*, la P. *Fin-or de septembre*, la P. *Briffaut*, la P. *Jacobs*, la *Grosse queue*, la *Louise bonne d'Avranches*, la *Saint-Sanson*, la P. *Tonneau*, la P. *Vermillon*, la P. *Truitée*. Inutile de répéter ici les noms de la P. *du Curé*, etc., etc., dont nous avons parlé plus haut.

Poires à chair rouge.

La P. *Betterave*, la P. *Sanguine d'Allemagne*, la *Sanguine d'Italie*, la *Sanguinolle*, la P. *de Sang*.

Poires à sécher ou à faire des compotes.

La P. *Chat-brûlé*, la P. *Beguesne*, la P. *Carisi*, la P. *Caillau*, la *Belle de Thouars*, la P. *d'Amour*, la P. *Catillac*, l'*Angélique de Bordeaux*, la P. *d'Angleterre d'hiver*, la P. *d'Aunois*, la P. *Château-Renard*, la P. *d'Angoisse*, la P. *Saint-Léger*, la P. *Martin-sec*, la P. *Martin-Sire*, la P. *Gros-Gilot*, la P. *Frangipane*, la P. *Picru*, le *Gros-Certeau*, la P. *Franc-Réal d'hiver*, la P. *Double fleur*, la P. *de Sain*, la P. *de Loup*, etc.

Culture et taille du Poirier. — Il faut à cet arbre un terrain profond et frais, mais qui ne soit ni humide, ni froid, ni argileux. Le Poirier se reproduit de semis et de graines. On sème à l'automne et au printemps des pepins de Poires ayant donné une espèce de cidre dit *poiré;* il faut choisir pour cela une terre bien meuble, faire des rayons de 0ᵐ,33 de profondeur, à une distance de 0ᵐ,16 ; un peu de litière recouvre le semis et lui conserve la fraîcheur nécessaire à la germination. On sarcle, on bine, on éclaircit; on met en pépinière le plant devenu assez fort ; on a soin de retrancher le pivot pour favoriser la production des racines latérales ; on visite de temps en temps sa pépinière; on ne laisse à chaque plant qu'une seule pousse, celle de son prolongement, à moins qu'il ne paraisse vouloir s'emporter plutôt sur un bourgeon situé près du collet; dans ce cas, il faudrait rabaisser sur ce bourgeon. Binages fréquents.

Deux ou trois ans après, on greffe en fente ou en écusson à œil dormant, sur franc, dans les sols profonds et secs à la surface ; sur Coignassier, dans les terrains humides et froids. En général, les arbres greffés de cette dernière façon produisent promptement leurs fruits, mais vivent moins longtemps que ceux qui sont greffés sur francs. Un Poirier planté en bon terrain et abandonné à lui-même vit plusieurs siècles ; la même variété soumise à la taille en quenouille ou en pyramide dépasse rarement

une soixantaine d'années, car, d'ordinaire, elle dépérit de
vingt-cinq à trente ans. Le Poirier est assez indifférent à
l'exposition qu'on lui donne, pourvu qu'il reçoive le soleil
pendant toute la journée ; une exposition chaude nous
paraît préférable pour les Poiriers d'hiver dont les fruits
sont cueillis les derniers.

Le Poirier prend toutes les formes, mais on le soumet
de préférence à la forme *Pyramidale*, à la forme en *Que-*
nouille, à la *Palmette*, à l'*Éventail queue de paon*.

Taille en Pyramide (première année). — En février on
rabat l'arbre, greffé d'un ou deux ans, à une hauteur de
0^m,30 à 0^m,50 du sol, sur un bon œil qui, en se développant, doit continuer l'axe ou tige ; en été, on pince

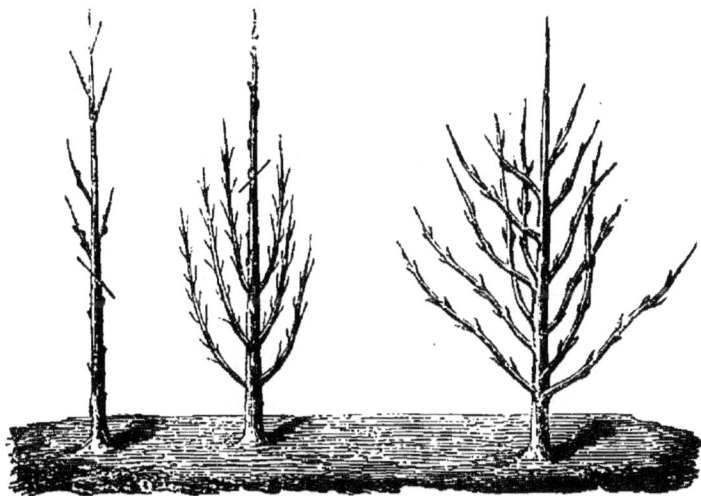

Fig. 53. — Poirier en pyramide (1re, 2e et 3e année).

les bourgeons, surtout les bourgeons voisins du terminal,
afin d'activer le développement des bourgeons inférieurs ;
avant tout il faut bien garnir la base.

La deuxième année, on allonge la flèche d'environ
0^m,20 à 0^m,40 ; on taille les branches charpentières, en
laissant les inférieures plus longues que les supérieures,
de manière à donner à l'ensemble du sujet la forme d'un

cône. On conservera en entier, dards, brindilles et lambourdes, on taillera près de leur base (*taille à l'épaisseur d'un écu*), les rameaux développés sur la tige, près de la flèche, et qui doivent, plus tard, être des branches charpentières.

Taillez tous vos rameaux latéraux, selon leur position et leur force, sur un œil en dehors, de manière à leur faire prendre une direction horizontale. Êtes-vous forcé de changer cette direction? taillez sur un œil de côté, mais n'oubliez pas le résultat qu'il faut obtenir. Les branches latérales doivent être insérées en spirales autour de la tige, sans qu'aucune d'elles soit perpendiculaire au-dessus d'une autre, sans qu'aucune d'elles ait un point d'insertion commun avec la voisine. Quelquefois il se forme des vides sur l'axe; vous recourrez alors, aux incisions longitudinales ou *saignées*, vous les pratiquerez de bas en haut, vers les parties faibles et un peu au-dessus d'elles; vous avez encore comme remède : la greffe en approche d'un rameau voisin, et l'incision annulaire ou partielle. Si la flèche est languissante, rabattez-la en dessous, sur un rameau vigoureux qui la remplacera. Ravalez sur sa couronne toute branche épuisée ou garnie uniquement de productions fruitières. Évitez les bifurcations, ou ne les admettez qu'avec réserve, pour remplir un vide, ne les prenez que sur les parties latérales des branches charpentières et non en-dessus.

La taille doit être plus allongée sur les espèces vigoureuses et lentes à se mettre à fruits.

Ne négligez pas l'emploi des tuteurs et des liens, mais que jamais ils n'arrêtent la circulation de la séve; votre arbre deviendrait contrefait au lieu de former un ensemble symétrique.

En troisième année, se rappeler les indications générales données pour la deuxième année. L'arbre qui maintenant forme une pyramide d'environ $1^m,35$-45, s'il a été bien conduit, demande surtout : 1° que l'on con-

serve un écartement convenable entre les branches charpentières, à l'aide de petites fourches de bois servant

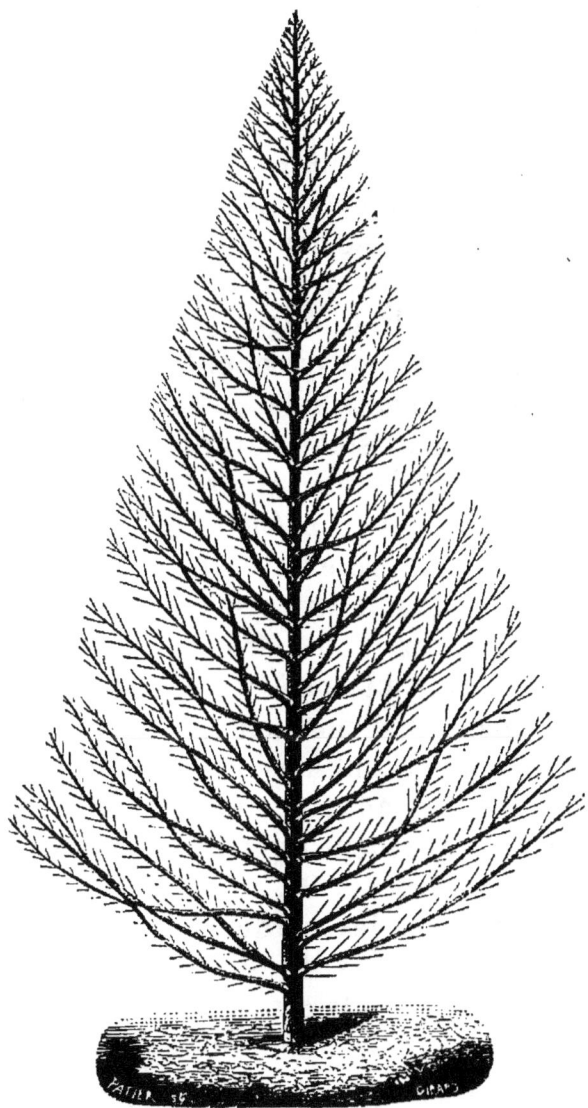

Fig. 54. — Taille en pyramide, état parfait.

d'arcs-boutants; et qu'on rapproche celles qui sont trop
éloignées, à l'aide de liens d'osier; 2° que l'on taille les
extrémités des branches charpentières plus ou moins

long, selon leur vigueur ; 3° que l'on taille court les coursonnes. Des soins du même genre seront pris dans les
années suivantes.

La pyramide en fuseau n'excède guère 0ᵐ,40 à 0ᵐ,50
de diamètre, mais atteint jusqu'à 7 ou 8 mètres de hauteur.

Pour obtenir la *Taille en quenouille*, on rabat le sujet à
0ᵐ,50 environ et on laisse développer tous les yeux ; ceux
qui ont trop de vigueur sont pincés ; au mois d'août, on les
casse à 0ᵐ,20 ou 0ᵐ,25 de hauteur. L'année suivante, on
taille les rameaux à trois, quatre ou cinq yeux ; on raccourcit les brindilles trop longues, en respectant dards et
lambourdes. La Taille en quenouille, que l'on confond
avec la *Taille en pyramide*, est très-peu usitée aujourd'hui,
quoiqu'elle ait d'incontestables avantages.

La forme la plus recherchée pour le Poirier en espalier
et en contre-espalier est la *palmette simple*. Manière d'obtenir cette forme : l'arbre étant rabattu à environ 0ᵐ,30
au-dessus du sol, on taille successivement la flèche ou tige
centrale sur deux yeux, l'un à droite, l'autre à gauche ; le
bourgeon supérieur continue à former la tige ; on abaisse
et l'on palisse dans une position presque horizontale les
bourgeons qui commencent ainsi un étage de la charpente.
L'année suivante, pendant laquelle il n'a fallu permettre à
l'arbre qu'un accroissement limité, donnera, par le même
procédé, un second étage. On devra surveiller la marche
de la végétation dans les cordons de la palmette, afin
qu'ils grandissent également, qu'ils soient de la même
force. Par le pinçage et le cassage des bourgeons, l'équilibre est maintenu, les productions fruitières se développent (dards, lambourdes, brindilles). Le pinçage, le
cassage ne doivent se faire que partiellement. Visiter les
arbres tous les deux ou trois jours. On continue chaque
année à augmenter l'arbre d'un étage de branches. Si
l'une des branches est détruite, on la remplace par un
rameau pris sur une branche voisine. Il faut, d'une

manière générale, agir comme pour le Pêcher conduit en palmette.

Palmette double. — On commence par tailler. sur deux yeux dont on laisse les bourgeons croître dans la direction verticale; chacun de ces bourgeons devient la base de la charpente de l'arbre ; on leur permet de pousser des bourgeons latéraux à égale distance les uns des autres. Pour le reste, on procède comme dans la palmette simple.

Forme en queue de paon ou éventail. — Après avoir rabattu l'arbre à environ 0ᵐ,20 au-dessus du sol, choisissez deux des plus beaux bourgeons, pincez et supprimez les autres ; les deux bourgeons ainsi conservés seront des rameaux, l'année suivante; coupez-les à 0ᵐ,30, 0ᵐ,50 et. même 0ᵐ,60, selon leur force; fixez-les obliquement sur le mur et vous aurez les premiers rayons de l'*éventail.* Pour garnir ensuite les espaces vides que les branches charpentières laissent entre elles, par leurs tendances continuelles à l'écartement, choisissez des bourgeons vigoureux et palissez-les. Vous tiendrez les coursonnes aussi courtes que possible, vous les dégagerez afin d'éviter la confusion.

Forme en fuseau ou chandelle. — On a eu tort d'abandonner cette forme qui, si elle est peu agréable à la vue, présente beaucoup d'avantages : elle s'obtient très-facilement, exige peu de soins, occupe peu de place et favorise la production des fruits. On rabat à environ 0ᵐ,50, et même 0ᵐ,70, au-dessus du sol; on laisse tous les bourgeons se développer. En juin-juillet, on pince les bourgeons trop vigoureux; en août, on les casse tous à environ 0ᵐ,20 de longueur. L'année suivante, on taille les rameaux à cinq, quatre et même trois yeux; on raccourcit les brindilles trop longues en laissant intacts dards et lambourdes. Pinçage, cassage à l'ordinaire; suppression des rameaux inutiles.

Indiquons seulement pour mémoire les formes en colonne, en vase, en corbeille, en girandole; les formes

en trigone, tétragone, pentagone, hexagone peu usitées
et moins avantageuses que la forme en palmette; les
formes en cordons simples ou doubles, en cordons sinueux, etc., etc.

Les branches à fruits du Poirier ne donnent qu'après
deux ou trois ans d'attente, mais elles restent fécondes
plusieurs années de suite. Elles s'annoncent d'abord au
printemps par les *lambourdes*, qui portent fruit l'année

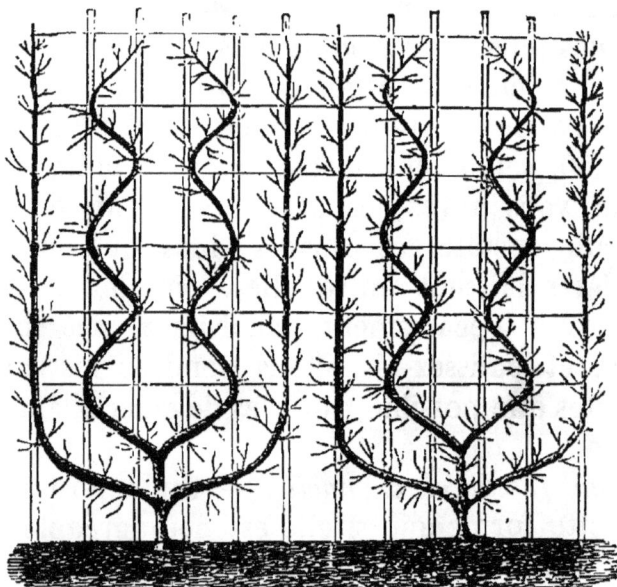

Fig. 55. — Poiriers en cordons sinueux, à double étage de branches.

suivante et prennent alors le nom de *bourses*. Ces bourses
produisent des *dards*. Les *brindilles* naissent sur les bourses
et sur les rameaux; il faut les tailler sur un bon œil à bois,
à peu près à la moitié de leur longueur.

Tous les ans, à l'automne, il faut labourer le pied des
Poiriers en espalier; les sarcler et les biner plusieurs fois
pendant l'été; tous les quatre ou cinq ans, on donnera à
la plate-bande où ils sont, une couche de fumier pourri,
épais de 0ᵐ,04 ou 0ᵐ,05; un bon paillis laissé à demeure,
à partir de la mi-mai, empêche la terre de se durcir, de

se fendre, arrête la croissance de la plupart des mauvaises herbes, tient les racines fraîches, et enfin rend les arrosages moins souvent nécessaires.

Toutes les variétés de Poiriers fleurissent vers la mi-avril sous le climat de Paris; les bouquets perdent naturellement la majeure partie de leurs fleurs par suite des intempéries de la saison, ou par défaut de fécondité (1).

POMMIER (Rosacées). — Indigène, de moyenne grandeur. Il fleurit en mai et, par conséquent, craint moins la gelée que le Poirier; il a pour ennemis redoutables les chenilles, le puceron lanigère, le charançon (2). La culture rend le pommier délicat. Quand il pousse en plein champ, ayant autant d'air et d'espace qu'il en désire, on le voit se développer et donner abondamment ses fruits.

Culture et taille.— Plus facile encore que le Poirier sur le choix du sol, il se contente d'une terre douce, un peu humide, où ses racines, plutôt traçantes que pivotantes, se fixent sans peine; il accepte même une terre sablonneuse et calcaire. On le multiplie par pepins qui proviennent de marcs de cidre et fournissent des *francs* (connus sous le nom d'*Égrins*), bons à greffer ensuite à haute tige, pour former de grands arbres de plein vent ou de belles quenouilles. On greffe le Pommier en fente et, plus souvent encore, en écusson. Du reste, il n'aime pas le fer, et la seule taille qui lui convienne en espalier est la taille en palmette. Manière d'obtenir cette forme : On prend des sujets greffés sur *Doucin* et *Paradis*, jamais sur *franc;* on a soin d'allonger beaucoup les branches charpentières et de pincer sévèrement les bourgeons vigoureux qui se développent sur elles. Même conduite, mêmes soins que pour le Poirier (*Voy.* Poirier.).

La *taille en cordons* est aussi très-usitée. On rabat à

(1) *Voy.* de plus : *Insectes nuisibles.*
(2) *Voy. : Insectes nuisibles.*

environ 0^m,45 au-dessus de la greffe les sujets *Paradis* greffés d'un an, en ne conservant qu'un bourgeon vigoureux attaché à un tuteur et laissé libre dans sa pousse

Fig. 56. — Pommier en palmette.

verticale. A la fin de l'été, on le fixe horizontalement sur un fil de fer ou sur de petites gaulettes. Puis, d'année en année, on allonge les branches mères; on les provoque

Fig. 57. — Pommier en cordons.

à se garnir de productions fruitières dans toute leur longueur. Supprimer les ramifications inutiles ou épuisées; ne permettre aux coursonnes que les petites branches fruitières.

Indiquons, pour mémoire, la *taille en buisson* et la *taille en vase, en gobelet*. On appelle *Normandie* une plantation

de lignes alternatives de Pommiers demi-nains en petites pyramides à 1ᵐ,50 les uns des autres et de Pommiers nains à un mètre seulement. Il y a entre ces lignes
un écartement de 1ᵐ,50. Si les Pommiers qui composent
une *Normandie* sont sur *Doucin* et sur *Paradis*, il ne faut
point enterrer les greffes.

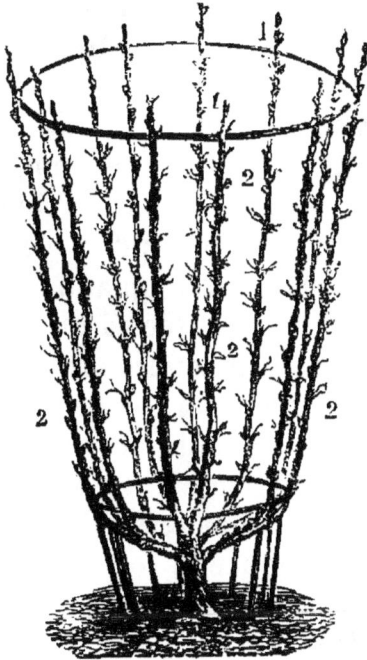

Fg. 58. — Pommier en vase.   Fig. 58 *bis*. — Poirier en vase.

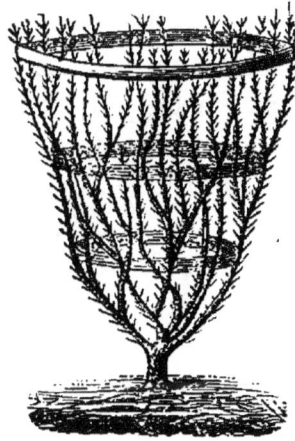

On donne chaque année au Pommier un labour peu
profond : tous les trois ou quatre ans, à l'automne, on
enlève autour du pied une couche de terre d'environ
0ᵐ,15 de profondeur jusqu'à la distance de 2 mètres;
après l'avoir amendée, on la remet en place; un peu de
fumier gras pour le terrain sec; de la marne ou de la
chaux pour le terrain frais. Suppression des branches
inférieures, quand, devenues trop fortes et trop nombreuses, elles empêchent l'air de circuler autour de la
tige.

Parmi les cent variétés de Pommes, citons les meilleures :

La *Pomme d'api rose.* — Petite, d'un jaune pâle, d'un rouge vif du côté exposé au soleil, première qualité ; avec les variétés : *Api noir, Pomme rose,* qui sent la rose ; toutes deux inférieures à l'Api rose. — Les P. *Calville rouge d'été, blanche d'été,* en août ; — *rouge d'hiver, blanche d'hiver,* en décembre ; toutes bonnes à manger crues : la dernière citée est la meilleure des Calvilles. — La P. *Cœur-de-bœuf,* rouge, grosse, à chair tendre ; mûrit en décembre ; deuxième qualité ; bonne pour compote ; — la *Reinette des Belges,* ou *Court pendu,* ou *Capendu ;* fruit d'un rouge pourpre ou brun, piqueté de fauve ; se conserve très-bien jusqu'à la fin de mars. — La P. *Doux d'Angers d'argent,* à chair blanche, un peu acide, mûrit de décembre en mars. — La P. *d'Ève,* grosse, aplatie, très-longtemps verte, puis jaunâtre à l'époque de sa maturité et suant alors une eau huileuse ; chair tendre et sucrée ; deuxième qualité ; mûrit de février en mai. — La P. *Fenouillet gris* ou *anisé,* à odeur de Fenouil de première qualité ; mûrit de décembre en février ; *Fenouillet jaune doré,* à peau jaune marquée de traits fins ressemblant un peu à des lettres ; chair délicate, douce et ferme ; mûrit de décembre à janvier ; P. *Fenouillet rouge* ou *Bardin ;* ferme et sucrée ; première qualité ; jusqu'en mars. — La P. *Figue sans pepins,* d'un vert jaunâtre, un peu acide ; mûre en septembre, octobre ; deuxième qualité. — La P. *Gros-Papa,* chair tendre ; bonne pour compote ; mûrit de novembre en décembre.—La P. *Joséphine* ou *Belle-des-bois,* très-grosse, très-tendre, un peu acidulée ; deuxième qualité ; mûrit en novembre-décembre. — La P. *Mignonne d'hiver,* à chair ferme, douce, très-fine ; mûrit de décembre en avril. — La P. *Pigeon de Jérusalem,* fine, délicate, de couleur rose-chair, jusqu'en février ; deuxième qualité. — La P. *Pigeonnet blanc commun ;* chair ferme et agréable au goût ; très-commune et très-estimée en Nor-

mandie; deuxième qualité; mûrit en octobre-novembre.
— La P. *Pigeonnet rouge* ou *Museau-de-lièvre*, fruit rouge
rayé de rouge foncé, fruit doux et délicat; jusqu'en décembre. — La P. *Postophe;* chair de deuxième qualité;
mûrit en août.— La P. *Rambour franc d'été* ou *Gros-Ram-
bour*, fruit aplati, d'un jaune pâle rayé de rouge, à côtes,
saveur aigrelette; bonne à cuire en septembre; première
qualité. — *Rambour d'hiver*, plus acide que le précédent.
On le cuit jusqu'en mars. — Les *Reinettes : Reinette d'Angleterre* ou *Pomme d'or*, grosse, jaune, rayée de rouge; chair
ferme, sucrée, très-fine; première qualité. Crue ou cuite
jusqu'en mars.— *R. de Bretagne*, d'un rouge foncé piqueté
de jaune, sucrée; très-bonne qualité. Fruit en décembre.
— *R. de Canada*, gros fruit jaune lavé de rouge, à côtes;
chair très-fine, jusqu'en février-mars.— *R. de Caux*, comprimée, irrégulière, d'un vert jaunâtre; chair fine, un
peu acide; de première qualité; de décembre en février.
— *R. dorée* ou *jaune tardive*, à peau rude, d'un gris clair
sur fond jaune; chair ferme, relevée, sucrée, légèrement
acide; de première qualité; mûrit en décembre. — *R.
d'Espagne*, grosse, à côtes relevées, de très-bonne qualité,
se conservant jusqu'en mars. — *R. franche*, chair relevée
et sucrée. Se conserve un an. — *R. grise, haute bonté*,
grosse, aplatie, de couleur grise; chair très-fine, très-sucrée; jusqu'en juillet. — *R. grise de Granville*, très-tendre
et très-fine.— *R. de Hollande*, grosse, très-bonne; mûrit en
octobre-novembre.— *R. rousse* ou *des Carmes*, de grosseur
moyenne, ferme et bonne; mûrit de décembre en mars.
— *R. de Thouin*, excellente, surtout crue; de grosseur
moyenne. Mûrit de décembre à mars.— *Royale d'Angleterre*, grosse, ferme, de première qualité; mûrit de septembre en novembre.

Préférez, pour la conservation de vos Pommes, les
paniers aux sacs. Mettez les Pommes à distance l'une
de l'autre sur des tablettes, en lieu sec et aéré, à l'abri
des gelées : une pomme pourrie gâte toutes les autres.

NÉFLIER (Rosacées) indigène. — Il ne se distingue des Alisiers que par ses noyaux osseux qui varient d'un à cinq, ainsi que les styles. Le Néflier commun croît naturellement dans les bois de l'Europe. La culture lui fait perdre sa rusticité et nous donne le *Néflier à gros fruits, à fruits monstrueux, à fruits sans noyaux*. On propage cet arbre par la greffe en fente ou en écusson, sur Aubépine ou sur Coignassier. Les semences mettent deux ans à lever. Il se contente de tout terrain non marécageux et de toute exposition. La taille diminuerait le nombre de ses fruits; on le laisse donc se développer librement au coin d'une haie ou au bord d'un sentier; les Nèfles sont âpres et désagréables; elles ne deviennent bonnes à manger qu'après avoir séjourné quelque temps sur la paille sèche.

ORANGER (Aurantiacées). — Des Indes et de la Chine. Cet arbre, moins à la mode dans les jardins qu'au siècle dernier, parce qu'on lui préfère avec raison beaucoup d'arbustes à fleurs et à feuilles plus variées, reste encore une des plus belles plantes d'ornement et l'objet d'un commerce important sur presque tout le littoral de la Méditerranée. Les douze espèces naines, formant cent variétés, sont toujours cultivées avec le soin qu'elles méritent. Le premier Oranger fut introduit en France en 1333; en 1500 il n'y avait encore qu'un pied d'Oranger dans le nord de la France; on l'avait transporté de Pampelune, alors capitale de la Navarre, à Chantilly, puis à Fontainebleau; en 1684, il fut donné à l'orangerie de Versailles, où depuis il resta : c'est le *Grand Bourbon*, ou *Grand Connétable*, ou *François Ier*.

L'Oranger, le Citronnier et tous les arbres de la même famille se multiplient par semis de pepins et par boutures. Une feuille ou un morceau de feuille s'enracine. Pour le semis, on préfère, comme étant d'une croissance plus prompte, le pepin d'Oranges bigarades. — La *Poire du commandeur*, les *Perrettes*, etc., se reproduisent de graines sans grande altération. On se procure à bas prix

chez les confiseurs des pepins de Citrons ; on les plante
à 0^m,035 l'un de l'autre dans des terrines profondes de
0^m,16 à 0^m,25, garnies de bonne terre de bruyère ; ou
bien un à un dans de petits pots. On confie terrines et
pots à une couche chaude. Soins ordinaires : chaleur, arrosage, etc. Les pepins lèvent et donnent, huit ou dix
mois après, quelquefois seulement au bout de deux ans,
des sujets propres à rece-
voir la greffe. On les laisse
prendre plus ou moins de
force , selon les variétés
qu'on veut greffer dessus.
Ils passeront encore leur
troisième année sous châssis dans des pots plus
grands que ceux de l'an-
née précédente ; la qua-
trième année, on les mettra
à l'air libre pendant toute
la belle saison.

Les Orangers peuvent
être greffés depuis trois
mois jusqu'à dix ans ; pour
les petits, principalement
pour les nains de la Chine,
on greffe à la Pontoise à
0^m,20-30 du sol ; pour les
grands, on emploie la greffe
en écusson. La bouture ne

Fig. 59. — Oranger.

réussit guère que pour les
Poncires et les Cédrats. La marcotte est à peu près aban-
donnée.

Les jeunes Orangers doivent être changés de pots chaque
année ; plus tard, on les met dans des caisses qu'on renouvelle de deux ans en deux ans, puis tous les six ou
huit ans ; les caisses à panneaux mobiles, s'enlevant sépa-

rément rendent plus facile l'examen des racines. L'é
poque la plus favorable pour le rempotage et le rencais-
sage des Orangers de tout âge et de toute espèce est le
commencement du mois de mars.

Taille. — On se borne, pour l'Oranger de pleine terre,
à un élagage modéré tous les deux ou trois ans ; il faut
surtout supprimer les branches gourmandes et tâcher
d'obtenir le plus de fruits possible ; le jardinier fleuriste,
au contraire, veut, avant tout, des fleurs ; s'il provoque la
formation des branches à fruit, c'est avec l'intention de
les pincer dès qu'elles en porteront. Pour les Orangers
d'ornement, dès que les fruits sont formés, on retranche
simplement, au mois de septembre, en plein air, les branches mortes ou malades et celles qui font confusion ; tous
les quatre ou cinq ans, on taille à fond, en supprimant,
autour des têtes, les branches qui détermineraient des
irrégularités choquantes dans l'ensemble de la forme ; ces
têtes se refont très-bien dès le printemps suivant, pourvu
que l'on ait soin de pincer les branches les plus propres à
remplir les vides.

L'Oranger se rajeunit très-facilement ; on rapproche
sur le bois de quatre, cinq, six et même dix ans ; mais il
faut laisser, par prudence, un an d'intervalle entre cette
opération et le rencaissement. On met dans du terreau
bien pur, à même la bâche d'une serre tempérée, les Orangers malades, après avoir retranché toutes les parties atta-
quées des racines et réduit la tête par un rabattage sévère
sur ses branches principales.

Culture. — Comme les autres plantes d'orangerie, les
Orangers aiment peu l'eau ; une ou deux mouillures suffisent aux plus forts Orangers pendant l'hiver. Rentrés
vers la mi-octobre, à Paris, ils ne quittent la serre que
vers le 15 mai ; mais, dès la mi-avril, il faut leur donner
beaucoup d'air, quand l'atmosphère extérieure est chaude.
Dès qu'ils sont sortis, ils demandent qu'on laboure la
terre de leurs caisses et qu'on leur donne une couche

d'environ 0^m,055-80 de fumier gras et amplement mouillé ; du crottin de cheval à la surface des caisses empêche le tassement. Arrosement, ondées sur le feuillage. On laisse à nu le collet des racines qui aiment à recevoir directement l'influence de l'air.

Non-seulement à Paris, mais en Angleterre et en Hollande, les Orangers disposés en espalier le long du mur de fond d'une serre à forcer donnent des fruits à peu près mûrs.

Les Bigarades et les Limons servent à assaisonner la viande et le poisson ; on confit dans l'eau-de-vie les petites Oranges vertes. La fleur d'Oranger se vendait autrefois 4 francs la livre, aujourd'hui elle ne vaut plus guère qu'un franc. Il faut la cueillir de deux jours en deux jours et même tous les jours par les temps chauds, l'étendre sur du linge blanc et sec et l'employer deux ou trois jours après ; les Orangers nains de la Chine donnent la fleur la plus estimée pour la préparation de l'*eau de fleur d'Oranger*.

Les Citronniers, les Cédratiers, les Limetiers et leurs variétés sont cultivés et soignés comme les Orangers.

Inutile de décrire l'Oranger et son fruit. Les *Bigaradiers* sont moins élevés de tige ; leur fruit est plein d'un jus acide et amer. — Les *Limoniers* ou *Citronniers* ont des rameaux effilés, flexibles, souvent épineux ; leur fruit ovale est rempli d'un jus acide et savoureux. — Les *Cédratiers* diffèrent des Limoniers par leurs rameaux plus courts, par leurs fruits plus gros, plus verruqueux, leur chair plus ferme, plus épaisse, très-bonne à confire. — Les *Limetiers* donnent un fruit d'un jaune pâle, ovale-arrondi, mamelonné, fade ou un peu amer. — Les *Pamplemousses* se reconnaissent à leur fruit très-gros, arrondi ou en forme de poire, verdâtre, d'un goût plus ou moins doux (1).

(1) Voir de plus au mot Oranger : *Plantes d'ornements*, 2e partie.

GRENADIER (Myrtacées). — D'Afrique ; naturalisé dans le midi de la France, etc. C'est un arbrisseau toujours vert, aux belles fleurs d'un rouge éclatant de juillet en septembre, à fruit rouge, charnu, aqueux et rafraîchissant. On le multiplie de graines, de boutures et de marcottes strangulées faites en pots, dont la terre doit toujours être tenue humide. Ces marcottes peuvent être sevrées à la fin de l'été.

Le Grenadier aime peu le fer ; on le taille pourtant comme l'Oranger ; naturellement, il ne donnerait ses fleurs que sur l'extrémité des pousses de l'année ; par la taille, on se propose donc d'amener partout l'émission de jets annuels assez forts pour fleurir. On pince, en hiver, les sommités des nouvelles pousses dès qu'elles sont d'une certaine longueur.

Fig. 60. — Grenadier.

A Paris et dans les départements du Nord, on cultive le Grenadier en caisse et on le rentre en orangerie au commencement de l'hiver ; il donne ainsi des fruits presque mûrs. Il doit être arrosé souvent et changé de terre de trois ans en trois ans. En espalier, sur le mur de fond d'une serre à un seul versant, il produit des fruits tout à fait mûrs.

Parmi les principales variétés, citons le G. *à fruit acide*, très-propre à recevoir les autres variétés par greffe en fente ; le G. *à fleur blanche* et le G. *nain à petit fruit*.

CHAPITRE XV

Fruits en Baies et en Chatons : Vigne, Groseillier, Framboisier, Épine-Vinette, Figuier, Mûrier, Châtaignier, Noyer, Noisetier, Pistachier.

VIGNE (Vitifères). — Nous ne devons parler ici que des espèces ou variétés dont le fruit est destiné au service de la table et non de celles que l'on cultive en grand pour faire du vin.

La Vigne demande un sol léger et profond, sans humidité ; une exposition chaude, au midi ou au levant sous le climat de Paris.

Taille et conduite. — La végétation de la Vigne et celle du Pêcher sont exactement les mêmes ; la taille de ces deux arbres fruitiers repose sur les mêmes principes ; elle a pour but d'obtenir des branches destinées à remplacer celles qui, une fois leur fruit donné, n'en porteront plus désormais ; en l'absence de *bourses* capables de fournir des sarments fertiles, il n'y a point à espérer de récolte l'année suivante.

Après avoir défoncé le terrain jusqu'à 0ᵐ,50 de son épaisseur, après l'avoir ameubli et même fumé, on place, au pied du mur, dans une tranchée profonde de 0ᵐ,20-25, les marcottes un peu couchées et la tête tournée du côté de la muraille à 0ᵐ,50 de distance l'une de l'autre ; on les recouvre de terre. C'est en hiver, à bonne exposition, que ces jeunes sujets sont plantés, de manière à ce qu'ils puissent s'étendre ensuite en cordons horizontaux, etc., à l'aide de fil de fer, de treillage, etc. C'est en hiver aussi, quand il ne gèle pas, quand la végétation se trouve suspendue, que l'on rabat chaque sarment sur les deux yeux les plus voisins de sa base; ces yeux deviendront, au printemps, des sarments productifs; ainsi naissent les sarments successifs sur un premier courson; s'il pousse plus de deux bourgeons sur chaque courson, on supprimera les autres, afin d'avoir de belles grappes bien garnies. Après quelques années, le courson qui a fourni, dans l'intervalle, beaucoup de bons sarments, vieillit et devient trop long; il faut, à la taille d'hiver, le rabattre sur son œil inférieur.

Une Vigne bien taillée donne des fleurs en juin; alors il faut arrêter sévèrement la croissance des sarments qui s'allongent, attirent à eux la plus grande partie de la séve et déterminent la *coulure:* les fleurs ne forment pas de graines, et les grappes avortées se changent en vrilles. L'*incision annulaire*, conseillée comme remède contre la coulure que causent les pluies intempestives, et condamnée par la pratique, dans presque tous les cas, ne serait ici d'aucune efficacité; détruisez les sarments inutiles, détruisez aussi, par un ébourgeonnement souvent renouvelé, en temps convenable, tous les yeux ouverts en faux bourgeons au-dessus de la coupe; sans ces précautions, peu ou point de récolte; ébourgeonnez encore après la formation du raisin; retranchez les extrémités des sarments; vos grappes mûriront mieux et les yeux inférieurs du sarment, sur lesquels doit être assise la taille d'hiver, prendront plus de force. Ces ébourgeonnements répétés dans la belle saison constituent la taille d'été.

Méthode à la Thomery ou *Vignes en cordons horizontaux.*
— La meilleure méthode pour conduire la Vigne est la méthode à la Thomery. On plante les ceps à $0^m,55$ les uns des autres, et l'on distance les cordons de $0^m,50$. Pour

garnir un mur de 3 mètres de haut, on plante cinq ceps qui formeront cinq cordons; le premier cordon sera à 0ᵐ,50 du sol, et le cinquième à 0ᵐ,50 du chaperon. On taille à deux yeux au-dessus du sol; le supérieur doit prolonger la tige; l'inférieur forme le sarment.

Fig. 61. — Vigne à la Thomery.

Le premier cep forme le premier cordon; le second, le deuxième cordon, etc., chaque cordon aura une longueur de 2ᵐ,70, répartie en deux bras de chacun 1ᵐ,35. On dépasse quelquefois cette longueur, mais c'est presque toujours un inconvénient.

Tous les ceps se conduiront de cette manière : après avoir taillé sur deux yeux, comme nous l'avons dit plus haut, on palisse les pousses ; à la taille suivante, on coupe le bourgeon du prolongement, suivant sa longueur et sa force; on taille le sarment latéral, résultant de la première taille, sur son œil le plus inférieur, afin de commencer une coursonne ou branche à fruits. Arrivé à la hauteur du cordon, attendez que le bourgeon de prolon-

Fig. 62. — Vigne en cordons verticaux.

gement de la tige ait dépassé la ligne d'établissement du cordon, et courbez-le à droite; pincez-le au sommet; alors surgit un faux bourgeon que vous laisserez croître en liberté, afin qu'il vous fournisse le bras de gauche; vous aurez ainsi un T, plus ou moins régulier. Tout en formant vos cordons, supprimez sévèrement sur la tige les productions inutiles. A la taille qui suit la formation du T, vous couperez les deux bras du cordon sur un œil termi-

nal en-dessous, pour les prolonger, et vous ne laisserez
croître que les bourgeons du dessus, qui vous sont nécessaires ; choisissez-en deux des plus vigoureux à environ
0ᵐ,16 l'un de l'autre ; qu'ils se développent en liberté ;

vous palissez les bourgeons
terminaux dans la direc-
tion horizontale, et ceux du
dessus dans la direction
verticale, mais en les pinçant par le sommet dès
qu'ils arrivent au cordon
immédiatement supérieur.

Vous opérerez de même
pour les autres prolonge-
ments des bras, les arrê-
tant sur la dernière coursonne, dès qu'ils ont atteint
la longueur désirée. Cha-
que année, il vous restera
à tailler les coursonnes des
cordons : vous pincerez le
sarment résultant du pre-
mier bourgeon, vous le rabattrez à la taille suivante
sur les deux yeux situés le
plus inférieurement ; vous
pincerez les bourgeons dès
que leur croissance l'exi-
gera et, s'ils portent fruits,
à une feuille au-dessus de
la seconde grappe.

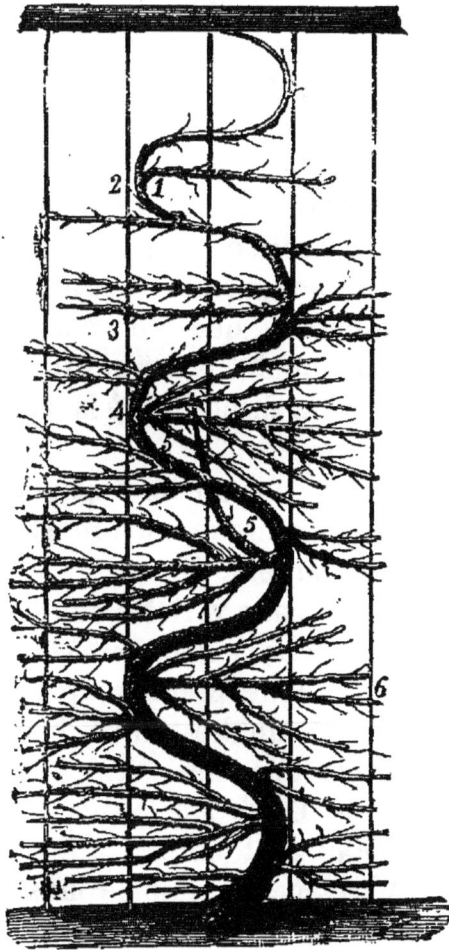

Fig. 63. — Vigne en serpenteau.

L'année suivante, vous supprimerez complétement,
sur son talon, le sarment le plus éloigné, vous couperez
l'autre sur les deux yeux inférieurs. Si la coursonne
s'emporte follement, profitez du bourgeon le plus rapproché du bras et rabattez sur lui. — Toutes les tailles se

font de la même manière; il est donc inutile d'entrer ici dans de plus grands détails.

Le sécateur doit être préféré à tout autre instrument.

Quand le raisin est près d'atteindre sa grosseur, on l'arrose avec la pompe à main, on l'expose un peu plus à l'action directe du soleil en enlevant quelques feuilles; on l'enferme dans des sacs de papier ou de crin, huit ou dix jours avant sa maturité, s'il doit être conservé sur treille jusqu'aux gelées.

Après l'avoir cueilli, on le met en lieu sec et bien aéré, on le saupoudre de charbon pilé ou de sciure de bois.

C'est toujours en suivant les principes brièvement indiqués ci-dessus, que l'on conduira la vigne en *cordons verticaux*, quand la disposition des murs à garnir rend impossible la disposition à la Thomery, incontestablement la meilleure.

On traite de la même façon la Vigne plantée en contre-espalier ordinaire ou en tonnelle. Citons encore la forme en *serpenteau*, etc. (1).

Les principales variétés cultivées pour la table sont :
— Le *Chasselas de Fontainebleau*, à gros grain d'un jaune vert ou doré, de première qualité; le *Chasselas rouge* qui se colore dès qu'il est noué, bonne qualité; le *Royal rosé*, très-fin; le *Chasselas hâtif;* le C. *de Montauban*, doux et ambré; le C. *de Montauban* à grains transparents, très-agréable au goût, ambré et fin; le C. *musqué;* le *Corinthe blanc* à très-petits grains, ronds, jaunes, sans pepins, très-agréable au goût; le *Gromier du Cantal*, d'un beau rouge et très-succulent, quand il est bien mûr; la *Madeleine blanche*, à fortes grappes bien garnies; le *Muscat d'Alexandrie* ou *de Rome*, à grains ovales, jaunes, musqués et très-fins, exposition très-chaude; le *Muscat blanc*

---

(1) Nous avons parlé de l'oïdium au chapitre consacré à la maladie des plantes; rappelons seulement ici que la fleur de soufre trituré est préférable à tout autre soufrage.

ou *de Frontignan*, grains croquants, très-serrés, sucrés et musqués, à peau blanche, espalier; le *Muscat nain* ou *de la mi-août*, le plus précoce de tous les Muscats, grains ronds, petits et noirs, troisième qualité; le *Muscat rouge*, à grain d'un rouge vif, musqué, mais moins bon que le précédent; le *Raisin Verdot*, à grappes courtes, vermeilles, d'un goût fin, c'est le meilleur et le plus sucré des raisins de dessert; en treille, à bonne exposition; le *Précoce de Courtillier*, à gros grains sucrés et un peu musqué; mûrit en août.

Nous n'avons pas cru devoir parler en détail de la multiplication de la Vigne par semis, moyen beaucoup trop long, auquel on n'a presque jamais recours. On préfère la reproduction par *marcottes* ou *provins;* souvent même on se contente de planter des crossettes. On opère : 1° la *greffe herbacée* avec et sur des rameaux poussants; 2° la *greffe en fente* sur du bois d'une ou de plusieurs années; 3° la *greffe en navette*. (V. le chapitre qui traite des différentes espèces de greffes. Voyez encore *Maladies des plantes, Insectes nuisibles*).

GROSEILLIER (Grossulariées). — Le Groseillier ordinaire, à fruits rouges, petit arbuste indigène, a produit une variété à fruits blancs d'un goût beaucoup plus délicat. Le Groseillier vient en tout terrain et à toute exposition; mais il réussit mieux dans un sol doux, sableux et un peu frais. On le multiplie de semences, de boutures, de marcottes, en février et en automne; c'est encore en février que l'on coupe le bois mort et qu'on rabat les branches. Tous les cinq ans il faut replanter les Groseilliers qui, sans cela, maigrissent et dégénèrent.

Indiquons les principales variétés obtenues par la culture :

La *Groseille blanche de Hollande*, à fruits très-bons, transparents, gros comme des cerises; la G. *cerise, à gros fruits,* d'un rouge clair; la G. *à fruits roses, couleur de chair;* la G. *Gondouin à fruits blancs,* à grains petits et acides; la G. *Gondouin à fruits rouges,* variété tardive, grappes longues; la G. *Queen Victoria* (reine Victoria), à longues grappes, à fruits rouges, de bonne qualité; la G. *hâtive de Berlin,* très-précoce; la G. *rouge de Hollande,* à grappes longues et bien fournies, à fruits d'un rouge clair, très-gros et très-bons; la G. *Versaillaise,* à grappes fournies, à fruits nombreux et gros, d'un rouge clair. — Le *Cassis* à gros fruits noirs, trois variétés : le C. *à feuilles panachées,* le C. *à fruits bruns,* le C. *à feuilles d'Érable.* — La *Groseille à maquereau,* à fruits quelquefois gros comme un œuf, tantôt verts, tantôt blancs, rouges, violets, etc.

Variétés : *Groseilles lisses; Groseilles hérissées,* à fruits ambrés, couleur de chair, *grosse jaune, verte blanche, grosse ronde; Groseille à maquereau sans épines* (de Billard); variété très-recommandable.

Framboisier (Rosacées). — Indigène, traçant, à tiges bisannuelles. Cet arbrisseau croît dans les lieux pierreux, sur les montagnes, il aime l'ombre et le froid. Le fruit du Framboisier cultivé est très-recherché pour sa saveur, ses qualités rafraîchissantes; il sert à préparer des sirops, des confitures, des glaces, etc.; il communique au vin un goût très-agréable; par la fermentation, il donne une liqueur alcoolique; les Polonais en font un excellent hydromel, et les Russes une sorte de vin.

Il faut, dans les jardins, réserver une place à part au Framboisier, car il se conduit toujours en mauvais voisin, effritant la terre, nuisant aux autres plantes dont il se trouve trop rapproché; il se contente d'ailleurs du sol le plus ordinaire et d'une exposition à mi-ombre; il demande à être changé de place tous les quatre ou cinq ans, à moins qu'on ne lui accorde un peu d'engrais à chaque automne. Il se multiplie par drageons plantés à partir de novembre jusqu'en mars; en février, on retranche les tiges mortes qui ont donné leurs fruits; on taille de nouveau de 0^m,60 à un mètre. Léger labour.

Citons seulement : le *Framboisier commun* ou F. *des bois,* à fruits jaunes. — Le F. *du Chili,* avec sa variété à fruits blancs. — Le F. *à gros fruits blancs*. — Le F. *Gambon* ou à *fruit rouge*, allongé et fort gros. — Le F. *à fruits couleur de chair*. — Le F. *des Alpes* ou F. *des deux saisons, à fruits rouges*. — Le F. *des quatre saisons, à gros fruits rouges;* ces deux derniers restent productifs jusqu'aux gelées, même dans les pays froids, si l'on a soin de les empailler en automne. Le *Falstaff*. — Le F. *Belle de Fontenay*, à fruits rouges et remontants.

ÉPINE-VINETTE, VINETIER (Berbéridées). — Indigène, formant un buisson de 2 mètres à 2^m,50 et, pour cette raison, employé très-souvent comme haie impénétrable ; le fruit, rouge, acide, est recherché pour les confitures. On cultive de préférence : les variétés à *fruits sans pepins*, à *fruits blancs*, à *gros fruits*, à *fruits violets*, à *feuilles pourpres*, à *fruits doux*. On les propage de marcottes, de boutures, de rejetons, de graines. On sépare, on éclate et l'on replante en automne. Le bois et les feuilles, macérés dans une lessive alcaline, donnent une teinture jaune propre à colorer les ouvrages de menuiserie. Les baies fermentées fournissent une liqueur acidulée qui dépose un sel assez analogue au tartre.

Le Vinetier fleurit au printemps, à la même époque que l'Aubépine. Les étamines très-irritables se portent brusquement sur le stigmate, dès qu'on les touche avec la pointe d'une aiguille.

FIGUIER (Morées). — Il croît naturellement dans les contrées méridionales de l'Europe, dans la Grèce, le Levant, etc. Cultivé depuis des siècles, il a produit et produit encore maintenant des variétés dont nous n'essaierons même pas de fixer le nombre. Il vit indéfiniment, sinon par son tronc, du moins par ses racines d'où sortent de nouvelles tiges quand on coupe les vieilles. Il ne demande qu'à avoir autour de son pied un peu de bonne terre, à être arrosé pendant les grandes chaleurs, à être débarrassé de ses branches mortes ou trop faibles pour donner du fruit; on pince les plus fortes pour les con-

traindre à se ramifier; quelques jardniers suppriment,
avec raison, le bouton à bois venu prè: d'une Figue naissante pour faire bénéficier celle-ci de a séve, comme ils
pincent, en juin, le bouton terminal, pour hâter la maturité des fruits; d'autres cultivateurs enfoncent dans les
Figues arrivées aux deux tiers de leur grosseur normale, la
pointe d'une grosse épingle trempée dans de l'huile d'olive :
l'air introduit, de cette façon, au centre même du fruit,
active la conversion de la fécule en suc.

On multiplie le Figuier par rejetons, par boutures, par
greffes, par semences : on ne recourt à la graine que pour
se procurer de nouvelles variétés.

On préfère, pour le Figuier, la greffe en flûte aux autres
greffes, mais on ne l'emploie que rarement, parce que cet
arbre prend très-bien de bouture et de marcotte et que, du
pied, poussent toujours beaucoup de drageons.

Les Figuiers plantés en quinconce, en pleine terre,
demandent un intervalle d'environ 4 mètres entre eux.

Les Figuiers fournissent facilement deux récoltes chaque
année, l'une en juillet, l'autre en septembre-octobre; il
ne faut pas trop compter sur la seconde sous le climat de
Paris. Les Figues nouvelles sont agréables et rafraîchissantes, mais peu nutritives; sèches, elles sont d'une grande
ressource aux populations des contrées méditerranéennes.
Les anciens en fabriquaient une sorte de vin nommé
sicyte (du nom de la Figue, en grec). Le suc de la Figue,
élaboré, raffiné, pendant douze heures, après la cueillette,
devient un sirop délicat. Mangée avant sa parfaite
maturité, c'est-à-dire avant qu'elle ait commencé à se
faner, la Figue brûle les lèvres et la langue, et cause des
indigestions.

Outre l'immense consommation de Figues fraîches, à
l'époque de la récolte, on en fait dessécher beaucoup en
les plaçant sur des claies, au soleil; on les aplatit au fur
et à mesure qu'elles perdent leur humidité. Elles sont
émollientes; on les emploie en cataplasmes pour résoudre

les tumeurs; en gargarismes contre les maux de gorge; en tisanes pour combattre les maladies inflammatoires. Le bois du Figuier, léger et spongieux, s'imbibe facilement d'huile et d'émeri: il sert aux armuriers et aux serruriers pour polir leurs ouvrages. Le suc laiteux et corrosif de l'écorce détruit les verrues, caille le lait, forme une encre sympathique : les caractères tracés sur le papier avec ce suc ne deviennent visibles que quand on les expose au feu.

Le Figuier est remarquable par la singularité de sa fructification : les organes sexuels sont cachés dans ce réceptacle charnu, en forme de poire (vulgairement appelé *fruit*), percé à son sommet d'un ombilic ou petit trou dans le voisinage duquel se trouvent les fleurs mâles, tandis que les fleurs femelles se voient plus bas; les anciens ne croyaient pas à l'existence de ces fleurs; plus tard ils reconnurent la présence des fleurs femelles dans le Figuier cultivé; mais, toujours persuadés que les fleurs mâles bien développées manquaient au Figuier sauvage, ils recouraient à la caprification encore pratiquée aujourd'hui avantageusement dans plusieurs contrées du Levant. Olivier a observé particulièrement la caprification dans l'île de Naxos. Voici ce qu'il raconte à ce sujet : « Les procédés des cultivateurs consistent à placer sur les Figuiers qui ne produisent que la seconde Figue, les espèces connues sous le nom de *Figues fleurs* ou *Figues premières*, qui paraissent et mûrissent un mois et demi avant les autres. Les secondes Figues mûrissent dans le courant d'août et se succèdent sans interruption jusque bien avant dans l'automne. Les Grecs enfilent ensemble dix à douze de ces premières Figues et les suspendent aux divers endroits du Figuier dont ils veulent féconder les fruits. »

Le *cynips psenes*, petit insecte noir, opère, de son côté, la caprification; il pénètre jusqu'au cœur des Figues, en sort couvert de la poussière des étamines qu'il porte ensuite dans les autres Figues où il dépose ses œufs.

Si l'on veut ne faire porter à un certain nombre de ces

Figuiers que des fruits d'automne, on a soin de détacher les Figues d'été quand elles sont grosses comme le bout du doigt et de cautériser les cicatrices avec un peu de chaux ou de plâtre très-fin pour empêcher l'écoulement du lait : la branche s'allonge, les Figues d'automne se montrent plus tôt et mûrissent avant les gelées.

Sous le climat de Paris, on ne cultive que quatre ou cinq variétés de Figuier qui donnent : la *Figue blanche ronde*, de deux saisons, la meilleure des environs de la capitale; la F. *jaune angélique*, jaune avec petits points verts, chair rose, peu délicate; la F. *grosse rouge de Bordeaux*, ronde, rouge, très-bonne; la *Madeleine, Blanche longue*, assez fine; la F. *Rouge longue de Provence*, à chair rougeâtre, de qualité médiocre; la F. *violette*, bonne quand elle est bien mûre.

Mûriers (Morées). — De l'Asie Mineure, de la Perse, de la Chine, etc. Nous ne pouvons parler de la culture du Mûrier blanc pour l'industrie séricicole, cela nous entraînerait trop loin. D'ailleurs, tout le monde sait que ses feuilles sont la nourriture des vers à soie; les volailles mangent très-avidement ses fruits que l'homme dédaigne avec raison. Cet arbre offre comme principales variétés : le *Mûrier blanc à feuilles luisantes;* le M. *hybride;* le M. *Moretti;* le M. *de Tartarie;* le M. *Lou de Chine;* le M. *Gasparin;* le M. *multicaule;* le M. *intermédia.*

Le *Mûrier rouge*, de l'Amérique septentrionale, haut de 12 à 15 mètres, donne un fruit délicieux d'un rouge foncé.

Le *Mûrier noir* fournit un fruit ovale d'un pourpre presque noir, d'une saveur agréable et rafraîchissante. On le cultive en espalier ou en plein vent. Il aime l'ombre, il lui faut, comme aux autres Mûriers, un abri contre les vents violents, une terre un peu mêlée de décombres.

Les Mûriers se reproduisent de semences, de marcottes et de boutures. On les greffe sur tronc en écusson ou en flûte. On ne les soumet pas à la taille, il suffit de les débarrasser de leurs branches mortes.

C'est avec le fruit du Mûrier noir que l'on compose : 1° un délicieux sirop propre à calmer les inflammations de la bouche et de l'arrière-bouche; 2° un vinaigre très-fin. Son suc sert à teindre les vins, les sirops, les liqueurs et certaines confitures. Les tourneurs estiment son bois; avec son écorce, on fabrique de la corde et du papier; ses feuilles remplacent celles du Mûrier blanc, comme nourriture des vers à soie.

CHATAIGNIER (Amentacées). — Le *Châtaignier commun* est un grand et bel arbre à fleurs polygames; indigène du midi de l'Europe ; il aime les terres légères, sablonneuses et profondes, et ne réussit pas dans les terrains aquatiques. Il existe plusieurs variétés de Châtaignes : la C. *pourtalonne,* à fruits gros et nombreux; la C. *printanière hâtive ;* la C. *verte du Limousin,* de conservation facile ; la C. *exalade,* la meilleure de toutes ; le *Marron de Lyon, d'Agen, de Luc;* le M. *d'Aubray;* ce dernier, le plus gros de tous, est très-bon, il renferme une seule semence dans chaque coque, au lieu de deux ou trois ; il n'a pas cette membrane coriace qui, dans les Châtaignes ordinaires, marque les divisions intérieures du fruit. Dans la Corrèze on cultive surtout : la C. *hâtive noire,* la *hâtive de mai,* la *hâtive rousse,* les *Huminaux,* les *Huminaux roux,* la *Carrive* et la *Mastronne.*

On stratifie les plus belles Châtaignes avant de les semer et on les préserve de la gelée; en février-mars, on les confie à une terre meuble, non fumée, en les plantant à 0ᵐ,08 de profondeur, à 0ᵐ,50 de distance, en rayons séparés les uns des autres par un intervalle de 0ᵐ,80, tracés dans la direction du nord au sud. Léger labour ; binage, l'été suivant, et ainsi de suite jusqu'au moment où chaque individu aura atteint la grosseur convenable pour la pépinière; on le lève alors, on le met en place, on rabat les branches latérales. Buttage, garniture d'épines, un peu de paille ou de fumier autour du pied. — La seconde année, on greffe en flûte ou en écusson à œil dormant : pincement, ébranchage.

Les Châtaigniers doivent être placés à 15 ou 20 mètres de distance les uns des autres. On récolte leurs fruits quand ils se détachent naturellement et tombent. Exposition au soleil pendant quelques jours ; conservation en lieu sec. En certains pays, on dessèche les châtaignes dans des fours particuliers. Le bois du Châtaignier dure très-longtemps dans l'eau, on en fait des cerceaux, du treillage, etc.

NOYER (Juglandées). — Originaire de l'Asie. Grand et bel arbre cultivé pour son bois, son fruit et l'huile qu'il fournit. Il lui faut un terrain sableux et même pierreux.

On stratifie les Noix avant de les semer en place à 0^m,06 de profondeur ; à 0^m,08 l'une de l'autre. Soins ordinaires des plantes de pépinière. On greffe en fente, en flûte ou en écusson à œil poussant ou en anneau les jeunes individus quand ils ont 0^m,10 ou 0^m,15 de circonférence sur un ou 2 mètres de hauteur. Précautions ordinaires recommandées pour la greffe. L'année suivante, mise en place dans une terre défoncée de 0^m,80 à un mètre. A vingt ans le Noyer donne un produit assez modeste ; à soixante ans, il atteint son maximum de fécondité ; il fournit à peu près la moitié de toute l'huile consommée en France.

Vingt Noyers bien vigoureux, en plein rapport, sur un hectare de terre, peuvent être estimés, sans exagération, 2,800 à 3,200 francs.

A son retour d'âge, le Noyer laisse se dessécher l'extrémité de ses branches qu'il faut immédiatement ravaler de 0^m,70 à un mètre du tronc, si l'on veut qu'il continue à rapporter du fruit ; de nouveaux scions ne tardent pas à former une nouvelle tête. Point de taille proprement dite : on se borne à enlever les branches mortes, rompues, mal placées ou trop vigoureuses et nuisant à l'équilibre général. C'est aussi quand le Noyer a donné les signes de vieillesse indiqués plus haut, qu'il faut l'abattre pour le vendre comme bois de menuiserie, etc. ; laissé sur pied, il se détériore très-promptement.

NOISETIER (Amentacées). — Le Noisetier des bois est un arbrisseau à tiges ramassées et flexibles ; à chatons mâles réunis par trois ou quatre à un même point d'insertion, paraissant vers la fin de l'hiver, bien avant les feuilles.

On cultive : le N. *franc*, à fruit allongé, très-délicat ; cette espèce a produit deux variétés : l'une à amande recouverte d'une pellicule rouge, l'autre à pellicule blanche ; — le N. *avelinier*, à fruit plus gros, moins allongé, avec les variétés : *Rouge ronde*, à coque demi-dure ; *Rouge de Provence*, à coque tendre ; — le N. *à grappes*, à fruit très-gros et très-délicat.

Les Noisettes mûrissent et se détachent de l'arbre en août-septembre. On les conserve comme les Noix ; elles servent pour la fabrication des dragées ; elles donnent une huile plus estimée. Elles deviennent âcres en vieillissant. Avec le bois on fait des échalas, des claies, des pieux, des fourches, etc.

Multiplication de graines, de marcottes et de drageons : exposez le Noisetier au nord, à une certaine distance des arbres vigoureux qui l'étoufferaient sous leur feuillage touffu. Il ne réclame aucun soin de culture.

PISTACHIER (Térébinthacées). — De Syrie. C'est un arbre haut de 7 à 8 mètres, à fortes branches étalées ; à fleurs de sexe différent, placées sur des individus séparés, d'où résulte naturellement la nécessité de cultiver des individus mâles et femelles pour obtenir des fruits ; ces fruits sont ovales, de la grosseur d'une Olive, de couleur roussâtre, ridés à l'extérieur, contenant une amande douce et huileuse, nommée *Pistache*. Par la culture, le Pistachier a produit plusieurs variétés qui toutes fournissent des amandes plus ou moins fines, recherchées par les confiseurs, etc. ; adoucissantes, émollientes, etc. On les mange crues ; on en fait des dragées, des glaces, des crèmes, etc. Les Pistaches les plus estimées sont les P. *de Tunis* à chair verte et délicate; les charcutiers emploient la P. *de Sicile*.

Le *Pistachier térébinthe* est un bel arbre de Barbarie sur lequel on greffe souvent le Pistachier franc, afin de le rendre capable de résister à des froids de 8 à 10 degrés.

. Multiplication de marcottes, de semis sur couche chaude ou sous châssis ; repiquage en pots. Pendant trois ou quatre ans, soins ordinaires donnés aux plantes d'orangerie. Il faut aux Pistachiers une terre franche et légère, une exposition au midi, en espalier, sous le climat de Paris; ils seront placés à 4 mètres les uns des autres, un individu mâle entre trois ou quatre individus femelles, ou mieux encore une branche mâle greffée au milieu des branches de chaque individu femelle. Le Pistachier-franc gèle souvent à 6 degrés au-dessous de zéro.

CHAPITRE XVI

Fourrages : graminées ; — légumineuses ; — racines.

SECTION I. — GRAMINÉES.

AGROSTIS. — Les Agrostis croissent, pour la plupart, parmi les gazons peu élevés, dans les terres arides et sablonneuses ; les moutons en sont très-avides. La plus grande et la plus remarquable espèce d'Agrostis est l'*Agrostis jouet des vents*, commune dans nos blés, au bord des champs. La tige atteint à près d'un mètre de hauteur ; feuilles rudes, panicule long et léger, à pédoncules capillaires, finement ramifiés et chargés de nombreuses petites fleurs que terminent de longues arêtes caduques. Elle peut servir à teindre la laine en vert.

L'*Agrostis traçante*, ou *Stolonifère*, ou *Traînasse*, ou *Éternue*, doit être détruite dans les terres bien cultivées ; mais, comme fourrage, elle a de réels avantages par sa végétation active et sa propriété de se conserver longtemps fraîche en hiver. Elle réussit dans les terrains froids, humides, tourbeux.

Semis à raison d'environ 10 kilog. de graines par hectare en mars et septembre.

L'*Agrostis d'Amérique* (*Herd-Grass*) n'est pas plus difficile que la précédente sur le choix du terrain ; elle réussit moins par plantation que par semis et entre avantageusement dans la formation des prairies permanentes. Fourrage grossier, mais nourrissant. — Semis en mars ou en septembre; 5 kilog. de graines par hectare.

AVOINE ÉLEVÉE, FROMENTAL. — Il faut à cette Avoine un terrain élevé et pas trop humide, le voisinage du Sainfoin ou de quelque autre plante légumineuse, sans quoi elle se dessèche facilement sur pied. Elle remonte très-bien en regain. — 100 kilog. de graines par hectare.

BROME DES PRÉS. — Si vous avez un terrain calcaire indigne même de recevoir le Sainfoin, etc., etc., confiez-lui le Brome des prés, il y viendra bien; il y pourra durer jusqu'à quinze ou vingt ans sans aucune fumure. Le Brome réussit comme gazon d'agrément dans des sols où les autres gazons dépériraient promptement.

Fig. 64. — Avoine.

FLÉOLE ou FLÉAU DES PRÉS. — Cette plante réussit dans les terres argileuses ou sablonneuses, où elle produit jusqu'à 1,000 à 1,200 bottes par hectare d'un foin grossier, mais nourrissant. Semez en septembre, à raison de 8 kilog. de graines par hectare.

IVRAIE VIVACE, RAY-GRASS ANGLAIS. — On l'emploie comme plante à faucher dans les terrains un peu frais, en prairie temporaire. Elle repousse sous la dent même des bestiaux et devient d'autant plus vigoureuse qu'elle est plus broutée et plus piétinée. On la sème au printemps ou à l'automne, à raison de 50 kilog. par hectare, pour la pâture; à raison de 100 kilog. par hectare pour les gazons. Roulage, terreautage. Durée cinq ou six ans en moyenne.

Ivraie d'Italie. — Elle gazonne moins que la précédente, mais remonte mieux après la coupe et offre une grande continuité de végétation. Elle aime l'humidité. Elle peut donner jusqu'à 7 ou 8,000 kilog. de bon fourrage sec par hectare, pendant plusieurs années. Semis en automne ou au printemps, à raison de 40 ou 50 kilog. à l'hectare, par moitié avec Trèfle incarnat.

Ray-Grass Bailly. — Réussit dans les terrains pierreux, à moitié brûlés, secs en été, à moitié submergés en hiver; les bœufs d'engrais s'en nourrissent volontiers. Semis à raison de 20 à 25 kilog. par hectare.

SECTION II. — LÉGUMINEUSES.

FÉVEROLLE. — Semis de la fin de février en avril, à la volée ou plutôt en ligne. Binages, houages. Plusieurs variétés : F. *de Picardie* à gros grains; F. *de Lorraine* à petits grains. 2 hectolitres par hectare. — Plantes très-propres à préparer les récoltes de froment dans les sols argileux. Enfouies en vert, elles sont un engrais de première qualité.

GESSE CULTIVÉE OU LENTILLE D'ESPAGNE. — Terre forte et légère, mais pas trop humide. Semis en mars et avril : un hectolitre et demi par hectare. On coupe la Gesse en vert dès que mûrissent les premières gousses : on la donne aux bestiaux et principalement aux moutons. Sa graine sert dans le Midi à faire une purée très-estimée des habitants de certaines provinces.

LUPIN BLANC. — Bon pâturage pour les moutons ; graine macérée dans l'eau pour les bœufs. Semis, dans nos provinces du Nord, vers la mi-avril, à raison de

10 à 12 décalitres par hectare. Terrains argileux, graveleux.

LUZERNE. — Il faut à la Luzerne une terre bien labourée, très-propre, profonde, fumée dans le courant de l'année qui précède le semis, ou à l'époque du semis, avec des engrais consommés. On sème la Luzerne sur Orge ou sur Avoine au printemps, ou, en été, sur Lin, Sarrazin ou Haricots ; ou, en automne, avec Escourgeon ou Seigle. Binage, chaulage, hersages à la fin de l'hiver. Combattez la cuscute ou teigne en mai ou juin en coupant à fleur de terre les pieds de Luzerne atteints par cette plante parasite ; couvrez de paille sèche et brûlez les places ainsi dénudées. Il ne faut jamais laisser les bestiaux paître la Luzerne encore chargée de rosée ou de pluie. 20 kilog. de semence par hectare.

POIS GRIS, POIS AGNEAU, POIS DE BREBIS, BISAILLE. — Cette plante annuelle réussit particulièrement sur les jachères ; les variétés hâtives se sèment en mars ; la variété P. gris d'hiver se sème en automne à raison de 25 à 26 décalitres de graines par hectare. Bon fourrage, surtout pour les moutons. Il faut fumer les terres ensemencées de Pois gris, quand on veut ensuite leur confier du Blé.

SAINFOIN, ESPARCETTE, BOURGOGNE. — Les terrains sablonneux, calcaires, lui conviennent et il les améliore. Semis au printemps ou en automne à raison de 35 à 45 dé-

Fig. 65. — Vesce des champs.

calitres par hectare. Le *Sainfoin à deux coupes* produit une seconde coupe très-abondante alors que le Sainfoin ordinaire ne donne qu'un assez faible regain ; mais il veut une terre moins mauvaise et un semis plus fourni : 46 décalitres environ par hectare.

VESCE COMMUNE. — Elle se sème jusqu'en juin sur les terres fortes et fraîches ; sa variété d'hiver se sème en automne à raison de 24 à 26 décalitres par hectare, en l'associant au Seigle ou à l'Avoine. On coupe ce fourrage dès sa floraison pour le donner aux bestiaux, mais après l'avoir laissé se ressuyer et se flétrir.

SECTION III. — FOURRAGES-RACINES.

CHOU CAVALIER, CHOU A VACHES (Crucifères). — Très-cultivé dans nos provinces de l'Ouest ; il est riche en feuilles.

— Le *Caulet* de Flandre diffère surtout du précédent par sa teinte rouge. — Le C. *Branchu* ou C. *Mille-Têtes*, moins élevé que le Chou cavalier, mais bien garni de jets vigoureux, est très-utile pour l'engrais des bœufs. Le C. *moellier* se donne, après la récolte des feuilles, coupé en lanières, au bétail qui s'en nourrit volontiers. — Le C. *vivace* ou C. *de bouture* résiste aux froids rigoureux ; ses tiges s'allongent, se coudent et s'enracinent. — Le C. *de Lannilis*, à feuilles grandes, blondes, fournit, coupé en lanières, après la récolte des feuilles, un bon fourrage pour les bêtes à cornes. Il craint les hivers de nos départements du Nord. — Le *Chou frisé vert du Nord* diffère des espèces précédentes par la découpure de ses feuilles. Il résiste aux plus rudes hivers de nos climats.

Les Choux, en général, veulent une terre forte et bien fumée. Les grandes espèces se sèment de mars en août en pépinière ; mise en place en avril, mai, septembre, et en lignes espacées de un mètre à 0ᵐ,65 de distance sur la ligne. Binages, sarclages. 200 à 250 gr. de graines pour le plant d'un hectare.

Chou-Navet, Chou Turneps, Chou de Laponie. — Semis en avril à raison de un kilog. et demi à 2 kilog. de graine par hectare, si vous semez en place. Il résiste aux rigueurs du froid.

Chou Rutabaga, Navet de Suède. — Espèce voisine du Chou-Navet. Semis sur lignes espacées de 0ᵐ,70 à 0ᵐ,80. Brave les gelées, mais n'aime pas l'humidité.

Chou-Colza. — Semis à la volée sur chaumes de Blé, retournés aussitôt la moisson faite; 4 à 5 kilog. de graines par hectare. Bon fourrage vert au commencement du printemps. La culture pour graine demande plus de soin. Semis sur planche de la mi-juillet à la fin d'août. Sarclage, transplantation, environ deux mois après, en terrain bien fumé, par lignes espacées de 0ᵐ,32. On rechausse. Houage. Quelquefois semis à la volée en place. Le C. *de mars* se sème en mars et avril et donne sa graine mûre dans l'été même.

Betterave champêtre, Disette (Chénopodées). — Plante bisannuelle; il lui faut une terre ameublie par un ou deux labours profonds; on la sème à la volée ou en rayons, depuis la mi-mars jusqu'en mai; on éclaircit de manière à avoir des plants éloignés les uns des autres de 0ᵐ,30 à 0ᵐ,50, suivant les qualités du sol. Sarclage; binages.

On sème aussi en pépinière, pour mettre en place, lorsque la racine est de la grosseur du doigt, en ayant soin de ne pas laisser l'extrémité se replier au fond du trou.

On récolte les racines en novembre et on les conserve dans une cave à l'abri de la gelée.

Pour le semis en ligne, il faut environ 3 kilog. de graines par hectare; pour le semis à la volée, de 4 à 5; si l'on doit transplanter, 2 kilog. à 2 kilog. et demi suffisent à fournir le plant nécessaire à un hectare. Citons comme sous-variétés principales : la *Disette camuse ;* elle a une longueur à peu près double de son diamètre, une chair veinée. — La D. *corne de vache* à très-longue racine, contournée et en partie hors de terre.

CAROTTE (Ombellifères). — Une des meilleures racines fourragères : il lui faut une terre amendée avec des engrais bien consommés. Semis de mars en mai et même en juin, à raison de 4 à 5 kilog. par hectare, à la volée et de préférence en rayons. On herse légèrement, on passe le rouleau ; sarclages, binages. On arrache vers la fin de novembre ou en décembre. Conservation en cave, dans des tranchées ou dans des fosses à l'abri des gelées.

Parmi les nombreuses variétés cultivées pour les bestiaux, nous conseillons : la *jaune d'Achicourt*, la *grosse blanche de Breteuil*, la *blanche à collet vert*, très-productive, la *blanche des Vosges*, dont les racines grosses et nettes se conservent facilement.

NAVETS et RAVES (Crucifères). — Grande ressource pendant l'hiver. Semis de la fin de juin au commencement d'août, à la volée ou en lignes. Sarclages et binages, terre légère et sèche ; 2 ou 3 kilog. de graines par hectare.

Parmi les meilleures Raves nous citerons : la *Rave d'Auvergne à collet rouge*. — La *Rabioule* ou *Rave du Limousin*, appelée improprement *Turneps*. — La *Rave du Norfolk*, très-bonne, assez tardive. — Le *Turneps hâtif de Hollande*, prompt à croître et à racines très-fortes.

CHAPITRE XVII

Céréales.

ALPISTE, *Millet long, Graine d'oiseau, Graine de Canarie* (Graminées). — Bon fourrage pour les chevaux et les bêtes à cornes. Semis en avril en terre bien fumée.

AVOINE-PATATE ou *Avoine Pomme de terre.* — De belle qualité, mais un peu sujette au charbon.

Avoine de Géorgie. — Très-précoce et très-bonne pour le bétail; on peut la couper en vert d'abord et la laisser grainer à la seconde pousse.

Avoine hâtive de Sibérie. — Assez analogue à la précédente, mais plus vigoureuse.

Avoine Joannette. — Elle donne un grain noir de bonne qualité, mais qu'il faut récolter avant complète maturité.

Avoine noire de Brie. — A grain court, renflé, précoce, de bonne qualité.

Avoine d'hiver. — Production en paille et en grain, précoce, elle réussit plutôt dans l'ouest de la France que dans le nord et l'est. Semis en septembre ou en janvier, de préférence dans les terrains secs.

FROMENT ORDINAIRE, *sans barbes.* — Il offre comme principales variétés : le *Blé blanc de Flandre*, très-beau et très-productif, à épi blanc, à grain blanc, oblong et tendre.

— Le *Blé de Hongrie*, à épi blanc, resserré, à grain blanc, très-raccourci. — Le *Blé Touzelle* ou *Tuzelle blanche de Provence*, à grain blanc et oblong. — Le B. *Richelle blanche de Naples*, très-beau grain blanc. — Le *Blé d'Odessa sans barbes*, épi roux, paille fine et coudée du bas. Semailles en automne ou au printemps.

— *Blé bleu*, rustique, productif, précoce. Recherché pour les méteils et comme Blé de mars. — *Blé Talavera, de Bellevue*, à épi blanc lâche. Semailles en février ou en mars. — *Blé du Cap sans barbes*, franchement de mars, gros grain, épi serré. — *Blé de Saumur*, bonne sous-variété du Blé d'hiver ordinaire, à épi nourri, à grain rougeâtre, à paille très-blanche et plus élevée que celle du froment ordinaire.

— *Blé rouge rustique*, bon pour les semis faits sur trèfle défriché. — *Blé de mars rouge, sans barbes*, à épi long. —
Blé de mars de Sicile, à grain

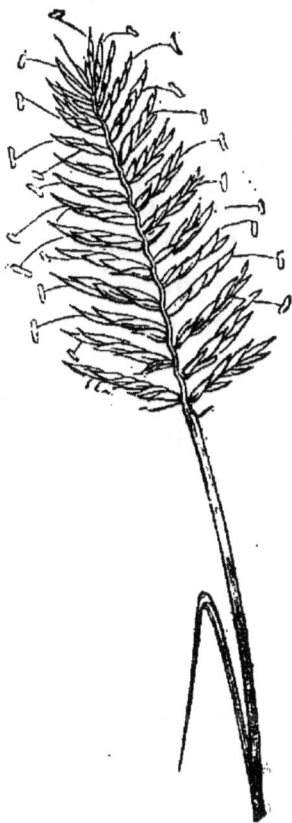

Fig. 66. — Blé imbriqué.

rouge, dur, de qualité ordinaire. — *Blé velu de Crète*, à épi roux, velu, à grain jaune clair. Semis au printemps sous le climat de Paris.

Froment ordinaire, barbu. — Variétés principales : *Saissette de Provence*, le meilleur des Blés barbus et peut-être de tous les Blés. — *Blé barbu de Naples*, à beau grain allongé. — *Blé du Caucase, barbu*, à grain allongé, rougeâtre, dur, lourd. Semis en février. — *Blé du Cap*, Blé de mars à épi très-long, à grain jaunâtre, lourd, de bonne qualité. — *Blé de mars barbu ordinaire*, précoce, de bonne qualité, franchement de mars. — *Blé de mars barbu de Toscane*, c'est lui qui fournit ces pailles si belles et si fines dont on se sert pour la fabrication des chapeaux. — *Blé de Victoria*, à paille courte, à épi jaune, à grain rougeâtre, de bonne qualité. — *Blé hérisson*, à grain court, petit, rougeâtre, lourd, de bonne qualité; de printemps et d'automne. — *Blé de mars rouge barbu*, très-précoce, bon, par conséquent, pour les semis tardifs.

Blé renflé, *Poulard*, *gros Blé*. — Variétés principales : *Blé nonette*, à paille demi-pleine, à gros grain; blé d'automne. — *Blé Common Rivet*, à épi bleu, très-serré, à grain jaune doré, de grosseur moyenne, de bonne qualité, très-rustique et très-productif. — *Blé Pétanielle noire*, à gros grain presque rond, à longue paille dure et forte, très-productif. — *Blé de Miracle* ou *de Smyrne*, à épis rameux, à grain gros et arrondi, d'un blanc jaune; à paille pleine et dure; il lui faut un bon terrain, il craint les froids rigoureux et dégénère facilement.

Blé de Pologne ou *Seigle de Russie*, à épis grands et longs, à balles très-fortes, à grain allongé, dur, presque transparent, de bonne qualité, mais peu abondant. Semis au printemps et mieux en automne.

Froment dur ou *d'Afrique*. — Variétés principales : *Trimenia barbu de Sicile*, grain abondant, paille fine, mais un peu dure; il lui faut un terrain riche. — *Aubaine rouge*, très-analogue au précédent. Semis en février ou en automne.

Epeautre sans barbes, très-bonne espèce pour fourrage ; très-rustique, réussissant dans les pays froids et montagneux. — *Epeautre blanche barbue*, très-hâtive, très-vigoureuse, bonne pour les semis de printemps et d'automne.

Amidonnier blanc ou *Épeautre de mars*. Semis au printemps.

Engrain commun ou *Petite Épeautre rustique*, réussis-

sant sur les terrains siliceux. Semis au printemps et en
automne.

Engrain double, à épi rude, à grain tendre et non glacé.
Semis au printemps et à l'automne dans les terrains
crayeux.

Blés de mars, Blés de mai. —On appelle Blés de mars des
Froments hâtifs qui craignent les rigueurs de l'hiver; il
n'existe pas à proprement parler de Blés qui, semés en
mai, donnent une récolte assurée et complète dans l'année
même.

Maïs ou Blé de Turquie, Blé d'Inde, Zéa. — Après le
Riz et le Froment, le Maïs est la plus utile des Graminées
et aussi l'une des plus universellement cultivées; toute
terre un peu profonde et très-travaillée lui convient. On
peut le semer sur jachères toutes les deux ou trois semaines, de mai à la mi-juillet, et il fournira un excellent
fourrage vert pendant trois ou quatre mois. Lignes à
$0^m,55$ ou $0^m,65$ de distance les unes des autres. Houage,
binage, sarclage. On coupe quand les fleurs mâles montrent leurs pointes. Le Maïs sec est un fourrage utile en
hiver. On estime, sans exagération, à 50 pour 100 les béné-
fices de la culture du Maïs.

Orge carrée de printemps ou Escourgeon de printemps.
— Après l'Orge nue à deux rangs, c'est la plus hâtive des
Orges. Semaille en mai et même quelquefois en juin.

Orge carrée nue, Orge céleste, Orge à six rangs. — Très-
productive; grain moins susceptible de noircir par l'action des pluies; paille grosse, mais douce et très-bonne
comme fourrage. Bon terrain. Semis au premier printemps.

Orge de Guimalaye ou *de Namto.* — A grain court, arrondi, verdâtre; à paille courte, ferme et grosse.

Sarrasin, Blé noir, Bucail, Carabin (Polygonées). —
Il donne un grain abondant que l'homme ne dédaigne
pas et dont les poules, les pigeons, les porcs, les chevaux, etc., se nourrissent très-volontiers. Semis pour

graine, de la mi-juin au commencement de juillet, à raison d'un demi-hectolitre de semence par hectare ; semis pour enfouir comme excellent engrais : un hectolitre par hectare. Terrains pauvres et froids. Récolter de bonne heure pour éviter l'égrenage.

SEIGLE DE MARS. — Semis en mars ; **paille assez courte, mais fine ; très-bon grain.**

Seigle de la Saint-Jean. — Seigle du Nord à paille et à épis plus longs, à grains plus petits **que ceux du Seigle d'automne, dont il est une variété.** Se coupe en fourrage vert à l'automne ou reste en pâture jusqu'à la fin de l'hiver pour être récolté en grain, l'été suivant.

SORGHO, MIL A BALAIS. — Grain pour les poules, les pigeons ; les tiges fournissent un bon fourrage vert. Plante tardive et difficile sur le choix des terrains.

Sorgho sucré. — A tiges hautes de 2 à 3 mètres, à feuilles lisses, flexueuses et retombantes, à panicules de fleurs vertes d'abord, puis violettes, puis pourpres, à graines noires et luisantes. Mêmes soins de culture que pour le Maïs

FIN DE LA PREMIÈRE PARTIE.

DEUXIÈME PARTIE

· JARDIN

CALENDRIER

DU

JARDINIER FLEURISTE (1)

Janvier. — Les beaux jours sont bien rares à cette époque, sous le ciel brumeux et froid des pays du Nord ; cependant, vous pouvez avoir : 1° en pleine terre, Tussilage odorant, Hellébore noir ou Rose de Noël, Calycanthe du Japon, Laurier tin, Lauréole ordinaire, Lauréole rouge et blanc ou Bois-Gentil, Ibéride des Alpes ; 2° en serre, quelques Géraniums, Narcisse de Constantinople, Tulipe duc de Thol, Clérodendrons, Ruellie à fleurs bleues, Bégonias, quelques Orchidées rustiques, quelques Bruyères du Cap, des Richardia, des Canna, quelques variétés de la Rose du Bengale, quelques Camellias précoces. Dans vos serres chaudes, placez : des Narcisses, des Jacinthes, des Jonquilles, des Cinéraires, des Primevères de Chine, des Violettes de Parme, des Chrysanthèmes frutescents, des Lilas, etc., Défoncez, transportez vos terres, relevez vos allées trop humides en

(1) Ce calendrier est fait pour le climat de Paris ; il doit donc subir des modifications si on l'applique au midi de la France ; il faut, de plus, avoir égard aux changements de température que présentent les années, et avancer ou différer les semis, selon que la saison est précoce ou tardive.

13

les repiquant, en les garnissant de pierrailles, de gravois, de gros gravier, de gravier fin ou de sable de rivière ; détruisez, par un profond labour, les gazons usés, et préparez les places où vous planterez, en mars, en massifs ou en planches, vos Rosages, vos Bengales, vos Bruyères. De temps en temps, débarrassez de leur litière, vos plantes herbacées, mais sans les exposer aux gelées encore fréquentes.

Février. — En pleine terre vous aurez : Pâquerettes, quelques Violettes odorantes, Perce-neige, Bruyère herbacée, Daphné des collines, Safran printanier et ses variétés nombreuses, Helléborine, Petite Pervenche, Romarin, Corchorus des jardiniers, Hépatique, etc. Beaucoup de fleurs forcées sous châssis ; dans les serres, des Jasmins, des Pivoines, Cinéraire pourpre, Camellia, Oxalide bigarrée, plusieurs Corréas, Richardia d'Éthiopie. Enlevez le bois mort, les branches nuisibles ; labourez vos bosquets et vos massifs, plutôt avec la houe fourchue qu'avec la bêche, de peur de couper les racines ; semez vos gazons ; garnissez de terre de bruyère les fosses destinées à vos rosages de mars ; vos plates-bandes recevront la Julienne, la Giroflée, le Soleil vivace, l'Astère, l'Œillet de poëte et quelques autres plantes vivaces et bisannuelles dont vous n'aurez pas à vous occuper en automne. Si vous ne craignez plus les fortes gelées, faites vos bordures de Sauge, de Lavande, d'Hyssope, de Pâquerette, de Mignardise, de Buis, etc. ; mettez en bordure ou en potelets : les Pavots, les Coquelicots, les Pieds d'alouette, les Giroflées de Mahon, les Résédas qui n'aiment point à être transplantés : si le soleil luit et chauffe un peu, ouvrez avec précaution quelques-uns de vos châssis et renouvelez l'air de vos serres ; binez la terre de vos pots, arrosez, enlevez les feuilles mortes ; faites la guerre aux insectes.

Mars. — En pleine terre vous aurez : les Sorbiers, quelques Spirées, quelques Epines et Alisiers, plusieurs Bruyères, l'Amandier nain, l'Amandier satiné, l'A. de Géorgie, Andromèdes, Tulipes, Narcisses, Iris, Viornes, Primevères, Cynoglosse printanière, Oreille d'ours, Orobe printanier, Safran, Arbouries, Leucoïum, Ibéride, Populage à fleurs doubles, Anémones

Sylvie et de l'Apennin, etc. Grâce à la chaleur forcée, serres et châssis vous donneront facilement plusieurs Acacias, des Rosiers, des Diosmas, des Carmantines, l'Indigotier austral, des Bruyères, l'Alisier de la Chine, le Sparmannia d'Afrique, des Camellias, etc., etc. Achevez tous vos labours, toutes vos plantations d'arbres, d'arbrisseaux et de plantes vivaces, réservant seulement les arbres verts et résineux pour le mois d'avril. Ratissez, sablez vos allées, surveillez vos gazons, faites succéder à vos semis d'automne, des bordures, des touffes ou des massifs de fleurs annuelles, telles que : Pieds d'Alouette, Résédas, Pavots, Coquelicots, Giroflées de Mahon, etc. Semez sur couches : Quarantaines, Zinnies élégantes, Balsamines ; déposez à nu, sur une couche, les tubercules de Dahlia, recouvrez-les d'un châssis ; quand la chaleur amènera la sortie des bourgeons, vous diviserez les touffes et les mettrez en pots, mais en continuant à les tenir sur couche ou au moins sous châssis ; dépotez vos orangers malades et autres plantes et ranimez leurs racines en les mettant à nu dans la terre de la couche. Commencez les boutures sous cloche et les marcottes ; préservez, par une toile légère, vos serres où les jeunes pousses ont à craindre les rayons parfois brûlants du soleil de mars.

Avril.— En pleine terre se montrent : Oreilles d'Ours, Primevères, Anémones, Narcisses, quelques Tulipes, Corydalis, Fumeterres bulbeuses, Trollius d'Europe et d'Asie, Pensées, Glycine de la Chine, Paulownia, Faux-Ebénier, Lilas, Merisiers et Cerisiers à fleurs doubles, Cytises, Coronille des jardins ; en serre et sous châssis, Rhododendrons en arbre, Azalées de l'Inde et le reste des Camellias dont beaucoup étaient en fleurs dès le mois précédent, faites la guerre aux chenilles et aux autres insectes nuisibles ; nettoyez vos arbres et vos arbrisseaux ; fauchez vos gazons ; labourez vos plates-bandes et vos massifs. Vos plantes annuelles semées sur place sont en pleine végétation ; conservez vos châssis pour les semis de graines tropicales, pour vos plantes faibles ou malades. Bouturez sous cloche, greffez en approche, etc., donnez de l'air aux serres ; multipliez vos arrosements au fur et à mesure qu'augmente la chaleur et que se développe la végétation.

Mai. — Il serait superflu de nommer toutes les fleurs si nombreuses, si variées qui ont donné à ce mois le nom de *mois des fleurs* : Roses de Bengale, R. Noisette de mai ou Cannelle, étalent leur beauté et annoncent les milliers de Roses dont l'épanouissement ne se fera pas attendre. Du 10 au 15 mai, mettez les Dahlias en place, si vous ne redoutez plus de gelées ; binez vos plates-bandes et vos massifs ; enlevez les mauvaises herbes de vos gazons et fauchez-les. Exécutez vos rempotages au lieu de les différer jusqu'à l'automne ; faites les boutures sous cloches et les greffes herbacées, anglaises et en approche. Vers le milieu du mois, il faut sortir les Orangers, et, à la fin du mois, toutes les plantes d'orangerie. Débarrassez vos serres de leurs châssis ; placez vos Bruyères au levant, mais qu'elles ne reçoivent pas l'action directe du soleil ; ménagez une lumière douce aux Protées et aux Diosmas.

Juin. — Maintenant les Roses s'ouvrent et répandent leur parfum ; les Dahlias s'épanouissent. Partout des fleurs qu'il serait inutile d'énumérer. Arrosez, binez ; tarissez vos allées ; fauchez vos gazons ; donnez des tuteurs aux Asters, aux Roses-Trémières, aux Dahlias, etc., des échalas aux Cobéas, aux Convolvulus, aux Clématites et autres plantes grimpantes. Faites séjourner à nu ou en pot, pendant un temps plus ou moins long, dans vos couches maintenant inoccupées, les plantes faibles ou malades. Défendez contre les trop grandes ardeurs du soleil, les plantes restées en serre. Boutures sous cloche et greffes en approche, comme dans le mois précédent.

Juillet. — Si juin emporte avec lui les Roses les plus belles et les plus parfumées, juillet a encore les Bengale-Bourbon et Noisette, la Rose du Roi, les Roses perpétuelles, des Roses Trémières, des Dahlias, etc., sans parler de beaucoup d'arbrisseaux étrangers auxquels la chaleur de ce mois est favorable. Ratissages, élagages, arrosements, pépinières des fleurs d'automne, marcottage des OEillets, séparation des caïeux d'Oignons ; voilà de quoi vous occuper. Mettez à l'abri vos coffres, vos châssis, etc., gardez une couche pour semer les graines des pays chauds, et pour vos plantes malades ou délicates de serre chaude. Remaniez les couches de tannée si vous n'avez pu le faire en juin.

Août. — On continue à jouir des Roses perpétuelles, Roses du Roi, Roses du Bengale, etc., des Asters, des Dahlias, etc., auxquels s'ajoutent Pétunias, Verveines, Clématites, Phlox, Soleil vivace, Matricaire, Mufles de veau, Julibrizin, Troëne du Japon, Acacia de Constantinople, Bignones de Chine et de Virginie. Dans les serres tempérées brillent : Gesnériées, Œchmea, Tillandsia, Stéphanotis, Passiflores, Fuchsia, Polygala Cordata, Metrosideros, Melaleuca, Lagerstrœmia, etc., etc. Au commencement de ce mois levez en motte et mettez en place toutes vos fleurs annuelles d'automne, si vous n'avez pu le faire en juillet : Œillets d'Inde, Reines-Marguerites, Balsamines, etc. Il faut serrer les marcottes d'Œillet, semer les Quarantaines pour repiquer ; semer en place : Coquelicots, Pavots, Bluets, Adonis, Pieds d'Alouette, Thlaspis, etc.; rempoter les plantes dont le pot est resté enfoui pendant l'été, en raccourcissant les racines et les branches devenues trop longues ; si vous laissez ces plantes à l'ombre, leur végétation sera rétablie quand vous les rentrerez en serre ou en orangerie.

Septembre. — Parmi les fleurs les plus belles et les plus abondantes de ce mois, citons : les Cinéraires, l'Amaryllis-Belladone, le Colchique d'automne, les Sarrètes, les Verges d'or, les Silphium, les Coréopsis et d'autres radiées ; toujours des Asters, des Dahlias, des Œnothères, des Pétunias, des Balsamines, des Reines-Marguerites, des Œillets d'Inde, des Clarkias, etc.

Mêmes travaux d'entretien et de propreté que dans les mois précédents ; il faut, de plus, surveiller les graines et les récolter à leur maturité ; semer les Quarantaines pour repiquer sur côtière ou dans des caisses, semer Renoncules, Anémones, etc. Si vous devez faire des changements considérables dans vos jardins, choisissez ce moment de l'année : les terres transportées se tasseront suffisamment avant les prochaines plantations. Vers le milieu du mois, vous rentrerez les plantes de serre chaude, vous achèverez le rempotage de vos plantes de serre tempérée et d'orangerie; arrosements modérés le matin plutôt que le soir. Replacement des panneaux sur bâches, châssis, et serres tempérées, à la fin du mois.

Octobre. — Il ne faut pas encore dire adieu aux fleurs, puisqu'il vous reste : Roses de Bengale, Noisette; Muscades; Sauge écarlate; Dahlias; Glaïeuls tardifs; Asters; Phlox; Datura; Erica; Zinnia; Menziesia polyfolia; Hélianthus; Ximenesia-Enceloïdes ; Cosmos bipenné; Capucine; Hibiscus speciosus, militaris, roseus, palustris; Œnothera tetraptera, odorata; Tamarix gallica ; Symphoricarpus; Chélone campanulata, rosea, glabra; Véronica præalta ; Plumbago; Fuschia; Bégonia discolor : — si vous avez pensé à mettre ces plantes en pleine terre au mois de mai. Opérez vos plantations et vos déplantations, achevez vos allées, ramassez les feuilles mortes, débarrassez de leurs tiges les plantes vivaces qui ne fleurissent plus : Balsamines, Œillets d'Inde, Coréopsis des teinturiers, Reines-Marguerites; dans vos plates-bandes nettoyées, labourées, fumées, mettez, sans tarder, Scabieuses, Campanules, Valérianes grecques, Œillets de poëte, Mufles de veau, etc., qui vous donneront leurs fleurs au printemps; empotez Giroflées de grosse espèce pour les rentrer avant les gelées. Vers le 15 octobre, les Orangers et les plantes d'orangerie seront rentrés et disposés de telle sorte que celles de ces plantes, qui se passent volontiers de lumière (Lauriers-Roses, Orangers), fassent le fond de vos serres en laissant place devant elles aux plantes toujours vertes, ligneuses, herbacées qui aiment l'air et le jour; labour des pots et des caisses, arrosements modérés; greffez en fente et bouturez sous cloches les Camellias, à moins de réserver cette opération pour le printemps. Refaites à neuf dans les serres chaudes vos couches de tannée, en leur donnant pour fond un lit épais de fumier nouveau ou de feuilles et en les laissant jeter leur grand feu et s'affaisser convenablement. Vous enfoncerez les pots jusqu'au bord dans cette tannée, les plus grands par derrière, les plus petits en avant.

Novembre — Si les fleurs sont devenues maintenant de plus en plus rares, soignez d'autant mieux celles qui vous restent :

Roses du Bengale, Chrysanthèmes de l'Inde capables de supporter quatre ou cinq degrés de froid, ces derniers, mis en pot, dureront longtemps dans la serre tempérée. Ramassez les feuilles mortes pour couvrir les plantes délicates et faire du terreau.

Remplacez les plantes annuelles, fanées, par des plantes vivaces ; plantez 1° la plupart de vos arbres d'agrément, réservant pour le printemps, les arbres résineux et les arbrisseaux dits de terre de bruyère ; 2° du 1er au 15 novembre, les Oignons de Narcisses, de Jacinthes, de Tulipes. Surveillez la température de vos serres et renouvelez-en l'air avec précaution. Arrosages, soins de propreté.

Décembre. — Malgré les froids, vous pourrez avoir encore, au pied des murs, en pleine terre, la Violette odorante ; dans des lieux abrités, l'Hellébore noir ou Rose de Noël, le Chimonanthus flagrans et sa variété, le Jasmin à fleur jaune; sous châssis viennent : la Violette de Parme, la Tulipe duc de Thol, les Jacinthes blanches ; en serre : Cyclamens, Narcisses, Jacinthes, si vous avez eu soin de les planter en octobre. Défoncements pour les nouveaux gazons, réparations d'allées, élagages. Entretenez, de 10 à 20 degrés au-dessus de zéro, la température des serres chaudes, renouvelez-en l'air ; arrosez vers midi : Si vous seringuez l'eau en forme de pluie, sur vos plantes, vous aurez une vapeur favorable au développement de la végétation. Même température pour la serre aux ananas en compagnie desquels vous mettrez, sur les tablettes, des pots de Fraisiers des quatre saisons, Comte de Paris, Princesse royale. Il vous suffit de ne pas laisser descendre le thermomètre au-dessous de 0 degré, mais laissez le soleil en donner de 5 à 10 et profitez du moment où il luit pour renouveler l'air, chasser l'humidité en ouvrant avec précaution les châssis et les croisées que vous refermerez avant la nuit. Inutile d'arroser en hiver les grosses caisses d'Orangers, de Grenadiers, et de Lauriers-Roses. Couvertures et paillassons sur le toit en verre et au-devant des croisées, de jour et surtout de nuit, contre les gelées.

CHAPITRE PREMIER

Parterre. — Bordures. — Gazons. — Assortiment des fleurs de diverses couleurs; lois à observer à cet égard. — Plantes de massifs, Plantes de fantaisie, Plantes de collection. — Accessoires de parterre.

Le *Parterre* ou jardin fleuriste est particulièrement destiné aux plantes de plein air, rustiques ou demi-rustiques, dignes de culture par leur parfum, leur beauté, l'éclat brillant de leurs corolles.

Le Parterre ne devra jamais être trop étendu ; sans quoi, l'œil ne pourrait embrasser simultanément l'ensemble et les principaux détails. Placez-le dans le voisinage de l'habitation ; qu'on le voie des fenêtres de vos appartements.

Dans les pays du Nord, où le ciel est souvent sombre et pluvieux, vous préférerez, pour le Parterre, une exposition au midi, au sud-est, au sud-ouest ; jamais au nord ; le voisinage des grands arbres, des murs élevés, des serres monumentales nuit au parterre ; laissez, tout au plus, près du parterre, quelques massifs d'arbres servant d'abri contre les vents froids.

Dans les climats du Midi, suivez des indications contraires en plusieurs points aux précédentes ; rappelez-vous, comme règle générale, qu'il suffit aux fleurs de

recevoir les rayons du soleil pendant quelques heures
matin et soir.

Il ne faut pas que les eaux de pluie séjournent dans l(
jardin fleuriste ; la meilleure terre est une terre moyenne.
composée à peu près par parties égales de substance ar-

Fig. 1. — Parterre.

gileuse, de substance calcaire et de substance siliceuse ;
cette terre devra être très-meuble et non sujette à se durcir ou à se crevasser au soleil. Vous emploierez le guano
et les engrais inodores.

Pour les cultures toutes spéciales, vous réserverez des
carrés où la terre offrira les éléments plus convenables
aux fleurs que vous voulez planter : aux Primevères il faut

un sol argileux; aux Kalmias, aux Rosages, la terre de
bruyère; aux plantes bulbeuses, les silices, etc. Tantôt le
Parterre est plat dans toute son étendue, tantôt il offre
des reliefs artificiels s'élevant de 0^m,10 à 0^m,15 et même à
0^m,25 au-dessus des allées; ces reliefs doivent former des
pentes douces et arrondies de leur pourtour au centre.
Tantôt le parterre est en forme de carré, de rectangle, de
trapèze, etc., tantôt il présente une figure irrégulière limi-
tée par des lignes courbes, avec îlots de fleurs au milieu
de verts tapis de gazon; à moins que vous n'ayez à conserver le style même d'un jardin antique ou des construc-
tions quelconques, évitez les formes raides et purement
géométriques.

Les allées droites ou courbes déterminent le dessin du
Parterre; dans les plus grands jardins elles atteignent
rarement à 4 mètres de largeur; dans les plus petits
un mètre de largeur leur suffit; on les sable ou on les
couvre d'une couche de gravier d'un centimètre d'é-
paisseur.

Pour faire les *Bordures* des allées et des sentiers, nous
vous recommandons :

1° Le Buis que vous planterez par éclats enracinés
sur une seule ligne à des distances de 7 à 8 centimètres;
vous lui laisserez atteindre une hauteur moyenne d'environ 0^m,12 à 0^m,18 sur 6 à 8 d'épaisseur et même
plus, selon les dimensions du Parterre, le relief des
compartiments à limiter, etc. ;

2° Le Thym, la grande et la petite Pervenche, la Pâquerette à fleurs doubles, le Fraisier, le Gazon d'Olympe ou
Statice maritime, le Lierre, etc.

On appelle Bordures sèches celles qu'on fait en bois, en
fer, en briques. On prend ordinairement pour les Bordures de bois des baguettes de Chêne, de Hêtre, de Charme
de la grosseur du pouce. Les briques doivent être bien
cuites, bien dures, longues de 0^m,25 sur 0^m,60 c., sur
0^m,07 d'épaisseur.

Les bordures en fer ont l'inconvénient de s'oxyder assez vite, malgré les couches de minium.

Les *Pelouses* sont faites d'une herbe commune qu'on laisse monter assez haut et à laquelle on accorde moins de soin qu'au Gazon; celui-ci convient mieux aux jardins de peu d'étendue. Ne coupez jamais brusquement ni vos Pelouses, ni vos Gazons, par vos massifs de fleurs dont la vraie place est sur les côtés ou vers le milieu du tapis de verdure, mais à la condition de ne point en détruire la symétrie et la vue d'ensemble.

Vous établirez vos Gazons par le semis ou la transplantation. Le semis se fait à la volée sur la terre préalablement bien ameublie, nivelée et fumée; puis vous foulez et vous arrosez. Parmi nos graminées communes, on donne la préférence aux espèces vivaces, tallant du pied et garnissant bien le terrain. Paturin des prés (*Poa pratensis*), Fléole (*Phleum pratense*), Cynosure (*Cynosurus cristatus*), Flouve odorante (*Anthoxanthum odoratum*), Fétuque des moutons (*Festuca ovina*), Ivraie vivace ou Ray-Grass (*Lolium perenne*), Agrostide (*Agrostis canina* et *A. vulgaris*); mais on conseille, avec raison, de rejeter le Dactyle (*Dactylis glomerata*), les Bromes (*Bromus erectus*), etc., les Houques (*Holcus mollis* et *H. lanatus*), la grande Avoine ou Fromental (*Avena elatior*).

Pour la transplantation, on prend des carreaux de Gazon dans la prairie et on les pose, avec toute la terre adhérente à leurs racines, sur un sol préalablement ameubli et fumé; on les ajuste avec soin, on les roule et on les arrose.

Il y a deux modes principaux pour la distribution des plantes dans un parterre:

1° Mélange des espèces;

2° Culture ou massifs de fleurs de même espèce.

Dans le mode par *mélange*, souvenez-vous qu'un parterre n'admet pas d'arbres d'une taille élevée et qu'en général les simples arbustes de deux à trois mètres de haut

sont mieux sur les côtés qu'à l'intérieur des compartiments; une plante trop grande ne doit pas masquer une
plante plus petite.

L'assortiment des couleurs des fleurs demande une attention toute particulière et un goût que la nature ins-
pire, mais que les règles peuvent laisser un peu deviner.

On néglige beaucoup trop, surtout en France, les
dispositions harmoniques des fleurs, eu égard aux *couleurs*.

Les *couleurs simples* ou *primitives* dont se forment toutes les autres sont le rouge, le jaune et le bleu. Si vous les
associez deux à deux, elles vous fourniront : l'orangé né
du rouge et du jaune, le vert né du jaune et du bleu, le
violet né du bleu et du rouge; le mélange des couleurs
primitives deux par deux donne un nombre illimité de
nuances intermédiaires entre la nuance la plus foncée et la
nuance la plus claire.

La *couleur complémentaire* est celle qui, ajoutée soit à
une combinaison de couleurs, soit à une couleur simple,
reconstitue la triade des couleurs élémentaires; ainsi l'o-
rangé, provenant du rouge et du jaune, est complémentaire du bleu ; le violet, composé de rouge et de bleu, est
complémentaire du jaune ; le vert, composé de bleu et de
jaune, est complémentaire du rouge.

Certaines couleurs se font valoir l'une l'autre, se rehaus-
sent, s'accusent, se nuancent par leur voisinage.

Retenez comme règles générales que :

1° Toutes les couleurs simples contrastent heureuse-
ment ensemble ;

2° Le rapprochement binaire des couleurs composées,
présentant dans chaque groupe la réunion des trois couleurs simples, flatte agréablement la vue ; par exemple,
le violet (rouge et bleu) se marie très-bien à l'orangé
(rouge et jaune) et au vert (jaune et bleu) ;

3° Les couleurs complémentaires l'une de l'autre offrent

de très-gracieux contrastes : bleu et orange, violet et jaune ;

4° Le blanc donne un grand relief à toutes les couleurs simples ou composées, il adoucit ce qu'il y a de trop heurté entre des teintes naturellement ennemies l'une de l'autre : le rouge et l'orangé, le violet et le rouge, le bleu et le violet ;

5° Le noir affaiblit l'effet de toutes les couleurs mises en contact trop direct avec lui, à l'exception du blanc ;

6° Ne rapprochez jamais les couleurs simples des couleurs composées dans la formation desquelles elles entrent ; le jaune contraste désavantageusement avec l'orangé (jaune et rouge) et avec le vert (jaune et bleu); le bleu avec le violet (rouge et bleu) et avec le vert (jaune et bleu); le rouge avec l'orangé (jaune et rouge) et avec le vert (jaune et bleu), etc., etc.

Nous avons vu souvent essayer des combinaisons binaires et ternaires dans les jardins fleuristes, rarement des combinaisons quaternaires.

Les meilleures combinaisons binaires s'obtiennent: 1° en faisant contraster le blanc avec toutes les couleurs simples ou composées : jaune vif et blanc, orangé et blanc, violet et blanc, vert et blanc, rose ou rouge et blanc, bleu clair ou bleu foncé et blanc ; — 2° par les couleurs simples employées ensemble ou avec leurs complémentaires : jaune et bleu, jaune et violet, orangé et bleu, rouge et jaune, rouge et bleu, etc.

Les combinaisons ternaires, ou le blanc entre presque toujours, sont plus variées que les combinaisons binaires : — du blanc, du jaune, du bleu et du blanc ; — du blanc, du jaune, du vert et du blanc ; — du blanc, de l'orangé, du blanc et du violet ; — du blanc, de l'orangé, du vert et du blanc; — du blanc, du rouge, du bleu et du blanc ; ou du blanc, du rouge, du blanc et du bleu ; — du jaune, du rouge, du blanc et du jaune ; — du bleu, de l'orangé, du bleu et du blanc; ou du blanc, de l'orangé, du blanc et du bleu, etc., etc., etc.

Comme principales *Plantes de massifs*, citons :

Les Balisiers ou Canna.	Les Férules.
Les Caladium à feuilles vertes ou colorées.	Les Verbésina.
.Les Wigandia Caracasana.	Les Polymnia.
Les Juniperus et les Biota.	Les Gunnera Scabra.
Les Cupressus sempervirens, etc.	Les Palmiers (Chamœrops humilis, Ch. Excelsa), les Dattiers de petite taille.
Les Retinospera.	
Les Fougères (Onoclea, Struthiopteris).	Le Néflier du Japon (Triobotrya).
Les Bruyères (Arborea, Scoparia, etc.).	Les Lauriers-Roses.
Les Ricins arborescents.	Les Myrtes.
Les Colocases à larges feuilles.	Les Lagerstrœmia.
Les Rhubarbes.	Les Cocculus laurifolius.
	L'Agave.
	Les Passiflores, etc.

Les Plantes se divisent en Plantes de fantaisie et en Plantes de collection.

Les *Plantes de fantaisie* doivent être rustiques et de facile culture; pour la plupart, elles sont annuelles ou cultivées comme telles; on les reproduit presque toujours de graines; les semis se font en place ou en pépinière; les graines doivent être d'autant moins recouvertes de terre qu'elles sont plus fines (1). Citons parmi les principales Plantes de fantaisie :

Les Acanthes.	Les Balsamines.
Les Achillées.	Les Basilics.
Les Aconits.	Les Bégonias.
L'Acronilie à fleurs roses.	Les Belles de jour.
Les Adonides.	Les Belles de nuit.
Les Agératoires.	La Benoîte écarlate.
L'Alysse corbeille d'or.	Les Calcéolaires.
L'Aubriétie.	Les Campanules.
Les Amarantes.	Les Centaurées.
Les Amarantines.	Les Chrysanthèmes.
Les Anémones.	Les Cinéraires.
Les Anthémis.	Les Clarkias.
Les Asters.	Les Coréopsides.

(1) Pour le surplus, *voy.* au nom de chaque plante, chap. IV, *Description succincte et culture*, etc.

Les Cosmos.
Les Daturas.
Les Dielytra.
Les Digitales.
Les Œnothères ou Onagres.
Les Ephémères.
Les Erigérons.
Les Escholtzies.
Les Ficoïdes.
Les Fraxinelles.
Les Gaillardia.
Les Géraniums.
Les Giroflées.
Les Godélies.
Les Hélianthèmes.
Les Héliotropes.
Les Hellébores.
Les Immortelles.
Les Ipomopsides.
Les Ketmies.
Les Lins.
Les Linaires.
Les Lobélies.
Les Lunaires.
Les Lupins.
Les Lychnides.
Les Lysimaques.
Les Matricaires.
Les Mauves.
Les Millepertuis.
Les Mimulus.
Le Miroir de Vénus.
Les Molènes.
Le Muflier des jardins.
Les Myosotis.
Les Nierembergies.
Les Nigelles d'Orient, etc.
Les Ornithogales.
Les Orpins ou Sedums.

Les Oxalides.
Les Pâquerettes ou petites Marguerites.
Les Pavots.
Les Pélargoniums.
Les Penstémons.
Les Périlla Nankinensis et autres.
Les Pervenches.
Les Pétunias.
Les Phlox.
Les Pieds d'Alouette.
Les Polémoines.
Les Potentilles.
Les Pourpiers.
Les Pulmonaires.
Les Résédas.
Les Rudbékias.
Le Sainfoin à bouquets.
Les Sauges.
Les Saxifrages.
La Scabieuse.
Le Séneçon d'Afrique.
Les Silènes.
Les Soucis.
Les Spirées.
Les Statices.
Les Tagètes.
Les Thlaspis ou Ibérides.
Les Thyms.
Le Trollius.
Les Valérianes.
Le Vénidium faux Souci.
Les Véroniques.
Les Verveines.
Les Violettes.
Les Waïtzias.
Les Zauschnérias de Californie.
Les Zinnias, etc., etc.

Les *Plantes de collection*, connues depuis longtemps, étudiées et soignées avec le plus grand zèle par les jardiniers et les amateurs de toutes les nations, ont fourni, de siècle en siècle, d'admirables variétés ; ces plantes constituent essentiellement le fond de la floriculture. Citons leurs principaux groupes :

Les Rosiers.
Les Jacinthes.
Les Tulipes.
Les Lis.

Les Hémérocalles et autres Liliacées de second ordre.
Les Amaryllidées.
Les Iridées.

Les Primevères et les Auricules.
Les Œillets.
La Pensée des jardins.
Les Anémones et les Renoncules.

Les Chrysanthèmes de la Chine et de l'Inde.
La Reine-Marguerite.
Le Dahlia.

On appelle *Accessoires de Parterre* les différentes choses qui, sans lui être nécessaires, sans en faire réellement partie, ajoutent beaucoup à ses agréments ou facilitent son entretien, telles que jets d'eau et bassins, pépinières, bancs, arbres en caisse, vases, clôtures, etc.

En principe, évitez la recherche, pour ne pas tomber dans le ridicule; ainsi, que tout soit simple et bien proportionné; n'imposez point à votre jet d'eau l'obligation de faire tourner un derviche en fer-blanc, à votre bassin l'obligation de porter des vaisseaux mal peints : un Nénuphar et des poissons rouges l'orneront bien mieux ; point de dorures sur les siéges ; qu'ils offrent les moyens de s'étendre commodément et de se reposer. Autant que possible, et à quelques exceptions près établies dans la pratique, permettez aux arbres de vos caisses de croître naturellement : c'est assez pour eux d'être à l'étroit pas la base, que la tête s'étende en liberté.

Les vases blancs de forme antique sont préférables aux vilaines poteries chargées de fleurs fantastiques qui, fussent-elles bien peintes, ont des rivales trop redoutables dans votre parterre même.

La pépinière doit être soustraite à la vue des visiteurs ; elle contiendra tous les ustensiles et appareils nécessaires aux semis, couchages, bouturages, greffes, etc., etc. Elle sera tenue avec une extrême propreté.

CHAPITRE II

**Jardins paysagers; leur composition. — Rivières, ruis-
seaux, lacs, pièces d'eau. — Chemins, allées. — Déblais, remblais, vallons et collines artificiels. — Distribution des arbres et arbustes, etc.**

La mode a fait varier de siècle en siècle la composition,
l'arrangement, l'organisation des *jardins paysagers ;* si,
en cette matière, comme en toute autre, le beau n'avait
ses règles fixes, on aurait fini par perdre les plus simples
notions du goût et de l'harmonie ; d'un côté les jardins
français péchèrent par l'excès de symétrie ; d'un autre,
les jardins anglais étalèrent un désordre qui ne fut pas
toujours un effet de l'art, ni une imitation de la nature ;
d'ailleurs cette imitation même ne doit avoir pour objet
que le beau et non le monstrueux, l'étrange, le grotesque.
Ne placez pas, sur une étendue de quelques mètres à
l'entrée d'une maison bourgeoise, des masses confuses de
pierres entassées les unes sur les autres, sous prétexte de
représenter des rochers ; ne creusez pas sous les pieds du
promeneur trop confiant des trous plus ou moins larges,
plus ou moins profonds qui, suivant vous, figureront des
précipices, etc.

Nos pères n'admettaient guère que les lignes droites et
les surfaces planes ; les grands accidents de terrain étaient

convertis en terrasses avec contours rigoureusement géométriques.

Tout arbre, quelque précieux, quelque ancien qu'i
fût, disparaissait, s'il avait le malheur de se trouver hors

Fig. 2. — Jardin paysager.

de l'alignement ; en un mot, nos pères procédaient dans
la construction de leurs vastes jardins paysagers, d'une
façon analogue à celle d'un trop célèbre édile moderne,

dont l'amour pour la ligne droite, inflexible, sera attesté aux âges futurs par le nouveau Paris ; mais les Lenôtre, etc., grâce à leur bon goût, à leurs grandioses conceptions, firent, par des procédés ingrats en eux-mêmes, de véritables merveilles : les Jardins de Versailles, etc.

Aujourd'hui, on préfère à tout, l'effet pittoresque ; on cherche à se rapprocher de la nature ; c'est bien, mais il ne faut pas se dissimuler les difficultés à vaincre. Il importe d'abord de connaître tous les détails, tous les accidents du terrain sur lequel on opère ; l'effet général du site, ses ressources naturelles, les objets à conserver, leurs rapports entre eux, méritent beaucoup d'attention. On dessine son plan sur le papier, puis sur le terrain. Des jalons, des pieux, indiquent les collines et les vallons artificiels, les grands et les petits exhaussements, la place des bois, des bosquets, des massifs; point de lignes raides et brusquement arrêtées; mais des courbes s'unissant par de douces transitions; on abuse trop de l'S majuscule et des demi-circonférences ; que le bon goût, la justesse du coup d'œil remplacent souvent le compas, instrument toujours un peu prétentieux.

Si vous avez de larges cours d'eau, tracez ou modifiez hardiment leurs bords ; que les détours ne soient pas trop rapprochés; pour les cours d'eau étroits, vous pouvez multiplier leurs sinuosités. L'eau est nécessaire au jardin paysager; elle lui donne de l'animation.

Si votre *Rivière* artificielle a 2 ou 3 mètres de largeur, vous ferez bien de la partager en deux bras à peu près égaux, de manière à former une petite île oblongue bien garnie de fleurs, avec quelques rochers couronnés d'arbres ou d'arbustes verts, à rameaux pendants jusque dans l'eau: saule pleureur, etc., etc.

Les *Pièces d'eau* artificielles doivent être disposées de telle sorte qu'un de leurs bords au moins soit découvert et laisse la vue s'étendre sur toute la nappe liquide. Sur les rives plantez, çà et là, de grands arbres isolés, des arbustes peu élevés. Si les bords du *Lac* sont trop escarpés, les promeneurs en bateau seront privés de toute perspective.

Il y aura toujours, entre la pièce d'eau et son dégorgeoir, une différence de niveau suffisante pour que cette pièce d'eau puisse être aisément vidée à l'époque du curage ou de la pêche en grand.

Dans les parties du jardin où vous pouvez faire arriver facilement l'eau, dans les bassins, dans les baquets pleins d'eau, cultivez : l'*Arundo donax* ; les *Typha* ; les *Lythrum* ; le *Butomus umbellatus* ; les *Spirea venusta* et *ulmaria* ; l'*Epilobium spicatum* rose et *blanc* ; l'*Iris pseudo-acorus* ; le *Myosotis palustris* ; les *Caltha palustris flore pleno*, etc. ; le *Salix schubertea* ; la *Cordamine pratensis flore pleno* ; l'*Alisma flottant* ; la *Fléchière aquatique* ; le *Trèfle d'eau* ; la *Macre flottante* ; le *Nénuphar blanc*, etc.

Si, à l'aide de quelques pierres meulières ou autres conservant facilement l'humidité, vous formez un rocher artificiel, plantez dans les interstices : *Cynoglossum-omphalodes* ; *Pulmonaria Virginica* ; *Phalaris rubané* ; *Populage des marais* ; *Trollius* ; *Alyssum-saxatile* ; *Crucianella odorata* et *stylosa* ; *Alchemilla alpina* ; *Doronicum caucasium* ; *Ononis natrix* ; *Rubus speciosus* ; *Primula veris* ; *Hépatiques* ; *Dianthus deltoïdes* ; *Gypsophylla striata* ; *Sedum sempervivum* ; *Saxifraga géranoïdes* ; *Lotus corniculatus flore pleno* ; *Thymus serpillum* ; *Thymus tomentosum* ; *Narcissus poeticus* ; *N. pseudonarcissus* ; *Veronica-prostrata*, etc.

Peuplez vos lacs, vos pièces d'eau, de carpes, de tanches, de barbillons, etc., et, dans les petits bassins, mettez des poissons rouges.

Les *Ponts* sont construits en bois, en fer ou en pierre ; tantôt ils sont plats, tantôt bombés ; ils doivent toujours conserver un aspect rustique ; les culées de pierres de taille sont préférables. Les ponts suspendus deviennent de plus en plus à la mode ; leur élégance nuit souvent à leur solidité.

Les *Allées* ne doivent pas être tortueuses au point de fatiguer le promeneur ; leurs bords seront partout parallèles l'un à l'autre quelles que soient la forme et la multiplicité des circuits.

Donnez aux *Chemins* destinés aux voitures de 5 à 8 mètres de large et ne les faites pas trop sinueux ; il faut que les piétons voient venir de loin équipages et cavaliers. Ce n'est pas dans un jardin paysager qu'un cocher doit avoir à montrer son adresse à tourner les obstacles.

Donnez aux allées destinées aux piétons de 2^m,50 à 4 mètres de large pour que plusieurs personnes puissent se promener de front, en causant, au lieu d'être obligées de marcher à la suite l'une de l'autre, comme dans une procession.

Une largeur de 0^m,90 à 1^m,30 suffit aux *Sentiers*.

Si vous pouvez établir ou conserver quelques chemins creux, n'inclinez jamais leurs pentes latérales de plus de 45 degrés ; couvrez ces pentes de *Chèvrefeuilles*, de *Clématites* et d'autres arbustes ou arbrisseaux à tiges sarmenteuses ; çà et là, plantez des *Aubépines*, des *Prunelliers*, des *Églantiers*, des *Cornouillers*. En général, rappelez-vous : 1° qu'il ne faut pas multiplier les allées à l'excès, sous peine de faire paraître trop maigres, trop morcelés vos massifs d'arbres, vos bosquets, et d'en détruire l'effet pittoresque ; 2° que les allées et les sentiers ne doivent pas aboutir aux clôtures du jardin ; 3° que les allées qui mènent aux portes de sortie de la propriété ne doivent y arriver que par des détours habilement ménagés, afin que les issues ne soient vues qu'à une petite distance ; sans quoi vous détruiriez l'illusion que vous avez cherché à créer sur l'étendue réelle de votre jardin.

Le tracé achevé, on fait faire immédiatement les *Déblais* et les *Remblais*, par la raison bien simple que la terre et les pierres enlevées pour le creusement des lacs, bassins, ruisseaux, etc., servent aussitôt pour les élévations artificielles, les *Vallons*, les *Collines*, etc. Assignez d'avance une place à ces matériaux ; organisez bien le **service des tombereaux**, pour le creusement des pièces d'eau, des vallons ; commencez toujours par déblayer **un espace** suffisant pour la circulation des tombereaux.

Pour creuser un *Vallon artificiel*, procédez par **tranchées** transversales dans le sens de la largeur du vallon projeté et non par des tranchées faites au hasard ; de **cette façon** vous suivez facilement les irrégularités de la **ligne ouverte** sous vos yeux ; et la coupe du terrain encore **intact vous** guide relativement à la profondeur du creusement.

Si vous voulez créer une *Colline* sur un **terrain uni,** placez-la, non au centre, mais à l'une des extrémités et que d'autres ondulations bien ménagées mettent cette colline en harmonie avec l'ensemble du jardin. **Laissez** reposer un certain temps les terres rapportées, puis donnez à la colline artificielle les façons extérieures, telles que plantations, tracé des sentiers, etc. : le tassement survenant après ces travaux, les bouleverserait de fond en comble.

Distribution des arbres. — Ici encore, il faut imiter autant que possible la nature qui n'est jamais ridiculement symétrique. Ainsi point de lignes trop arrêtées pour vos massifs ; rien de heurté dans le contraste offert par les arbres de verdure différente ; point de ces arbres dont la force de végétation l'emporterait tellement sur la force de végétation des arbres voisins, que ceux-ci ne tarderaient pas à dépérir, par manque d'air, de lumière et d'espace.

Chaque arbre a son genre de beauté particulière : le *Chêne* étale majestueusement sa cime large et arrondie ; le *Sapin* s'élance fier et hardi ; l'*Orme* est à la fois gracieux et régulier ; le *Peuplier*, noble et élégant. En général, les *Conifères* ont l'aspect grave et triste, mais leur verdure résiste à l'hiver, et la neige qui couvre alors leurs rameaux est d'un effet très-pittoresque. Plantez les *Sapins* par groupes de cinq, de six et même de dix ; non loin d'eux, ayez des arbres d'un vert plus clair. Voici quelques associations d'arbres qui réussissent toujours dans un terrain favorable :

L'*Orme de Samarie* et le *Cytise*, tous deux à feuilles trifoliées ; le *Hêtre*, l'*Orme*, le *Bouleau* et le *Charme.* — Le *faux Acacia (Robinier)*, le *Vernis du Japon (Alianthus glandulosa)*. — Les *Gleditschia* et le *Sumac*, etc., etc.

Les arbres résineux reprennent difficilement ou ne reprennent pas du tout, quand on les plante après leur quatrième année ; s'ils ont plus de $0^m,03$ ou $0^m,04$ de diamètre ne fussent-ils âgés que de trois ans, neuf fois sur dix, ils meurent en quelques semaines ou en quelques mois. Jamais un *Pin* transplanté n'acquiert la vigueur de celui qui grandit à la place où il a formé son pivot.

Après deux ans de pépinière, on peut planter le *Mélèze*.

Une année de pépinière suffit à l'*Orme*, au *Frêne*, au *Sycomore*. Le *Chêne*, le *Hêtre*, le *Châtaigner*, se contentent de deux ans de séjour en pépinière, si leur plant a été repiqué à un an, dans un sol profond et riche.

On plante les arbres d'ornement au printemps ou en automne ; en général, cette dernière saison est préférable, quand la terre est de médiocre qualité ou mauvaise et que les sujets ont peu de force ; dans le cas contraire, mieux vaut choisir le printemps.

S'il s'agit d'une grande étendue de terrain, les plantations ne se font pas simultanément : on garnit, en décembre-janvier, le sol léger et sec ; en février-mars, le sol fort et humide ; les arbres résineux, au pied desquels il faut conserver le plus possible de leur terre natale, doivent être mis en place dans la seconde quinzaine d'avril, si le printemps est assez avancé.

Il faut avoir soin de bien comprimer la terre autour du collet des racines. Nous recommandons l'immersion préalable des racines dans un mélange de bouse de vache délayée dans de l'eau. Tuteurs, entourages en épines ou en fer, etc.

Liste de quelques-uns des principaux arbres et arbustes qui entrent dans la composition générale d'un Jardin paysager.

L'Acacia de Constantinople.

L'Alaterne, arbre à feuilles persistantes.

L'Alisier (arbre de 8 à 10 mètres).

L'Argousier, au feuillage argenté, aux branches garnies d'épines; ce qui rend cet arbre très-propre à former des haies.

L'Aune, d'une végétation très-facile dans les terres marécageuses, où il s'élève jusqu'à 20 mètres de hauteur, bravant le chaud et le froid; il forme des taillis qu'on exploite après sept ou huit ans de croissance.

Le Bouleau, haut de 14 à 16 mètres, croît sans difformités et sans nœuds; ne poussant qu'à son sommet des branches souples, pendantes, effilées. Il se contente des sols arides et pierreux.

Le Catalpa, haut de 10 mètres, originaire de l'A'mérique.

Le Charme commun, si propre à former de gracieuses et épaisses charmilles.

Le Chêne, roi de nos forêts.

Le Cyprès, haut de 10 à 12 mètres.

Le Cytise des Alpes, aux belles grappes de fleurs pendantes.

L'Érable et le Sycomore, arbres d'un grand effet pittoresque.

Le Frêne, élevé, au tronc droit, bien proportionné dans sa grosseur, terminé par une cime élégante, mais un peu lâche; il ne craint ni l'ombre ni la proximité des autres arbres qu'il dépasse assez vite. Le Frêne à fleurs, etc., etc.

Le Genévrier (Juniperus), arbrisseau rustique, hérissé de feuilles dures, aiguës, très-piquantes, aux rameaux difformes, tortueux, ramassés en buissons, à l'aspect sauvage; il convient aux sites arides et pierreux.

Le Hêtre, au tronc très-droit, très-gros; haut de 30 mètres; à la vaste cime; au feuillage épais, luisant, d'un vert clair; aux rameaux un peu pendants; il rivalise avec le Chêne lui-même; l'isolement lui convient.

Le Houx, peu élevé, aux rameaux souples et pliants, aux fleurs blanches, aux fruits d'un rouge vif et gai; il garde son beau feuillage et ses fruits éclatants au milieu des froids les plus rigoureux de l'hiver.

Les Magnoliers, à feuilles persistantes, à fleurs très-grandes et très-belles; le M. à grandes fleurs, qui s'élève jusqu'à 8 et 10 mètres. — Les Magnoliers, à feuilles caduques, pouvant tous s'élever en pleine terre; le M. Yulan, le M. Cordata, à fleurs jaune-verdâtre, etc.

Le Marronnier d'Inde, remarquable par son magnifique feuillage et ses fleurs gracieuses.

Le Mélèze, aux feuilles minces, étroites, d'un vert gai, disposées en rosettes le long des rameaux.

Le Micocoulier ou Celtis, haut de 15 à 16 mètres, d'un port très-noble, aux branches nombreuses et bien étalées.

Le Noyer, qu'il faut placer à une distance convenable des autres arbres, qu'il tuerait plutôt que de supporter leur voisinage.

Le Peuplier, d'un si bel effet, le long des ruisseaux et des pièces d'eau.

Le Pin, qui se contente d'un terrain sec, aride et sablonneux, où nul autre arbre ne pourrait réussir.

Le Platane d'Orient, au feuillage superbe, à la verte tête arrondie; il répand et conserve, autour de lui, ombre et fraîcheur. C'est un des arbres les plus beaux et les plus convenables pour former des avenues et limiter de grandes clairières dans les parcs.

Le Robinier ou faux Acacia, aux grappes de fleurs blanches ou roses, si élégantes, si parfumées.

Le Sumac, aux feuilles ailées, aux baies d'un rouge vif; lieux secs et pierreux.

Le Sureau, d'une croissance très-rapide.

Le Tilleul, si convenable pour former des allées bien ombragées. Il est moins usité dans le jardin paysager moderne que dans l'ancien jardin français.

Le Vernis du Japon (Ailanthus), haut de 20 mètres, d'une croissance rapide.

Accessoires pittoresques. — Un jardin paysager doit suffire au plaisir des yeux, sans rien emprunter à l'architecture ; cependant il ne rejette pas les décorations artistiques, pourvu qu'elles soient convenables, bien entendues, dans de justes proportions.

S'il se rencontre sur votre terrain quelques ruines antiques, conservez-les avec soin, en les encadrant dans le paysage.

Si vous élevez quelques jolis temples aux divinités champêtres, à Pan, à Flore, à Pomone, aux Saisons, préférez comme plus pure, plus gracieuse, l'architecture grecque à l'architecture romaine : mieux vaut copier docilement quelque modèle connu que de vous exposer à l'ignorance et au mauvais goût de beaucoup d'architectes modernes qui, sous prétexte d'inventer des ordres nouveaux, ou d'orner les ordres anciens, font un mélange

ridicule de différents styles. N'admettez jamais de pago-
des, ni de pavillons chinois, l'élégance de certains de
leurs détails n'empêche pas le mauvais effet de leur ensemble.

Depuis la dernière exposition de Paris, on a établi dans
quelques grands jardins paysagers des réductions fort
remarquables d'édifices mauresques, qui conviennent
plutôt au climat du midi de la France qu'à nos provinces
du Nord.

Le style roman, le style gothique et le style de la re-
naissance conviennent seuls aux chapelles privées ; réservez le style grec et le style romain pour les temples
consacrés aux divinités païennes dont nous avons parlé
plus haut.

On admet encore dans les jardins paysagers des obélis-
ques, pourvu qu'ils soient bien taillés, bien proportionnés ;
les pyramides sont ridicules.

Les colonnes isolées sont entières ou tronquées ; dans le
premier cas, on les surmonte de bustes, de statues ; dans
le second, on leur fait porter des urnes de forme antique ;
on y joint quelques inscriptions empruntées de préférence
aux poëtes qui ont chanté les joies et la brièveté de la
vie : Horace, Anacréon, etc.

Les statues doivent être peu nombreuses, mais d'un
travail vraiment remarquable. Au Faune, le bosquet et
l'épais fourré plein de fraîcheur et d'ombre ; à la Nymphe,
l'eau limpide et murmurante, la pièce d'eau, les Saules
pleureurs, les Nénuphars, etc., etc. Une chaumière simple mais propre, bien isolée dans des massifs d'arbres où
les oiseaux chantent et nichent, et dont l'importun visi-
teur ne saurait trouver facilement le chemin, forme un
contraste agréable avec les châteaux magnifiques, et
nous a toujours paru préférable à ces pavillons prétentieux, avec façade ornée de moulures, avec fenêtres
garnies de verres de couleur jaune, rouge, blanches, etc.

Quelques vases de marbre antique, plutôt garnis de

fleurs que laissés vides sont un ornement approprié au jardin paysager comme au parterre (1).

(1) Le lecteur, désireux d'étudier avec plus de détail l'histoire des jardins paysagers, pourra consulter la *Théorie et la Pratique du jardinage avec un Traité d'hydraulique convenable aux iardins*, par Leblond, grand in-8°. Paris, 1722.

Plans des beaux jardins pittoresques de France, d'Angleterre et d'Allemagne, par J.-Ch. Krafft, 2 vol. in-folio. Paris, 1809-1810.

Encyclopædia of gardening. Landscape gardening, etc. Londres, 1835. Ouvrage très-justement estimé en Angleterre et qui traite de toutes les branches du jardinage.

The book of the garden, par C. Mac-Intosh. Londres, 1853. En deux volumes. Le premier traite de l'architecture horticole : construction de serres, d'orangeries, tracé des jardins et des parcs.

Liebeck. *Jardins paysagers*. Atlas de 24 plans avec explication. 1858. Paris. Rothschild, éditeur.

Thouin. *Plans raisonnés de toutes les espèces de jardins*. Paris, 1823.

CHAPITRE III

Plantes et arbres d'ornement. — Caractère des principales familles naturelles (1).

SECTION PREMIÈRE. — CRYPTOGAMES.

1re CLASSE. *Acotylédones*. — Plantes dépourvues d'embryons, de cotylédons, d'étamines, de pistils et de véritables graines, mais ayant des corps reproducteurs appelés spores : on ne cultive dans cette première classe, comme plantes d'ornement, que :

1° Les Fougères de nos climats : lieux frais et ombragés ; les Fougères exotiques : serres spéciales. Parmi les plus vulgaires, citons : Adiantum, Gymnogramma, Osmunda, Polypodium, Pteris ;

2° Les Lycopodiacées, comme ornement pour les rocailles de serres chaudes ; comme bordures : Selaginella, etc.

SECTION DEUXIÈME. — PHANÉROGAMES.

Plantes pourvues d'organes reproducteurs bien manifestes (pistils, étamines).

2°CLASSE. *Monocotylédones*. — Plantes caractérisées es-

(1) Voir, pour la description succincte et la culture des végétaux d'ornement, le chapitre IV et les tableaux donnés au chapitre VI.

scntiellement par l'embryon à un seul cotylédon et par des feuilles à nervures parallèles. On cultive :

Jonc fleuri, Limnocharis, Stratiotes, Vallisnéria (Plantes aquatiques). — Acorus, Arum, Caladium, Calla, Dracontium, Richardia (Aroïdées). — Carlodovica, Pandanus (Pandanées). — Sparganium, Typha (Typhacées). — Cyperus, Papyrus (Cypéracées). — Agrostis, Ægilops, Andropogon, Arundo, Bambusa, Bromus, Briza, Gynérium, etc., etc. (Graminées). — Areca, Caryota, Ceroxylon, Chamædorea, Chamærops, Cocos, Latania, Phœnis, etc. (Palmiers). — Commelyna, Tradescantia (Commélynées). — Juncus (Joncées). — Pontederia (Pontédériacées). — Agapanthus, Aloe, Asphodelus, Fritillaria, Hémérocallis, Hyacinthus, Lilium, Ornithogalum, Scilla, Tulipa, Yucca, etc. (Liliacées). — Convallaria, Cordyline, Dracœna, Smilacina, Trillium (Asparaginées). — Colchicum, Hélonias, Mérendera, Uvularia, Veratrum (Mélanthacées). — Dioscorea, Tamus (Dioscorées). — Anomotheca, Aristea, Crocus, Gladiolus, Iris, Ixia, Tigridia, Wastonia, etc. (Iridées). — Anigosanthos, Xiphidium (Hæmodoracées). — Hypoxis (Hypoxidées). — Agave, Amaryllis, Chlidanthus, Leucoïum, etc., etc. (Amaryllidées). — Heliconia, Musa, Ravenala, Strelitzia, Urania (Musacées). — Ananassa, Æchmea, Bilbergia, Neumannia (Broméliacées). — Canna, Thalia, en pleine terre et à l'air libre, en été (Cannées). — Globba, Hedychium, Zingiber; serre chaude (Zingiberacées). — Acineta, Angrœcum, Brassia, Calanthe, Cattleya, Cœlogyne, Cyprépedium, Dendrobium, Epidendrum, Lælia, Ophrys, Orchis, Renanthera, Saccolabium, Stanhopea, Vanilla, Zygopetalum (Orchidées); serre chaude, humide, peu éclairée, sur écorces d'arbres morts ou vivants, dans de vieilles noix de cocos et dans des paniers suspendus sur un lit de mousse, sur des mottes de terre de bruyère, température maintenue entre 15 et 25 degrés centigrades au-dessus de zéro. Se multiplient par pseudobulbes.

3e CLASSE. *Dicotylédones*. — Plantes ayant un embryon à deux cotylédons opposés ou divisés; feuilles rarement engainantes sans nervures parallèles; verticilles floraux par cinq ou multiples de cinq. On cultive :

Ceratozamia, Cycas, Dion, Zamia (Cycadées). — Caryotaxus. Dacrydium, Phyllocladus, Podocarpus, Taxus, Abies, Araucaria, Cedrus, Laryx, Picea, Pinus, Callitris, Cupressus, Juniperus, Taxodium, Thuya (Conifères). — Ephedra (Gnétacées). — Casuarina (Casuarinées). — Camptonia, Myrica (Myricées). — Liquidambar (Balsamifluées). — Platanus (Platanées). — Garrya (Garryacées). — Carpinus, Castanea, Corylus, Fagus, Quercus (Quercinées). — Populus, Salix (Salicinées). — Alnus, Betula (Bétulinées). — Planera, Ulmus (Ulmacées). — Celtis

(Celtinées). — Buxus, Croton, Jatropha, Ricinus, Xylophylla (Euphorbiacées). — Saururus (Saururées). — Piper (Pipéracées). — Carya, Juglans (Juglandées). — Cannabis (Cannabinées). — Artocarpus, Cecro-
pia (Artocarpées). — Broussonetia, Ficus, Morus (Morées). — Nepenthès
(Népenthées). — Aristolochia (Aristolochiées). — Elœagnus (Eléaginées). — Daphné, Dirca (Thymélées). — Embotryum, Protea (Protéacées). — Benzoin, Cinnamomum, Laurus, Sassafras (Laurinées). —
Polygonum, Rumex, Rheum (Polygonées). — Atriplex, Beta, Chenopodium, etc. (Chénopodées). — Phytolacca (Phytolaccacées). — Amaranthus (Amaranthacées). — Abronia, Mirabilis (Nyctaginées). —
Plumbago, Statice (Plombaginées). — Globularia (Plantaginées). — Myo-
porum (Myoporinées). — Acanthus, Justicia, Thumbergia (Acantha-
cées). — Cariopteris, Clerodendron, Lantana, Verbena (Verbénacées).—
Sélaga (Sélaginées). — Betonica, Coleus, Dracocephalum, Hyssopus,
Lamium, Lavandula, Melissa, Mentha, Origanum, Rosmarinus, Salvia,
Satureia, Scutellaria, Stachys, Teucrium, Thymus, etc. (Labiées). —
Salpiglossis, Verbascum, Calcéolaria, Héminéris, Antirrhinum, Linaria,
Digitalis, Paulownia, Manulea, Erinus, Veronica (Scrophularinées). —
Mandragora, Petunia, Datura, Nierembergia, Nicotiana, Solanum (So-
lanées). — Borrago, Cynoglossum, Eschium, Héliotropium, Myosotis,
Pulmonaria, Symphytum (Borraginées). — Hydrolea (Hydroléacées). —
Cosmanthus (Hydrophyllées). — Convolvulus, Ipomœa, Quamoclit (Con-
volvulacées). — Cobœa, Phlox, Polemonium (Polémoniacées). — Bi-
gnonia, Calampelis, Catalpa (Bignaniacées). — Sesamum (Sésamées). —
Gentiana, Exacum, Chironia, Orphium, Villarsia (Gentianées). — Spi-
gelia (Spigeliacées). — Apocynum, Vinca (Apocynées). — Asclepias, etc.
(Asclépiadées). — Fraxinus, Ligustrum, Ornus, Syringa (Oléinées). —
Jasminum, Nyctanthes (Jasminées). — Dyospyros (Ebénacées). — Anagallis, Cyclamen, Lysimachia, Primula, Soldanella (Primulacées). —
Ardisia (Myrsinées). — Styrax (Styracées). — Androméda, Azaléa,
Erica, Vaccinium, Rhododendron, etc. (Ericacées). — Pyrola (Pyrola-
cées). — Campanula, Specularia (Campanulacées). — Lobelia (Lobéliacées). — Gesneria, Besleria, Chrysothemis (Gesnériacées). — Achillea,
Aster, Bellis, Centaurea, Chrysanthemum, Cineraria, Coreopsis, Cosmos, Dahlia, Erigeron, Eupatorium, Gaillardia, Gnophalium, Helianthus, Inula, Rudbekia, Santolina, Senecio, Solidago, Tagetes, etc., etc.
(Composées). — Dipsacus (Dipsacées). — Valeriana, Centranthus (Valérianées). — Asperula, Coffea, Rubia (Rubiacées). — Lonicera, Sambucus, Viburnum, etc. (Caprifoliacées). — Angelica, Buplevrum, Co-
riandrum, etc. (Ombellifères). — Hedera (Araliacées). — Aucubas,
Cornus (Cornées). — Adonis, Anémone, Aconitum, Clematis, Delphinium, Erantiis, Hepatica, Helleborus, Nigelle, Pœonia, etc., etc. (Renonculacées). — Berberis (Berbéridées). — Illicium, Magnolia, etc.
(Magnoliacées). — Sarracenia (Sarracéniées). — Nénuphar, Nymphea,
Victoria (Nymphéacées). — Nelumbium (Nélombonées). — Escholtzia,
Papaver, etc. (Papavéracées). — Aubrietia, Chiranthus, Cochlearia,
Iberis, Lunaria, etc. (Crucifères). — Réséda (Résédacées). — Capparis

(Capparidées). — Acer, Negundo (Acerinées). — Æsculus (Hippocastanées). — Citrus, Limonia (Aurantiacées). — Ampelopsis, Cissus, Vitis (Ampélidées). — Balsamina impatiens (Balsaminées). — Oxalis (Oxalidées). — Linum (Linées). — Erodium, Geranium, Monsonia, Pelargonium (Géraniacées). — Alcea, Althæa, Malva, etc. (Malvacées). — Corchorus, Tilia (Tiliacées). — Bombax, Sterculia (Bombacées et Sterculiacées). — Dictamnus, Diosma, etc. (Diosmées). — Ruta (Rutacées). — Polygala (Polygalées). — Violette (Violacées). — Dionœa (Dionées). — Cistus (Cistinées). — Tamarix (Tamaricinées). — Dianthus, Gypsophila, Lychnis, Saponaria, Silène (Silénées). — Calendrinia, Portulaca (Portulacées). — Mesembrianthemum (Mésembrianthémées ou Ficoïdes). — Cereus, Echinocactus, Mamillaria, etc. (Cactées). — **Crassula,** Sedum (Crassulacées). — Saxifraga, etc. (Saxifragées). — Passiflora (Passiflorées). — Callistemon, Caryophyllus, Myrtus, etc. (Myrtacées). — Cuphœa, Lythrum (Lythrariées). — Rose et toutes ses variétés; Dryas, etc., etc.; Spirée, etc. (Rosacées). — Acacia, Mimosa (Mimosées). — Callistachys, Cicer, Coronilla, Cytisus, Dioclea, Genista, Glycine, Lathyrus, Mélilot, Robinia, etc. (Papilionacées). — Ilex, Prinos (Ilicinées). — Celastrus, Evonymus (Célastrinées). — Staphylea (Staphyléacées). — Rhamnus, etc. (Rhamnées).

CHAPITRE IV

Description succincte et culture des végétaux d'ornement disposés par ordre alphabétique.

A

ABACA, Bananier textile des îles Philippines. V. *Musa*.

ABELIA *rupestris*. ABÉLIE DES ROCHERS (Caprifoliacées). — Dédié au docteur Abel Clarke. Arbrisseau à feuilles d'un vert brillant; fleurs blanches odorantes disposées d'une façon analogue à celles du Chèvrefeuille. Terre légère; serre tempérée ou froide. Trois espèces : l'une apportée de Chine, les deux autres des monts Himalaya. Multiplication par boutures étouffées.

ABIES, SAPIN (Conifères). — Nom donné particulièrement à une espèce du genre *Pinus*. Le Pinus Abies est un arbre résineux qui acquiert une grande hauteur, quoiqu'il ait des racines proportionnellement très-petites. Feuilles d'un vert lisse au-dessus et d'un vert glauque au-dessous; fleurs mâles et fleurs femelles placées séparément sur le même individu; le fruit s'appelle Cône, d'où le nom de Conifères donné à ces arbres. Le bois de Sapin est très-estimé comme bois de chauffage, comme mâture, etc.; il résiste assez bien à la carie et à la pourriture; son maximum d'accroissement, dans un terrain favorable, est à 115 ans; à 76 ans dans un terrain médiocre. Le Sapin ne se plaît pas dans les sols crayeux où mieux vaut planter le Pin Sylvestre et le Pin maritime. — Multiplication par greffes pour les espèces rares ; par graines pour les autres. ꙷ *Espèces principales*. Sapinette blanche qui s'élève jusqu'à 15 ou 16 mètres, en forme pyramidale et ressemble beaucoup à l'Épicea ; — Abies Balsamifera, à feuilles aromatiques, d'où son nom de Baumier de Gilead, quoique le baume de Gilead provienne d'un autre arbre ; — Abies du Canada, de 7 à 8 mètres de haut en Europe, de 25 mètres de hauteur en Amérique ; remarquable par l'élégance de ses jeunes rameaux ; son écorce contenant beaucoup d'acide tannique est très-propre à tanner les cuirs, et ses rameaux entrent dans la fabrication de certaines bières. Tiges rameuses ; branches inclinées et se relevant ensuite ; cônes très-petits. Il supporte la taille, comme l'If ; — Abies Excelsa ; il orne nos forêts ; il répand, à l'époque de sa floraison, une grande quantité de pollen qui, emportée par le vent et mêlée à l'eau du ciel, a souvent fait croire à des pluies de soufre ; très-droit ; aspect sévère en vieillissant, branches étagées en verticilles ; feuillage d'un vert foncé ; cônes cylindriques ; multiplication par graines ; — Abies Douglasii ; S. de Douglas, haut de 35 à 50 mètres ; à rameaux grêles et contournés, à bourgeons enveloppés d'écailles, à feuilles aiguës ; estimé pour le reboisement des Landes ; — A. Dumosa ou S. buissonneux, haut de 20 à 25 mètres, très-rameux et très-touffu ; craint les hivers du nord de la France ; — Abies Pectinata ou Sapin Blanc, S. à feuilles d'If, S. de Normandie ; bel arbre pyramidal de première grandeur, branches verticillées, horizontales ; feuilles échancrées au sommet, blanches au-dessous. Il fournit la érébenthine dite de Strasbourg. Bois estimé par les luthiers pour les tables d'harmonie des instruments à cordes ; bon pour la charpente, menuiserie, etc. ; A. Grandis, S. Géant ; en Californie, il atteint jusqu'à plus de 60 mètres d'élévation ;

cônes obtus, cylindriques, à écailles conniventes comme le Cèdre;—A. Nobilis, S. Noble, à feuilles linéaires, courbées ou réfléchies vers la partie supérieure des rameaux ; argentées à leur face inférieure ; cônes recouverts par le sommet des ailes dentées des graines ; — A. Religiosa, S. Sacré, du Mexique, à feuilles entières, argentées au-dessous ; cône assez semblable au cône du Cèdre du Liban ; — A. Pinsapo, S. Pinsapo, haut de 20 à 24 mètres, très-belle forme pyramidale, il brave les hivers les plus rigoureux.; — S. de Numidie, assez voisin du précédent par sa taille et la disposition de ses feuilles vertes en dessus, glaucescentes en dessous ; cônes groupés de 3 à 5 ; aspect monumental ; — A. Spectabilis, du Nepaul et de l'Himalaya, haut de 25 à 30 mètres, à feuilles échancrées au sommet, blanches en dessous ; craint les froids rigoureux ; — A. Nordmanniana, S. de Nordmann, de Géorgie, feuilles argentées, très-recherché comme arbre d'ornement ; — A. Pindrow, S. à feuilles dentées (Himalaya), hauteur de 25 à 30 mètres, feuilles linéaires, argentées en dessous ; à deux dents au sommet; — A. Cephalonica, A. Luscumbeana, S. de Céphalonie, hauteur d'environ 20 mètres ; les rameaux hérissés de feuilles raides, à pointe scarieuse, d'un vert noir en dessus; cônes longs de $0^m,18$; — S. de Cilicie, hauteur d'environ 30 mètres, à rameaux bien garnis, à feuilles planes, longues, serrées, argentées en dessous ; à cônes longs de $0^m,20$, à écailles caduques.

ABIES CEDRUS. V. *Cèdre du Liban*

ABIES LARIX. V. *Larix*.

ABOBRA VIRIDIFLORA, ABOBRA A FLEURS VERTES (Cucurbitacées). — Racine vivace ; feuillage long et large de $0^m,05$ à $0^m,10$; fleurs vertes, duvetées, solitaires, odorantes, naissant à l'aisselle des feuilles ; fruit en forme d'œuf, rouge à sa maturité. Rustique. Garnit bien tonnelles et berceaux.

ABRICOTIER. V. *Armeniaca*.

ABRONIA, d'un mot grec signifiant délicat, élégant.

ABRONIE (Nyctaginées). — Plante herbacée, vivace, indigène de la Californie ; feuilles opposées, pétiolées, très-entières ; fleurs remarquables à longs pédoncules, à odeur suave ; disposées en bouquets terminaux, pâles au centre, d'un rose vif à la circonférence. Semer en août en pépinière ; mettre en pot l'hiver sous châssis ; mettre en place vers la fin de mai.

ABSINTHE. V. *Artemisia*.

ABUTILON (Malvacées). — Originaire du Brésil ; on en connaît environ 50 espèces. L'Abutilon strié a des feuilles en cœur à la base, des fleurs solitaires en forme de cloches pendantes, d'un jaune d'or avec nervures purpurines ; orangerie l'hiver ; mise en pleine terre en mai, fleurit jusqu'aux premiers froids. Multiplication par boutures.

ACACIA (Mimosées), d'un mot grec signifiant *pointe* (Légumineuses). — Ne le confondez pas avec l'arbre appelé vulgairement Acacia, qui appartient au genre *Robinia* (faux Acacia). Corolle en forme d'entonnoir ou de toupie, plus longue que le calice, à limbe qninquifide ou, moins souvent, quadrifide ; étamines en nombre indéfini (de 8 à 200) insérées, soit au style de l'ovaire, soit au réceptacle, soit au fond de la corolle ; graines en nombre indéfini contenues dans une enveloppe bivalve. — Arbres ou arbrisseaux avec ou sans aiguillons ; feuilles simples ou composées ou décomposées, stipulées ; pétiole et rachis souvent glanduleux ; inflorescence axillaire ou terminale très-variée ; fleurs sessiles ou rarement pédicellées, bractéolées, jaunes, blanches ou verdâtres.

Le genre Acacia comprend environ 300 espèces originaires, pour la plupart, des contrées tropicales, de l'ancien et du nouveau monde : remarquables pour la dureté de leur bois et les matières qu'elles fournissent à la médecine et à l'industrie ; ainsi l'Acacia Catechu donne un suc très-astringent connu sous le nom de Cachou ; l'Acacia Nigra est un tonique très-estimé des Américains ; les tanneurs emploient les fruits verts (neb-neb) de l'A. Nilotica ; la gomme du Sénégal provient de l'A. Verck.

Acacias à épines ou aiguillons.

A. AGRÉABLE, à fleurs en grappes, à nombreux rameaux, portant des feuilles bipennées ; capitules axillaires de belles fleurs d'un jaune d'or. Serre tempérée.

A. DE FARNÈSE, *Casse du Levant*, hauteur de 5 à 6 mètres ; aspect peu agréable, mais petites fleurs jaunes très-odorantes ; — A. à petites feuilles, hauteur d'environ 2 mètres ; capitules solitaires ou géminés de fleurs d'un joli jaune épanouies en mars-avril ; — A. Grandis, à feuillage très-fin composé de 10 à 12 paires de folioles glauques ; belles fleurs d'un jaune d'or ; terre de bruyère ; serre tempérée.

Acacias sans épines.

A. BLANCHATRE, d'Australie. — Hauteur de 6 à 10 mètres ; de petits fruits blanchâtres couvrent sa tige, ses rameaux et ses feuilles ; fleurs jaunes, parfumées. Pleine terre dans le midi de la France ; serre froide ou tempérée dans le nord.

A. DE CONSTANTINOPLE. — Arbre à soie. Hauteur 10 mètres ; fleurs d'un blanc rosé en têtes paniculées, avec étamines formant aigrettes ; feuilles bipennées finement découpées. Orangerie l'hiver, dans nos provinces du Nord. Multiplication de graines sur couches et sous châssis au printemps ; — A. à deux épis (Australie), hauteur 3 à 4 mètres ; petites feuilles aiguës oblongues ; fleurs d'un jaune soufre, épanouies au printemps. Orangerie ou serre tempérée.

Acacias à fleurs disposées en épis cylindriques, en forme de chaton.

A. VERTICILLÉ. — Fleurs épanouies de mars en mai ; cet arbrisseau rappelle beaucoup le port du Genévrier ; — A. à très-longues feuilles, feuilles longues de 0^m,16 à 0^m,22 ; — A. à fleurs nombreuses, hauteur 2 mètres ;

fleurs jaune-soufre opposées deux à deux, épanouies au printemps.

A. A LONGUES FEUILLES. — Hauteur de 4 à 7 mètres et plus ; longs épis de fleurs jaune citron ; on greffe sur cette espèce toutes les espèces australiennes ; — A. glauque, rameaux pendants, feuilles obliques, mucronées, épis solidaires et pédonculés de fleurs jaunes.

Acacias à fleurs réunies en têtes globuleuses ;
grappes de fleurs en panicules.

A. DE SAINTE-HÉLÈNE. — Il a le port du Saule pleureur ; ses longues grappes de fleurs jaunes s'épanouissent en automne ; — A. lame de couteau, feuilles épaisses, presque triangulaires, longues grappes de fleurs ; — A. à feuilles de lin, hauteur 3 à 4 mètres ; feuilles pointues, linéaires, longues ; fleurs odorantes, d'un jaune pâle, épanouies tout l'été ; — A. à fleurs bleuâtres ; fleurs nombreuses épanouies au printemps ; — A. trompeur (Australie), fleurs en bouquets pédonculés ; orangerie.

Acacias à feuilles simples. — Phyllodes.

A. à feuilles de Genévrier ; rameaux pendants, linéaires, piquants avec stipules sétacées ; petites fleurs d'un jaune pâle, épanouies au printemps ; — A. fausse asperge, rameau presque cylindrique, capitules multiflores, solitaires, de fleurs jaune soufre, épanouies en avril-mai ; — A. à feuilles en cœur ; feuilles aiguës ; fleurs d'un blanc soufré, épanouies en avril-mai ; — A. à feuilles rondes ; hauteur : 1^m,50 ; fleurs d'un jaune d'or, marquant les rameaux ; tuteur ou treillage.

On multiplie les Acacias par leurs graines qu'il faut confier à une couche chaude, au commencement du printemps ; les plantes très-hâtives peuvent être mises en place environ trois semaines après leur naissance, dans une nouvelle couche à 0^m,10 ou 0^m,12 l'une de l'autre, arrosées légèrement, bien abritées par les vitrages pendant la nuit ; aérées le jour ; enlevées avec précaution au bout d'un mois en conservant aux racines le plus de terre possible et mises chacune séparément dans de petis pots remplis de terre de potager ; plongées dans une couche chaude de tan ; tenues à l'ombre jusqu'à ce qu'elles aient formé de nouvelles racines et, enfin, traitées comme les autres plantes des pays tropicaux.

Quelques espèces peuvent être multipliées par marcottes que l'on sépare des vieux pieds quand ils ont pris racines ; les espèces vivaces subsistent en hiver dans les serres chaudes et donnent des fleurs et des semences mûres l'été suivant. Au mois de juin, ôtez des pots les espèces rampantes et exposez-les au midi ; sous cloches elles vivent l'été, mais sans prendre beaucoup de force ; elles sont condamnées alors à périr aux premiers froids de l'automne.

ACACIA BLANC, ROBINIA, *Pseudo-Acacia* (Papilionacées). — H. 16 à 23 mètres. Fleurs blanches en mai-juin. Multipl. par graines ou par rejetons en mars-avril : R. de Decaisne ; R. sans épines ; R. visqueux ; R. rose. Multipl. par la greffe en fente. H. 2 mètres. Toute terre ; mi-soleil.

A. PULCHERRIMA, *Inga très-élégant* (Mimosées). — Fleurs rouge cramoisi avec étamines brunes. Terre de bruyère. Multipl. par boutures ; serre chaude et serre tempérée. — Inga ferrugineux. Fleurs à aigrettes purpurines. Serre chaude et humide ; terrain sablonneux. — I. anomala. H. 1 à 2 mètres. Fleurs verdâtres à aigrettes pourpre-violacé foncé. Serre chaude.

A. PUDICA. V. *Mimosa pudica.*

ACANTHUS MOLLIS, *Acanthe sans épines. Branc-ursine.* D'un mot grec qui signifie épine (Acanthacées.) — C'est la beauté de ses feuilles environnant une corbeille placée sur un tombeau qui donna à Callimaque l'idée du chapiteau corinthien. Vivace ; tige simple de 0^m, 70 à 1 mètre ; feuilles élégantes, grandes et lisses ; fleurs gracieuses ;

corolle singulière : lèvre inférieure à trois lobes, calice à
quatre divisions, l'une postérieure fort grande, deux intermédiaires fort petites et une antérieure. Multiplication
par graines ou par divisions de racines. On sème dans un
sol sec et léger vers la fin de mars, et si la saison est douce,
les plantes paraissent en mai ; dans un sol humide, les
racines pourrissent pendant l'hiver. Cultivez de préférence
l'A. du Portugal à longs épis de fleurs rosées ; l'A. épineuse à fleurs serrées, velues, blanches, tachetées de lilas ;
en juillet et en août.

ACER, ÉRABLE (Acérinées). — Fleur : calice divisé ordinairement en cinq, plus rarement en quatre, en neuf parties ; préfloraison imbriquée ; pétales en nombre égal
insérés sur le pourtour d'un disque charnu, hypogynique,
manquant quelquefois ; étamines insérées sur ce même
disque, toujours en nombre défini, quelquefois égal aux
autres parties de la fleur, d'ordinaire plus grand, rarement
proportionnel au nombre huit ; ovaire à deux lobes ; style
à deux stigmates. Le fruit se sépare en deux samares
mono ou di-spermes. Graines attachées à l'angle interne
de la loge. Bois fin, serré, blanc ou gris, recherché par
l'ébénisterie pour la fabrication des instruments de mu-
sique, pour le chauffage ; il contient une certaine quantité
de sucre. Les Erables acquièrent des dimensions considérables dans nos climats ; ils se multiplient facilement par
leur graine qu'il faut semer au printemps, immédiatement après la maturité et couvrir d'environ 0^m,14 de terre
légère ; elle lèvera alors dans l'année. Sol frais et substantiel. Multipliez les espèces rares et les variétés par la greffe
en fente ou en écusson, sur le Sycomore ou sur autres
espèces communes.

L'A. Pseudo Platanus ou Sycomore, ou Faux Platane,
indigène atteint jusqu'à 20 et 25 mètres de hauteur ; fleurs
d'un vert jaunâtre ; — l'A. Platanoïdes ou Plane est moins
grand, mais plus ornemental que le précédent ; il a des
fleurs jaunes réunies en gracieux corymbes ; — Erable

de Montpellier, très-rameux, mais peu élevé. Fleurs jaunâtres en corymbes; fruits à ailes courtes qui rougissent à la maturité. Citons enfin : l'Erable champêtre, haut de 6 à 10 mètres ; l'E. à fruits cotonneux, haut de 10 à 12 mètres; l'E. à sucre, originaire d'Amérique, et dont on tire un sucre analogue au sucre de canne, etc., etc.

ACER, NEGUNDO. **V.** *Negundo.*

ACHILLEA (Composées). — Du nom d'Achille, élève du centaure Chiron ; allusion aux vertues vraies ou supposées de cette plante. Les principales espèces sont l'A. à mille feuilles. Indigène, vivace, cultivée pour ses variétés à fleurs panachées, blondes, disposées en corymbe, à odeur aromatique ; variété à fleurs pourpres très-recherchée des moutons. Fleurit tout l'été. On la multiplie par éclats. — A. tomenteuse, vivace, presque semblable à l'A. à feuilles pectinées; bonne pour les bordures. Terrain sec. Multipl. par éclats au printemps. — L'A. à feuilles de filependule, originaire de l'Orient. Tige de 1ᵐ,50 ; nombreuses fleurs jaunes en corymbe serré. Semez les graines en couche au mois de mars, elles vous donneront des fleurs en septembre. Les Achillea, grâce à leurs racines longues et fibreuses, solidifient les talus et les terrains inclinés.

ACHIMENÈS A LONGUES FEUILLES (Gesnériacées). — Originaire du Mexique. Tige menue de 0ᵐ,20 à 0ᵐ,30 ; fleurs d'un beau bleu mêlé de blanc. — Plusieurs espèces et nombreuses variétés : Achimenès à grandes feuilles; A. à feuilles ouvertes, etc. On les soigne en serre comme les Orchidées (Voy. ce mot). Multipl. par rhizomes et par boutures.

ACHYRANTHES. — De deux mots grecs signifian : *paille* et *fleur* (Amaranthacées). Douze espèces dont la plupart croissent dans la zone équatoriale. L'A. de Vershaffelt est une plante haute de 0ᵐ,30-40, d'un rouge-violacé et cramoisi. Recherchée pour les bordures et les corbeilles. Multipl. de boutures ; serre chaude et humide ; mi-soleil.

ACONIT (Renonculacées). — D'un mot grec : *pointe*, parce que les sauvages en frottaient les pointes de leurs flèches. Plante vivace et de pleine terre ; haute de 0ᵐ,70 à 1ᵐ,30. Grandes et belles fleurs bleues ou jaunes, imitant un peu la forme d'un casque et disposées en grappe ou en panicule terminale. Se multiplie facilement par graines semées à mi-ombre en terre légère et douce, ou par éclats et divisions des touffes. Fleurit en été. Les principales espèces sont : l'A. pyramidal, le premier à donner des épis de fleurs longs de 0ᵐ,70 en mai et en juin. L'A. tueloup fleurit de la mi-juin au mois d'août. L'A. des Pyrénées de 1ᵐ,50 de hauteur ; fleurs jaunes en juillet. L'A. napel, haut de

Fig. 3. — Aconit.

1ᵐ,20, offrant trois variétés : une à fleurs blanches, une à fleurs roses et une autre, enfin, à fleurs panachées. Multipl. par éclats au printemps ou à l'automne. Arrosements dans les temps secs ; à mettre dans les plates-bandes, à l'ombre, en laissant entre les différents pieds environ 0ᵐ,12 de distance.

ACORUS CALAMUS, *Jonc odorant* (Aroïdées). — De deux mots grecs : sans prunelle, parce que, suivant les anciens, cette plante guérissait les maux d'yeux. Indigène et herbacée ; feuilles d'un beau vert ; fleurs parfumées, en chatons cylindriques. On cultive l'A. gramineus du Japon à feuilles rubanées de vert, de blanc et de rose, en orangerie ou sous châssis froid, dans une terre de bruyère humide et ombragée. Multip. par éclats.

ACROLINIUM roseum, *Acrolinium à feuilles roses* (Composées). — Du Texas. Plante annuelle ; tige haute d'environ 0ᵐ,30, feuilles glauques, linéaires : fleurs à involucre de folioles scarieuses, avec disque d'un jaune d'or au centre. Semis en avril sur place. Semis en mars-avril sur couche ; les fleurs se conservent aussi longtemps que celles de l'immortelle.

ADHATODA vasica, *Noyer des Indes* ou *de Ceylan* (Acanthacées). — Hauteur de 3 à 4 mètres. Feuilles pubescentes, grandes, aiguës, persistantes ; fleurs blanches, à deux lèvres ; épanouies en juillet-août. Orangerie ; terre à oranger ; exposition chaude ; arrosements fréquents. Bouturage au printemps sur couche et sous châssis, en terrine. — L'A. à feuilles de Coignassier (Brésil) ; tige dressée, rameuse, feuilles ovales, entières, opposées ; fleurs géminées à lèvre supérieure blanche et rouge au sommet ; raie jaune sur la lèvre inférieure.

ADIANTE (Fougères). L'espèce la plus connue est l'A. Cheveu de Vénus, avec touffes d'un vert clair ; aux tiges d'un noir d'ébène. Serre chaude et à l'ombre.

ADONIS (Renonculacées). — L'Adonide d'été est une plante indigène annuelle, haute de 0ᵐ,35, à feuilles très-fines, à fleurs d'un rouge vif pourpre et noir à leur base, épanouies en juin et juillet. Terre légère ; multip. par graines semées sur place.

ÆCHMEA flamboyant (Broméliacées). — Pérou. Panicule de fleurs jaunâtres. Terre de bruyère. Serre chaude. — L'Æchmea discolor diffère du précédent par ses feuilles pourpre-violacé en dessous. — Æ. Fulgens. — Æ. Spectabilis (Guzmania). Æchmea Maria regina.

ÆRIDES (Orchidées). — Asie. L'Æ. s'attache aux arbres et vit très-peu aux dépens de leur écorce ; nous avons vu des Ærides qui n'empruntaient qu'à l'air leur nourriture, au moyen de leurs feuilles. Ce genre comprend beaucoup d'espèces, originaires pour la plupart de l'Asie; citons : l'Æ. de Lindley, à fleurs d'abord lilas, puis d'un blanc pur. — L'Æ. très-suave, à longues grappes de fleurs lavées de rose sur fond blanc; il offre comme variété l'Æ. noble.'— L'Æ. verdâtre, à fleurs blanches avec pétales empourprés à l'extrémité et labelle ponctué de rouge. — L'Æ. odorant; haut d'un mètre; grappes longues de 0^m,50, composées de belles fleurs blanches; teinte rosée au sommet des divisions du périanthe. — L'Æ. crispé, belles grappes pendantes, allongées, composées de fleurs blanches, labelle rose bordé de blanc. — L'Æ. à fleurs roses (Népaul), à feuilles mucronées, un peu recourbées; à fleurs nombreuses, rose tacheté et rouge foncé; taches rouges au milieu du labelle qui est lui-même plus coloré que le reste de la fleur. Serre chaude, humide. Terre tourbeuse; mousse.

ÆSCHYNANTHUS TRÈS-RAMEUX (Cyrtandracées). — Indes Orientales. Plante sarmenteuse à feuilles vertes, épaisses, dont les bords sont roulés en dessous, à fleurs d'un rouge-pourpre, ligne pourpre-noir en dehors sur les divisions du limbe et tache cordiforme en dedans; automne et hiver.

L'Æ. *élégant* (Java). A fleurs d'un rouge-gai, veine jaune vif à l'entrée du tube. — L'Æ. de Java, à fleurs d'un beau rouge vif, à gorge jaune; calice évasé, sensiblement plus large que le tube de la corolle. — L'Æ. à grandes fleurs (Bengale). Belles et grosses fleurs rouges. — L'Æ. tricolor (Bornéo). Fleurs longues de 0^m,03, écarlates ou jaunes. —L'Æ. Boschianus (Java). Fleurs rouges; raies jaunes et rouges à la gorge; calice pourpre-brun. — L'Æ. élégant (Java). Hauteur 0^m,60 à 0^m,70; belles et grandes fleurs à tube d'un jaune vif, à limbe vermillon. — L'Æ. de Lobb (Java). Fleurs à calice d'un rouge foncé, corolle écarlate, gorge marquée de lignes doubles. — L'Æ. à longues fleurs (Java). Fleurs cramoisies, gorge jaune et noire à l'intérieur. Serre à Orchidées, terre de bruyère pure, arrosements fréquents. Mult. par boutures.

ÆSCULUS HIPPOCASTANUM, *Marronnier d'Inde* (Hippocastanées). — Originaire des climats tempérés de l'Asie ; cultivé en Europe dès l'année 1591. Bel arbre de 20 à 25 mètres de h. ; belles fleurs parsemées de taches roses sur un fond blanc, disposées en pyramides nombreuses et verticales au sommet de chaque rameau ; ample feuillage vert ; tronc fort et majestueux ; écorce astringente et amère employée pour les teintures ; fruits d'une âpreté repoussante et assez semblables, par leur forme, à ceux du châtaignier ; on les sème en place ou en rigole pour repiquer le plant en pépinière. — Le M. d'Inde vit en tout terrain, mais il préfère un sol substantiel et frais ; il supporte taille et tonte. On cultive encore l'Æsculus à fleurs rouges, au feuillage plus gaufré et plus vert que le précédent ; il fleurit la troisième ou la quatrième année.

AGAPANTHE OMBELLIFÈRE (Liliacées) . — Originaire d'Afrique, haut de 0^m,70 à 1 mètre ; belle ombelle de 30 ou 40 feuilles bleues, inodores, qui s'épanouissent en juillet. On multiplie d'éclats ou de graines ; on sème en terre de bruyère. On couvre d'une litière pendant les froids rigoureux.

AGATHEA, *Cinéraire à fleurs bleues* (Composées). — Tige de 0^m,50 ; fleurit presque toute l'année. Terre franche et nourrissante ; orangerie, multip. de graines, de boutures, de marcottes et de rejetons.

AGAVÉ D'AMÉRIQUE, d'un mot grec : *Admirable* (Amaryllidées). — Caractères généraux : corolle tubulée, à six divisions profondes, six étamines saillantes attachées au tube ; ovaire faisant corps avec la base de la corolle ; capsule à trois loges, feuilles grandes, nombreuses, très-épaisses, armées d'aiguillons ; hampe nue de 3 mètres à 8 mètres en forme de candélabre, chaque branche terminée par un corymbe de fleurs jaunes. Plante orig. de l'Amérique et très-répandue aujourd'hui en Italie, dans

le midi de la France, etc. Fleurit assez souvent. Multip.
de semences et d'œilletons ; orangerie. Culture des Aloès.
Citons : l'A. d'Amérique. Les fibres de ses feuilles servent
à fabriquer des cordes, des filets de pêcheurs, des tapis,
des toiles d'emballage, etc., etc. ; de son tronçon, on
tire un suc mielleux, du vin et du vinaigre. Fortes épines
qui font rechercher cette plante pour former de solides
clôtures. — L'A. à feuilles d'Yucca. — L'A. Artichaut. —
Variété mediapicta, jaune au centre. — Autre : stricta, à
feuilles striées et panachées.

AGERATUM mexicanum, *Agératoire de Mexique* (Composées). — P. annuelle ; très-nerveuse, haut. : 0ᵐ,30-40 ;
fleurs azurées, disposées en corymbe terminal ; juillet et
novembre. Semez les graines en mars et avril sur couche ;
repiquez sur couche et mettez en place à la fin de mai ;
vous multipliez encore l'A. par boutures hivernées sous
châssis.

AGROSTIS, d'un mot grec : *Champ* (Graminées). —
Fleurs très-gracieuses et de longue durée, d'un bleu violacé ; hauteur : 0ᵐ,20-40. Semez en place en avril ou en
septembre.

AIRA pulchella. *Canche élégante* (Graminées). — Indigène, annuelle ; semez en avril ou en septembre. Bordures,
plates-bandes, massifs. Cultivée en pot, cette plante gracieuse sert à la décoration des appartements ; avoir soin
de couvrir légèrement la graine.

ALCÆA rosea. V. *Althæa rosea.*

ALIBOUFIER styrax (Styracées). — Indigène. Haut de
3 à 4 mètres. Fleurs blanches en juillet ; graines semées
en terrines sur couche, dès leur maturité ; terre douce et
substantielle ; exposition abritée ; on multiplie aussi de
drageons et de marcottes.

ALISMA plantago, *Plantain d'eau* (Alismacées). — Vivace. Hauteur : 0ᵐ,60 à 0ᵐ,80 ; fleurs blanches ou roses
en juin et septembre ; propre à la décoration des pièces
d'eau ; se multiplie d'éclats en automne et au printemps ;

ou de graines semées en pots dont le fond seul est mis en contact direct avec l'eau.

ALLELUIA. V. *Oxalide.*

ALLOUCHIER. V. *Cratægus.*

ALLIUM moly, *Ail Moly* ou *doré* (Liliacées). — Fleurs d'un jaune doré, grandes et ouvertes en étoile en juin. Terrain sec. Multip. de graines, de caïeux dont il faut faire la séparation en juillet-août.

ALNUS, *Aune commun* (Bétulinées). — Haut de 20 mètres. Très-rameux. Chatons mâles, courts oblongs et obtus; chatons femelles ovales; feuilles larges, arrondies et inégalement dentelées. Terrains marécageux et même secs et calcaires; croissance très-rapide, surtout en taillis. Avec son bois on fait des perches, des conduits pour les eaux, des sabots, etc. — L'Aune à feuilles en cœur est très-recherché comme arbre d'ornement; citons encore : l'A. laciniata; l'A. oxyacanthifolia; l'A. glutinosa aurea, récemment importé de Belgique.

ALOCASIA a reflets métalliques (Aroïdées). — Bornéo. Belles feuilles, longues de 0m,40 et larges de 0m,30, bronzées à leur face supérieure, pourpres à leur face inférieure. Spathe tubuleuse d'un rose vif. Terre de bruyère. Serre chaude, humide. — L'A. de Veitch, à feuille hastée, longue de 0m,40 sur 0m,15, nervures saillantes d'un blanc d'ivoire. Serre chaude. — L'A. de Low, à feuilles peltées, longues de 0m,40 sur 0m,20, avec belles nervures jaunâtres. Serre chaude. — L'A. zébrée (Philippines), à grandes feuilles vertes, sagittées; à pétiole zébré de stries vertes sur fond blanc. Serre chaude. Arrosements fréquents.

ALOE, *Aloès* (Liliacées). — Originaire du cap de Bonne-Espérance. Corolle tubulée, presque cylindrique, divisée en six lobes à son orifice, renfermant six étamines attachées sur le réceptacle : ovaire libre qui se convertit en une capsule à trois loges, occupées par des semences disposées sur deux rangs; — feuilles raides, très-charnues, se recouvrant les unes les autres et formant, par leur réunion, des pyramides, des rosettes, tantôt d'un vert glauque, tantôt traversées de bandes jaunes ou d'un rouge de sang ; la plupart épineuses ou garnies sur leurs bords de dents fortes et piquantes ; — tige très-forte, quelquefois ligneuse ; belles fleurs de courte durée ; on tire de ses feuilles un suc très-employé en médecine (Succotrin). On traite les Aloès comme les Cactées, en terre légère et nourrissante ; l'hiver, serre tempérée, pas d'arrosements. — A. de l'île Bourbon. Tige élevée; feuilles planes, larges, pendantes, avec bordure rouge; épis de fleurs jaune-verdâtre. — L'A. à corne de bélier (Afrique). Hauteur : 0m,70 ; feuilles fortement dentées, renversées en dehors ; fleurs d'un rouge très-vif. — L'A. Socotrin ou du commerce, à tige dichotome, à feuilles droites, lancéolées, avec dentelure blanche ; épis de fleurs rouges. — L'A. féroce (du Cap), à feuilles épineuses sur les deux faces, amplexicaules ; épi dense de fleurs rouge safrané. — L'A. à mitre (du Cap). Hauteur : 0m,70 à 1 mètre ; à feuilles réunies en forme de mitres, épineuses sur les bords ; à fleurs rouges. — L'A. à ombelle (du Cap) ; à feuilles marquées de bandes, et armées d'épines rousses ; à fleurs d'un rouge safrané, épanouies en mai-juin. — L'A. éventail (du Cap); tige dichotome ; feuilles en forme de langue, un peu denticulées à leur sommet ; grappe simple de fleurs rouges. — L'A. langue de chat (du Cap), sans tige ; feuilles marquées de blanc ; fleurs vertes au sommet, rouges à la base. — L'A. bec de cane, à feuilles en bec de cane ; à fleurs blanches et rayées de vert au sommet, rouges, poudrées à la base. — L'A. toile d'araignée (du Cap); rosettes de feuilles couvertes de fils blancs ; fleurs verdâdres. — L'A. pouce écrasé (du Cap), à feuilles épaisses et aplaties en dessus. Fleurs en épi. — L'A. verruqueux (Afrique), à feuilles couvertes de verrues ; grappes pendantes de fleurs rouges.

ALOÈS. V. *Aloe.*

ALONZOA de warscewicz (Scrophularinées) — Du Chili. Hauteur : 1 mètre ; rameaux grêles, dressés, nombreux ; feuilles lancéolées ; fleurs d'un rouge vif, tout l'été. Multip. de semis et de boutures. Semis en mars-avril ; mise en place en mai. Orangerie, l'hiver. Citons : l'A. à feuilles incisées (du Chili). Hauteur : 0ᵐ,70 ; arbuste presque herbacé ; à feuilles inégalement incisées, dentelées, d'un vert sombre ; petites fleurs en grappes épanouies en juillet. Boutures, semis, orangerie l'hiver.

ALSTROEMÈRE PÈLERINE, *Lis des Incas* (Amaryllidées), du Pérou. Hauteur : 0ᵐ,35 à 0ᵐ,50 ; fleurs blanches rayées et lavées de rose vif, avec tache jaune-pourpre. Multip. par séparation de racines et par graines. Culture en pot ; terre légère : peu d'arrosements. Le plant fleurit la seconde année. Couverture en hiver ; abri contre le soleil. — L'A. à fleurs rayées (du Pérou) ; tiges rougeâtres ; feuilles réunies en rosette au sommet de la tige ; fleurs parfumées ; 6 divisions, dont trois blanches et rouges, et les trois autres toutes rouges. — L'A. à fleurs pâles (Amérique du Sud) ; fleur en ombelles avec les deux divisions intérieures jaunes, veinées de rouge, les quatre divisions extérieures d'un rose pâle. — L'A. Perroquet (Mexique). Hauteur : 0ᵐ,40 à 0ᵐ,70. Belles fleurs, d'un violet-pourpre, avec taches noires au sommet, épanouies tout l'été. — L'A. à fleurs changeantes (du Chili). Hauteur : 1 mètre. Ombelles de fleurs à six divisions dont deux plus étroites et plus longues, d'un jaune rayé de rose, et quatre ovales, d'un rose pâle. Semis en mai-juin, en terre de bruyère ; repiquage en pépinière ; mise en place en septembre-octobre. Brave les rigueurs des hivers avec le secours d'une couverture. Beaucoup de variétés aux couleurs charmantes — L'A. orange (du Chili), vivace. Fleurs longues de 0ᵐ,04 à 0ᵐ,05 ; à six divisions, dont les deux supérieures sont rayées de pourpre, et les quatre inférieures d'un beau jaune orangé, épanouies de juillet en septembre. Même culture que la précédente.

ALTERNANTHERA PARONYCHIOÏDES (Amarantacées). — Chine. Vivace ; feuilles étroites, d'abord d'un blanc rosé ou d'un rouge brun, puis vertes. Multip. de boutures ;

serre chaude, humide. Mi-soleil, terre riche et fraîche ;
Citons : l'A. amœna ; l'A. spatulata. Ces trois plantes sont
très-recherchées pour bordures, plates-bandes, corbeilles
et tapis. — Espacez les pieds d'environ 0m,15, en tous sens.

ALTHÆA ROSEA, *Guimauve, Rose-trémière, Passe-rose*
(Malvacées). — Trisannuelle et rustique; tige de 2 à 3
mètres ; fleurs simples, semi-doubles ou doubles, variant
du blanc pur au jaune foncé, au rouge, au noir cramoisi,
épanouies en juillet-septembre. Multip. de graines d'un
an ou deux, en pleine terre légère et bien préparée en juillet et août; transplanter en septembre-octobre ; on greffe
en fente ou l'on bouture les variétés qui ne peuvent se
reproduire. — La G. de Chine est très-estimée des amateurs.

ALYSSUM SAXATILE, *Corbeille d'or, Thlaspi jaune* (Crucifères). — Vivace, sous-ligneuse, touffue, à feuilles blanchâtres et lancéolées ; bouquets de fleurs d'un beau jaune
doré, en mai. Terre pierreuse et sèche. Multip. d'éclats,
de graines, de marcottes; repiquez au printemps et mettez
en place en automne.

AMANDIER. V. *Amygdalus.*

AMARANTE QUEUE DE RENARD, *Discipline de religieuse*
(Amarantacées). — Annuelle, de 0m,70 à 1 mètre ; feuilles
rougeâtres oblongues, ovales, fleurs cramoisies en longues
grappes pendantes, épanouies de juin en septembre. Semez en pleine terre au mois de mai. — L'A. gigantesque,
à fleurs pourpres cramoisies. — L'A. sanguine, à feuilles
rouge de sang, à fleurs pourpres. — L'A. mélancolique,
à fleurs purpurines. — L'A. tricolore à feuilles tachées de
jaune, de vert et de rouge, à fleurs verdâtres. Semez sur
couche, en mars-avril; repiquez en pleine terre, en mai.

AMARYLLIS, d'un mot grec : *Je brille; A. belladone*
(Amaryllidées). — Ses grandes fleurs roses, odorantes,
campanulées, penchées, s'épanouissent d'août en octobre,
à l'extrémité d'une hampe de 0m,50 à 0m,70 de hauteur;
les feuilles, très-glabres, allongées, canaliculées, ne vien-

nent que longtemps après ; l'A. préfère la pleine terre au pot ; on plante les oignons à 0ᵐ,20 de profondeur en terre franche, légère, bien exposée ; on garantit contre les froids, on sépare les caïeux tous les trois ou quatre ans; on les plante en renouvelant la terre. Citons : l'A. à fleurs changeantes ; l'A. de Guernesey ; le Lis de Saint-Jaques, de toutes les espèces la plus brillante, d'un rouge velouté, tirant sur le carmin et à laquelle le soleil donne d'admirables reflets d'or ; la fleur dure à peine un jour ou deux ; l'A. à longues feuilles, qui montre dans nos serres, au milieu de l'hiver, une ombelle de 10 ou 20 fleurs parfumées et d'un beau rouge pourpre ; l'A. à fleurs roses, qui s'épanouit en septembre et se conserve facilement en pleine terre, à bonne exposition ; l'A purpurea, variété très-florifère ; plantes recommandables.

AMÉLANCHIER vulgaire (Rosacées). — Arbrisseau indigène, haut de 2ᵐ,50 à 3 mètres, à feuilles ovales, arrondies, blanchâtres en dessous, à grandes fleurs d'un blanc soufré, à fruit bleu noirâtre. — A. à grappes (du Canada); hauteur : 3 à 4 mètres; fleurs à pétales blancs, linéaires; fruits noirs ; terre franche et légère, semis au printemps. — L'A. à grappes se greffe sur l'Aubépine. — L'A. à épi, fleurs plus petites et moins promptes à éclore que celles du précédent ; fruits rouges.

AMHERSTIE noble (Légumineuses). — Asie. A feuilles formées de six à huit grandes paires de folioles oblongues ; à fleurs qui se rapprochent de celles des Orchidées ; l'étendard est d'un rouge écarlate avec une large tache jaune bordée de violet au sommet; serre chaude.

AMMOBIUM ailé (Composées). — Australie. Hauteur 0ᵐ,50 ; poils argentés, répandus sur toute la plante ; fleurs blanches à disque jaune, à involucre d'écailles brillantes ; épanouies de juillet à septembre; semis sur couche en mars-avril ; plantation en mai.

AMORPHE frutescent, *indigo bâtard* (Légumineuses). — Amérique du Nord ; haut de 2 mètres à 2ᵐ,50; fleurs d'un bleu-violet, n'ayant que l'étendard. Pleine terre plutôt un peu sèche qu'humide ; multiplication de graines et de boutures. Bosquets. — Les A. Lewisii, glabra et pumila, sont moins grands que le précédent.

AMPHICOME emodi (Bignoniacées). — Hauteur 0^m,40 ; vivace par la racine ; feuilles tubuleuses à limbe d'un beau rose de chair ; tube de la corolle couleur orangée. Multiplication d'éclats de pied et de graines. Pleine terre dans le midi de la France ; sous châssis froid dans le Nord.

AMSONIE a larges feuilles (Apocynées). — Amérique du Nord. Vivace. Hauteur : 0^m,50 ; feuilles ovales, corymbe terminal de fleurs bleues. — A. à feuilles du Saule ; à fleurs bleues larges de 0^m,05.

AMYGDALOPSIS de Lindley (Rosacées). — Chine. Arbuste à rameaux nombreux, dressés ; à feuilles dentées, grisâtres, couvertes de poils inférieurement ; fleurs larges de 0^m,03, d'un beau rose de chair, demi-pleines, qui font place à des fruits agrégés, assez semblables à de petites amandes. Multiplication par greffe sur Prunier.

AMYGDALUS nana, *Amandier nain* (Rosacées). — Joli petit abrisseau de 1 mètre à 1^m,30 ; à tiges touffues, à fleurs d'un rouge vif ou tendre qui s'épanouissent au commencement du printemps et produisent un très-bon effet, dans les massifs, dans les bosquets et dans les grands parterres. Mult. de drageons et de noyaux ; il lui faut du soleil, une terre légère et chaude.

ANAGALLIS fruticosa, *Mouron en arbre* (Primulacées). — Toute l'année, fleurs d'un beau rouge-brique, plus foncé au centre ; terre légère et franche ; arrosements fréquents en été ; serre tempérée ; bouture sur couche. Variétés à fleurs roses, à fleurs lilas. Semez en avril, repiquez sur couche et plantez en mai.

ANANASSA bracteata, *Ananas à bractées* (Broméliacées). — Bractées d'un rouge magnifique ; se cultive comme tous les Ananas et les Orchidées.

ANCHUSA italica, *Buglosse* ou *Langue de bœuf d'Italie*

(Borraginées). — Vivace, en touffe, de 0ᵐ,50 de hauteur ; feuilles poilues, oblongues ; fleurs en panicules d'un beau bleu azuré ; semez, en automne, en terre légère et sablonneuse ; transplantez au printemps sur couche.

ANCOLIE. V. *Aquilegia vulgaris.*

ANDROMEDA ᴍᴀʀɪᴀɴᴀ (Ericacées). — Hauteur de 0ᵐ,70 à 1ᵐ,30 ; rameaux pourpres ; feuilles ovales, ponctuées en dessous ; grappes de fleurs blanches en cloche, juillet ; lieux humides et marécageux, exposition froide. — A. Pulvérulente ; face inférieure des feuilles couverte d'une fine poussière blanche ; floraison en juin-juillet. — A. en arbre ; hauteur de 16 à 20 mètres, petites fleurs blanches en grappes droites, terminales. — A. Polyfolia, presque le seul arbrisseau de ce genre que nous possédions en Europe ; la corolle est d'un pourpre vif mêlé de blanc.

ANDROPOGON ɴᴀʀᴅᴜs, de deux mots grecs : *barbe d'homme* (Graminées). — Originaire de l'Inde. Vivace ; ses feuilles donnent une espèce de thé. Serre chaude. Multip. d'éclats. — A. rude ; ses racines, connues sous le nom de Vétiver, éloignent les insectes des étoffes de laine et parfument le linge. Serre chaude. — L'A. à longues feuilles ; touffes hautes ; multip. d'éclats au printemps ou à l'automne.

ANDROSACE ᴠᴇʟᴜᴇ, de deux mots grecs : *bouclier d'homme* (Primulacées). — Originaire des Alpes ; hampes hautes de 0ᵐ,04 à 0ᵐ,06, ombelle de fleurs blanches à gorge purpurine ou jaunâtre qui s'ouvrent en mai-juin. Très-employée pour orner les rochers factices. Semez, en mai-juin, en terrine pleine de terre de bruyère, laissez hiverner sous châssis, plantez au printemps.

ANDROSÆMUM ᴏꜰꜰɪᴄɪɴᴀʟᴇ, *Androsème officinal*, de deux mots grecs : *sang d'homme*, par allusion à la couleur de son suc ; *Toute saine* (Hypéricinées). — Indigène ; hauteur d'environ 1 mètre ; feuilles ovales, sessiles, rougissant en automne ; fleurs jaunes en ombelle terminale tout 'été; pleine terre un peu froide. Mult. d'éclats et de graines ; automne.

ANÉMONE, d'un mot grec : *Fleur du vent* (Renoncula-cées). — Caractères : feuilles radicales bipennées ou di-gitées, hampe portant à son sommet une fleur so-litaire; le calice est rem-placé par un involucre à trois folioles simples. Co-rolle composée de cinq ou six pétales disposés sur deux ou trois rangées. Etamines nombreuses portées sur des filets plus courts de moitié que la corolle ; pistils et ovaires en grand nombre ; fruit polysperme en capitule ; semences indéhiscentes couronnées d'aigrettes ou recouvertes d'un duvet lanugineux.—L'Anémone des fleuristes est une char-mante fleur vivace par ses tubercules ou pattes ; elle s'épanouit de la mi-avril à la fin de mai. Variétés

Fig. 4. — Anémone pulsatille.

nombreuses, doubles ou semi-doubles, ornées des plus ma-gnifiques couleurs : pourpre, cramoisie, rouge, blanche, violette, etc. Pour obtenir les variétés, préférez les Ané-mones simples à fleurs bien larges et bien régulières, à ti-ges fortes. Multip. par semis et plus souvent par tubercu-les qu'il faut garder en lieu sec et replanter en février ou en octobre, en les abritant contre la gelée. — A. œil de paon, fleurs cramoisies. — A. de l'Apennin, belles fleurs bleues en mars et avril. — A. du Japon, grandes fleurs lilas pourpre ; terre légère, à l'ombre ; drageons ou éclats.

L'A. pulsatille, jolie fleur d'un bleu violet ; pleine terre sèche et siliceuse.

ANÉMONE HÉPATIQUE. V. *Hépatique*.

ANGÉLIQUE ÉPINEUSE ou *Aralie épineuse* (Araliacées). — Amérique du Nord ; hauteur 2 à 4 mètres ; feuilles épineuses, tripennées ; petites fleurs d'un blanc sale, disposées en panicule très-large divisée elle-même en petites ombelles. Multip. de rejetons ou de tronçons de racines en terre fraîche et légère. Exposition à mi-soleil. — Angélique de Chine, feuilles perdant leurs épines dès la troisième année. — A. à papier (de l'île Formose) ; haut : 2 mètres ; feuilles cotonneuses ; petites fleurs verdâtres : avec la moelle de cette plante on fait le papier de Chine. Multip. de boutures. Serre froide en hiver ; pleine terre en été ; abri contre le soleil. — A. de Siebold (Japon) ; larges feuilles découpées comme celles du Platane. Plein air, l'été ; orangerie, l'hiver. Multip. de boutures, de tiges et de jeunes bourgeons, sous cloche, en serre chaude. — A. à feuilles épaisses ; hauteur : 1 mètre ; feuilles allongées, très-dentelées, simples d'abord, puis ternées, spatulées ; fleurs épanouies en mai.

ANGÉLONIE A FEUILLES DE SALICAIRE (Scrophularinées). — De Caracas. Vivace ; hauteur : 0m,65 ; à feuilles en dents de scie ; à fleurs d'un bleu-lilas, épanouies pendant l'été et l'automne. Multip. de graines, de boutures et d'éclats ; serre tempérée. — A. minor ; A. hirta, à feuilles très-velues ; même culture que l'A. à feuilles de Salicaire.

ANGROECUM CAUDATUM, *Angrec à queue* (Orchidées). — Tige simple ; feuilles rubanées ; fleurs verdâtres avec labelle blanc et éperon de couleur rousse. Culture en terre tourbeuse. Serre chaude. — A. à long éperon (Madagascar), hauteur 0m,70 ; fleurs d'un blanc éclatant et parfumées, labelle armé d'un éperon verdâtre long de 0m,35 à 0m,40.

ANGULOA de clowes (Orchidées). — Très-grande fleur jaune, arrosements fréquents. Serre tempérée.

ANIGOSANTHE jaunatre (Hémodoracées). —Nouvelle-Hollande ; hauteur : 0ᵐ,65 ; 15 ou 16 fleurs d'un jaune pâle lavé de vert, avec divisions marquées de violet, réunies en panicule, été ; multip. de drageons sous châssis, l'hiver.

ANOMATHÈQUE jonciforme (Iridées). — Du Cap ; hauteur : 0ᵐ,40 à 0ᵐ,60 ; fleurs d'un rose vif, munies chacune d'une spathe très-courte; épanouies en mai-juin. Multip. de caïeux.

ANSELLIA d'Afrique (Orchidées).— Hauteur : 1 mètre; fleurs odorantes, d'un jaune verdâtre tacheté de pourpre brunâtre. Serre chaude humide.

ANTENNARIA margaritacea, *Immortelle de Virginie* (Composées). — Vivace et rustique; hauteur : 0ᵐ,50; feuilles linéaires; corymbe de fleurs d'un jaune soufre ; involucre argenté. Multip. de traces ; tout terrain; exposition au midi.

ANTHÉMIS parthénioïdes, *Anthémis faux-Parthénium, Matricaire* (Composées). — Panicule de fleurs blanches. Terre ordinaire. Multip. d'éclats et de boutures, ou semis, d'avril en juillet. Pleine terre. — Camomille romaine. — C. d'Arabie ; terre franche et sèche.

ANTIRRHINUM majus, *Mufle de veau, Gueule de lion* (Scrophularinées). — Indigène, bisannuelle ou vivace; tige de 0ᵐ,70 à 1 mètre ; fleurs en épis, grandes, irrégulières, simulant un mufle ; rouges ou d'un blanc de soufre; on en a obtenu de jolies variétés, presque cramoisi, rouge-violacé, feu-orangé etc; fleurit en mai-août; semez en juin-juillet, en pépinière, pour mettre en place à l'automne. Si l'on sème en avril, en pépinière, les Mufles de veau fleurissent dans le courant de la même année, mais ils ont moins de force.

AOTUS lanigère (Papilionacées). — Australie. Hauteur : 0ᵐ,50 à 0ᵐ,60 dans nos cultures d'Europe; fleurs d'un très-beau jaune avec tache de pourpre sur l'étendard, réunies en épis terminaux, épanouies en avril-mai. Serre tempérée; terre de bruyère.

Fig. 5. — Antirrhinum majus, Gueule de lion, etc.

APHÉLANDRE A CRÊTE (Acanthacées). — Amérique méridionale; hauteur: $1^m,30$ à $1^m,60$; belles fleurs d'un rouge-vermillon très-vif, réunies en épis quadrangulaires, épanouies en août-septembre. — A. éclatante (Mexique); hauteur : 1 mètre, à feuilles couvertes de poils; fleurs d'un rouge éclatant, épanouies en septembre-octobre. Multip. de boutures chauffées; terre légère et substantielle, arrosements fréquents. Serre chaude. — A. panachée (Brésil), hauteur $0^m,60$ à $1^m,10$ et plus; très-belles feuilles vertes, avec nervures blanches ou d'un jaune pâle; fleur d'un jaune brillant avec bractées de même couleur. — A. orangée; hauteur : $0^m,70$; fleurs jaune d'or avec bractées d'un vert jaune. Serre chaude.

APIOS TUBÉREUX (Papilionacées). — Vivace; à racines succulentes, quelquefois grosses comme un œuf; tiges longues de 2 à 4 mètres; petites fleurs odorantes, purpurines, épanouies en juillet-août. Multip. de tubercules au printemps et à l'automne.

APONOGÉTON A DOUBLE ÉPI (Naïadées). — Du Cap. Vi-

vace ; épi de fleurs blanches, odorantes ; bassin, serre
tempérée.

AQUILEGIA vulgaris, *Ancolie commune, Gant de Notre-
Dame* (Renonculacées). — Indigène, vivace et rustique ;
hauteur environ 1 mètre ; calice coloré, pétales en cornet,
simples ou doubles, d'un rouge violacé, blancs ou pana-
chés. Multip. d'éclats ou de graines semées en mai, juin
et juillet ; mettre en place à l'automne ; craint l'humidité
et le froid. — L'A. remarquable à feuilles teintées de
rouge, à fleurs surmontées de cinq éperons, à pétales
d'un beau violet ou d'un jaune vif ; veut une exposition
au nord ou à l'est ; multip. de semis et de rejetons ; terre
de bruyère. — A. de Sibérie. Hauteur : 0^m,32 ; belles fleurs
bleues avec pétales à limbe blanc ; pleine terre. — A. des
Alpes. Vivace. Hauteur : 0^m,30 ; grandes fleurs d'un bleu-
clair, épanouies en juillet-août. — A. odorante (Thibet).
Hauteur : 0^m,70 ; fleurs lilas ou d'un blanc carné, à odeur
suave. Pleine terre. — A. de Skinner (Californie). Hauteur :
0^m,70-75 ; fleurs renversées, rouges en dehors, jaunes sur
le limbe ; épanouies en mai-juillet. Semis en avril, en pépinière. — A. du Canada. Hauteur : 0^m,50 ; fleurs d'un rouge
vif à l'extérieur, safranées et verdâtres à l'intérieur. Exposition à l'ombre, en terre fraîche et légère. Multip. de
graines.

ARABIS verna, *Arabette printanière* (Crucifères). —
Fleurs blanches épanouies en mars. Multip. de branches
enracinées en juin afin d'avoir de fortes touffes que vous
mettrez en place en septembre. Plante recherchée pour
former des bordures dans les sables les plus secs. — A.
des Alpes. Vivace, à fleurs d'un blanc pur, réunies en épi
terminal, épanouies en avril-mai. Semis en pot en avril-
mai, ou en juin-juillet. Rocailles, bordures.

ARAUCARIA du Chili (Conifères). — Bel arbre de 30
mètres de haut ; feuilles larges et aiguës, lâchement im-
briquées ; fleurs mâles et fleurs femelles sur individus différents ; les Araucarias se distinguent des autres conifères

en ce que l'embryon, cylindrique, présente deux cotylédons appliqués l'un contre l'autre qui, dans la germination, ne sortent pas de la graine. Terre de bruyère pure ou mélangée. Multip. de graines ou de boutures étouffées. — Ne craignent pas le froid.

ARBOUSIER. V. *Arbutus unedo.*

ARBUTUS unedo, *Arbousier* (Éricacées). — Hauteur : 5 mètres ; jeunes rameaux d'un beau rouge, feuilles à pétiole rouge ; fleurs blanches ou roses en septembre-janvier, fruits assez semblables à des fraises, mais sans saveur. Multip. de marcottes ou de graines. Terre mêlée de marne et de fumier de vache ; arrosements fréquents au printemps ; exposition chaude ; préserver des grands froids de l'hiver.

ARECA, *Arec*, *Chou palmiste* (Palmiers). — Orig. des Antilles. Très-facile à élever en serre chaude. Terre légère et nourrissante. L'A. rouge.

ARENARIA, *Arénaire* ou *Sabline* (Caryophyllées). — Jolies fleurs blanches épanouies en mai ; garnit les rocailles, forme des bordures pour les jardins d'hiver. Multip. de graines ou d'éclats.

ARGÉMONE a grandes fleurs (Papavéracées). — Mexique. Hauteur $0^m,70$ à 1 mètre, à feuilles un peu épineuses ; à larges fleurs blanches épanouies tout l'été. Semis en mars-avril, sur couche ou en place ; repiquage en pot. L'A. Mexicana a des fleurs d'un jaune pâle.

ARISTÆA major, *Aristée à fleurs en tête* (Iridées). — Du Cap, à feuilles longues de $0^m,60$ à 1 mètre ; verticilles de fleurs bleues épanouies en juillet. Serre tempérée ou orangerie ; exposition chaude. Terre légère. Multip. de graines et d'éclats, sur couche, sous cloche ou sous châssis. — A. à fleurs bleues, du Cap ; belles fleurs épanouies en avril et mai. Multip. de drageons et de graines.

ARISTOLOCHIA sipho, *Aristoloche siphon* (Aristolochiées). — Amérique du Nord. Hauteur de 6 à 10 mètres ; fleurs à couleurs mêlées de jaune, de rouge et de noir, en forme de pipe; épanouies en mai et juin. Bois aromatique. Terre légère; multip. de graines et de marcottes avec, du bois, vieux de deux ans, incisé sur un nœud. Propre à garnir tonnelles, murailles, etc. — A. à feuilles trilobées (Amérique du Sud). — Grandes fleurs solitaires, d'abord ovales, puis évasées, d'un vert brun, avec lanière longue de 0ᵐ,16 au lobe supérieur. Terre franche et légère. Serre chaude; arrosements rares en hiver. Multip. de boutures et de marcottes. — A. de Goldie (Afrique), à feuilles en cœur, avec bractée verdâtre en cornet renfermant une fleur nauséabonde; ce cornet mesure jusqu'à 0ᵐ,35 de long; il ressemble assez à un entonnoir allongé, très-évasé au sommet et divisé en trois lobes. Serre chaude et humide. — A. grande lèvre. Amérique du Sud; grandes fleurs à lèvre supérieure en forme de casque, d'un jaune pâle avec mélange de carmin foncé, épanouies de juillet en octobre. Serre chaude. — A. brodée, à feuilles en cœur; à fleurs longues de 0ᵐ,08 à 0ᵐ,10 avec limbe garni d'un écusson d'un jaune d'or; fond d'azur et de pourpre. Serre chaude. — A. gigas (Jamaïque), à feuilles en cœur; à fleurs larges de 0ᵐ,16, avec limbe taché de violet foncé, avec lobe garni d'une lanière longue de 0ᵐ,32.

ARMENIACA de Sibérie. L'*Abricotier de Sibérie* (Rosacées). — Hauteur : 2 mètres; fleurs à calice rougeâtre, à pétioles rouges deux fois plus longs que le calice. Rustique.

ARMERIA commun, *Gazon d'Olympe* (Plombaginées). — Indigène, vivace; de mai à juillet, fleurs rouges, roses ou blanches, attachées à de longs pédoncules. Multip. d'éclats. Terre fraîche et légère. Propre aux bordures. — A. maritime; hauteur: 0ᵐ,12 à 0ᵐ,15. — Faux Arméria (de Barbarie) à grandes fleurs roses. Multip. par division de pieds au printemps, ou de semis en mars-avril sur couche; repiquage en mai. Propre aux bordures, massifs, etc. Châssis, l'hiver, dans les pays froids. Pleine terre dans le midi.

ARMOISE. V. *Artemisia*.

ARTEMISIA ABROTANUM, *Armoise aurone*, *Citronelle* (Composées). — Hauteur de 0ᵐ,70 à 1 mètre ; fleurs petites et jaunes, odorantes, disposées en grappes ; exposition chaude. Terre légère. Citons encore : l'Absinthe vivace et de pleine terre. L'A. argentée de Madère.

ARUM CRINITUM, *Gouet chevelu*, *Attrape-mouche* (Aroïdées). — Spathe tachée de vert en dehors, garnie en dedans de soies violettes ; odeur cadavéreuse. Terre douce et fraîche. Multip. par séparation des tubercules ; préserver du froid. — A. dracunculus ou serpentaire. — G. d'Italie. — G. varié, terre légère ; exposition à mi-ombre.

ARUNDO DONAX, *Roseau à quenouille* (Graminées). — Hauteur de 3 à 4 mètres ; fleurs pourpres en panicules. Bord de l'eau. Multip. de marcottes, de boutures, par séparation de jets latéraux.

ASCLEPIAS INCARNATA, *Asclépiade incarnate* (Asclépiadées). — Belle plante vivace originaire de la Virginie ; hauteur de 1 mètre à 1ᵐ,30 ; donne, en juillet-août, ses ombelles de fleurs d'un beau rouge-pourpre à odeur de vanille. Exposition au soleil, en terre fraîche et légère. Multip. d'éclats ou de graines semées en mai-juillet, en pépinière ; mettre en place à l'automne ou au printemps. — L'A. de Syrie, *Herbe à ouate ;* fleurs d'un blanc rosé, juillet-août. — L'A. tubéreuse, fleurs d'un beau rouge safrané, en juillet et septembre.

ASPÉRULA ODORATA, *Aspérule odorante* (Rubiacées). — Indigène, vivace ; formant des touffes de 0ᵐ,30 ; corymbe de fleurs blanches ; aime l'ombre des arbres et se contente de toutes sortes de terrains. Multip. par séparation.

ASPHODELUS LUTEUS, *Asphodèle jaune*, *Bâton de Jacob* (Liliacées). — Hauteur : 1 mètre ; long épi de fleurs jaunes, mai-juillet. Aime le chaud, ne demande pas d'engrais.

Multip. par graines semées au printemps en pleine terre, ou par drageons. Variété à fleurs doubles.

ASTER, Astère, *Étoile, Reine-Marguerite* (Composées). — Espèces très-nombreuses, d'une taille élevée, formant de belles touffes dans les grands parterres, grâce à leurs corymbes de fleurs blanches, pourpres, bleu foncé ou lilas. Ces plantes épuiseraient assez vite la terre; il faut les déplacer tous les trois ou quatre ans. Multip. par semis, ou mieux par séparation des touffes. Citons : l'A. des Alpes, fleurs violettes, à disque jaune ; variété à fleurs blanches. Multip. de graines ou d'éclats en tout terrain. — L'A. floribonde (Amérique du Nord). Hauteur : 1^m,50; belles fleurs violettes, à disque purpurin ; épanouies en septembre. — L'A. de Révers. Hauteur : 0^m,25 à 0^m,30 ; nombreuses petites fleurs d'un blanc de chair, couvrant toute la plante; épa-

Fig. 6. — Reine-Marguerite.

nouies en septembre-octobre. — L'A. rose (Amérique du Nord); fleurs serrées, grandes, d'un rose violacé; épanouies en septembre-octobre. — L'A. à grandes fleurs (Amérique septentrionale). Hauteur : 1 mètre; fleurs d'un bleu-violet à centre jaune ; épanouies en septembre-octobre. — L'A. de la Nouvelle-Angleterre, à grandes fleurs, d'un bleu-violacé. — L'A. versicolore (Amérique septentrionale). Vivace. Hauteur : 1^m,50.

16

Fleurs d'abord blanches, puis devenant roses et violettes, avec disque jaune ; épanouies en août-septembre. — L'A. très-élégante. Vivace. Hauteur : 1 mètre à 1^m,10. Fleurs bleu-lilas, avec disque jaune-purpurin ; épanouies en août-septembre. — L'A. bicolore. Vivace. Hauteur : 0^m,25 à 0^m,30. Fleurs d'abord blanches, puis lilas, épanouies en août. — L'A. Amellos, Œil-de-Christ. Vivace. Hauteur : 0^m,35 ; fleurs à rayons bleus, à disque jaune ; épanouies en août-septembre. — L'A. lisse (Amérique septentrionale). Hauteur : 2 mètres. Plante buissonnante à fleurs d'un lilas clair ; épanouies en octobre. — L'A. des Pyrénées. Vivace. Hauteur : 0^m,50 ; fleurs à longs pédoncules. Terre de bruyère tourbeuse.

En général, toutes les astères sont recherchées comme ornement des parterres ; quand elles se fanent, l'hiver est proche.

ASTRAGALUS varius, *Astragale varié* (Papilionacées). — Hauteur :0^m,65 ; donne en juillet ses fleurs d'un blanc-violet marqué de jaune. — L'A. onobrychis offre des grappes de fleurs d'un bleu céleste. Terre sablonneuse, exposition au midi. Multip. d'éclats ou de graines sur couche.

ASTRANTIA radiaire, *Sanicle femelle* (Ombellifères). — Indigène. Vivace. Hauteur : 0^m,65 ; fleurs d'un blanc-rougeâtre avec colerette blanche ; épanouies tout l'été ; variété à feuilles panachées de jaune. Exposition au midi. Tout terrain. Multip. de graines ou d'éclats.

ASTRAPÉE à fleurs pendantes (Buttnériacées). — Madagascar ; feuilles cordiformes, larges de 0^m,20 à 0^m,25 ; pétioles longs de 0^m,25 à 0^m,35 ; 40 à 50 fleurs rose-pourpre, réunies en capitules, portés eux-mêmes sur un long pédoncule. Multip. de boutures étouffées en serre chaude ; terre substantielle.

ASYSTASIA, *Asystasie de Coromandel* (Acanthacées). — Indes Orientales. Fleurs panachées à corolle longue de 0^m,04 à 0^m,05, à tube jaune, à limbe bleu ; épanouies du mois d'août au mois de septembre. Serre chaude. Terre légère ; arrosements fréquents. Multip. de boutures. — L'A. grimpante (Afrique). Fleurs en entonnoir, d'un blanc de crême avec nuance bleue. Serre chaude. Terre légère et substantielle.

ATACCIA cristata, *Attacie à crête* (Taccacées). — Malaisie. Fleurs à limbe d'un pourpre sombre et entremêlées de longs filaments. Terre franche, humide. Serre chaude ; arrosements fréquents ; même culture que les Caladium. Voy. ce mot.

ATHANASIE annuelle (Composées). — Indigène. Hauteur : 0ᵐ,35 ; fleurs épanouies de juillet en septembre. Semis en place, en pleine terre légère, au midi ; couverture de terreau fin ; arrosements fréquents pour faire prendre de la force au plant qu'on abandonne ensuite à lui-même et qui forme des touffes.

ATRIPLEX hortensis, *Arroche très-rouge* (Chénopodées). — Asie. Annuelle ; hauteur : 2 mètres ; belles feuilles dentées, en cœur, d'un rouge purpurin ; épi de fleurs sans beauté. Semis en tout terrain, mars-avril.

AUBRIÉTIA deltoïde (Crucifères). — Vivace ; sousligneuse ; à feuilles d'un vert blanchâtre ; à fleurs d'un bleu clair ; épanouies au printemps et en été. Multip. par séparation des touffes en juillet et août , ou semis en mai-juillet ; repiquage du plant en pépinière, mise en place en automne ou au printemps. Terre légère propre aux rocailles. — L'A. Purpurine (Arménie). Long épi de fleurs purpurines ; épanouies d'avril en juin. Terre légère. Massifs, rocailles, bordures.

AUCUBA du Japon (Cornées). — Hauteur : 1 mètre à 1ᵐ,30 ; toujours vert ; petites fleurs brunes insignifiantes, ouvertes en avril : terre franche, légère, non humide ; exposition à mi-soleil. Multip. de boutures au printemps et de couchage en pots. Quelques variétés, entre autres : l'A. de l'Himalaya à feuilles dentées d'un vert luisant et foncé ;

d'autres espèces, toutes apportées du Japon, ont leurs feuilles panachées de jaune.

AZALEA, *Azalée* (Ericacées). — On sépare les Azalées en deux groupes distincts : 1° les Azalées de l'Amérique et du Caucase, toutes de pleine terre légère, ou mieux de terre de bruyère ; 2° les Azalées de l'Inde, auxquelles la serre tempérée est nécessaire. On cultive les premières à l'air libre, à exposition un peu ombragée; plates-bandes. Les Azalées de serre tempérée épanouissent leurs fleurs depuis le mois d'avril jusqu'en juin. Dès que leur floraison est terminée, il faut les rempoter avec de la terre de bruyère fine et riche, les remettre en serre, ou les laisser à l'air libre, mais à l'ombre, puis enterrer les pots jusqu'à 0ᵐ,06 du bord, dans un lieu bien exposé au soleil. Drainer les pots ; arrosages modérés, à l'eau de pluie de préférence ; bassinages des feuilles pendant les grandes chaleurs ; serre hollandaise un peu humide, l'hiver ; beaucoup de lumière. Pincement après la fleur, au moment de la pousse. Multip. par la greffe en approche, en fente, en placage ; reproduction par marcottes, par éclats enracinés, sous cloches, en serre chaude. Les semis donnent les plus belles variétés.

Azalées de pleine terre.

L'A. visqueuse (Amérique Septentrionale). Fleurs rouges ou blanches, couvertes de poils visqueux ; ces poils se retrouvent aussi sur les rameaux des feuilles. **L'A. à feuilles nues** (Amérique Septentrionale). Assez semblable à la précédente, mais à feuilles plus longues en dessous. — **L'A. gracieuse** (Caucase). Hauteur : 0ᵐ,50; fleurs d'un rouge jaunâtre, épanouies en juin-juillet; plusieurs variétés. — **L'A. pontique** (Caucase). Fleurs de couleur jaune ou rouge, garnies de bractées caduques. — **L'A. couleur souci** (Amérique Septentrionale). Corolles écarlate ou couleur de feu, garnies de poils non visqueux. —

L'A. à fleurs nues ; fleurs rouges non visqueuses, paraissant avant les feuilles. Plusieurs belles variétés.

Azalées de serre tempérée.

L'A. ponceau (Chine). **Fleurs d'un rose-lilas foncé ; épanouies en février-mars. — L'A. à fleurs crispées ; fleurs d'un rose violacé, à divisions frangées et crépues ; épanouies en février. — L'A. de l'Inde ; fleurs réunies par deux et par trois, en bouquets terminaux. L'A. striée (Chine). Hauteur : 0^m,50 à 1 mètre ; fleurs à fond blanc, strié de rose ; violacées, striées de rouge cocciné, etc., réunies en bouquets terminaux.**

B

BACCHARIS halimifolia, *Baccharide à feuilles d'Halime, Séneçon en arbre* (Composées). — Amérique septentrionale. Hauteur : 2 à 4 mètres ; feuilles persistantes ; fleurs blanchâtres peu remarquables. Multip. de marcottes et de boutures. Exposition chaude ; terre sablonneuse ; — propre à faire des haies.

BECKEA effilée (Myrtacées) — Nouvelle-Hollande. Ombelles de jolies petites fleurs blanches ; épanouies en juillet-août. Terre de bruyère ; orangerie l'hiver. Multip. de marcottes. Semis au printemps en terrines ; repiquage du plant en automne.

BAGUENAUDIER ordinaire, *Faux-Séné* (Papilionacées). — Indigène. Hauteur : 3 à 4 mètres ; grappes de fleurs jaunes, mordorées au centre, fruit verdâtre, éclatant avec bruit sous la pression des doigts. Terre légère ; exposition à mi-ombre ; multip. de drageons ou de graines. — B. du Levant. Hauteur : 2 mètres. Fleurs rouge pourpré, avec deux taches jaunes à la base de l'étendard. Exposition en plein midi ; terre franche et légère ; semis sur couche. — B. d'Alep. Hauteur : 1ᵐ,40 à 1ᵐ,50 ; fleurs jaunes ; fruits rougeâtres.

BALISIER. V. *Canna indica.*

BALSAMINE. V. *Impatiens Balsamina.*

BANANIER. V. *Musa Paradisiaca.*

BATON DE JACOB. V. *Asphodelus.*

BATON DE SAINT-JACQUES. V. *Althœa.*

BEGONIA DISCOLOR, *Bégonia discolor* (Bégoniacées). — Originaire de la Chine. Grandes feuilles en cœur, vertes en dessus, d'un rouge foncé en dessous ; élégantes panicules de fleurs d'un rose vif, tout l'été. Terre fraîche, situation ombragée. Multipl. par éclats ou par bulbilles axillaires. La tribu des Bégonias renferme beaucoup d'espèces de serre chaude : — B. toujours fleuri, à fleurs blanches. — B. luisant, à fleurs d'un rose pâle. — B. impérial. — B. vert-émeraude. — B. d'un vert·argenté. — B. à feuilles de Ricin, maculées, nervures vertes, face inférieure rouge sur les bords et au centre ; pétioles rouges et hérissés. — B. roi d'Assam, à feuilles d'un vert sombre, avec cercle d'argent, irrégulier au centre. — B. à fleurs de Fuchsia, à feuilles dentées en scie, à fleurs d'un rouge vif ; épanouies en hiver. — B. de Bolivie, à feuilles lancéolées ; hampes hautes de 0ᵐ,50 à 0ᵐ,60 ; fleurs écarlates. Serre froide. — B. de Clarke, belles fleurs d'un rose tendre. Serre tempérée. — Bégonias bulbeux cultivés en plein air, pour massifs, pendant la belle saison :

Agathe,	Charles Rœss.
Cornaline,	Charles Vermeire.
Émeraude,	François Marchand.

Ces plantes sont semées en décembre et en janvier.

Parmi les Bégonias hybrides, citons : B. de Beucher, à feuilles d'un vert pourpré, avec bande d'un blanc mat. — B. Bettina Rothschild, avec étoile d'un rouge carminé. — B. inimitable, à feuilles argentées, avec étoile vert sombre. — B. Madame Périer, feuille d'un vert velouté, avec une zone d'un blanc argenté. — B. Princesse Charlotte,

grande zone argentée à la face supérieure du limbe, vert
sombre sur les bords, teinte violette avec mélange de
blanc et de jaunâtre à la face inférieure. — B. M. Jules
Joly, pétioles dressés, rouges avec poils blancs, d'un blanc
mat sur fond vert. — B. Président van den Hecke, très-
grande feuille attachée à un pédoncule rouge-brun, recouvert de longs poils blancs; limbe vert avec points d'un
blanc mat; face inférieure, couleur amarante. — B. Rei-
cheneimii, à feuilles dentées, d'un vert foncé, avec taches
d'un blanc nacré; face inférieure, d'un rouge carminé.
— B. secrétaire Morren, à limbe argenté, de couleur rouge
sur les bords et au centre. — B. Victor Lemoine, feuille
d'un vert sombre, avec large zone blanc d'argent.

En général, les Bégonias veulent des serres tempérées,
une terre de bruyère nourrissante et mêlée de terreau
consommé; multip. par boutures et par tiges latérales
enracinées, arrosements au guano tous les huit jours à
partir de mars-avril : 500 grammes de guano par 100
litres d'eau. Rempotages de temps en temps; la période
de végétation terminée, suspendre les arrosements pour
laisser le B. se reposer. Certaines espèces perdent leurs
tiges à l'automne, chaque année, et leurs tubercules
émettent de nouvelles pousses au printemps; d'autres
fleurissent jusqu'au milieu de l'hiver; dans nos provinces
du Midi on devrait essayer de mettre en pleine terre, à
bonne exposition, le B. de Bolivie et le B. de Clarke : ils
réussiraient probablement.

BÉJARIA PANICULÉE (Ericacées.) — Hauteur : 1 mètre à
1^m,30; feuilles pointues à bords rougeâtres; fleurs rose
pourpré, odorantes, épanouies de juin à septembre.
Multip. de graines, de boutures et de marcottes sur couche et sous châssis en serre tempérée; terre légère et
nourrissante. — B. à feuilles de Lédon. Hauteur : 0^m,70 à
1 mètre; corymbes irréguliers de grandes fleurs rouges.
— B. tricolore, à fleurs blanches et roses, marquées de
jaune.

BELLE-DE-JOUR. V. *Convolvulus tricolor.*

BELLE-DE-NUIT. V. *Mirabilis.*

BELLE-D'ONZE-HEURES. V. *Ornithogale.*

BELLIS PERENNIS, *petite Marguerite, fleur de Pâques* (Composées). — Tout le monde la connaît. Elle offre des variétés rouge foncé, rouge pâle, à fleurs en tuyaux rouges ou blancs ; prolifère, etc., etc. Donnez-lui une terre fraîche, légère, à demi ombragée et relevez-la chaque année si vous ne voulez pas qu'elle dégénère.

BENZOIN ODORIFÉRANT (Laurinées). — Fleurs jaunâtres en mai. Pleine terre légère ou de bruyère ; exposition tempérée. Multip. de graines sur couche tiède et de marcottes par incision.

BERBÉRIS VULGARIS *Epine-vinette* (Berbéridées). — Fleurs jaunes au printemps ; fruits jaunes, rouges ou bleus persistant en hiver. Pleine terre. — E. à fruits doux. — E. à feuilles arrondies. — E. à feuilles de houx, à feuilles de buis. — E. à feuilles d'Empetrum. — E. de Darwin, etc.

BERTOLONIE MARBRÉE (Mélostomacées). — Brésil. Vivace ; feuilles d'un vert foncé avec larges taches blanches ; fleurs roses réunies au sommet d'un scape radical. Serre chaude. — B. bronzée ; Brésil ; à feuilles vertes avec reflets métalliques. Serre chaude. — B. Guttata ; Brésil ; à feuilles parsemées de points roses. — B. Margaritacea ; Brésil ; à feuilles parsemées de taches blanches. Serre tempérée.

BETONICA ORIENTALIS, *Bétoine du Levant* (Labiées). — A feuilles d'un vert pâle ; à fleurs d'un pourpre pâle. — B. à grandes fleurs, de Sibérie ; tiges velues ; feuilles cordiformes ; fleurs roses accompagnées de grandes bractées. — Multip. de graines et d'éclats. Terre ordinaire. Bordures.

BETULA ALBA, *Bouleau commun, Bois à balais* (Bétulinées). — Hauteur : 13 à 16 mètres ; se contentant même d'un sol très-aride, quoiqu'il préfère un terrain frais et substantiel; insensible aux froids et aux chaleurs de nos climats, son bois est propre aux ouvrages de tour : son écorce sert à tanner les cuirs ; sa séve donne une liqueur assez agréable. — B. lenta ; B. odorant. Amérique méridionale ; on le greffe sur le Bouleau commun ; terre fraîche et profonde. — B. à feuilles de peuplier. — B. noir. — B. à canot. Les sauvages de l'Amérique du Nord construisent de préférence leurs légers canots avec l'écorce de ce bouleau.

BIGNONIA CAPREOLATA, *Bignone à vrilles* (Bignoniacées). — Belle plante grimpante, flexible, à feuilles géminées et persistantes, à fleurs d'un rouge fauve, épanouies en mai-juin ; capable de résister aux rigueurs du froid avec le secours d'une litière placée sur son pied. — Bignone à grandes fleurs safranées, juillet et août. — B. grimpante, Jasmin de la Virginie avec grappes de fleurs, d'un rouge vermillon ; ses tiges s'accrochent facilement aux arbres et aux murailles. — Multip. par graines, semées sur couche ou mieux par tronçons de racines.

BILLARDIERA SCANDENS, *Billardière sarmenteuse* (Pittosporées). — Australie. Hauteur : 0m,60 à 1 mètre ; rameaux grimpants; fleurs d'un vert-jaunâtre. Terre de bruyère ou terre légère. Serre tempérée. Multip. de graines et de boutures. — B. à longues fleurs, d'un jaune pâle ; épanouies en juillet. Serre tempérée. Terre de bruyère.

BILLBERGIA PYRAMIDAL (Broméliacées). — Brésil. Hauteur : 0m,40 ; fleurs verdâtres, avec bractées couleur lie de vin. Même culture que les Orchidées épiphytes. — B. à fleurs versicolores; fleurs d'un joli rose, avec teinte azurée à la pointe des pétioles. — B. de Morel; fleurs bleues.

BLAKEA TRINERVIA, *Mélier à trois nervures* (Mélastomacées). — Hauteur : 4 à 5 mètres ; grandes fleurs roses, solitaires, épanouies en juillet-août. Serre chaude; terre légère.

BLITUM CAPITUM, *Épinard-Fraise, Blète capitée* (Chénopodées). — Europe. Fleurs peu remarquables ; épanouies depuis mai jusqu'en août; fruits assez semblables à des fraises. Semis en place avril-mai.

BOBARTIE orangée (Iricées). — Afrique. Fleurs jaune-orange. Multip. par séparation des bulbes. Terre franche ; châssis froid.

BOLTONIA asteroïdes, *Boltonie à feuilles d'Astère* (Composées). — Plante vivace et rustique, de 0^m,60 à 1 mètre; fleurs en panicules, à rayons blancs sur disque jaune; d'août en octobre. Terre humide et légère. Multip. de graines et d'éclats.

BOULEAU. V. *Betula*.

BOULE-DE-NEIGE. V. *Viburnum opulus*.

BOURRACHE orcanette. V. *Lithospermum*.

BOUSSINGAULTSIA baselloïde, *Boussingaultie à feuilles de Baselle* (Chénopodées). — Plante sarmenteuse, à épi de fleurs blanches très-odorantes; utile comme garniture de treillage et de murs. Multip. de boutures de tiges et de tubercules que vous aurez soin de conserver l'hiver dans un lieu sain et que vous planterez fin avril.

BRACHYCOME a feuilles d'ibéride (Composées). — Plante annuelle, à capitules radiées, d'un fort joli bleu. Variété à fleurs blanches ; semer sur couche en mars, repiquer en pots ou en place au printemps.

BRANC-USINE. V. *Acanthus*.

BROUSSONNETIA papyrifera, *Mûrier à papier* (Morées). — Fleurs mâles en chatons, fleurs femelles en petites têtes verdâtres; le calice laisse sortir, en automne, des filets rouges séminifères. Multip. de graines, de greffes et de marcottes, en tout terrain.

BROWALLIA elata, *Broualle élevée* (Scrophularinées). — Plante annuelle du Pérou, à fleurs d'un blanc-bleu violacé, à tube jaune. Variété blanche. Terre légère et nourrissante; exposition au Midi. Multip. de graines en mars-avril, sur couche, pour repiquer vers la mi-mai.

BRUNELLE a grandes fleurs (Labiées). — Vivace.

Fleurs pourpres, bleues ou blanches, très-grandes, renflées, épanouies en juillet. Terre légère et pierreuse, non humide. Multip. de graines en avril-juin ou d'éclats.

BRUYÈRE. V. *Erica.*

BRYONIA dioïca, *Couleuvrée, Vigne blanche* (Cucurbitacées). — Plante vivace, indigène, grimpante; fleurs dioïques, d'un blanc jaunâtre; fruits d'un beau rouge; recherchée pour treillages, tonnelles et berceaux. Semis en avril-juin; mise en place à l'automne.

BRYONOPSIDE a fruits rouges (Cucurbitacées). — Asie. Hauteur : 0ᵐ,40 à 1 mètre; fruits de la grosseur d'une cerise, d'abord d'un vert blanchâtre, puis d'un rouge carminé. Multip. de graines en avril.

BRYOPHYLLE a grand calice (Crassulacées). — Australie; grandes fleurs verdâtres, pourpres à la base, d'un rouge sombre au sommet. Multip. de boutures au printemps, sur couche et sous cloche.

BUDDLÉIE globuleuse (Scrophularinées). — Amérique du Sud. Hauteur : 2 à 3 mètres; petites fleurs odorantes, d'un jaune doré. Multip. de graines, de marcottes et de boutures; orangerie pendant les deux premières années; pleine terre ensuite, mais avec couverture pendant l'hiver. — B. à feuilles crépues; Asie centrale. Fleurs lilas, odorantes. — B. de Madagascar; fleurs d'abord d'un jaune clair; puis d'un jaune foncé. — B. de Lyndley; Asie centrale; fleurs lie de vin en dehors, d'un pourpre-violet au dedans. Multip. de boutures et d'éclats. Terre légère. Exposition chaude.

BOUGAINVILLE fastueux (Nyctaginées). — Brésil. Fleurs d'un jaune-soufré, accompagnées de bractées, d'abord vert-lilas, puis d'un rose violacé, très-vif. Serre chaude. Multip. de boutures. Tailler ses tiges gourmandes qui s'emportent facilement et diminuent le nombre de fleurs. — B. Splendens; assez semblable à la précédente, mais avec des bractées d'un rose vif. Même culture.

BUGLOSSE. V. *Lithospermum sericeum.*

BUGLOSSE d'Italie. V. *Anchusa italica.*

BUGRANE. V. *Ononis à feuilles rondes.*

BUIS. V. *Buxus.*

BUISSON ARDENT. V. *Cratægus.*

BUPHTALME a grandes fleurs (Composées). — Indigène. Vivace. Haut de 0^m,50; grandes fleurs jaunes radiées, en été. Mult. d'éclats ou de graines en terre franche, légère, bien exposée.

BUPLÈVRE frutescent, *Oreille de lièvre* (Ombellifères). — Arbrisseau de 1^m,30 à 1^m,60; feuilles persistantes; petites fleurs jaunes en ombelles, juin-août. Sol un peu humide; mi-soleil. Multip. de graines, marcottes et boutures.

BUTOME a ombelle, *Jonc fleuri* (Butomées). — Indigène. Haut de 1 mètre; fleurs roses, gracieuses et durables, en juillet. Multip. d'éclats; terrain humide et bord des eaux.

BUXUS sempervirens, *Buis commun* (Euphorbiacées). — Indigène, à feuilles persistantes; fleurs blanchâtres de peu d'apparence en avril. Bois très-recherché pour les ouvrages de tour. Variétés à feuilles maculées de jaune et de blanc. Terre légère de préférence. Multip. de graines pour l'espèce; de marcottes, de boutures ou de greffes, pour les variétés.

CACALIE écarlate (Composées). — Originaire de Java. Haute de 0^m,35; capitules de fleurs rouges, ayant quelque ressemblance avec les Roses-Pompon, juillet-septembre. Semis sur place, en avril-mai.

CACTUS. V. *Cereus, Epiphyllum, Mamillaria.*

CAFÉIER. V. *Coffea arabica.*

CAJOPHORE a fleurs rouges (Loasées). — Chili. Larges fleurs rouge-brique; fruits en spirale. Multip. de graines ou de boutures. Semis en mars, sur couche; mise en pleine terre en mai; exposition froide.

CALADIUM bicolor (Aroïdées). — Brésil. Feuilles en

bouclier, rouges au centre, vertes au bord. Serre chaude. Multip. de graines et de rejetons. Dépoter chaque année en avril. — C. odorant, à fleurs verdâtres parfumées. Serre chaude. — C. peint, à fleur parsemée de taches blanches irrégulières. — C. à feuilles en cœur, spathe blanche. Multip. par les drageons du pied. Terre franche, un peu humide. Serre chaude. — C. violacé, vivace. Feuilles d'un vert glauque en dessus, d'un violet rougeâtre en dessous. — C. argyrites ; son nom, tiré du grec indique les larges taches d'un blanc argenté qui couvrent ses feuilles. — C. argoyrspilum, avec tache rouge au centre du limbe et taches d'un blanc mat sur le reste des feuilles d'un vert luisant. — C. de Brongniart; limbe à nervures, d'un rose vif; lignes noires sur le pétiole. — C. Perrieri, à feuilles d'un vert vif avec macules rouges. — C. Chantinii, nervures d'un rose vif sur un fond vert. — C. Wigtii, taches roses ou blanches, sur un fond vert velouté. — C. Schœlleri, à nervures pointillées de blanc se détachant sur un fond vert

CALAMINTHA grandiflora, *Calaminthe à grandes fleurs* (Labiées). — Vivace, à fleurs d'un beau rose-pourpre; épanouies de mai en septembre. Multip. de graines et d'éclats; terre légère. — C. écarlate. Serre tempérée. Multip. d'éclats et de boutures.

CALANDRINIA umbellata, *Calandrine à ombelle* (Portulacées). — Originaire du Chili; fleurs d'un joli rose-violet en grappes; employée en bordures et en massifs; semez en avril ou en mai, et vous aurez des fleurs en juillet-septembre.

CALCEOLARIA, *Calcéolaire* (Scrophularinées). — Doit son nom à la forme de ses fleurs jaunes, violettes, etc., qui ressemblent à un sabot (calceolus). Les espèces ligneuses se multiplient de boutures étouffées et d'éclats enracinés; les espèces herbacées se multiplient par la division des touffes. Préférez le semis que vous ferez au printemps ou en automne, en terre de bruyère humide, à une chaleur modérée. Bien drainer le fond et garnir de terre de bruyère. Semer et couvrir légèrement de sable fin. Battre un peu le dessus pour que la graine reçoive la mouillure plus facilement. Ne pas laisser sécher la surface ; le semis devra être fait à demi-ombre. Repiquer les jeunes plants à leur quatrième feuille dans du terreau ou sous châssis. Lorsque les jeunes plants auront assez de force, les mettre dans des pots de 0ᵐ,10. La terre qui leur convient de préférence est un mélange d'un tiers de terre de bruyère, d'un tiers de terreau et d'un tiers de terre franche. Rempotage en novembre et en décembre dans des pots de 0ᵐ,20. Avoir soin de laisser beaucoup d'air et de lumière. Fumer ses plants tous les jours pour les préserver des pucerons.

CALENDULA officinalis, *Souci des jardins* (Composées). — Annuel. Fleurs d'un jaune safrané très-vif. Semez en septembre, en mars ou en juin, en terre franche, légère, bien exposée. — S. à bouquets. — S. de Trianon. — S. de la Reine. — S. Anémone.

CALIMERIS incisa, *Calimérides à feuilles incisées* (Composées). — Originaire de Sibérie ; grandes fleurs d'un lilas clair, qui se succéderont jusqu'en octobre, si vous coupez les tiges épuisées. Terre ordinaire ; séparation des touffes.

CALLIRHOE pedata, *Callirhoé à fleurs pourpres* (Malvacées). — Hauteur : 0ᵐ,60. Fleurs d'un pourpre vif, à œil blanc, en juillet-octobre. Semez en mars sous châssis, repiquez à la mi-mai.

CALLISTEPHUS hortensis, *Reine-Marguerite.* — Si répandue, si facile à cultiver, si prodigue de ses charmantes fleurs unies, ou panachées de bleu, de pourpre, de blanc, depuis juillet jusqu'aux gelées. Multip. par semis faits en mars-avril et au commencement de mai ; mise en place dès l'apparition des premières boutures. Bon terrain. Distance : 0ᵐ,25 entre chaque pied. Très-recherchée pour les corbeilles et les plates-bandes. Beaucoup de variétés : la Naine hâtive, la Double, l'Anémone à tuyaux.

CALLITRIS a quatre valves (Conifères). — A fruit quadrangulaire. Orangerie ; terre franche. Multip. par graines.

CALODRACON noble (Liliacées). — Japon. Feuilles à bandes rouge-amarante. Multip. de boutures. Serre tempérée. — C. à feuilles pourpres (Chine). Hauteur : 0ᵐ,90 à 1ᵐ,30 ; à feuilles rouges ou panachées ; à fleurs purpurines ; épanouies en juin. Serre tempérée. Mult. de boutures. — C. Rouillé.

CALTHA palustris, *Populage des marais, Souci d'eau* (Renonculacées). — Indigène. Vivace. Hauteur : 0ᵐ,34. Feuilles cordiformes ; fleurs d'un jaune vif, épanouies en mai, en septembre. — C. à fleur double.

CALYCANTHE de la Caroline, *arbre aux Anémones* (Calycanthées). — Arbrisseau de 2 mètres à 2ᵐ,50 ; à fleurs d'un beau rouge brun. Multip. de rejetons ou de marcottes par incision, que vous ne lèverez que la deuxième année. Terre fraîche et légère, ou terre de bruyère. — C. glauque. — C. à feuilles lisses. Même culture.

CALLYSTEGIA de la Dahourie (Convolvulacées). — Tiges volubiles, rameuses, de 2 à 3 mètres ; fleurs d'un rose foncé, en forme d'entonnoir, épanouies en juin-octobre ; — recherchée pour berceaux, tonnelles, etc. Multip. par division de racines.

CAMELIA japonica, *Camellia du Japon* (Ternstrœmiacées). — Introduit en France en 1786. Hauteur : 6 ou 7 mètres ; en jardin d'hiver ou en pleine terre dans les pays tempérés. On en compte plus de 700 variétés à fleurs doubles, blanches, rouges, roses, panachées. Employez la terre de bruyère à laquelle vous ajouterez un peu de terreau de feuilles ; vous sèvrerez vos Camellias au bout d'un an et vous les empoterez ; l'année suivante ils seront bons à greffer ; arrosements d'eau de pluie ou de rivière, peu fréquents en hiver, assez abondants en été. Vous sortez les Camellias de serre en juillet et leur laissez faire, sous verre, la pousse de printemps, à mi-ombre, en lieu bien aéré. Si vous voulez vous procurer des sujets par boutures, coupez sur les pieds à fleurs simples, des rameaux de l'année précédente de la longueur d'environ 0ᵐ,12 et plantez dans des terrines de terre de bruyère bien fine, recouvertes d'une cloche, dans la tannée d'une bâche ombragée ; enlevez la buée de l'intérieur, de temps en temps, et bassinez avec réserve. Les nouvelles variétés s'obtiennent par graines, malgré le dire contraire de certains horticulteurs. Les Camellias aiment le soleil et se flétrissent à l'ombre. Le rempotage se fait de préférence en février ou en juillet.

Citons quelques variétés : Camellia Adrien Lebrun, rose-cerise mêlé de brun. — C. Bella Romana, blanc-rose strié carmin. — C. Bice-Rosazza, blanc d'ivoire maculé de rouge-sang. — C. Candidissima imbricata, d'un blanc très-pur. — C. Beauty of Hornsey, d'un rose vif avec petites veines blanc-lilas. — C. baron de Vrière, rose blanchâtre au centre avec veine cramoisi. — C. Archiduchesse Marie, d'un rouge vif avec raies blanches. — C. bijou de Firenze, strié de blanc au centre, rouge à la circonférence. — C. Carlota Pappudoff, blanc rayé de rouge. — C. Chandlerii elegans, grande fleur rose bien étalée. — C. Cimarosa, rose avec lignes blanches. — C. Colletii, rouge-sang avec taches blanches. — C. comte de Chambord, rouge vif et velouté. — C. comtesse Marianna, d'un rose très-pur. — C. cup of Beauty, blanc laiteux avec lignes roses. — C. de la Reine, fond blanc avec laque. — C. duc de Bretagne, rose avec taches blanches. — C. duchesse d'Orléans, blanc rosé avec carmin. — C. Étoile polaire, blanc, strié de carmin. — C. G. Franchetti, rose pâle avec taches blanches et taches carminées. — C. imperator, très-grand vermillon incarnat. — C. impératrice Eugénie, rouge clair avec veines plus foncées. — C. Iride, centre clair se détachant sur un rouge vif. — C. Japonica alba marginata, feuillage panaché. — C. Jubile, centre jaune clair se détachant sur un blanc de chair. — C. Napoléon III, blanc pur avec veines roses. — C. van Dyck, rouge-cerise avec lignes blanches. — C. Vittorio Alfieri, rose vif, centre rayé de blanc. — C. Voltaveredo, rose tendre au centre, rose vif à la circonférence. — C. reine des beautés, rose clair. — C. Rubens, rose foncé avec lignes blanches.

CAMOMILLE. V. *Anthemis parthénoïdes.*

CAMPANULA MEDIUM, *Violette marine* (Campanulacées). — Bisannuelle ; hauteur : 0^m,65 ou 0^m,70 ; grandes et belles fleurs allongées, d'un bleu-violet plus ou moins pâle, roses ou blanches, velues à l'intérieur, simples ou doubles, Semis au printemps pour repiquer en juillet-août. — C. pyramidale, bisannuelle, rustique ; hauteur : un mètre à 1^m,50 ; belles fleurs bleues en longues grappes et en bouquets, juillet-septembre ; tiges très-flexibles ; terre franche, rocailles, vieux murs, mi-soleil. Variété à fleurs blanches. — C. à feuilles de Pêcher, vivace ; fleurs d'un bleu pâle. Variétés à fleurs blanches simples ou doubles. Semis en mai-juillet pour planter en octobre ou en mars. — C. gantelée, Gant de Notre-Dame ; indigène et vivace ; hauteur : 0^m,70 à un mètre ; fleurs bleues ou blanches en juillet ; on ne cultive que la variété à fleurs doubles, etc.

CANNA INDICA, *Balisier, Canne d'Inde* (Cannées). — Vivace et bulbeuse ; hauteur : 1^m,50 ; fleurs du plus beau rouge, août-octobre. Semez sur couche au printemps ; repiquez le plant en pot vers la mi-juin pour le mettre en pleine terre au printemps de l'année suivante. — C. gigantesque, à fleurs écarlates très-durables ; tige haute de 1^m,70 ; c'est un des plus beaux genres : vous couvrez ses tubercules comme ceux du Dahlia ; vous les divisez par touffes et les replantez au printemps. — C. superbe. — C. comestible. — C. à fleurs bordées. — C. de l'année. — C. du Népaul, etc., etc.

CANNE A SUCRE. V. *Saccharum.*

CANNE D'INDE. V. *Canna indica.*

CANNELIER. V. *Cinnamomum.*

CAPUCINE. V. *Tropæolum.*

CARAGANA FRUTESCENS, *Robinia frutescent, Acacia de Sibérie* (Papilionacées). — Hauteur : 2 mètres ; fleurs jaunes en mai. Semis en terre ordinaire ; multip. de graines ou par greffe. On préfère pour les bosquets l'espèce à grandes fleurs.

CARDAMINE des prés (Crucifères). — Indigène. Vivace ; hauteur : 0m,30 ; fleurs rose-lilas, épanouies en mars-mai. Variété à fleurs doubles. Multip. d'éclats avril-mai.

CARMANTINE. V. *Justicia.*

CAROUBIER. V. *Ceratonia.*

CARTHAME des teinturiers (Composées). — Plante annuelle ; hauteur : 0m,75 ; capitule de belles fleurs safranées. Semis en terre ordinaire au printemps.

CASSE de Maryland (Césalpinées). — Vivace ; hauteur : un mètre à 1m,30 ; fleurs d'un jaune vif, en grappes. Pleine terre. Multip. de graines ou d'éclats, fréquents arrosements.

CASTANEA vesca, *Châtaignier commun* (Quercinées). — V. aux Arbres fruitiers. Nous dirons seulement ici que le C. mérite d'être cultivé comme arbre d'ornement pour son beau et large feuillage et pour sa cime touffue.

CATALPA bignonioïdes, *Catalpa commun* (Bignoniacées). — Hauteur : 9 à 10 mètres ; larges girandoles de fleurs blanches tachées de jaune et de pourpre. Semez au mois de mars en terrines sous châssis ; repiquez en pépinière la deuxième année et mettez en place la quatrième. On le multiplie aussi par boutures ; craint le froid.

CATTLEYA d'Ackland (Orchidées). — Larges et belles fleurs, d'un vert-olive mêlé de rouge et de jaune. Serre chaude ; en caisse suspendue remplie de sphaigne (sorte de mousse très-fine) ou en terre de bruyère mélangée de mousse. — C. Atrina ou Cattleya à fleurs jaunes, tournées vers la terre ainsi que ses feuilles. — C. d'Harrisson. — C. superbe. — C. à deux lèvres. — C. de Skinner. — C. de Moos. — C. élégant. — C. Pinelli. — C. Dowiana. — C. Lobata. — C. Maxima. — C. Janthina. — C. Leopoldii. — C. Amethystina, etc., etc.

CÈDRE du Liban (Conifères). — Remarquable surtout par la grosseur de son tronc et la largeur de sa cime ;

feuilles d'un vert-noir disposées en rosette; gros cônes déprimés. Multip. par graines, semis au printemps en terre de bruyère dans des terrines préservées des ardeurs du soleil, mais tenues dans une chaude humidité; mise en place la quatrième année, en terre nourrissante et profonde. — C. Argenté. — C. Déodar, se greffe sur le Cèdre du Liban.

CÉLASTRE GRIMPANT, *Bourreau des arbres* (Célastrinées). — Hauteur : 4 mètres; tiges volubiles; petites fleurs verdâtres, mai-juin; fruits rouges. Toute terre fraîche et toute exposition. Multip. de graines et de racines bouturées.

CELOSIE A CRÈTE, *Passe-velours* (Amarantacées). — Annuelle; originaire de l'Inde; fleurs rouges ou jaunes, juin-août. Semis sur couche et repiquage en place avec la motte. Variétés à crêtes bizarres; de couleur pourpre-rose, amarante, violette, jaune d'or, etc. Variétés naines.

CENTAURÉE-BLEUET (Composées). — Indigène, annuelle; tout terrain. Semis en automne et au printemps. Variétés de toutes les couleurs, la jaune exceptée. — Centaurea odorante. — Barbeau jaune. — C. de montagne. — C. du Nil. — C. musquée. — C. déprimée. — C. à grosse tête. — C. plumeuse. — C. de Babylone. — C. tomenteuse. — C. à fruit nu. — C. d'Amérique, etc.

CENTRANTHUS RUBER, *Valériane rouge*. — Indigène, vivace; hauteur : 0ᵐ,65; fleurs pourpres, rouges, blanches ou lilas, épanouies, juin-octobre. Multip. d'éclats ou de semis en pépinière, avril-mai. — C. à grosses tiges, formant plusieurs variétés. Très-rustique. Bonne pour bordures. Plusieurs semis dans l'année.

CENTROPAGON DE SURINAM (Lobéliacées). — Hauteur : un mètre à 1ᵐ,30; longues fleurs solitaires d'un beau rouge, épanouies en mars-avril. Multip. de boutures. Serre chaude. — C. à feuilles en cœur (Amérique centrale).

CENTROSTÈME MULTIFLORE (Asclépiadées). — Océanie. Fleurs blanches très-élégantes avec couronne staminale, jaune. Serre chaude. Terre légère et nourrissante.

CÉPHALANTE occidental, *Bois-Bouton* (Rubiacées).
— Amérique du Nord. Hauteur : 2 mètres ; petites fleurs
blanches, épanouies en été. Multip. de graines, de marcottes, de boutures, de racines. Terre de bruyère.

CÉPHALOTUS follicularis, *Céphalote à urnes* (Cépha-
lotées). — Océanie. Feuilles en forme d'urne ; cette plante
rappelle les Sarracénias et les Népenthès ; petites fleurs
blanchâtres peu remarquables. Terre tourbeuse maintenue humide ; serre tempérée. Il est bon de tenir le pot
dans une assiette toujours remplie d'eau.

CÉRASTIUM tomentosum, *Céraiste cotonneux* (Caryophyllées). — Cette plante, vivace, traçante, forme une
touffe arrondie ; fleurs blanches en mai-juin. Semis en
mars, ou séparation des traces ; terrain sec.

CÉRATONIA siliqua, *Caroubier* (Césalpinées). — Arbre de
2ᵉ grandeur ; grappes de petites fleurs, pourpre foncé ;
fruit à pulpe rougeâtre, comestible. Multip. de graines sur
couche ; abriter l'hiver en orangerie.

CERBÈRE des Indes (Apocynées). — Feuilles semblables
à celles du Laurier-cerise ; grandes fleurs, d'un blanc pur
avec tâches rouges ; épanouies en juillet. Multip. de boutures sur couche et sous cloche. Serre chaude. Tannée. —
C. frutescent (Inde). Hauteur : 1ᵐ,60 ; longues feuilles lancéolées ; fleurs roses, tubuleuses ; épanouies en juin-juillet-
août. Serre chaude.

CERCIS siliquastrum, *Arbre de Judée* (Césalpinées). —
Arbre de 3ᵉ grandeur ; petits bouquets de fleurs roses,
très-nombreuses ; en terre légère ; au midi ; multip. de semis
en rayons ; repiquage au printemps, variété à fleurs blanches.

CEREUS, *Cierge* (Cactées). — Cereus à grandes fleurs ;
très-grandes fleurs, en effet, blanches à l'intérieur, jaunes
en dehors, s'ouvrant le soir, répandant la nuit une douce
odeur de vanille, mais fleurs condamnées à mourir le lendemain, dès l'aurore. Serre chaude. Beaucoup d'espèces de
Cereus : Cierge anguleux, C. azuré, C. bleuâtre, C. à crêtes,
C. Fouet, C. à grandes fleurs, C. élevé, C. de Hooker,

C. Martin, C. pectiné, etc., etc. Multiplication facile par boutures de tiges ou de rameaux, dont il faut d'abord laisser la plaie se sécher,

CERISIER a fleurs doubles (Rosacées). — Beaux bouquets de fleurs grandes, pleines, d'un blanc pur. — C. Laurier-cerise, petites fleurs blanches; fruits noirs; ses feuilles sont un poison qu'on a tort d'employer pour donner au lait un goût d'amande. Multip. de graines et de marcottes. Exposition ombragée.

CÉROPÉGIE de Cuming (Asclépiadées). — Océanie; fleurs longues de 0^m,04 à 0^m,06, d'un brun-pourpre avec raie verte. Serre chaude; terre légère; supports. Multip. de boutures étouffées. — C. candélabre (Malabar). Fleurs brunes velues. Même culture.

CÉROXYLON des Indes (Palmiers). — Une partie de son stipe se couvre de cire. Serre tempérée; plein air dans nos provinces méridionales.

CESTRUM ou *Galant de jour* (Solanées). — Cuba. Hauteur : 2 mètres à 3^m,50; belles fleurs blanches parfumées, épanouies en novembre. — Galant du soir. Hauteur : 2 mètres à 3^m,50. Fleurs violâtres, épanouies de mai en juillet, exhalant, au coucher du soleil, une délicieuse odeur de vanille. — G. nocturne; fleurs verdâtres s'ouvrant la nuit, en novembre. Ces trois Cestrum sont de serre chaude. — G. à grandes feuilles. Hauteur : 2^m,50; fleurs jaune-soufre, ouvertes en septembre-novembre. Multip. de graines, de marcottes et de boutures. Serre chaude. — Cestrum à baies noires. Hauteur : un mètre à 1^m,30; fleurs jaunâtres, exhalant une douce odeur de jasmin pendant la nuit. Plein air. — C. à fleurs roses. Fleurs d'un rose pâle portées sur de longs pédoncules. Multip. de graines et de boutures; serre tempérée. — C. à fleurs orangées. Hauteur : 1^m,90 à 2 mèt.; fleurs jaune-citron, fruits blancs. Multip. de graines.

CHÆNOMELES japonica, *Coignassier du Japon* (Rosacées). — Hauteur : un mètre à 2 mètres et plus; larges fleurs, d'un rouge foncé; épanouies en avril-mai. Variétés

17.

à fleurs d'un blanc légèrement teinté de rose, à feuilles panachées de rose et de blanc; à fleurs doubles. — C. umbilicata, à fleurs roses, à fruits ombiliqués, répandant une agréable odeur de violette. Terre de bruyère. Multip. de boutures de racines ; à l'ombre.

CHÆNOSTOMA A FLEURS NOMBREUSES (Scrophularinées). — Afrique. Fleurs rose-lilas, à gorge jaune, épanouies tout l'été. Multip. de semences et de boutures, en mars ; terre légère ou terre de bruyère. — C. fastigié, petites fleurs rougeâtres; épanouies en juillet-octobre. Même culture. — C. velu, fleurs rose-lilas, à disque jaune ; épanouies tout l'été.

CHAMÆDOREA DE SCHIEDE (Palmiers). — Mexique. Hauteur : 2 mètres; stipe de la grosseur du doigt; serre tempérée ; terre franche, légère. Multip. de graines et de drageons. — C. élevé, même culture. — C. aurantiaca, dont les régimes rouges ou orangés ressemblent à de jolis rameaux de corail.

CHAMÆROPS humilis, *Palmier nain* (Palmiers). — Originaire des régions méditerranéennes. Hauteur : 6 mètres et plus; feuilles en éventail à neuf digitations, longues; petit régime à l'aisselle des feuilles. Multip. par graines et par œilletons.

CHARDON-MARIE. V. *Silybum Marianum.*

CHEIRANTHUS cheiri, *Giroflée jaune*, *Violier*, etc. (Crucifères). — Indigène; bisannuelle, très-perfectionnée par la culture. Semis en terre bien meuble, repiquage en pépinière, mise en place à l'automne. Parmi les plus belles variétés à fleurs doubles, citons : la G. brune. — La G. pourpre. — Le Bâton d'or.

CHEVEUX DE VÉNUS. V. *Nigelle de Damas.*

CHÈVREFEUILLE. V. *Lonicera.*

CHRYSANTHEMUM coronarium, *Chrysanthème à couronnes* (Composées). — Annuel. Haut. de 0ᵐ,65; fleurs blanches ou jaunes en capitules solitaires, juillet-septembre. Multipl. de graines en place, avril-mai ; terre franche et

légère. — C. à grandes fleurs, capitules à rayons blancs.
C. caréné. — C. frutescent, etc., etc. Multipl. de boutures et
de graines semées au printemps sur couche et sous cloche.
Rentrer l'hiver en orangerie, etc.

CIERGE. V. *Cereus.*

CINÉRAIRE A FEUILLES DE PEUPLIER. — Canaries. Fleurs
à disque et à rayons jaunes; terre légère. Même culture
que la Cinéraire pourpre. Multipl. de boutures en été ou
de rejetons au printemps.

On active la floraison des Cinéraires en les arrosant à
partir du mois de mars, une fois par semaine, avec le
guano du Pérou : 500 gram. par 100 litres d'eau. Drainer
le fond des pots pour éviter l'humidité funeste à ces
plantes ; beaucoup d'air et de lumière. Les gelées tuent
les Cinéraires. Massifs dans les jardins, dans les appartements, etc. Rentrée en serre tempérée vers le 15 décembre (Voy. encore *Séneçon*).

CINÉRAIRE MARITIME (Composées). — Indigène ; haut. :
$0^m,65$; fleurs d'un beau jaune, épanouies tout l'été. Exp.
au midi. Terre substantielle ; peu d'arrosements. Semis
en juin-juillet en terreau végétal criblé avec soin. Repiquage en pot hiverné sous châssis. Mise en place en mai ;
orangerie dès l'automne. — C. Pourpre vivace ; h. : $0^m,35$
à un mètre. Rayons d'un pourpre clair, disque d'un pourpre plus foncé. C'est la Cinéraire pourpre qui a fourni,
par ses semis, des Cinéraires à fleurs roses, pourpres, carminées, lilas, violettes, blanches, d'un bleu d'azur ou
d'un bleu tendre et les Cinéraires hybrides aux couleurs
si variées.

CINNAMOMUM, *Cannellier* (Laurinées). — Haut. : 6 à
10 mètres. Petites fleurs dioïques, blanchâtres, disposées
en panicules axillaires ou terminales. Multipl. de marcottes et de boutures. Serre chaude. Son écorce s'appelle
Cannelle dans le commerce.

CITRUS AURANTIUM, *Oranger* (Voy. *Arbres fruitiers à
pepins*, 1re partie).

CLARKIA pulchella, *Clarkie gentille* (Œnothérées). — Annuelle. Originaire de la Californie ; hauteur : 0ᵐ,35 à 0ᵐ,65 ; fleurs roses à pétales en croix. Semez sur place au printemps ou à l'automne. — C. Elégante. — C. à fleur pleine. Beaucoup de variétés à fleurs rose-chair, doubles, semi-doubles.

CLÉMATITE odorante (Renonculacées). — Cette plante a des tiges sarmenteuses longues de 6 ou 7 mètres, des grappes de fleurs blanches très-parfumées, épanouies en juillet ; elle perd ses feuilles l'hiver, mais en laissant des racines vivaces qui repoussent au printemps ; elle garnit bien les berceaux, les tonnelles, etc. Multipl. par boutures et marcottes. — C. azurée, originaire du Japon, vivace par ses racines ; grandes et belles fleurs bleues en mai-juillet. Pleine terre franche et légère ; litière en hiver. — C. bicolore ; fleurs blanches mêlées de pourpre. — C. à fleurs bleues, épanouies en juillet-août-sept. Variété à fleurs blanches pourpres. — C. des montagnes ; fleurs blanches odorantes en mai. Marcottes et boutures. — C. Viorne, originaire de l'Amérique du Nord ; vivace par ses racines. Tiges de 2 à 3 mètres. Fleurs pourpres à l'extérieur, d'un blanc jaunâtre à l'intérieur. Semis ou éclats de racines. — C. du Mogol ; fleurs d'abord verdâtres, puis blanches, très-durables. Variété à fleurs doubles. Terre légère, exposée au midi, etc. etc.

CLÉTHRA tomentosa (Ericacées). — Hauteur : 1ᵐ,50 à 2 mètres. Epis de fleurs blanches et odorantes, épanouies en août. Terre de bruyère, situation ombragée. Multipl. de graines ou de marcottes séparées la deuxième année. — C. à feuilles d'Aulne. — C. à feuilles de Chêne.

CLINTONIA charmante (Lobéliacées). — Annuelle. Fleurs bleues épanouies en juillet-août. Semis en pleine terre légère, à mi-ombre, au printemps, sans couvrir les graines.

COBÉE grimpante (Polémoniacées). — Grandes fleurs violettes tout l'été. Terre franche, légère ; exposition au midi ; arrosements fréquents. Multipl. de graines sur couche tiède en mars, ou de marcottes et de boutures en tout temps. Très-employée pour couvrir les berceaux, etc.

COBURGIA MULTIFLORA, *Amaryllis candélabre* (Amaryllidées). — Hauteur : 0ᵐ,70. Fleurs roses portées sur une hampe rouge de sang.

Ces fleurs réunies forment une couronne d'environ 0ᵐ,90 de diamètre. Oignons très-gros. Terre de bruyère mêlée de terreau animal. Multip. de graines et de caïeux. Pleine terre sous châssis, ou serre tempérée.

COCCOLOBA UVIFERA, *Raisinier à grappes* (Polygonées). — Amérique. Arbre d'un bel effet ; fleurs blanchâtres ; serre chaude. — R. Pubescent. Beau feuillage. Serre chaude. Multip. de boutures étouffées. — R. à grandes feuilles ; hauteur : 3 à 4 mètres ; fleurs écarlates. Serre chaude. Multip. de boutures.

COCCULUS LAURIFOLIUS, *Cocculus à feuilles de laurier* (Ménispermées). — Népaul. Beau feuillage d'un vert luisant : petites fleurs assez insignifiantes. Orangerie. Terre légère. Il réussit en pleine terre dans nos provinces du Midi et en Algérie.

COCOS NUCIFERA, *Cocotier* (Palmiers). — Serre chaude. C. Flexueux. Brésil. Base du stipe en forme de massue. Soins ordinaires donnés aux Palmiers.

CŒLOGYNE A CRÊTES (Orchidées). — Indes. Belles fleurs blanches avec teinte jaune vif à la base du labelle. Serre chaude. — C. flasque, fleurs blanches avec teinte jaune à l'intérieur du labelle. Suspendez ces Cœlogynes dans des corbeilles remplies d'un mélange de terre tourbeuse et de mousse ou remplies de sphaigne.

COFFEA ARABICA, *Caféier d'Arabie* (Rubiacées). — Hauteur : un à 5 mètres ; fleurs blanches assez semblables à celles du Jasmin ; terre à oranger, serre chaude ; arrosements fréquents en été ; semis en pots enfoncés dans la tannée ; rempotement annuel.

COLCHIQUE D'AUTOMNE (Mélanthacées). — Plante bulbeuse et vivace ; fleurs roses ou purpurines semblables par leur forme à celles du Crocus ; épanouies en automne ; ses feuilles ne paraissent qu'au printemps suivant. Multip. de graines et de caïeux.

COLLINSIE BICOLORE (Scrophularinées). — Originaire de la Californie. Annuelle. Hauteur : 0m,20 à 0m,33 ; verticilles de fleurs blanches mêlées de rose ou de violet ; semis en place au commencement du printemps ou à l'automne, s'emploie pour bordures. — La C., à grandes fleurs d'un bleu violacé, s'épanouit en juin-juillet. — La C. multicolore, à fleur variée de blanc, de lilas et de violet, produit beaucoup d'effet.

CONVALLARIA MAIALIS, *Muguet de mai* (Liliacées). — Indigène. Vivace ; fleurs blanches très-odorantes, en forme de grelots, épanouies en mai. Multipl. de rejetons ou de racines à l'automne ou au printemps, ou de graines semées en place en avril-juin. Toute terre fraîche et ombragée.

CONVOLVULUS TRICOLOR, *Belle-de-jour* (Convolvulacées). — P. annuelle. Hauteur : 0m,35 ; fleurs solitaires bleues, mêlées de blanc et de jaune-soufre. Semez sur place en mai. Plusieurs variétés : Convolvulus à fleurs blanches. — C. à grande fleur. — C. satiné, liseron de Provence. — L. d'Algérie. — L. à feuilles d'Olivier, etc., etc.

COQUELICOT. V. *Papaver somniferum.*

COQUELOURDE. V. *Anémone.*

CORBEILLE D'ARGENT. V. *Ibéride.*

CORBEILLE D'OR. V. *Alyssum saxatile.*

CORCHORUS JAPONICUS. V. *Kerria.*

CORÉOPSIS DE DRUMMOND (Composées). — Fleurs à rayons d'un beau jaune avec tache brune à la base, disque pourpre. Multipl. de graines ou d'éclats ; mai ou mars-avril.

CORNOUILLER SANGUIN (Cornées). — Indigène. Hauteur : 5 à 6 mètres ; rameau d'un beau rouge ; ombelles de fleurs blanches, épanouies en juin ; bois d'un rouge noirâtre. Multip. de graines, de marcottes, de traces, ou par greffes sur le Cornouiller sanguin. Terre ordinaire ombragée.

CORONILLE DES JARDINS (Papilionacées). — Indigène. Hauteur d'environ 1ᵐ,30 ; fleurs d'un beau jaune mêlé de rouge, au printemps et à l'automne, si on la tond après la première floraison de l'anée. Terre légère demi-ombragée ; séparation des touffes au mois de mars.

CORYDALIS BULBOSA, *Fumeterre bulbeuse* (Fumariacées). — Vivace. Indigène. Grappes de fleurs blanches, pourpres ou gris de lin, en avril. Multip. de graines ou de bulbes. Plusieurs variétés.

CORYLUS, *Coudrier* (Quercinées). — Nous devons nous borner à citer ici parmi les Noisetiers d'ornement : le Corylus du Levant, haut de 14 à 16 mètres ; beau feuillage. Multip. de graines, de marcottes et de drageons (V., pour le surplus, *Arbres fruitiers : Noisetier*).

COSMOS BIPENNÉ (Composées). — Originaire du Mexique. Annuel. Hauteur : 1ᵐ,25 à 1ᵐ,60. Fleurs à rayons rose-violâtre et à disque

Fig. 7. — Coronille.

jaune, épanouies tout l'été. Semis sur couche en février ; repiquage en place en mai.

COTONEASTER, *Néflier cotonneux* (Rosacées). — Fleurs d'un blanc-jaunâtre en avril-mai. Fruits rouges en automne. Culture ordinaire.

CRATÆGUS TORMINALIS, *Sorbier des bois* (Rosacées). — Indigène. Haut de 7 à 9 mètres; corymbes de fleurs blanches en mai; fruits rouges. — L'Aubépine ou Épine blanche; indigène; haute de 10 mètres, vivant des siècles; employée pour les haies. — C. pyracantha, Buisson ardent du Midi haut de 2 mètres; fleurs blanches teintes de rose, en mai; fruits rouge de feu. — Ergot de coq, bouquets de fleurs blanches en mai. — Petit corail; fruits rouge-corail à la fin de l'été. — Azérolier, fruits rouges ou jaunes. Multip. de greffes ou de semences. — Allouchier. Hauteur : 8 à 10 mètres ; fleurs blanches, fruits rouges, etc., etc.

CREPIS ROSE (Composées). — Originaire d'Italie. Annuel. Hauteur : 0^m,25 à 0^m,30 ; grandes et jolies fleurs roses en juin-août. Semis en place à l'automne ou au printemps. Variété à fleurs blanches.

CRESSON DU PÉROU. V. *Tropœolum majus.*

CROCUS PRINTANIER, *Safran des fleuristes* (Iridées). — D'Orient. Fleurs violet-pourpre à stigmates rouge-aurore; desséchées, ces fleurs donnent le safran du commerce. Terre légère et sèche. On relève les oignons de trois ans en trois ans et on les replante en octobre.

CROISETTE A LONG STYLE ou *Crucianelle* (Rubiacées). — Plante vivace, très-rameuse, couchée, formant

Fig. 8. — Cunninghamie lancéolée.

promptement belles et fortes touffes avec fleurs roses qui

se succèdent tout l'été. Multip. de graines, en mai et par séparation des touffes, en mars.

CUNNINGHAMIE ʟᴀɴᴄᴇᴏʟᴇ́ᴇ (Conifères). — Arbre de grandeur moyenne; il se rapproche de l'Araucaria du Brésil; même culture que l'Araucaria imbricata; propagation par drageons. Rustique.

CUPHÉA Cᴏᴜʟᴇᴜʀ ᴍɪɴɪᴜᴍ (Lythrariées). — Petit arbuste à fleurs d'un brun violet à la gorge, avec pétales rouge-vermillon. Serre tempérée. Terre mélangée. Multipl. de graines et de boutures. — C. à fleurs couleur de feu. — C. pourpre varié. — C. faux Siléné à grandes fleurs.

CUPIDONE ᴀ ꜰʟᴇᴜʀꜱ ʙʟᴇᴜᴇꜱ (Composées). — Hauteur : 0ᵐ,40. Fleurs d'un joli bleu. Semis sur couche en avril et mise en place en mai; graines ou éclats. Terre légère; peu d'arrosements; litière, l'hiver.

CYCAS ᴅᴇꜱ Iɴᴅᴇꜱ (Cycadées). — Hauteur : 5 à 6 mètres. Serre chaude. Multip. de graines et de turions.

Fig. 9. — Cyclamen de Perse.

CYCLAMEN ᴅ'Eᴜʀᴏᴘᴇ (Primulacées). — Indigène. Vivace; fleurs purpurines ou blanches, en automne; culture en pot ou en pleine terre légère ou de bruyère; exposition au nord; couverture l'hiver. Semis de graines dès leur maturité. — Cyclamen de Perse ; fleurit de mars en mai. Multiplication par semis en terrines ; les graines sont semées dès leur maturité ; elles lèvent facilement ; après la chute des feuilles repiquez le plant soit en terreau, soit en pleine terre, ou sous châssis. La troisième année, les tubercules sont forts, bien développés et prêts à fleurir.

CYNOGLOSSE omphalodes. V. *Omphalodes verna.*

CYPERUS papyrus, *Papyrus* (Cypéracées). — Haut de 2^m,50 ; ombelle élégante. Multip. par division des touffes.

CYPRIPEDIUM, *Sabot de Vénus* (Orchidées). — Haut de 0^m,35 ; fleurs parfumées, d'un brun-pourpre avec labelle jaune en forme de sabot. Terre de bruyère humide. Multip. par séparation des touffes. — C. barbu. Indes. Grandes fleurs rayées de vert et de pourpre, fond blanc. Serre chaude. Terre de bruyère. — C. gracieux. Indes. Fleur verdâtre en dehors, rouge en dedans, à quatre pétales, dont le supérieur et l'inférieur sont nervés et les deux latéraux ponctués sur les bords. Terre de bruyère en pot. — C. hérissé ; divisions inférieures de la fleur d'un brun noirâtre, les extérieures d'un violet luisant ; hampe rouge. — C. de Veitch ; fleur blanche avec reflet vert, sépale terminal rayé de pourpre. — C. remarquable ; à fleurs blanches, veinées de rose. Pleine terre de bruyère à l'ombre. — C. de Low ; à fleurs où se mêlent gracieusement les nuances jaune tendre, verte, violette. Planter en pots bien drainés ; terre légère. Multip. par la séparation des touffes. — C. pourpré, ligne pourpre sur le sépale supérieur ; pétales et labelle pourpre uni avec lignes d'un pourpre plus foncé. — C. de Stone ; sépales blancs ; labelle rose-violet ; divisions intérieures du périanthe maculées de carmin foncé. — C. admirable ; à fleurs larges 0^m,07, pourpre sur fond jaunâtre ; labelle à deux appendices ; serre chaude. Terre de bruyère en pot.

CYRTANTHERA ghiesbreghtiana, *Cyrtanthère de Ghiesbreght* (Acanthacées). —Mexique. Haute de 4 mètres ; fleurs ponceau ou vermillon ; terre substantielle légère ; multip.

de boutures; serre tempérée; floraison en janvier-février.
— C. à fleurs carnées, réunies en un épi terminal; serre tempérée. Même culture. — C. pubescente, fleurs roses. Même culture. — C. à feuilles de Catalpa, fleurs jaunes. — C. magnifique, fleurs roses ou rouges; toutes de serre tempérée.

CYRTANTHUS A FEUILLES ÉTROITES (Amaryllidées). — Fleurs d'un rouge vif; épanouies en mai ou en septembre. — C. à feuilles obliques, fleurs d'un rouge éclatant et laissant tomber de l'eau en abondance. Multip. par caïeux; terre d'oranger et de bruyère, en pot; serre chaude.

CYTISE AUBOURS, *Faux-Ébénier* (Papilionacées). — Longues grappes de fleurs jaunes; épanouies en mai. Terrain sec; demi soleil. Multip. de graines semées au printemps en terre meuble; mise en place l'année suivante. — C. des Alpes, fleurs jaunes un peu plus grandes et un peu plus tardives que celles du Faux-Ébénier. — C. pourpre, fleurs d'un rouge violet. — C. d'Adam, à fleurs rose-chamois. — C. à fleurs en tête. — C. d'Autriche. — C. de Welden, à fleurs jaune-pâle. — C. du Volga. — C. à fleurs blanches ou Genêt blanc.

D

DAHLIA (Composées). — Cette plante admirable a été apportée du Mexique en France en 1800; elle était simple et de couleur orange; les semis ont donné toutes les nuances du blanc, du rouge, du jaune, pures ou mélangées par teintes délicatement fondues; le bleu seul n'a pas encore été obtenu. On multiplie le D. par bouture, par greffe herbacée, par semis et par tubercules; le dernier de ces moyens est préféré. Il faut planter les tubercules dans une couche tiède, sous châssis, en laissant à chaque portion au moins un œil poussant; vous mettez ensuite en place dans une terre bien ameublie, substantielle et douce, ou dans des pots gardés sous châssis si les gelées vous paraissent encore à craindre; arrosements fréquents, mais modérés en été; tuteurs. Pour obtenir des variétés, il faut greffer en fente sur les côtés du tubercule et le tenir en couche, sous cloche. Semis en mars-avril, repiquage du plant quand il a cinq ou six feuilles; fleurs en juillet, août et septembre. Citons seulement : le Dahlia à fleur de Cosmos, à disque pourpre avec rayons lilas. Multip. de graines et de boutures. — Le D. Decaisne, à disque purpurin avec lignes violettes. — Le D. impérial à demi-fleurons blancs avec disque jaune.

DALEA a fleurs pourpres (Papilionacées). — P. annuelle; haute de 0^m,50; épi de fleurs d'un pourpre-violet, tout l'été. Semis sur couche au printemps, toute exposition, excepté au nord.

DAME d'onze heures. V. *Ornithogalum umbellatum.*

DAPHNÉ lauréole, *Bois-gentil* (Thymélées). — Haut de 0^m,70 à 0^m,80; fleurs verdâtres, odorantes en hiver. Multip. de graines, demi-ombre. — D. Garou. — D. Thymélée des Alpes. — D. Pontique. — D. odorant. — D. des collines, etc.

DATTIER. V. *Phœnix.*

DATURA fastuosa, *Stramoine fastueuse* (Solanées). — Annuelle; haute de 0^m,70. Belles fleurs doubles, d'un blanc violacé. Terre légère mélangée de terreau. Semis en avril, en pleine terre; exposition au midi; arrosements fréquents en été. Variété à fleurs blanches et à fleurs violettes. — D. Métel. — D. faux Métel. — D. cornu. — D. à fleurs jaunes.

DELPHINIUM ajacis, *Dauphinelle des jardins, Pied-d'alouette* (Renonculacées). — Annuelle; hauteur : 0^m,30 à 0^m,40. Fleurs simples ou doubles, rouges, roses, violettes, bleues, réunies en épis; épanouies en juillet. Terre franche. Multip. par graines. — P. d'Alouette, vivace (Sibérie). Hauteur : 1^m,50 à 2 mètres. Fleurs bleu d'azur à pétale supérieur blanchâtre, juin-juillet. Exposition chaude. Multip. de graines et d'éclats, en terre franche et légère. Beaucoup de variétés à fleurs doubles très-remarquables. — D. à grandes fleurs (Sibérie), fleurs bleu; d'azur. Mult. de graines ou d'éclats, en pleine terre. — D. à pétales en cœur; fleurs bleues en dedans, rougeâtres en dehors. Pleine terre. Craint peu la sécheresse. — D. des blés, à fleurs doubles, il a donné des variétés à fleurs doubles, se reproduisant de graines et prenant, comme leur type, toutes les couleurs, excepté le jaune et le rouge. — D. vivace. Hybride. Hauteur : 0^m,70. Fleurs variant du bleu tendre au violet foncé ; pétales noirâtres ou blancs, gorge poilue et veloutée. Multip. d'éclats et de graines semées en février-mars. — D. à grandes fleurs; hauteur : 0^m,50; fleurs indigo foncé, les plus grandes de toutes les variétés obtenues; épanouies de juillet en octobre. Multip. de graines semées en pots, sous châssis, en février-mars. — D. obscur. Vivace. Fleurs bleuâtres; épanouies en juin-juillet. Semis en avril, repiquage en pépinière; mise en place à l'automne ou au printemps; terre légère et sableuse. — D. azuré. Vivace. Fleurs simples ou doubles, azurées. Pleine terre. — D. écarlate; fleurs à divisions intérieures jaunes, à divisions extérieures rouges. — D. de Barlow, à fleurs semi-doubles, d'un azur brillant. Terre légère. Exposition à mi-ombre. Multip. par éclats.

En général, on emploie de préférence les Dauphinelles, soit en massifs d'une seule couleur, soit en massifs de couleurs variées; en bordures, en larges plates-bandes, etc.; on sème en place, en septembre-octobre, ou en mars-avril, en terre légère avec petite couche de terreau répandue sur la graine.

DENDROBIUM ANOSMUM, *Dendrobrion inodore* (Orchidées). — Fleurs d'un joli lilas clair, avec labelle violet-pourpre au centre et marge blanche. Terre tourbeuse et mousse. Corbeille suspendue. — D. bleuâtre; fleurs lilas-bleuâtre, avec labelle cramoisi au centre et marginé de jaune. Serre chaude. — D. à longues feuilles; fleurs rouge-carmin. Serre chaude. — D. à fleurs serrées; à fleurs d'un

jaune clair avec labelle orangé vif. Serre chaude. — **D. de
Dalhousie;** fleurs blanches avec teintes rose tendre et
jaune pâle; deux taches brunes sur la labelle. — **D. noble.** — **D. Pierardii,** etc., etc.

DESMODIUM CANADENSE, *Sainfoin du Canada* (Papilionacées): — Hauteur : un mètre. Feuilles à 3 folioles lancéolées; fleurs pourpre-violacé. Multip. de graines et d'é-
clats, en pleine terre. — S. oscillant, à 3 folioles, dont
l'impaire est la plus grande, et les deux autres sont ani-

Fig. 10. — Œillet.

Fig. 11. — Œillet polymorphe.

mées d'un mouvement continuel, d'autant plus précipité
que la chaleur est plus forte; fleurs bleuâtres avec teinte
orangée sur la carène et aux ailes. Semis sur couche

chaude et sous cloche ; terre légère ; serre chaude.

DEUTZIE crénelée (Philadelphées). — Hauteur : 2 mètres; grandes fleurs blanches réunies en grappes terminales ; épanouies en mai-juin. — D. à feuilles rudes. — D. à fleurs en corymbes. — D. à rameaux grêles. Pleine terre. Multip. d'éclats et de boutures.

DIANELLE bleue (Liliacées). — Hauteur : 0ᵐ,80 à un mètre. Belles fleurs blanches; épanouies en mars. Multip. par la séparation des pieds; terre substantielle; exposition à mi-ombre.

DIANTHUS caryophyllus, *OEillet des fleuristes* (Caryophyllées). — Tiges de 0ᵐ,50 à 0ᵐ,60. Fleurs de plusieurs couleurs, simples, demi-doubles ou doubles. Semis au printemps sur terre de bruyère, repiquage en plate-bande. Pour obtenir des variétés, on prend des graines d'OEillets doubles. Citons : l'OE. de poëte, bisannuel; à fleurs blanches, rosées ou du plus beau rouge. Marcottes éclats ou semis. — OE. flamand. — OE. frisé. — OE. nain et très-nain. — OE. à larges feuilles. — OE. de Gadner. — OE. à feuilles de Pâquerette. — OE. d'Espagne, à fleurs plus grandes que celles du précédent, mais de même couleur. — OE. mignardise, à petites fleurs simples ou doubles, blanches, rouges ou rosées ; très-employé comme bordure. — OE. de Chine, bisannuel, à petites fleurs très-variées de rouge-vif et de pourpre, de violet, panachées, etc. Culture des plantes annuelles. — OE. deltoïdes, à nombreuses fleurs pourpres; employé en bordures. — OE. polymorphe, etc., etc.

Voy. *Insectes nuisibles*. L'OE. a pour ennemi acharné le perce-oreille qu'on attire en lui donnant pour appât des débris de pattes de mouton; il s'enferme le matin dans ces débris dont il est très-friand ; on l'y prend et on l'écrase. Boutures; marcottes en cornet de plomb. Arrosements fréquents. Rentrée aux gelées en orangerie ou en chambres bien aérées.

DICLYTRA. V. *Dielytra*.

DICTAMNUS ALBUS, *Fraxinelle* (Diosmées). — Originaire du midi de la France. Vivace; hauteur : 0^m,70 à un
mètre; feuilles assez semblables à celles du Frêne; grandes
grappes de fleurs purpurines rayées de pourpre-foncé,
en juin-juillet. Multip. d'éclats ou de graines semées dès
leur maturité en terrines ou en plates-bandes; repiquage
en pépinière; mise en place deux ans après. Il sort de toutes les parties de cette plante, surtout en temps chaud,
une huile essentielle volatile, inflammable au contact
d'une allumette en ignition.

DIELYTRA A BELLES FLEURS (Fumariacées.) — Origi-

Fig. 12. — Dielytra de Chine.

naire de l'Amérique du Nord. Vivace. Hauteur de 0^m,28,
grappes pendantes de fleurs roses en mai et en août. Multip. par éclats au printemps ou à l'automne, ou par bou-

tures. Terre légère, exposition chaude. — D. remarquable; fleurs roses mêlées de jaune et de gris de lin; feuilles élégamment découpées comme celles de la Pivoine en arbre. Même culture que la précédente. — Dielytra de Chine, très-élégante et très-fournie.

DIGITALE POURPRÉE, *Gant de Notre-Dame* (Scrophularinées). — Indigène. Bisannuelle. Hauteur de un mètre à 1^m,30; épi pendant de nombreuses fleurs purpurines ponctuées de brun; juin et juillet. Multip. par semis de graines, dès leur maturité; repiquage en octobre. Variétés à fleurs plus pâles. — D. à grandes fleurs; fleurs jaunes tachées de pourpre. — D. ferrugineuse; hauteur un mètre; fleurs grandes, renflées, blanches en dedans, jaunes en dehors. Une terre légère, un peu sablonneuse est préférable pour toutes les Digitales. — D. cotonneuse, à fleurs brunes avec lèvre inférieure pourprée.

DIONÉE ATTRAPE-MOUCHE (Drocéracées). — Originaire de la Caroline (Amérique du Nord), les cils de ses feuilles prennent et étouffent l'insecte qui se pose dessus. Il faut à cette plante, en hiver, une température constante de 7 à 8 degrés centigrades. Multip. de graines semées dès la maturité ou par boutures de feuilles. Terre composée de détritus végétaux, recouverte de mousse, pour maintenir l'humidité.

DIOSCORÉE CULTIVÉE, *Igname cultivée* (Dioscorées). — Originaire de l'Inde; racines cuites, comestibles. Très-recherchée, pour son feuillage persistant, comme ornement des berceaux et des treillages; fleurs blanchâtres peu remarquables. Multip. par division de racines et par bulbilles.

DIOSMA UNIFLORE (Diosmées). — Fleurs ouvertes en étoiles, roses en dessous, blanches en dessus, ciliées sur les bords, épanouies en mai. —D. douteux, à fleurs d'un blanc rose, épanouies de janvier en avril. — D. cilié; bouquets de fleurs d'un pourpre pâle, épanouies au printemps. —D. à larges feuilles. Hauteur: 1^m,25 ; fleurs d'un blanc laiteux, juin-juillet-août. — D. à feuilles ovales ; fleurs d'un blanc pur en dessus, d'un joli rose en dessous avec ligne pourpre passant par le milieu. — D. à fleurs en tête ; hauteur : 1^m,50 à 2 mètres ; fleurs blanches, en juillet.

Les *Diosma* se culitvent en serre tempérée : en terre de bruyère. Multip. par graines semées en pots ; repiquage en septembre.

DIOSPYROS lotus, *Plaqueminier lotus* (Ebénacées). — Hauteur : 7 à 10 mètres ; floraison en juillet. Pleine terre légère et un peu humide. Multip. de graines, semées sur couche tiède en terrines. — P. Kaki ; fleurs blanches ; fruits agréables, connus sous le nom de Figues-caques. Terre de bruyère ou terre franche légère, se greffe en approche sur le précédent. — P. de Virginie, fleurs ver-dâtres en juin ; baies comestibles. Multip. par graines se-mées en terrines, sur couche tiède. Exposition froide. Citons encore : le Diospyros calycilna, le D. pubescens, le D. angustifolia.

DIPLACUS visqueux (Scrophularinées). — Amérique septentrionale. Hauteur : 0^m,50 ; fleurs jaune-orange épa-nouies en juin-octobre. Terre franche mêlée de terre de bruyère et maintenue un peu humide. Multip. de graines semées sur couche chaude et sous châssis. Orangerie, l'hiver. — D. écarlate ; hauteur : un mètre ; fleurs écarlates — D. à grandes fleurs ; fleurs carnées, bien échancrées. Multip. de boutures, d'éclats et de graines.

DISPLADÉNIE a tige noueuse (Apocynées). — Brésil ; fleurs d'un joli rose, épanouies tout l'été. Serre chaude ; terre franche et légère ; arrosements modérés. Multip. de rejetons coupés à leur point d'attache sur le tubercule. — D. à feuilles en queue. Brésil. Fleurs axillaires, d'un rose éclatant avec étoile d'or à la gorge. — D. pourpre noir ; fleurs axillaires en entonnoir, pourpre foncé. Multip. de rejetons.

DIRCA palustris, *Dirca des marais*, *Bois-cuir* (Thymélées). — Amérique du Nord, Grandes fleurs rouges à deux lèvres, la supérieure plus longue. Multip. de boutures. Serre chaude ; terre légère. Citons encore les D. lateritia, magnifica, bulbosa et Blasii ; cette dernière est incontestablement l'une des plus remarquables Gesnériacées.

DISPORUM fulvum. V. *Uvularia*.

DISCIPLINE de religieuse. V. *Amarante*.

DODÉCATHÉON, de deux mots grecs : les *douze dieux ;* *Gyroselle de la Virginie* (Primulacées). — Gracieuse plante, à racine vivace, à rosette de feuilles radicales d'où sort, au printemps, une hampe haute de 0ᵐ,30 à 0ᵐ,35, portant à son extrémité un bouquet d'une douzaine de jolies fleurs roses, pendantes ; terre légère. Multip. par graines, semées dès leur maturité, et par division des racines.

DORONIQUE a feuilles en cœur (Composées). — Originaire des Alpes. Vivace et rustique ; haute de 0ᵐ,65 ; grandes fleurs jaunes, solitaires, en juin. Toute terre et toute exposition. Multip. d'éclats. — D. du Caucase, fleurs d'un jaune vif au printemps ; multip. par éclats de touffes.

DRACÆNA, *Dragonnier* (Liliacées-Asparaginées). — Arbre de grandes proportions. Serre tempérée ; terre substantielle un peu humide. Multip. de rejetons et mieux de graines. Boutures de feuilles avec talon, sur couche chaude et sous cloche. Les vieilles tiges dépourvues de feuilles peuvent être bouturées par portions de 0ᵐ,10 à 0ᵐ,15 de longueur ; comme les Yuccas, les Dracænas donnent des turions ou bourgeons souterrains que l'on place dans des terrines à la température de 30 degrés centigrades ; dès que les turions sont développés de quelques centimètres, rempotez-les pour être placés en pleine terre, sur couche chaude, fin d'avril, commencement de mai. — D. à feuilles entières. — D. à nervure rouge. — D. à feuilles de Balisier. — D. de Rumph. — D. en parasol. — D. lilas.

DRACOCÉPHALE d'Autriche (Labiées). — Vivace ; haut

de 0^m,30 ; fleurs d'un bleu tendre, en long épi, juillet-septembre. — Semer, en avril, en pépinière; planter fin mai. — Dracocéphale de Moldavie. Annuel ; hauteur 0^m,70 ; fleurs purpurines, en épi feuillé, juillet; etc., etc.

DRYADE A HUIT PÉTALES (Rosacées). — Originaire des Alpes ; jolies fleurs bleuâtres, en juin. Multip. par séparation des touffes, en septembre ; exposition au nord.

DUCHESNEA, FRAISIER DE L'INDE (Rosacées). — Fleurs jaunes tout l'été ; très-employé pour garnir les glacis et pour palisser, car il trace beaucoup. Tout sol lui est bon.

E

ECCREMOCARPE RUDE (Bignoniacées). — Originaire du Chili. Hauteur : 5 à 6 mètres ; grappe latérale de fleurs tubuleuses, écarlates ; épanouies en juillet-août. Expos. chaude ; couverture l'hiver. Semis en couche, en mars.

ECHINOCACTE DE CACHET (Cactées). — Nombreuses fleurs d'un jaune brillant ; serre chaude ou bonne serre tempérée ; terre substantielle mélangée de terre de bruyère ; arroser fréquemment en été, tenir au sec en hiver. — E. aux cent dards. Rosace de fleurs jaunâtres avec nuance purpurine. — E. dénudé ; grande fleur blanche. — E. gibbeux. Fleurs blanches avec bande rose. — E. agréable ; fleurs jaune-orangé, larges de 0^m,08, épanouies en juin. — E. porte-cornes ; épines purpurines ; fleurs violet-pourpre, à bords nacrés. — E. à épines foliacées ; petites fleurs jaunâtres. — E. d'Otto ; gracieuse rosace de fleurs jaune-citron. — E. varié ; fleurs rose violacé avec ligne purpurine. — E. à mille points ; belles fleurs d'un jaune d'or ; couleur noir d'ébène à l'extrémité des pétales extérieurs. — E. à mamelons ; fleurs jaune-paille, garnies à leur base d'un duvet fin. — E. de Mourille : fleurs blanches réfléchies. — E. multiflore ; fleurs blanches avec

ligne rose sur chaque pétales. — E. à mamelons hexaè-
dres ; fleurs d'un blanc argenté.

Il faut à toutes ces plantes une serre chaude ou tempérée ; une terre nourrissante mélangée de terre de bruyère ;
arrosements fréquents en été ; pas d'arrosements en hiver.

ÉCHINOPS RITRO (Composées). — Indigène. Vivace.
Hauteur, 0^m,70 ; jolies fleurs bleues réunies en tête globuleuse, épanouies en juillet ; semis en mars ; toute terre ;
exposition chaude. — E. à tête ronde, indigène, vivace ;
hauteur : 2 mètres ; grosses boules de fleurs d'un bleu clair.
— E. de Russie, vivace ; hauteur : un mètre et plus ; fleurs
bleu d'azur réunies en boule épineuse, épanouies de juillet en septembre.

ÉCHINOPSIDE D'ÉYRIÉS (Cactées). — Mamelons cotonneux armés d'épines et sur lesquels naît, en été, une fleur
d'un jaune verdâtre, longue de 0^m,15 à 0^m,22, avec teinte
d'un blanc pur sur les divisions du limbe. — E. à côtes
aiguës ; fleur rose. — E. prolifère ; fleurs violacées.

Il faut aux Echinopsis une serre tempérée, une terre
nourrissante, des rempotages souvent répétés, des arrosements fréquents en été, nuls ou presque nuls en hiver.

ÉCHITÈS ODORANT (Apocynées). — Amérique méridionale. Fleurs blanches en entonnoir, odorantes, épanouies
en juin-juillet. Multip. de graines ou de boutures. Pleine
terre franche ; serre froide ou tempérée. — E. de San-
Francisco, fleurs en entonnoir, rose-violacé avec étoile
verdâtre sur la gorge. Serre chaude ; terre légère ; —
E. splendens. — E. spicata. — E. paniculata. — E. hir-
suta, etc., etc.

ÉCHIUM CANDICANS, *Vipérine blanchâtre* (Borraginées).
— Madère. Hauteur : 2 mètres. Grappes de fleurs bleues
en juillet et septembre. — Variétés à grandes fleurs, fleurs
rose tendre, épanouies au printemps.

Les Vipérines veulent une terre légère, une exposition
chaude, des arrosements répétés en été ; des rempotages

au fur et à mesure que ces plantes grandissent. Serre tempérée en hiver.

EDWARDSIE A GRANDES FLEURS (Papilionacées). — Hauteur : 3 à 4 mètres. Grappes pendantes de fleurs jaunes, épanouies en avril et mai. — E. à petites feuilles; fleurs plus grosses, mais moins allongées que celles de la précédente; épanouies en avril-mai.

Pour ces deux plantes : terre légère, orangerie. Multip. de graines semées sur couche.

ÉGLANTIER. V. *Rosier*.

ÉLÆGANUS ARGENTÉ, *Olivier de Bohême* (Éléaginées). — Petites fleurs jaunâtres assez insignifiantes en juin; fruits en forme d'olives; jolies feuilles argentées. — E. à rameaux réfléchis; feuilles à éclat métallique; fleurs en octobre.

ÉLÆOCARPE BLEU (Éléocarpées). — Australie. Hauteur : un mètre. Grappes de fleurs blanches pendantes, à pétales frangés; fruits bleu-indigo, en forme d'olives. Terre de bruyère. Multip. de boutures; serre tempérée l'hiver.

ÉLYME DES SABLES (Graminées). — Europe. Vivace; traçante. Hauteur : un mètre; sert à maintenir les sables.

EMBOTHRYUM A FEUILLES DE SAULE (Proteacées). — Australie. Hauteur, 2^m,50; feuilles rougeâtres; fleurs jaune pâle, odorantes, épanouies en mai; orangerie ou serre tempérée; terre siliceuse et terreautée; arrosements modérés. Multip. de graines et de marcottes. — E. soyeux, fleurs pourpre clair ou lilas à peu près pendant toute l'année. Terre de bruyère pure. — E. rouge cocciné, fleurs écarlates. Terre de bruyère pure ou mélangée.

ENKYANTHE A CINQ FLEURS (Éricacées). — Chine. Hauteur : un mètre; fleurs en grelot, couleur carmin puis passant au blanc, épanouies en février; serre froide ou tempérée; terre de bruyère non humide. Exposition à bonne lumière.

ÉPACRIS A LONGUES FLEURS (Épacridées). — Océanie.

Hauteur : un mètre et plus. Guirlandes de fleurs tubuleuses, d'un rouge carminé avec divisions blanches, épanouies en mars-avril et quelquefois en août. — E. purpurescente; fleurs en entonnoir, d'abord purpurescentes, puis blanches. — E. élégante; guirlandes de fleurs blanches. Multip. de graines, de boutures et mieux dé marcottes. — E. Copeland; fleurs d'un rouge-pourpre, même culture. — Les Epacris réclament tous les soins qu'on donne aux Bruyères du Cap.

ÉPERVIÈRE. V. *Hieracium.*

ÉPHÉMÈRE DE VIRGINIE (Commélinées). — Hauteur : 0ᵐ,50. Fleurs nombreuses, violettes, à pétales bleus, disposées en ombelle, juin-octobre; terre humide et légère, mi-soleil. Multip. par racines en octobre ou au printemps.

ÉPILOBE A ÉPIS, *Laurier de Saint-Antoine* (Œnothérées). — Vivace. Haut de 1ᵐ,50; grappes de fleurs nombreuses rose-purpurin, juin-juillet. Semis de mai en juillet ou division de touffes. Terre humide.

ÉPIMÈDE DES ALPES, *Chapeau d'évêque* (Berbéridées). — Hauteur : 0ᵐ,33. Petites fleurs jaunes à calice, d'un rouge-brun, avril-mai. Multip. d'éclats; en terre légère; à mi-soleil. — E. à grandes fleurs. — E. de Colchide. — E. violet. — E. à feuilles pennées.

ÉPINE-VINETTE. V. *Berberis.*

ÉPIPHYLLUM, *Epiphylle à fleurs jaunes* (Cactées). — Hauteur : 0ᵐ,70. Fleurs jaunâtres ou rougeâtres. — E. d'Ackermann; hauteur : 0ᵐ,35 à 0ᵐ,65; fleurs d'un rouge cocciné clair. — E. à fleurs roses, longues d'environ 0ᵐ,50, se développant au sommet des tiges. — E. tronqué; fleurs rouge-carmin, plus petites que dans l'espèce précédente. — E. à larges rameaux, fleurs d'un blanc pur, odorantes.

ÉPISCIA BICOLORE (Gesnériacées). — Nouvelle-Grenade. Vivace; à fleurs blanches bordées de pourpre, épanouies

pendant plusieurs mois. Serre chaude. Mêmes soins que
pour les Orchidées.

ÉRABLE. V. *Acer.*

ÉRABLE NEGUNDO. V. *Negundo.*

ÉRANTHEMUM A FEUILLES NERVÉES (Acanthacées). —
Fleurs purpurines en dehors, bleu d'azur en dedans. Terre
riche; serre chaude; multip. de boutures. — E. écarlate,
fleurs écarlates; serre chaude. — E. sanguinolent, fleurs
lilas ponctué de pourpre à la base de la lèvre supérieure;
serre chaude. Ennemi : le kermès.

ÉRANTHIS D'HIVER, *Helléborine* (Renonculacées). —
Indigène. Fleurs jaunes, épanouies dès les premiers jours
du printemps; exposition couverte et un peu humide.

ÉRICA, *Bruyère* (Éricacées). — Nous ne pouvons qu'indiquer les divisions générales en : Bruyères indigènes. —
B. du Cap. En tout plus de 300 espèces. Serre bien éclairée
qu'il suffit de défendre contre la gelée; nous préférons la
serre hollandaise. On multip. les B. par semis; quand le
jeune plant est assez vigoureux et haut de 0^m,50, on le met
en pot rempli de terre de bruyère, gardé sous châssis en
couche très-peu chaude, à l'ombre; arrosements; air;
lumière.

Le marcottage est difficile; on ne l'emploie que pour
certaines belles espèces âgées de 2 à 3 ans, dont il faut
éplucher soigneusement les rameaux propres à être couchés. Vous sevrez, levez et empotez en octobre. Les boutures se font en mai et en juin, soit dans des pots de
0^m,08, abrités par un verre à boire, soit dans des terrines
larges de 0^m,26 à 0^m,28, sous cloche; gravier au fond;
terre de bruyère sablonneuse et humide, bien tassée. Vous
prendrez des rameaux d'un an ou des rameaux poussants
que vous dépouillerez de leurs feuilles à leur partie inférieure, et vous les planterez en tassant bien la terre
autour; vous les laisserez s'essuyer à l'air et au soleil
pendant un jour ; vous enfoncerez ensuite jusqu'à 0^m,28 du
bord vos terrines dans une tannée bien chaude et vous

couvrirez d'une cloche ; arrosement léger (V., pour le surplus, le chapitre qui traite des boutures et celui qui traite
des serres).

Parmi les principales Bruyères indigènes, citons : l'Érica
arborea, à fleurs blanches odorantes. — L'E. ciliaris, à fleurs
pourpres ou blanches. — L'E.
vulgaire, à petites fleurs roses
ou blanches, simples ou doubles. — L'E. scoparia à petites
fleurs verdâtres. — L'E. cine-
rea, à fleurs purpurines.

Parmi les Bruyères du Cap :
l'E. Albertus superba, fleurs
d'un jaune pâle lavé de rose.
— E. hyemalis, à fleurs rose-
blanc, épanouies d'octobre en
février. — E. Hartwelli, à
fleurs rouge - blanc - rose ;
mars-avril-mai. — E. Capres-
sina, à grosses fleurs carrées,
serrées en tête. — E. Andro-
medœflora, à fleurs sphériques,
peu nombreuses, d'un rose carminé. — E. jasminiflora nana,

Fig. 13. — Érica.

à fleurs blanches rayées de rose, mai-juin. — E. vestita
alba, épi dressé de fleurs blanches tubuleuses ; mars-mai.
— E. vernia ovata, fleurs jaune-orangé. — E. vernia coccinea, fleurs rouge-orangé, janvier-février-mars. — E.
tubuliflora coccinea, fleurs velues, d'un rouge cocciné ;
mai-juin. — E. translucens rubra, fleurs rosé-foncé,
réfléchies ; janvier-février. — E. syndriana, fleurs campanulées, carmin foncé à la base, lilas pâle à la gorge et
sur le limbe ; mai-juin. — E. propendens, à fleurs rose
liliacé ; mai. — E. persoluta alba, petites fleurs blanches

réfléchies; février-avril. — E. patersoni, de fleurs jaunes, en mars-août. — E. mirabilis, fleurs blanches, en mars-mai.

ÉRIGÉRON GLABRE (Composées). — Originaire de l'Amérique du Nord. Vivace; fleurs à disque jaune avec rayons pourpre-violet. Hauteur : 0^m,50. Semis au commencement d'avril ou division de racines; terre ordinaire. — E. remarquable, fleurs à disque jaune, à rayons pourpre violacé. Terre ordinaire.

ÉRINE DES ALPES (Scrofularinées). — Vivace; tiges courtes sortant de feuilles en rosettes; grappes de jolies fleurs pourpre rose. Multip., en avril-mai, en terre de bruyère ou division de touffes en automne.

ÉRODIUM DES ALPES (Géraniacées). — Racine tubéreuse; tige courte; fleurs violettes veinées de pourpre disposées en ombelle; mai-juin. Multip. de graines et d'éclats; en pleine terre.

ÉRYTHRINE TÊTE DE COQ (Papilionacées). — Arbrisseau de l'Amérique du Sud. Haut de un à 2 mètres. Très-belles grappes terminales de fleurs rouges en juillet-août. Orangerie en hiver. Multip. de graines et par boutures en juin; terre substantielle; en pleine terre à la mi-mai.

ESCHSHOLTZIA DE LA CALIFORNIE (Papavéracées). — Plante bisannuelle ou vivace; haute de 0^m,50, à grandes fleurs jaune safrané. Semis mars-avril, en terre ordinaire. Variété à fleurs d'un blanc de crème.

EUCALYPTUS GIGANTESQUE (Myrtacées). — Originaire d'Australie. Hauteur : 50 mètres et plus; beau feuillage; ombelles de fleurs très-petites; étamines à filets blancs, à anthères jaunes. Croissance très-rapide : de 4 à 6 mètres en trois ans. Semer en février ou en septembre, repiquer en godets les plants, quand ils ont 5 ou 6 feuilles; faire hiverner en serre ou sous châssis; placer en demeure en mai. — L'E. brave, 3 ou 4 degrés de froid. — E. à feuilles en cœur. — E. résineux. — E. globulus, etc., etc.

EUPATOIRE POURPRE (Composées). — Vivace. Hauteur : 0^m,70; fleurs purpurines en septembre. Multip. par graines semées fin mars sur couche ou par division de racines; planter à demeure en mai.

EUPHORBE ponceau (Euphorbiacées). — Hauteur : 2 mètres dans nos serres ; grandes feuilles glauques ; fleurs assez insignifiantes à bractées rouges. Multip. de graines et de boutures faites sur couche chaude et sous châssis. — E. panachée. — E. brillante. — E. de Bréon. — E. à fleur de Jacquinia.

ÉVONYMUS, *Fusain commun* (Célastrinées). —Indigène, de 3 à 4 mètres, à fleurs petites et blanchâtres, à capsules rouges, en forme de bonnet de prêtre. Multip. de semis et de rejetons en tout terrain, en toute exposition.

F

FABAGELLE commune (Zygophyllées). — Originaire de Syrie. Vivace ; hauteur : 0m,70 ; fleurs rouge-orangé, blanches à la base, en juillet-septembre. Terre sablonneuse; exposition au midi. Multip. de graines ou d'éclats.

FAGUS sylvatica, *Hêtre commun, Fayard, Fage* (Quercinées). — Hauteur : 20 à 25 mètres. Il se contente d'un sol médiocre et crayeux. Bois estimé ; fruit appelé faîne, qui fournit une huile assez fine. Semis à l'automne, ou au printemps, couverture de feuilles. Principales variétés : — H. à feuilles de fougère. — H. à crêtes. — H. cuivré. — H. pleureur. — H. pourpre, à feuilles d'un rouge sanguin puis d'un rouge foncé noir. — H. à bois rouge. — H. de la Caroline. — H. à larges feuilles.

FAYARD. V. *Fagus.*

FELICIA délicate (Composées). — Fleurs d'un bleu pâle à disque jaune. Semis sur place.

FENZLIA a fleurs d'œillet (Polémoniacées). — Nouvelle Californie. Fleurs d'un rose pâle épanouies en juin. Semis sur couche en septembre; repiquage en pots en avril. Vit longtemps dans les appartements.

FÉRULE commune (Ombellifères). — Vivace, grandes feuilles découpées en étroites lanières ; fleurs jaunes. Semis en mars-avril en pépinière ; repiquage en mai-juin ; mise en place au printemps suivant.

FÉTUQUE glauque (Graminées). — Feuilles raides ; recherchée pour former des bordures. — Multip. de graines et par division des touffes.

FICOIDE annuelle, *Mesembrianthemum* (Mesembrian-thémées). — Originaire du Cap. Fleurs à pétales blancs, pourpres, avec nombreuses étamines violet foncé. — F. de l'après-midi, belles fleurs jaunes, ne s'ouvrant que le soir, etc., etc. Beaucoup de variétés doivent être rentrées en serre chaude ou tempérée. — F. cristalline ; fleurs petites et blanches ; feuilles couvertes de vésicules semblables à des gouttes d'eau congelées. Semis des Ficoïdes annuelles au commencement d'avril, sur couches ; repiquage en pleine terre, à exposition chaude ; si vous semez en automne, il faut rentrer vos plants en serre tempérée à l'approche des froids.

FICUS elastica, *Figuier élastique* (Morées). — Arbre admirable par son feuillage ; on peut le laisser en pleine terre pendant la belle saison, mais il faut le rentrer avant les premières gelées ; plante d'appartement très-recherchée depuis quelques années. Il donne un des caoutchoucs du commerce. Multip. par boutures dont vous laisserez sécher la coupe et que vous placerez dans des pots sur couche chaude et sous châssis ; arrosez modérément.

FRAXINUS excelsior, *Frêne commun* (Oléinées). — Hauteur, 20 à 25 mètres, indigène ; fleurs jaunâtres assez peu remarquables ; les feuilles viennent après et tombent vite. Bois recherché pour le charronnage, etc. Les terrains secs ou marécageux n'empêchent pas le frêne d'arriver à son complet développement. Multip. par greffe. Variétés : — F. crépu ; à feuilles noirâtres, crépues. — F. argenté ; feuilles panachées, presque blanches. — F. doré, jeunes rameaux à écorce jaune. — F. horizontal ; branches horizontales. — F. à feuilles simples. — F. jaspé ; à écorce marquée de raies jaunes. — F. pleureur, à rameaux dirigés de haut en bas et dont l'extrémité touche le sol. — F. verruqueux, à écorce couverte d'aspérités. — F. d'Amérique ; hauteur : 25 mètres ; folioles presque entières, pétiolées, glauques à leur face inférieure. — F. quadrangulaire. — F. à feuilles de Noyer. — F. pubescent. — F. à longues feuilles. — F. à feuilles de Sureau. — F. à large fruit. — F. à feuilles de Lentisque, etc.

Le Frêne est un arbre peu ornemental.

FREMONTIA DE CALIFORNIE (Malvacées). — Haut de 2 à 3 mètres ; fleurs solitaires, d'un jaune d'or. Rustique dans le nord de la France.

FRITILLAIRE, *Couronne impériale* (Liliacées). — Oignon très-gros. Tige haute d'un mètre et surmontée, en avril et mai, de très-belles fleurs, d'un rouge safrané, comparables à des Tulipes renversées. Terre profonde, légère, non fumée ; exposition chaude. Multip. de graines ou de caïeux qui, replantés en avril, [à 0^m,30 de profondeur, vous donneront des fleurs l'année suivante. — F. Méléagre ou Damier : fleurs marquées de carreaux aux couleurs différentes selon les variétés, au nombre de plus de quarante ; terrain frais et ombragé ; plantez les bulbes à environ 0^m,10 de profondeur ; couvrez pendant les grands froids.

FUCHSIA (Œnothérées). — Voici, d'après un ouvrage écrit par M. le président Porcher, les conditions que le Fuchsia remplira pour être parfaitement beau : « Il doit présenter un port agréable ; il faut accorder la préférence aux plantes buissonnantes ou d'une taille moyenne qui, généralement sont plus florifères. Le pédoncule doit être allongé de manière que la fleur ait un port gracieux ; le tube calicinal doit être proportionné dans toutes ses parties ; s'il est trop mince, c'est un défaut capital ; les segments du calice doivent être larges, réfléchis ou tout au moins assez écartés pour dégager la corolle ; lorsqu'ils sont longs et étroits, ils donnent à la fleur un aspect peu gracieux ; aux pétales de la corolle il faut de l'ampleur ;... quant au coloris, si des règles inviolables ne peuvent être posées, cependant on ne doit admettre que les couleurs vives, éclatantes et rejeter les nuances ternes, fausses ou d'un effet médiocre, etc., etc. »

La culture du Fuchsia est facile. Mettez-le dans un pot rempli d'une terre plutôt légère que substantielle : donnez-lui de la lumière ; arrosez-le. Boutures étouffées faites en toutes saisons, mais, de préférence, au printemps. Le semis fournit de nouvelles variétés ; en terre de bruyère sablonneuse. V. pour le surplus, le chapitre qui traite des boutures, etc. — F. éclatant, à fleurs d'un vermillon clair. — F. corymbifère, à fleurs rouge-carminé. — F. à feuilles dentées. — F. remarquable. — Il nous est impossible d'indiquer les variétés, tant elles sont nombreuses.

Le F. a pour ennemis principaux les limaces et les pucerons.

FUSAIN. V. *Evonymus.*

G

GAILLARDE vivace (Composées). — Vivace ; haute de 0^m.35 à 0^m,70. Très-jolies fleurs radiées, à disque brun, à rayons orangés et pourpres. Éclats ou semis ; boutures sous châssis. Terre légère. Plusieurs espèces recherchées.

GANT DE NOTRE-DAME. V. *Aquilegia vulgaris.*

GAZONS (1) (Graminées et Légumineuses). — Prenez pour base de vos gazons le ray-grass anglais qu'il faudra faucher souvent, afin de prévenir la floraison et arroser suffisamment: 600 grammes de graines par are ; mêlez quelques légumineuses. Hersage superficiel au râteau ; rouleau. Un ou deux sarclages par an ; extirpation des Pissenlits avant leur floraison. Si les gelées et les dégels

(1) *Voy.* première partie, au mot *Ivraie.*

ont soulevé et crevassé votre terrain, consolidez-le avec
du terreau très-consommé, mêlé à la vase d'étang sèche
et pulvérisée.

GENÊT A BALAIS (Papilionacées). — Indigène et rustique, à belles fleurs jaunes d'or en été.Multipl. par semis en
terrain sablonneux. — G. à feuilles de Lin. — G. de l'Etna.

GENTIANE SANS TIGE (Gentianées). — Indigène et vivace ; petite hampe, terminée par une grande fleur bleue
en entonnoir, mai-juin-juillet. Semis d'avril en juin, ou
séparation des touffes à l'automne, repiquage en pots à
fond drainé, mise en place au printemps. — G. à fleurs
jaunes ou grande Gentiane ;
haute de 1ᵐ,30 à 1ᵐ,50, à
verticilles de fleurs jaunes
en juillet. Multip. de graines
ou d'œilletons.

GERANIUM STRIÉ (Géra-
niacées). — Il ne faut pas
confondre les Géranium
avec les Pélargonium (V.
Pélargonium). — Originaire
d'Italie. Vivace. — Haut
de 0ᵐ,30; fleurs blanches,
striées de pourpre ; épa-
nouies en mai-juin. Éclats
au printemps ou à l'au-
tomne. Terrain sec. — G.
à larges pétales, vivace ; la
plus belle plante du genre ;
fleur d'un bleu strié de
pourpre, juillet-septembre.
Multip. par éclats. — G.
sanguin, plante buisson-
nante d'environ 0ᵐ,30 ; in-

Fig. 14. — Geranium.

digène, vivace, peu délicate ; à fleurs d'un rose pourpré,
etc., etc.

GESSE ODORANTE, *Pois de senteur* (Papilionacées). — Annuel, rustique ; semis en avril-mai. Toute exposition ; garnit tonnelles, etc. — Pois à bouquet, belles fleurs rose-pourpre. Semis en été ; repiquage en pépinière ; mise en place au printemps, etc.

GILIA A FLEURS EN TÊTE (Polémoniacées). — P. originaire de la Californie ; annuelle ; à jolies fleurs bleues ; épanouies en été et en automne. Semez en place en avril-mai ou en septembre. — G. tricolore ; corymbes de fleurs nuancées de bleu, de pourpre et de jaune. Même culture.

GIROFLÉE DES JARDINS (Crucifères). — Plante bisannuelle, à fleurs blanches, carnées ou violettes, rouges ou roses, suivant la variété, mai-octobre. — G. quarantaine, riche en variétés, rouges, blanches, etc., etc. Semis sur couche ; bonne exposition.

GIROFLÉE JAUNE. V. *Cheiranthus Cheiri.*

GIROFLÉE DE MAHON. V. *Malcolmia maritima.*

GLAIEUL (Iridées). — Ce genre se compose de quarante espèces, dont deux seulement sont cultivées simplement en pleine terre ; les autres espèces doivent être recouvertes d'un châssis, avec litière de feuilles autour, à l'entrée de l'hiver. — G. commun. Indigène ; hauteur : $0^m,50$; fleurs carnées, blanches, rouges ou roses, suivant la variété, mai-juin. Pleine terre légère ; exposition chaude. Multip. de graines ou de caïeux en octobre. — G. de Constantinople ; fleurs plus grandes, plus colorées que celles du G. commun, portées sur une tige plus haute. Même culture. — G. rose. — G. florifère. — G. triste. — G. perroquet. — G. de Gand. — G. cardinal.

GLEDITSCHIA TRIACANTHOS, *Carouge à miel, Févier d'Amérique* (Césalpinées). — Hauteur : 15 à 18 mètres ; grappes de fleurs, d'un blanc sale, peu remarquables. — G. sans épines. — G. Bujot. — G. monosperme, à fleurs verdâtres. — G. de Chine, fleurs bleuâtres. — G. à grosses épines. — G. de la mer Caspienne. Les Gleditschia se multiplient par semis de fruits en pleine terre, en avril ; la

germination ne s'opère quelquefois qu'au bout de trois ans·
GLOBBA penché (Amomées). — Indes orientales. Hau-

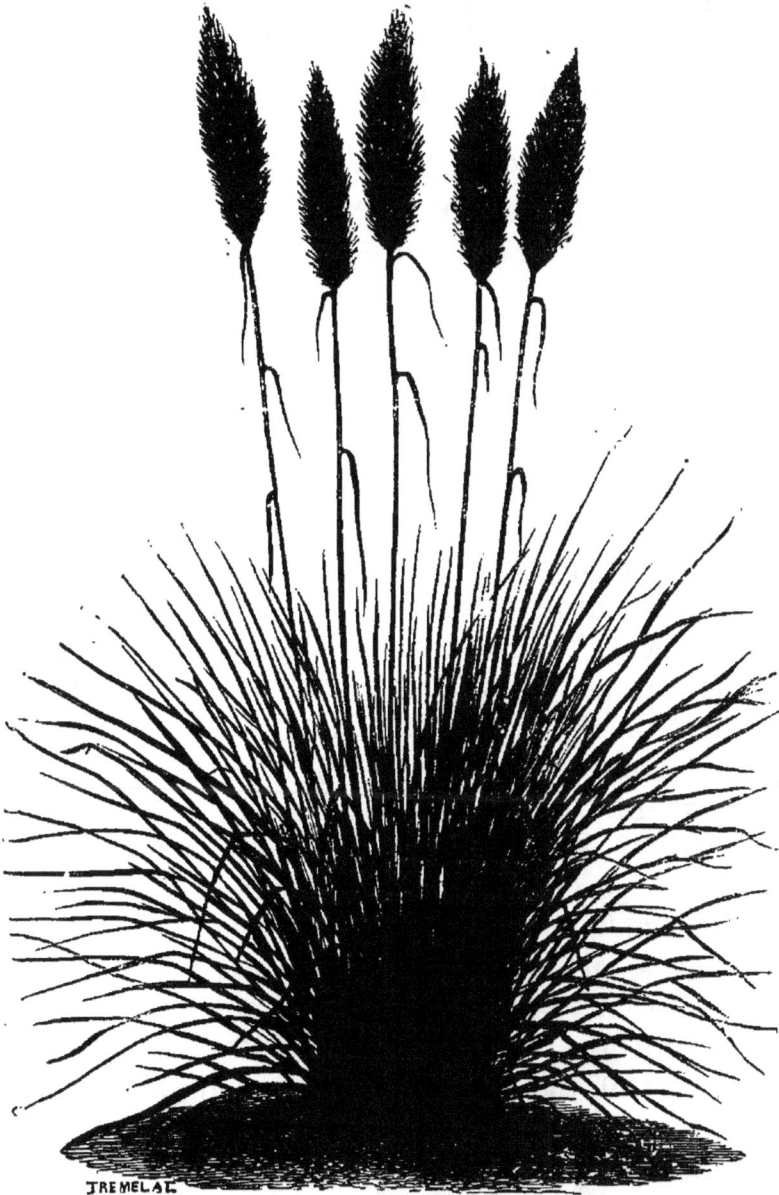

Fig. 15. — Gynerium argenté.

teur : 1 mètre à 1ᵐ,60 ; très-longue grappe pendante
de fleurs à corolle d'un blanc pur avec couleur jaune et

rouge à l'intérieur. Multip. de rejetons. Arrosements fréquents pendant la végétation. Serre chaude.

GLOBULARIA salicina, *Globulaire à feuilles de Saule* (Globulariées). — Haut de 2 mètres à 2^m,50 ; fleurs bleu-clair ; épanouies en septembre-octobre. Multip. de boutures.

GLOXINIE tachée (Gesnériacées). — Amérique méridionale. Vivace. Fleurs bleu violacé ; épanouies en automne. Terre légère ; serre chaude. — G. à fleurs tubulaires. Brésil. Hauteur : 1 mètre. Fleurs d'un beau blanc, odorantes, réunies en panicules ; épanouies en juillet-octobre.

GNAPHALE laineux (Composées). — Feuilles argentées ; fleurs insignifiantes ; bordure ; se cultive comme l'Hélichrysum. V. ce mot.

GRENADIER a fleurs doubles (Myrtacées). — Arbrisseau toujours vert, à belles fleurs d'un rouge éclatant. Exposition au Midi. Terre légère mais nourrissante. Arrosements fréquents. Semis et greffes sur les sujets qui en proviennent. En serre pendant les froids, ou en pleine terre (climat de Paris), mais moyennant paillassons, paille ou feuilles sèches, mur d'abri (V. Arbres fruitiers, 1re partie, Arbres fruitiers à pepins).

GRENADILLE. V. *Passiflore.*

GYNERIUM argenté (Graminées). — Originaire du Paraguay. Tige de 2 à 3 mètres ; feuilles longues d'un mètre ; magnifiques épilets retombant en panache gracieux. Semis ou division de racines ; terrain humide et profond. Variétés à panicule jaunâtre, rose-pourpre.

GYPSOPHILE élégante (Caryophyllées). — Annuelle. Hauteur : 0^m,40; tiges minces comme un fil ; petites fleurs blanches. Semis en avril, en place. Recherchée pour les bouquets. — G. Paniculata, vivace. — Semis.

H

HARICOT d'Espagne (Papilionacées). — Tiges volubiles.

de 3 à 4 mètres ; belles grappes de fleurs écarlates tout l'été. Variétés à fleurs blanches. Semis en avril.

HEDERA HELIX, *Lierre grimpant* (Araliacées). — Indigène. Haut de 10 à 13 mètres ; petites fleurs verdâtres ; baies noires. Tout terrain ; toute exposition. Multip. par graines, boutures ou branches enracinées. Variétés à feuilles panachées de jaune et de blanc. — L. d'Irlande. — L. de l'Archipel grec, à baies jaunâtres.

HEDYCHIUM CONORARIUM, *Gandasuli à bouquets* (Amomées). — De l'Inde ; fleurs d'un blanc jaunâtre. Multip. de graines et de rejetons en terre légère, humide ; serre chaude. — H. à feuilles étroites (de Coromandel), à fleurs rouges, orangé-foncé, avec longues étamines écarlates. Terre de bruyère mêlée de terre d'oranger. Serre chaude. — G. de Gardner. Hauteur : 1^m,30 à 2 mètres. Thyrse de grandes fleurs jaunes. Terre de bruyère et d'oranger. Serre chaude.

HEDYSARUM CORONARIUM, *Sainfoin à bouquets* (Papilionacées). — Bisannuel. Fleurs rouges, odorantes, épanouies en juillet. Semis au printemps en terre légère mêlée de terreau ; couverture l'hiver. Variété à fleurs blanches. — S. du Caucase. Hauteur : 0^m,50 ; fleurs violet-pourpre, épanouies en mai-juillet.

HEIMIA A FEUILLES DE SAULE (Lythrariées). — Mexique. Hauteur : 1^m, 50 à 3 mètres ; longs épis de fleurs jaunes, épanouies tout l'été. Multip. de graines et de boutures ; orangerie l'hiver, dans nos provinces du Nord.

HELENIUM D'AUTOMNE (Composées). — Amérique septentrionale. Vivace et rustique. Hauteur : 2 mètres ; corymbes de fleurs d'un beau jaune, épanouies d'août en novembre. Multip. d'éclats à l'automne et au printemps. Tout terrain, toute exposition. — H. de la Californie ; vivace ; hauteur : 0^m,50 ; fleurs jaunes, épanouies en août-septembre. Multip. de graines et par la division des touffes. — H. à fleurs noir-pourpre, vivace. — H. à grande tête, fleurs jaunes avec bord pourpre-brun. — H. à feuilles menues, fleurs à disque jaune-verdâtre. Semer sur couche en avril.

HELIANTHEMUM POUDREUX (Cistinées). — Vivace; fleurs d'un blanc pur en mai-juin-juillet. Semis en avril-juillet, en pot garni de terre de bruyère sableuse; repiquage en pépinière. — H. à grandes fleurs jaunes.

HELIANTHUS ANNUUS, *Soleil des jardins*, *Tournesol* (Composées). — Du Pérou. Plante annuelle de 2 mètres à 2^m,50; capitules à rayons jaunes sur disques noirâtres, en été. Variétés : H. uniflore. — H. à fleurs doubles, etc., etc. Sol riche et humide. Multip. de graines en avril-mai, en place ou en pépinière.

HELICHRYSUM ORIENTALE, *Immortelle jaune* (Composées). — Plante vivace, cotonneuse; haute de 0^m,35; fleurs d'un jaune luisant, en avril-août. La renouveler souvent de boutures; l'arroser avec précaution. Les fleurs se teignent facilement en plusieurs couleurs. — H. de la Malmaison, fleurs jaune-doré, épanouies de juin en octobre. — H. à fleurs blanches. — H. à grands capitules, fleurs larges de 0^m,05, à écailles variant du rose carminé à l'amarante et au violet. Semis sur couche en avril; repiquage sur couche.

HELICONIA BIHAÏ, *Bihaï des Antilles* (Musacées). — Hauteur : 1^m,90 à 2 mètres; fleurs contenues dans des spathes liserées de vert, de jaune et de rouge. Terre tourbeuse et humide. Multip. de rejetons. Serre chaude.

HÉLIOPHILA VELUE (Crucifères). — Afrique. Fleurs d'un bleu vif. Multip. de graines semées en terre de bruyère; arrosements modérés.

HÉLIOTROPE DU PÉROU (Borraginées). — Hauteur : 0^m,70, à 1^m,50; corymbes de petites fleurs bleuâtres à odeur de vanille, juin-novembre. Exposition au Midi en terre franche et légère; arrosements fréquents, l'été. Multip. de graines et de boutures sur couche tiède, mai-juin-juillet-août. — H. à grandes fleurs. — H. triomphe de Liége, etc.

HELLÉBORE noir, *Rose de Noël* (Renonculacées). — Indigène. Vivace, à grandes fleurs d'un blanc rosé épanouies en hiver. Terre forte et humide; mi-soleil. Multip. de graines et d'éclats. — H. d'Orient. — H. pourpre, etc.

HÉMÉROCALLE jaune, *Lis asphodèle* (Liliacées). — Hauteur: 1 mètre; fleurs jaunes assez semblables par la forme à celles du Lis blanc; en juin. Terre légère. Multip. de touffes séparées. — H. fauve, fleurs d'un rouge obscur, en juillet; même culture.

HÉPATIQUE printanière (Renonculacées). — Indigène. Vivace; fleurs blanches, roses, violettes, bleues, simples et doubles, suivant les variétés; en mars. Multip. par semis ou séparation de touffes en terrain frais et ombragé.

HERACLEUM persicum, *Berce de Perse.* — Haute de 2 mèt.; belles fleurs blanches ou blanchâtres, en mai-juillet; feuillage d'un vert d'abord foncé puis brunâtre. — H. pubescens ou Berce pubescente, haute de 3 mètres; fleurs d'un blanc jaunâtre, épanouies en juin-juillet. Citons encore l'H. de Welhems, à grandes et belles ombelles de fleurs blanchâtres; enfin l'Heraclea barbue.

Semis en pépinière avril-juin; repiquage du plant en pépinière; mise en place à l'automne et au printemps. On multiplie aussi ces plantes par la division des touffes.

Fig. 16. — Heraclea barbue ombellifère.

HERBE a coton, *Herbe à la ouate* (Asclépiadées). —

Vivace. Hauteur : 1ᵐ,50 ; fleurs blanches lavées de rouge, odorantes, épanouies en juillet-août ; graines garnies d'aigrettes soyeuses. Terre fraîche, légère. Multip. de graines en mai, en pépinière.

HERBE A ÉTERNUER, *Ptarmica vulgaris, Bouton d'argent* (Composées).—Indigène. Hauteur : 0ᵐ,35 à 0ᵐ,70 ; corymbe de fleurs blanches, doubles, épanouies pendant une grande partie de l'année. Multip. par séparation de touffes au printemps ou à l'automne. — Ptarmica à grandes feuilles. Terre légère, arrosements fréquents. — P. de Clavenne ; vivace ; fleurs blanches, jaunâtres au centre. Multip. d'éclats au printemps. Terre de bruyère ; exposition au Nord.

HERBE A L'ARAIGNÉE. V. *Nigelle de Damas.*

HERBE AUX CHARPENTIERS. V. *Achillea.*

HERBE A LA REINE. V. *Nicotiana.*

HERBE AUX ÉCUS, *Lunaire annuelle* (Crucifères).—Bisannuelle ; grappes de fleurs purpurines, rouges, blanches ou panachées, en avril-mai. Tout terrain ; elle se sème d'elle-même.

HERBE AUX GUEUX. V. *Clematis vitalba.*

HERBE A LA TRINITÉ. V. *Hépatique.*

HERBE DU VENT. V. *Anémone pulsatille.*

HERMANNIA A LONGUES FEUILLES (Buttnériacées). — Afrique. Hauteur : 0ᵐ,70 ; petites fleurs odorantes, à limbe jaune, à onglet verdâtre, d'avril en octobre. Multip. de graines, semées en pot, sur couche chaude ou de boutures sur couche et sous cloche. Terre à oranger.

HÊTRE. V. *Fagus.*

HEXACENTRIS DE MYSORE (Acanthacées). — Fleurs moitié pourpre velouté, moitié jaune d'or, réunies en panicules longues de 0ᵐ,40. Serre chaude ; arrosements fréquents. Palissage. Multip. de boutures ou d'éclats. Reprise facile en serre chaude ou tempérée.

HIBBERTIA GRIMPANT (Dillemacées). — Nouvelle-Hollande ; feuilles soyeuses en dessous ; fleurs d'un beau jaune. Orangerie ; terre de bruyère. Multip. de boutures sur couche et sous châssis, au printemps.

HIBISCUS ABELMOSCHUS, *Ambrette musquée*, *Ketmie musquée* (Malvacées). — Inde. Hauteur : 1ᵐ,30; fleurs soufrées à fond brun ; terre franche; serre tempérée ou chaude l'hiver. Semis sur couche ou sous châssis. — Ketmie à fleurs changeantes; hauteur : 1ᵐ,C0 à 2 mètres. Fleurs blanches, puis roses, puis pourpres à l'approche du coucher du soleil. Multip. de boutures; serre chaude. — K. des jardins; hauteur 1ᵐ,50 à 2ᵐ,50 ; offrant des variétés : pourpre-violet, rouge simple, blanches pures ou à onglet d'un rouge brillant; nankin, nankin double; à feuilles panachées de blanc ou de jaune et à fleurs doubles. Tout terrain ; de préférence exposition au Midi. Semer les graines, en terrines, sur couche tiède, avril-mai; repiquer en pots; orangerie les deux premières années. — K. rose de la Chine; hauteur : 0ᵐ,80 à 1ᵐ,60; fleurs rouges, simples ou doubles, aurore doubles, blanches, jaunes doubles, épanouies pendant la plus grande partie de l'année. Serre chaude ou tempérée. Multip. de boutures sur couche chaude et sous châssis. — K. pourpre; hauteur: 1 mètre, belle fleur d'un rouge vif, large de 0ᵐ,12. Multip. de boutures. Serre tempérée. — K. à fleurs de lis; hauteur: 1 mètre à 2 mètres . Grandes fleurs d'un rouge orangé, épanouies en automne. Serre chaude. — K. à fleurs roses. Terre franche et profonde, sèche en hiver ; arrosements fréquents en été. — K. des marais; hauteur: 1ᵐ,30; fleurs d'un rose pâle, larges de 0ᵐ,11. Même culture que la précédente. — K. de Thunberg; annuelle. Hauteur : 0ᵐ,75; fleurs jaune-nankin, de juillet en octobre. Semis sur place, avril et mai. — K. de Caméron; hauteur : 0ᵐ,40 à 0ᵐ,60; grandes fleurs jaune cuivré avec macule rouge sanguin à la base et teinte rose au sommet. Multip. de graines ou de boutures. Serre chaude l'hiver. — K. éclatante (Océanie); fleurs d'un rose pâle, larges de 0ᵐ,13, avec taches pourpres et nervures blanches à l'intérieur. Multip. de boutures sous cloche, en terre mélangée ; arrosements copieux en été. Serre tempérée pour la conservation des tiges. — K. de Cooper. Feuilles panachées de vert foncé, de rose, de jaune et de blanc; fleurs écarlates, larges de 0ᵐ,15. Serre tempérée. — K. militaire; hauteur : 1ᵐ,30; fleurs rose-foncé, larges de 0ᵐ,11, épanouies en septembre. — K. coccinée; hauteur : 1ᵐ,40 à 2 mètres; fleurs d'un rouge éclatant, épanouies en septembre-octobre. — K. vésiculeuse; fleurs d'un jaune soufre avec teinte brune sur l'onglet. Semis en pleine terre au printemps. — K. d'Afrique; fleurs d'un jaune-soufre, très-grandes, très-ouvertes. Semis au printemps en pleine terre.

HIERACIUM, *Épervière orangée* (Composées). — Indigène, vivace et traçante, haute de 0ᵐ,35; assez grands capitules, d'un jaune-capucine très-vif; juin-septembre. Multip. d'œilletons et de graines en mai-juin, en pépinière. Relever et replanter tous les deux ans au premier printemps.

HIMANTOPHYLLUM ROUGE MINIUM (Amaryllidées). — Hauteur : 0ᵐ,30 à 0ᵐ,40. Ombelle de fleurs rouge-orangé. Serre tempérée.

HIPPEASTRE A RUBANS, *Belladone de Rouen* (Amaryllidées). — Feuilles teintées de rouge; fleurs à tube verdâtre avec teinte rouge, à divisions blanches avec trois lignes carminées à l'intérieur. Multip. de graines ou de caïeux; culture en pot; exposition chaude; conservation l'hiver en orangerie. — H. à longues fleurs. Amérique méridionale; fleurs blanches avec bande carmin vif sur le milieu des pétales, juin-juillet. Serre tempérée ou pleine terre avec couverture. H. éclatant; fleurs rouge vif avec raie d'un rouge plus sombre. Serre tempérée, ou pleine terre avec couverture. — H. de la Reine ou du Mexique; fleurs rouge-ponceau avec base verdâtre, mars-avril-mai. Serre chaude; terre franche mêlée de terre de bruyère; en pot. Multip. de caïeux. — H. équestre, fleurs d'un rouge-brique, jaunâtres à la base; juillet et août. Culture en pots remplis de terre de bruyère légère, tamisée ; arrosements légers. — H. perroquet ; fleurs vertes à l'onglet, rayées de pourpre, à limbe blanc et rouge carminé. Juillet et août. Serre chaude. — H. à réseau ; fleurs rose-violacé avec lignes plus foncées en réseau. Serre chaude, terre franche légère mêlée de terre de bruyère. Multip. de caïeux. — H. éclatante ; fleurs rouge-vermillon avec blanc-jaunâtre à l'intérieur. — H. élevé ; fleurs lilas-violacé, terre substantielle. Serre tempérée. — H. Alberti ; fleurs larges de 0^m,12 à 0^m,14, d'un rouge orangé, prenant peu à peu une teinte jaune pâle au centre ; elles durent une semaine ; elles sont stériles, tous leurs oignons floraux étant devenus pétales. — H. pordinum ; fleurs larges de 0^m,12 à 0^m,15 ; d'un jaune pâle, avec taches carminées en dedans et en dehors.

HIPPOPHAE RHAMNOÏDES, *Argousier rhamnoïde*, *Griset* (Eléaginées). — Hauteur : 2 mètres à 2^m,50 ; jolies feuilles argentées avec taches roussâtres ; fleurs jaune-nankin épanouies en avril.

HOHENBERGIA A ÉPIS ROUGES (Broméliacées). — Brésil. Belles feuilles, longues de 0^m,70 ; épis à bractées d'un rouge éclatant. Serre chaude.

HOITZIA COCCINÉ (Polémoniacées). — Hauteur : 1 mètre à 1^m, 30 ; belles fleurs rouges épanouies, tout l'hiver, en serre tempérée ; Multip. par boutures.

HOTEIA DU JAPON (Saxifragées). — Hauteur : 0^m,30 ; panicule de fleurs blanches, épanouies en juin-juillet. Pleine terre ; exposition à mi-soleil. Multip. par éclats, mars-avril.

HOUBLON. V. *Humulus*.

HOUTTEA A FLEURS TIGRÉES (Gesnériacées). — Brésil, Fleurs d'un rouge tigré. Terre franche légère ; Multip. de boutures. Serre chaude.

HOUTTUYNIA A FEUILLES EN CŒUR (Saururées). — Du Japon ; vivace. Hauteur : 0^m,40 ; fleurs réunies dans un spadice court ayant lui-même un involucre blanc. Pleine terre ; arrosements très-fréquents.

HOUX. V. *Ilex.*

HOVÉE a feuilles linéaires (Papilionacées). — Hauteur : 0^m,70 ; feuilles longues de 0^m,50 à 0^m,55 ; petites fleurs d'un bleu éclatant, épanouies en hiver. — H. à feuilles lancéolées ; fleurs bleues plus grandes que la plante précédente, épanouies en mars-avril. Les Hovées se multiplient de graines et se cultivent comme les Bruyères du Cap. Terre légère ; arrosements modérés.

HOVENIA a fruit doux (Rhamnées). — Japon. Les pédoncules des fleurs s'enflent, sont comestibles et rappellent par le goût, les poires de beurré. Orangerie. Multip. de boutures.

HOYA charnu (Asclépiadées). — Fleurs d'un blanc de porcelaine, avec couronne staminale rouge amarante. Terre franche légère. Multip. de boutures sur couche et sous cloche. — H. élégant ; fleurs d'un blanc d'argent avec couronne staminale de couleur améthyste. Serre chaude humide ; terre de bruyère. — H. à feuilles coriaces ; fleurs plus petites que la précédente. Même culture. — H. fraternel ; cinq macules, buffle clair, sur la couronne staminale. Serre chaude humide. — H. varié ; fleurs couleur chair avec nuances roses. Serre chaude. — H. impérial (Océanie) ; larges fleurs violettes de 0^m,07 à 0^m,08, avec couronne staminale d'un blanc jaunâtre. Serre chaude. — H. à feuilles de Cannellier (Java) ; fleurs verdâtres avec couronne staminale d'un pourpre foncé. Serre chaude. — H. à fleurs de Campanule (Java) ; fleurs d'un jaune pâle, comparées avec raison, pour leur forme, à celles des Campanules et, mieux encore, à celles des Kalmias. Serre chaude. Vous remarquerez comme particularité, que les pédoncules des Hoyas sont persistants et servent de point d'appui aux nouvelles fleurs qui se succèdent d'année en année. Les H. se multiplient de boutures de feuilles et de tronçons de tige bouturée. Terre légère mêlée d'un peu de terreau végétal ; arrosements fréquents en été, très-rares en hiver ; exposition chaude.

HUGELIA cœrulea, *Didisque bleu* (Ombellifères). — Océanie. Ombelle de fleurs d'un bleu clair. Semis, en avril, en pleine terre substantielle ; repiquage en pots ; arrosements modérés.

HUMEA élégant (Composées). — Océanie. Bisannuel. Hauteur : 2 mètres à 2ᵐ,60, grande et gracieuse panicule ; capitules bruns avec nuance pourpre sur les bords. Multip. de graines et de ramilles latérales. Terre à oranger ; orangerie, l'hiver ; pleine terre, l'été.

HUMULUS lupulus, *Houblon cultivé.* (Cannabinées). — Ce n'est pas à proprement parler une plante d'ornement, mais ses tiges garnissent bien berceaux et tonnelles.

HYACINTHE d'Orient (Liliacées). — Cette plante, originaire du Levant, est arrivée en Hollande à son plus parfait degré de culture ; elle donne un nombre considérable de variétés très-remarquables, simples ou doubles, offrant toutes les nuances du rouge et du bleu.

Les semis se font en septembre et demandent quelques précautions contre les grands froids ; on ne lève les oignons que la troisième année pour les traiter comme les oignons à fleurs. La culture par oignons est préférable au semis ; terre ameublie, mélangée d'un sixième de terreau de feuilles ou de terre de bruyère ; culture en pots ; culture en carafes sur les goulots desquelles on dépose les oignons de telle sorte que les racines baignent dans le liquide et que la couronne l'effleure seulement ; tenez toujours les carafes remplies et renouvelez l'eau chaque mois ; jetez dedans quelques grains de sel pour l'empêcher de se corrompre ; beaucoup d'air et de lumière. — J. blanches doubles. — J. rouges et roses doubles. — J. bleues simples et doubles, etc.

Indiquons quelques-unes des principales variétés de Jacinthes de Hollande :

Bleues simples.

Nemrod.
L'Ami du cœur.
Régulus.
Orondatus.
La plus noire.
Bleu mourant.
Baron van Tuyll.

Jacinthes jaunes simples.

Roi des Pays-Bas.
Prince d'Orange.
La pluie d'or.
Héroïne.
Anne-Caroline.

Jacinthes rouges et roses simples.

Mars.
M. de Fesch.
L'Eclair.
Talma.
L'Amie du cœur.
Renan Hasselour.
Homère.
Amphion.
Aimable Rosette.
Cochenille.

Blanches simples.

Madame de Talleyrand.
Montblanc.
La Candeur.
Hercule.
La jolie Blanche.
Grand vainqueur.
Grande blanche impériale.
Thémistocle.
Voltaire.
Anne-Marie.

Jacinthes rouges et roses doubles.

Pollux.
Panorama.

Rouge pourpre et noir.
Moore.
Marie-Louise.
Joséphine.
Grootvorst.
Comte de Nassau.
Comtesse de La Coste.
Acteur.
Bouquet royal.
Bouquet tendre.

Jaunes doubles.

Gœthe.
Duc de Berry, doré.
Bouquet d'Orange.
La Grandeur.
Héroïne.
Ophir.
Louis d'or.
L'Or végétal.

Bleues doubles.

Roi des Pays-Bas.
Violet foncé.
Murillo.
La grande Vedette.
Méhémet-Ali.
Bonaparte.
Alfred-le-Grand.
Activité.
A la mode.
Globe terrestre.

Jacinthes blanches doubles.

Couronne blanche.
Herman Lauge.
Diane d'Ephèse.
Gloria florum.
La Tour-d'Auvergne.
Miss Thetty.
Og, roi de Bazan.
Sultan Achmet.
Triomphe Blandina.
Violette superbe.

HYDRANGEA HORTENSIA (Saxifragées). — Hauteur: 1 à 3 mètres; fleurs rose purpurin passant au bleu-violâtre, quelquefois au rouge-vif. Terre fraîche, ombragée; garantir contre les gelées très-rigoureuses. Multip. par rejetons, enracinés en terre sableuse, mêlée de terreau de feuil-

les. — H. à involucre. Japon ; hauteur : 1 mètre ; variété
double à fleurs assez semblables aux Roses pompon,
offrant les couleurs lilas, jaune pâle et rose. — H. paniculata ; à fleurs blanches; rustique. — H. du Japon; fleurs
d'un rosé-bleuâtre. Multip. de boutures; pleine terre de
bruyère. — H. à feuilles panachées ; feuilles couvertes
de taches jaunes d'abord, puis argentées. — H. à feuilles
de Chêne ; hauteur : 1^m,30 à 1^m,60 ; fleurs blanches. Terre
fraîche et légère. — H. blanche ; fleurs semblables à celles de la Viorne-Obier. Terre fraîche et légère; exposition
à mi-ombre. — H. de Virginie; hauteur : 1 mètre à
1^m,30. Fleurs blanches; celles du centre sont fertiles,
celles de la circonférence sont stériles. Multip. de drageons ou de couchage. Exposition à mi-ombre. Terre fraîche et légère.

HYDRASTIS du Canada (Renonculacées). — Fleurs
blanches et doubles. Multip. par la séparation des pieds
en mars. Terre de bruyère renouvelée tous les deux ans.

HYPERICUM calycinum, *Millepertuis à grandes fleurs*
(Hypéricinées). — Hauteur : 0^m, 35 ; fleurs jaunes, larges
de 0^m,08, épanouies de juin à septembre. Multip. par la
séparation du pied; terre franche et légère ; exposition à
mi-ombre. — M. de Mahon; hauteur : 0^m,70 à 1 mètre;
fleurs jaunes, épanouies tout l'été ; terre franche et légère.
Orangerie. — M. de la Chine; hauteur : 0^m,50; grandes
fleurs d'un beau jaune d'or, épanouies de septembre en
décembre. Orangerie. — M. à odeur de bouc; hauteur :
0^m,80 à 1 mètre; fleurs jaunes à longues étamines, épanouies tout l'été. Multip. de graines. — M. prolifique;
fleurs jaunes en juillet-août. Multip. de graines et de couchage. — M. en pyramide ; vivace; hauteur : 0^m,30; fleurs
jaunes, épanouies de juin en septembre; gros fruits. — M.
du Japon. Arbuste buissonnant; fleurs jaune d'or, tout
l'été. Multip. de graines et de boutures.

I

IBÉRIDE DE PERSE, *Thlaspi vivace* (Crucifères). — Jolies fleurs blanches, en corymbe, épanouies de mars en octobre. Terre légère ; exposition au Midi ; multip. par boutures en pots, à l'ombre. — Ibéride à ombelle ; fleurs serrées, gris de lin. Semis en place au printemps. — I. odorante, annuelle ; fleurs blanches, odorantes, épanouies en août. Semis sur place en avril-mai. — I. amère. Indigène. Annuelle. Grappes coniques de fleurs blanches en juin-août ; même culture. — I. à feuilles de lin. Annuelle ou bisannuelle ; corymbe de fleurs blanc carné, en septembre-octobre. — I. de Lagasa ; hauteur : 0^m,40 ; fleurs blanches tout l'été. — I. toujours verte ; fleurs petites. Multip. de graines ou de boutures. Bordures.

IF COMMUN (Conifères). — Haut de 10 à 15 mètres ; graines garnies à leur base d'une jolie cupule rouge. Multip. de graines, de marcottes et de boutures en toute terre. Plusieurs variétés.

IGNAME. V. *Dioscorée cultivée.*

ILEX AQUIFOLIUM, *Houx commun* (Ilicinées). — Indigène ; beau feuillage, persistant pendant les froids les plus rigoureux ; petites fleurs blanchâtres assez insignifiantes, mai-juin ; baies rouges ne tombant qu'au printemps ; recherché pour garnir les bouquets d'hiver ; il vit plusieurs siècles. Semer les graines, dès leur maturité, en terre légère, recouverte d'un peu de mousse et de feuilles. On greffe sur l'espèce les variétés suivantes dont nous indiquons les principales :

Houx à feuilles de formes variables.

I. Angustifolia, à fleurs étroites.
I. Altaclorensis, à feuilles larges, sans épines.
I. Ciliata, à feuilles petites, à bord entier avec cils épineux.
I. Crassifolia, à feuilles charnues, épaisses.

I. Calamistrata, à feuilles dentées, épineuses.
I. Élégant, à feuilles ovales un peu planes.
I. Hérisson, à feuilles épineuses, roulées en dessous.
I. Heterophylla, à feuilles variables.
I. à larges feuilles.
I. à feuilles de Laurier, sans épines.
I. Recurva, à feuilles contournées et recourbées.
I. à feuilles en scie.

Houx à feuilles entières ou presque planes.

I. Integrifolia, à feuilles ovales, planes ou sinuées.
I. à feuilles ovales arrondies.
I. à feuilles de Laurier, entières ou munies d'une épine.

Houx à fruits de couleur variable.

I. à fruits jaunes.
I. à fruits blancs.
I. à fruits noirs.

Houx à feuilles de couleur variable.

I. Albomarginata, à feuilles bordées de blanc.
I. Hérisson, à feuilles panachées de jaune.
I. Hérisson, à feuilles panachées de blanc.
I. Albo-Picta, à feuilles panachées de blanc.
I. Auro-Marginata, à feuilles bordées et maculées de jaune.

ILLICIUM ANISATUM, *Anis étoilé, Badiane* (Magnoliacées).
— Chine. Hauteur : 3 à 4 mètres ; fleurs jaunâtres en avril ;
multip. de boutures ou de couchage ; orangerie l'hiver, en
pleine terre, avec couverture. Terre substantielle et légère.
— B. de la Floride ; hauteur : 1^m,30 à 1^m,70 ; fleurs odorantes, rouge-brun en avril ; fruits étoilés. Même culture.
— B. sacrée (Japon). Fleurs vert jaunâtre ; serre tempérée ;
arrosements modérés.

IMMORTELLE VIOLETTE, *Gomphrena globosa* (Amarantacées). — Originaire de l'Inde ; annuelle ; haute de 0^m,50 ;
fleurs tirant sur le violet, réunies en têtes globuleuses, très-
durables, de juin en octobre.

IMPATIENS BALSAMINA, *Balsamine des jardins* (Balsaminées). — Originaire de l'Inde ; annuelle ; haute de 0^m,60 ;

fleurs rouges, roses, violettes, et simples ou doubles.
Beaucoup de variétés. Semez sur couche en avril et repiquez en motte, bien terreautée. Les Balsamines sont, avec
la R. Marguerite, des fleurs d'automne et durent jusqu'aux
premières gelées. Le nom d'Impatiente a été donné à la
Balsamine parce que ses graines sont renfermées dans des
capsules qui, à leur maturité, s'ouvrent et s'enroulent
brusquement au moindre contact.

Balsamine double, ordinaire. Variétés : blanc jaunâtre,
gris de lin, rose, aurore, couleur soufrée, couleur de
chair, feu clair, panachée de violet clair, de feu clair, etc.
— B. camellia. Variétés : blanche à reflets lilas; cramoisie; ponctuée de violet, de cramoisi, de rose, de feu; couleur de chair. — B. à rameau. Variétés; couleur de chair,
de feu; couleur violette. — B. naine. Fleurs semi-doubles,
blanches, panachées de violet, de feu; ponctuées de feu,
de violet, de cramoisi. Variété à fleurs jaspées avec larges taches blanches bien fondues. Semis sur couche;
repiquage sur plate-bande terreautée; mise en place par
un temps humide. — B. à trois cornes (Inde). Fleurs
jaunes, en casque, pétale inférieur terminé en corne,
pétale supérieur garni de deux petites cornes. Terre
légère et fraîche; exposition à mi-ombre. — B. glandu-
leuse, à fleur d'un rouge violacé, brun; terre légère et
ombragée.

IMPÉRIALE. V. *Fritillaire.*

INCARVILLÉE de la Chine (Bignoniacées). — Annuelle
ou bisannuelle. Hauteur : 0ᵐ,80 à 1 mètre. Fleurs blanchâtres, lavées de rose. Multip. de graines, semées
en juin-juillet; châssis, l'hiver; pleine terre, au printemps.

INDIGO batard. V. *Amorphe frutescent.*

INDIGOTIER austral (Papilionacées). — Australie. Hauteur : 0ᵐ,40 ; fleurs roses odorantes, épanouies en juin.
Multip. de graines sur couche tiède; orangerie. Terre
légère. — I. dosua (Népaul). Hauteur : 1 mètre à 1ᵐ,50;

fleurs rose-pourpre, en mai. — I. élégant (Chine); fleurs d'un rose tendre avec taches et raies pourprées, épanouies pendant la plus grande partie de l'année. Serre froide. Pleine terre sablonneuse. — I. à fleurs blanches. Terre légère et nourrissante. — I. pourpre noir; fleurs pourpre-brun sur pourpre plus clair, épanouies en septembre - octobre. Terre de bruyère; serre tempérée; Multip. de boutures. — I. jonciforme; hauteur : 1 mètre; grappes de fleurs purpurines, en septembre-octobre. Même culture. — I. à longs épis (Chine), grandes fleurs roses de courte durée, en août. Serre tempérée; multip. de boutures.

INGA TRÈS-ÉLÉGANT (Mimosées). — Mexique. Fleurs rouge-cramoisi à étamines brunes. Multip. de boutures ; terre de bruyère ; serre chaude et tempérée. — I. anomal ; hauteur : 1 mètre à 2 mètres ; fleurs verdâtres épanouies en été, avec étamines longues de $0^m,08$, à jolies anthères do-

Fig. 17. — Ipomée.

rées. — I. ferrugineux (Brésil); fleurs à aigrettes purpurines formées par les filets staminaux. Terreau végétal mêlé d'un peu de sable. Serre chaude et humide.

IPOMÉE DE LINDLEY (Convolvulacées). — Tige volubile, feuilles en cœur; jolies fleurs rose-carmin, mais qui ne durent que quelques heures. Multip. de graines et de tubercules que vous planterez en serre tempérée ou chaude, en pleine terre bien nourrissante, au Midi. — I. épineuse. — I. veinée. — I. à feuilles de lierre ; jolies fleurs bleues

ou d'une nuance violette, août-octobre. Semis sur place,
fin avril-mai, etc., etc.

IPOMOPSIS ÉLÉGANT (Polémoniacées). — Annuelle;
haute de 1 mètre à 1^m,60; très-longue grappe de fleurs
rouge-cocciné avec points pourpres à l'intérieur ; août-
septembre. Semis en pleine terre au printemps ; repiquer
à exposition chaude ; bien garantir contre la grande humidité et les gelées blanches.

IRIS D'ALLEMAGNE (Iridées). — Grandes fleurs d'un beau
violet foncé, ou blanches, ou jaunes, odorantes, épanouies
en mai-juin. Multip. en pleine terre par la division des rhizomes en septembre et au printemps. — I. des marais ;
fleurs jaunes ; aime le bord des eaux ; haute de 1^m,30. —
I. naine, haute de 0^m,12 à 0^m,15, avec fleurs d'un bleu-violacé, blanches, jaunes, purpurines, suivant la variété ;
propre à faire des bordures. — I. xiphon ou bulbeuse ;
à fleurs aux couleurs les plus variées et les plus riches,
épanouies en juin. — I. jaunâtre; fleurs jaune pâle à
l'extérieur, jaune foncé à l'intérieur. — I. de Florence,
à fleur blanche, à racine odorante. — I. panachée ;
fleurs blanches veinées de pourpre. Beaucoup de variétés. Pleine terre. — I. naine, Petite Flambe; fleurs bleu-
violacé ou clair, en février-avril. Variétés jaunes, blanches,
purpurines, rougeâtres et jaunes. — I. fourchue, vivace,
fleurs d'un bleu violacé. — I. à tiges nues, vivace ; fleurs
d'un bleu violet en mai. — I. de Monnier. Vivace ; hauteur : 1 mètre. Fleurs jaune-orangé, en juin-août. — I.
fétide, fleur jaune sale relevée de pourpre; jolis fruits à
graines rouges. Variétés à rubans blancs. Terre fraîche.
— I. de Sibérie, fleurs bleues, roussâtres. Pleine terre. —
I. de Russie, fleurs panachées de blanc, de violet et de
jaune. Pleine terre. — I. versicolore, fleurs pourpre-violet,
panachées de jaune et de blanc, épanouies en mai-juin. —
I. à feuilles de gramen, fleurs violacées à tube enflé. Pleine
terre. — I. de Virginie, fleur blanche lavée de bleu avec
tache pourpre et ligne jaune-orangé. Sous châssis. — I.

magnifique; fleurs jaunes striées de brun à l'extérieur,
d'un violet olivâtre à l'intérieur. — I. de Suse, à fleurs
d'un blanc violacé ou d'un violet-brun ou pourpré; mai et
juin; exposition au Midi; couverture de litière contre les
froids rigoureux, etc.

Les Iris se multiplient de graines et mieux par racines
ou rhizomes. Pour l'Iris bulbeux on préfère les caïeux
qu'il faut conserver en lieu sec et replanter en automne.

IXIA BULBOCODE (Iridées). — Originaire de l'Europe;
fleurs rouges, bleues, violettes, blanches ou jaunes, suivant
la variété. Multip. par caïeux, placés en terre légère et sableuse, octobre. Les autres Ixias : I. orange ; I. maculée,
demandent de grands soins ; serre tempérée.

J

JACINTHE. V. *Hyacinthe.*

JASMIN COMMUN (Jasminées). — Originaire de l'Asie;
haut de 3 à 4 mètres; jolie fleur parfumée, d'un blanc
pur; tout l'été en pleine terre, à exposition chaude;
couvrir le pied d'une litière épaisse en hiver. Multip.
par boutures et par marcottes ; tondre souvent ; bien
arroser en été. Variété à feuilles panachées de blanc et
de jaune. — J. triomphant, haut de 2m,50 à 3m,50 ; à
fleurs jaunes très-odorantes. Multip. de couchage, de boutures et de greffe en terre franche légère ; il fleurit tout
l'hiver en serre tempérée ; il brave assez facilement plusieurs degrés de froid. — J. jaune à feuilles de Cytise,
à feuilles toujours vertes, à petites fleurs épanouies de
mai à septembre; rejetons et marcottes; toute terre un
peu légère; exposition au Midi. — J. Jonquille ; fleurs
à odeur de Jonquille, épanouies pendant la plus grande
partie de l'année. — J. d'Italie; fleurs inodores jaune
pâle, couverture l'hiver. — J. à fleurs nues (Chine); se
taille en arbuste. — J. à grandes fleurs ou J. d'Espagne,
grandes fleurs odorantes blanches à l'intérieur, lavées de

rouge à l'extérieur. Variété à fleurs semi-doubles. Se greffe en fente sur Jasmin blanc; se taille au printemps sur 3 ou 4 yeux. Orangerie, terre franche légère. — J. des Açores; fleurs odorantes, épanouies en août, même culture que le précédent. — J. de l'Ile de France, serre chaude, terre légère. — J. à feuilles de Troëne, fleurit en août, terre franche légère, orangerie. — J. multiflore, fleurs blanches odorantes à 7 lobes, automne. — J. d'Arabie Sambac; hauteur : 3 à 4 mètres; fleurs blanches divisées en 8 lobes, très-odorantes surtout le soir, épanouies tout l'été. Variétés à fleurs doubles. Serre chaude ou châssis chaud; arrosements nombreux en été. Multip. de boutures ou de couchages sur couche chaude. Se greffe sur le jasmin blanc.

JATROPHA ACUMINATA, *Médicinier* (Euphorbiacées). — Hauteur : de 1 à 2 mètres; corymbe de fleurs écarlates épanouies en été. Multip. de graines ou de boutures à chaud. Terre légère, substantielle. Serre chaude.

JEFFERSONIE A DEUX FEUILLES (Podophyllées). — Amérique septentrionale. Vivace; fleurs blanches à 8 divisions. Terre de bruyère. Multip. d'éclats en février.

JONC FLEURI. V. *Butome à Ombelle.*

JONC MARIN, *Ajonc commun* (Papilionacées). — On cultive dans les jardins une variété à fleurs doubles (phénomène assez rare dans les légumineuses); tout terrain excepté le terrain trop rempli de craie.

JONQUILLE. V. *Narcisse.*

JOUBARBE DES TOITS (Crassulacées). — Vivace; haute de 0^m,35; feuilles en rosette; petites fleurs d'un blanc rougeâtre. Multip. par la séparation ou la division des rosettes en terre sèche et légère; pas d'arrosement.

JULIENNE DES JARDINS, *Hesperis matronalis* (Crucifères). — Bisannuelle; haute de 0^m,70 à 1 mètre; fleurs odorantes assez semblables à celles des Giroflées, juin-juillet. Terre ordinaire mais nourrissante; arrosements modérés. Multip. par éclats ou de boutures en pleine terre à l'ombre. Variété vivace à fleurs doubles.

JUSTICIA picta, *Carmentine peinte* (Acanthacées). — Hauteur : 2 à 2^m,50. Épis de fleurs écarlates et brillantes mars-juin. Serre chaude ; terre légère et fraîche. Multip. de boutures et de graines. — J. brillante. — J. à tige noueuse. — J. jaune. — J. écarlate.

K

KADSURA du Japon (Schizandrées). — Hauteur : 2 à 5 mètres ; fleurs blanches à six divisions. Pleine terre.

KŒMFÉRIE a longues feuilles (Zingibéracées). — Fleurs à spathes striées de pourpre ; périanthe blanc et pourpre. Serre chaude. — K. Roscœana.

KALMIA a larges feuilles (Ericacées). — Hauteur : 2 mètres ; fleurs carnées ou roses, juin et quelquefois septembre. Variété à fleur blanche. Serre chaude. — K. glauque à feuille de Romarin ; plante buissonnante de 0^m,50 ; fleurs roses épanouies en mai.

Il faut aux Kalmias une terre de bruyère un peu humide, une exposition à mi-ombre. Multip. de boutures, de rejetons, de graines. Le semis se fait en terre fine et tamisée, sous châssis, à l'ombre ; deux ou trois ans d'orangerie sont nécessaires au jeune plant afin de le rendre capable de supporter l'air libre.

KENNÉDIE a grandes fleurs (Papilionacées). — D'Océanie, comme toutes celles que nous citerons à la suite. Hauteur : 1 à 2 mètres en pot, et de 5 à 7 mètres en pleine terre : fleurs pourpre foncé en mai. Multip. de graines et de boutures ; serre tempérée. — K. de Makoy, fleurs bleu-violacé. Palissage. Serre froide. — K. glabre, fleurs rouge-pourpre foncé, épanouies en février-mars, en serre tempérée. — K. de Saint-Omer, fleurs roses, maculées de jaune en mars-avril ; serre tempérée. — K. écarlate, fleurs à étendard écarlate maculé de jaune, carène d'un beau pourpre éclatant, épanouies en mars-avril. Serre tempérée. — K. à feuilles nervées, fleurs rouges tachées de pourpre très-vif. Serre tempérée. — K. à feuilles ovales ; fleurs bleues épanouies en février. Serre tempérée. — K. à grandes feuilles ; fleurs d'un bleu très-beau, disposées en grappe, épanouies de mars en mai. — K. monophylle ; fleurs d'un bleu violet avec deux taches verdâtres sur l'étendard. Serre tempérée. — K. couchée, fleurs rouges avec tache verte à la base de l'étendard. Serre tempérée ; pleine terre. — K. à fleurs noires ; fleurs d'un pourpre noir à étendard marqué de jaune. Serre tempérée. Les K. se reproduisent de graines et de boutures.

KERRIA ou *Corète du Japon* (Rosacées). — Hauteur : 1 à 2 mètres ; du printemps à l'automne fleurs jaunes très-élégantes. Exposition à l'ombre ; terre ordinaire. Multip. de boutures.

KETMIE des jardins. V. *Hibiscus*.

KŒLREUTÉRIE ou *Savonnier paniculé* (Sapindacées). — Chine. Hauteur : 3 à 4 mètres ; panicules de fleurs jaunes à 4 divisions, munies chacune d'un appendice pétaloïde. Multip. de boutures de branches ou de racines, semis en pleine terre.

L

LABICHÉA de Huogel (Papilionacées). — Océanie. Arbrisseau toujours vert ; à fleurs jaune maculé de pourpre, épanouies en avril. Serre tempérée ; terre de bruyère. Rempotage chaque année au printemps.

LACHÉNALIE tricolore (Liliacées). — Hauteur : 0^m,30 à 0^{m}35 ; fleurs jaune-citron à l'extérieur ; verdâtre-pourpré à l'intérieur. — L. à fleurs jaunes ; fleurs jaunes avec bord vert à l'extérieur, verdâtre à l'intérieur. — L. à fleurs pendantes ; fleurs à divisions extérieures rouges, à divisions intérieures vertes et violettes ; décembre et janvier.

LACHNÉA a têtes cotonneuses (Thymélées). — Hauteur : 0ᵐ,70 à 1ᵐ,30 ; fleurs blanches ou roses, tubulées, soyeuses, en mai. Serre tempérée, terre de bruyère. Multip. de marcottes et de boutures. — L. purpurine ; fleurs purpurines, soyeuses ; mai : même culture. Ces deux jolies plantes sont originaires du Cap.

LOELIE ancipitée (Orchidées). — Mexique ; fleurs larges de 0ᵐ,10 à 12 centimètres, d'un pourpre-violet avec labelle violet pâle, rayée de rouge à la base. — L. de Perrin, Brésil ; fleurs d'un joli rose-lilas avec labelle pourpre vif. Toutes deux en serre à Orchidées ; soins ordinaires aux plantes de cette famille. — L. d'automne ; fleurs larges de 0ᵐ,12 avec labelle rayée et ponctuée de violet-brun ; fleurs épanouies en automne. Même culture. — L. géante. Hauteur : 0ᵐ,60 ; une seule fleur large de 0ᵐ,12 à 15, verdâtre avec teinte fauve à l'extrémité des folioles ; labelle bleu-rougeâtre. Même culture.

LAGÉNARIA vulgaris, *Gourde des Pèlerins, Calebasse commune* (Cucurbitacées). — Inde. Hauteur : 3 ou 4 mètres ; fleurs blanches monoïques à odeur musquée ; avec son fruit vidé délicatement on fait des vases, etc. — C. gigantesque. — C. plate de Corse. — Gourde poire à poudre. — Gourde siphon. — G. massue d'Hercule ou Gourde trompette très-longue, avec une variété sans col. Semis en mai ; dans une fosse de fumier recouverte de terreau ; à exposition chaude ; cultiver isolément pour éviter le croisement et l'altération des variétés.

LAGERSTROEMIA des Indes (Lythrariées). — Chine. Hauteur : 5 à 6 mètres ; fleurs pourpres et frisées, épanouies d'août en octobre. Terre franche et nourrissante. Orangerie l'hiver ; exposition au Midi ; l'été en plein air. Multip. de racines sur couche tiède et sous châssis. Variété à fleurs violettes. — L. élégante ; fleurs d'un rose plus vif que dans la variété précédente ; mais plus tardives. Les L. peuvent être élevées en caisse comme les Myrtes, les Grenadiers, etc.

LAGURUS a épi ovale (Graminées). — Indigène. Annuel ; joli épi velouté et dressé en juin-août. Semis en avril à exposition chaude. Se conserve longtemps desséché.

LAITRON plumier, *Sonchus* (Composées). — Vivace et indigène, à grande panicule terminale de fleurs d'un bleu-violet foncé, juillet-août. Semis ou boutures en lieux ombragés ; terre fraîche et profonde.

LANTANA, *Boule-de-Neige* (Caprifoliacées). — Arbrisseau indigène haut de 2 mètres ; à tête de fleurs très-blanches épanouies en mai ; terrain frais. Multip. de rejetons et de marcottes simples ; avoir soin de tondre à la défloraison. — Laurier-tin haut de $2^m,30$ à $2^m,60$; toujours vert ; petites fleurs rouges en dehors et blanches en dedans. Terre franche et légère ; exposition ombragée ; dans le Nord, il faut le rentrer à l'approche des froids.

LANTANA camara, *Lantan à feuilles de Mélisse* (Verbénacées). — Amérique méridionale. Hauteur : $1^m,30$; fleurs jaunes, puis aurore ; épanouies tout l'été. Serre chaude ou tempérée ; terre franche ; exposition au Midi ; arrosements nombreux en été ; multip. de boutures sur couche et sous châssis et de graine. — L. flava ; du Mexique ; fleurs couleur orangée. Serre tempérée. — L. odorant. Hauteur : $1^m,50$; fleurs lilas-pâle. — L. bicolore, fleurs blanches et pourpres. — L. de Sellow. Hauteur : $0^m,70$ à 1 mètre. Fleurs rouge-violet avec nuance blanche. Multip. de boutures. Serre tempérée. Parmi les variétés du Lantan à feuilles de Mélisse, bornons-nous à indiquer : L. Annei. — L. Arethusa. — L. coquette. — L. conqueror. — L. Cérès. — L. très-brillante. — L. Eugène Bourcier. — L. Le Nain. — L. Roi-des-Pourpres. — L. de Ferdinand. — L. Solfatarre. — L. souvenir de Pékin. — L. volcan. — L. Marcella. — L. étoile de Provence. — L. atropurpurea, etc., etc.

LAPAGÉRI A FLEURS ROSES (Smilacées). — Chili. Fleurs pendantes et solitaires, rappelant beaucoup les fleurs du Lis blanc; mais elles sont d'un rouge-carminé avec taches blanches à l'intérieur; septembre. Serre froide; terre fraîche et substantielle; exposition à mi-ombre. — L. albiflora; fleurs d'un blanc de crème avec teinte de soufre et macules roses à la base.

LARDIZABALA BITERNATA (Lardizabalées). — Chili. Fleurs pourpres avec teinte chocolat; fruit bon à manger. Multip. de boutures sous châssis et sous cloche.

LARIX EUROPÆA, *Mélèze d'Europe* (Conifères). — Hauteur : 35 à 40 mètres; le seul des arbres résineux de l'ancien continent qui laisse tomber ses feuilles en hiver. Climat froid; craint le soleil; aime l'air vif et pur; terre légère, siliceuse ou calcaire, mais un peu profonde. Semis comme pour le Pin et le Sapin. — M. de Sibérie; moins élevé et plus lent à croître. — Épinette rouge ou M. d'Amérique. Hauteur : 30 mètres; cônes très-petits.

LASIOPETALUM PURPUREUM, *Lasiopétale à fleurs purpurines.* — Océanie. Hauteur : 0^m,35 à 0^m,70 ; petites grappes de fleurs purpurines épanouies en juin. Serre tempérée ; terre de bruyère : multip. de graines et de boutures. — L. Quercifolium. — L. Solanaceum; même culture pour tous deux que pour le précédent.

LATANIER ROUGE (Palmiers). — Tronc nu; feuilles rougeâtres, épineuses, en éventail ; serre chaude; multip. de graines. — L. de Bourbon ; feuilles de même forme, mais plus étalées.

LATHYRUS ODORATUS, *Gesse odorante; Pois de senteur.* V. *Gesse odorante.*

LAURENCÉLIE A FLEURS ROSES (Composées). — Océanie. Fleurs d'un rose frais ; très-élégantes. Serre tempérée. Multip. par boutures.

LAURÉOLE. V. *Daphné-Lauréole.*

LAURIER AMANDIER. V. *Cerisier à fleurs doubles.*

20.

LAURIER rose ordinaire, *Nerium oleander* (Apocynées). — Bel arbrisseau haut de 6 mètres, à jolies fleurs roses, blanches, simples ou doubles, épanouies pendant l'été et au commencement de l'automne. Pleine terre; exposition abritée; le couvrir l'hiver. Multip. facile de graines semées en terrines aussitôt après la récolte, sur couche chaude, et gardées l'hiver sous châssis ou en orangerie. Beaucoup de variétés : L. latifolia. — L. salicifolia, etc., etc., qui se multiplient par boutures et par greffes. — Camphrier, fleurs blanchâtres épanouies en été; fruit pourpre-foncé. Multip. de boutures ou de marcottes. — L. à feuilles ondulées. — L. à feuilles panachées.

Les variétés se multiplient de boutures ou par greffes.

LAVANDULA spica, *Lavande Spic* (Labiées). — Fleurs bleuâtres en verticilles d'épis interrompus; pleine terre; exposition chaude; multip. de graines.

LAVATÈRE A GRANDES FLEURS (Malvacées). — Plante indigène; annuelle; haute de 0m,80 à 1 mètre. Fleurs axillaires assez semblables, par leur forme, à celle de la Mauve, mais larges de 0m,05-06, d'un joli rose-carminé, juillet-sept.; recherchée pour corbeilles, plates-bandes et semis sur place en avril; arrosements pendant les chaleurs. — L. en arbre. Haute de 1 à 2 mètres; fleurs violettes juin-novembre. Multip. de graines, en pleine terre l'été; rentrer l'hiver en orangerie. — L. à grandes fleurs, indigène, annuelle. Hauteur : 0m,80 à 1 mètre. Feurs rose-carmin larges de 0m,05-06, et variété à fleurs blanches, épanouies de juillet en sept. — L. maritime-indigène. Hauteur : 1 à 2 mètres; fleurs à fond blanc lavé de rose délicat, avec large tache frangée, carmin-vif, sur chaque pétale. Orangerie l'hiver, pleine terre l'été.

LEDON A LARGES FEUILLES, *Thé du Labrador* (Éricacées). — Hauteur : 0m,65; corymbe de petites fleurs blanches. — L. des marais, ombelles de fleurs blanches, en avril et mai. Expos. à l'ombre, terre de bruyère fraîche et légère; multip. de rejetons et de marcottes au printemps.

LEMONIA spectabilis, *Lémonie élégante* (Diosmées). — Fleurs d'un rouge foncé très-vif, à 5 divisions profondes, inégales. Terre légère et nourrissante ; soins donnés aux plantes ordinaires de serre chaude.

LÉONOTIS queue de lion (Labiées). — Du Cap. Joli arbrisseau d'environ 2 mètres de hauteur, étalant d'août en octobre ses grandes et longues fleurs aurore-vif, disposées en épi formé de verticilles rapprochés. Craint l'humidité en hiver ; orangerie ; puis pleine terre. Multip. de graines ou de boutures sous cloche ; taille faite avec prudence.

LEPACHIS columnaris, *Rudbeckia à colonne* (Composées). — Orig. du Texas. Plante vivace à fleurs d'un jaune-d'or avec tache mordorée à la base ; fleurons du disque sur une espèce de colonne centrale. Exposition chaude ; terre ordinaire. Multip. de graines ou d'éclats.

LEPTOSIPHON a fleurs denses (Polémoniacées). — Orig. de la Californie. Hauteur : 0ᵐ,35 ; corymbe de fleurs d'un rose tendre d'abord, puis d'un bleu clair, tout l'été. Variétés à fleurs blanches. Semez en mars-avril sur place ou en pot à l'automne, et mettez immédiatement en place. — L. à fleurs d'Androsace. — L. à fleurs jaune-d'or, etc., etc.

LESSERTIE vivace (Papilionacées). — A grappes de fleurs roses veinées de lignes plus foncées. Exposition chaude ; terre légère. Multip. de graines semées sur couche chaude, en pots et sous châssis pour mettre en pleine terre au printemps ; elle vit trois ans si, chaque année, à l'approche des froids, on la rentre dans l'orangerie.

LIATRIDE en épi (Composées). — Originaire de l'Amérique du Nord. Hauteur : 0ᵐ,60. Jolies fleurs d'un pourpre plus ou moins vif, suivant la variété. — L. écailleuse. Plante fort belle, à gros capitules de fleurs d'un rouge-violacé. Multip. par graines que vous sèmerez sur couche sourde, en terre légère et sableuse ou par séparation.

LIERRE. V. *Hedera.*

LIGÉRIE caulescente (Gesnériacées). — Brésil. Grandes
fleurs d'un bleu-violet. Multip. de boutures. V. pour la
culture : Achimenès. En général, les Ligéries, comme les
Gloxinias, veulent une terre de bruyère mêlée d'un quart
de terre franche et d'un quart de terreau. Les semis ont
donné beaucoup de variétés parmi lesquelles nous citerons
seulement :

Ligéries ou Gloxinies à fleurs penchées.

L. Espérance.
L. Beauty.
L. crème et violet.
L. Constance.
L. oiseau de Paradis (Bird of Paradise).
L. Angélina.
L. rose cochenille.
L. lady Cecilia Malgneux.
L. Leviathan.
L. Impériale blanche.
L. Maculata insignis.
L. Most beautiful (L. la plus belle).

Ligéries ou Gloxinies à fleurs dressées.

L. Laque extra.
L. Lady Grosvenor.
L. Juliette Valerand.
L. Henri Husson.
L. Émile Husson.
L. cerise-violet.
L. écarlate et lilas.
L. anneau cobalt.
L. Valérie.
L. Star (étoile).
L. souvenir de Thun.
L. princess of Prussia.
L. Marie Talleyrand.
L. Myrcostigma.
L. M. Carcenac.
L. la belle de Meulan.

LIGÉRIE a grandes fleurs (Gesnériacées). — Fleurs
bleues à longs pédicelles. Elle a fourni beaucoup de
variétés de toutes les couleurs, entre autres : L. Fyfiana
à fleurs blanches avec nuances violet tendre au dehors;
bleu violacé à la gorge et à l'entrée du tube. — L. Souvenir d'Henri Tops, à corolle blanche avec le bord bleu
violacé ; teinte pourpre à la gorge.

LIGULAIRE a grandes feuilles (Composées). —
Vivace. Hauteur : 1 mètre. Fleurs jaunes, juin. Multip.
de graines et par division de la touffe. Pleine terre un
peu fraîche; expos. à l'ombre. — L. de Sibérie. Vivace.

Hauteur : 1 mètre. Fleurs d'un jaune foncé. Grands jardins.

LIGUSTRUM vulgare, *Troëne commun* (Oléinées). — Petites fleurs blanches au printemps ; baies noires ; propre à former des haies ; toute terre et toute exposition. Multip. de graines, de rejetons et de boutures.

LILAS. V. *Syringa.*

LIN vivace. V. *Linum vivace.*

LILIUM, *Lis* (Liliacées). — Ce genre comprend beaucoup d'espèces indigènes et étrangères ; les unes à fleurs blanches, les autres à fleurs jaunes, safranées ou violacées, etc. Toute terre légère et fraîche, avec exposition chaude, est bonne pour la culture des Lis ; on relève, tous les trois ans, les oignons au commencement d'octobre, on enlève les vieilles racines et l'on replante de suite, afin d'avoir des fleurs l'année suivante. Défendre le Lis contre son ennemi particulier, le criocère du Lis, coléoptère à élytres rouges, dont la femelle dépose ses œufs dans l'épaisseur des feuilles.

Lis à fleurs blanches.

Lis blanc commun. — Relevez les oignons tous les 3 ou 4 ans ; séparez les caïeux et replantez immédiatement à environ 15 centimètres de profondeur. Variétés: — L. à fleurs bordées. — L. à feuilles panachées. L. blanc double ou monstrueux. — L. ensanglanté à pétales marquées de rouge. — L. de Brown (Japon). Hauteur : 0^m,50; divisions de la corolle lavées de pourpre violacé à l'extérieur. Pleine terre franche ; ne craint pas l'hiver. — L. à longues fleurs. Longue fleur d'un blanc très-pur ; tige courte. — L. eximium; feuilles plus étroites; fleurs horizontales de 0^m,11 de longueur. — L. gigantesque (Népaul). Hauteur : 2 à 3 mètres; tige très-grosse; fleurs tachées ou lavées de pourpre à l'intérieur; mi-ombre, terre légère ou peu humide.

Lis à fleurs safranées.

Lis orangé. Hauteur : 1 mètre. Fleurs rouge-safrané avec petites taches noires nombreuses. Toute terre. Trois variétés.—L. umbellatum.— L. umbellatum punctatum. —L. umbellatum fulgidum; fleurs rouge-orangé avec teinte jaune. — L. élégant; fleurs d'un rouge-orangé-vif avec stries purpurines à la base; légèrement recourbées au sommet. Multiplic. de caïeux et de graines. — L. superbe. Hauteur : $1^m,50$ à $2^m,50$. Une quarantaine de fleurs pendantes, rouge-orangé avec points pourpre-brun. Terre de bruyère. Couverture contre les gelées. Relever tous les 3 ou 4 ans; séparer les caïeux, replanter immédiatement à mi-ombre; multip. par les écailles de l'oignon. Craint l'humidité. — L. hœmatochroum hybridum (Japon). Fleurs d'un rouge de sang noirâtre avec points noirs en dedans; largeur : environ $0^m,15$ à $0^m,17$ de diamètre. Pleine terre. — L. de Catesby ou L. de Caroline, tige très-mince; hauteur : $0^m,80$ à 1 mètre; fleurs jaune-orangé, tigrées à la gorge, portées sur des pédoncules longs d'environ $0^m,10$. Pleine terre de bruyère.

Fig. 18. — Lis.

Lis à fleurs jaunes safranées ou rouges.

Lis Martagon. Tige marquée de points noirs; fleurs

pourpre-rouge avec points noirs, épanouies en juillet et août. Variétés : — L. blanc. — L. piqueté de pourpre. — L. M. à fleurs doubles. — L. du Canada. Hauteur : 1 mètre à 1^m,30. Fleurs jaune-orangé ponctuées de pourpre, épanouies vers la fin de juin. — L. bulbifère. Hauteur : 0^m,80 à 1 mètre. Fleurs rouge-orangé avec large tache d'une teinte plus pâle et points bruns, épanouies vers la fin de mai. — L. des Pyrénées ; fleurs jaune-citron avec points d'un rouge-brun à l'intérieur. — L. à petites feuilles. Vivace. Hauteur : 0^m,50. Fleurs d'un rouge foncé, ouvertes en mai-juin. Terre de bruyère. — L. de Pompone. — L. Turban. Feuilles bordées de poils blanchâtres ; fleurs rouge-ponceau, enroulées un peu à la manière des plis d'un turban. Var. à fleur jaune ou Lis Martagon à fleur jaune. Mi-ombre ; terre fraîche et légère. — L. du Kamtschatka. Hauteur : 1^m,50 ; feuilles un peu velues ; fleurs d'un jaune-d'or, avec points purpurins en dedans, épanouies en juillet. — L. de Thunberg (Japon). Hauteur : 0^m,50. Vivace ; fleurs d'un rouge-orangé, avec points pourpres, ouvertes en mai-juin ; terre légère, sableuse et fraîche. Multip. par division des bulbes. — L. éclatant (Japon). Hauteur : 0^m,60. Vivace. Fleurs d'un rouge vif. Variétés. — L. atrosanguineum. — L. Titan, etc., même culture. — L. monadelphe (Caucase), fleurs jaune-citron avec points rouges. Rustique. — L. tigré (Chine), tige violette, laineuse. Hauteur : 1^m,70 ; grandes fleurs rouge-foncé avec points noirs purpurins. Rustique. Bulbes comestibles. — L. de Leichtlin (Japon). Hauteur : 1 mètre, fleurs d'un jaune d'or pâle avec macules pourprées. Rustique.

Lis à fleurs nankin.

Lis à couleur de brique ou Lis Isabelle. Hauteur : 2 mètres. Fleurs à fond chamois. Pleine terre.

Lis à fleurs blanches ou tachées de rouge.

Lis doré du Japon. Hauteur : 1^m,50 à 2 mètres et plus.

Fleurs à très-bonne odeur, de 0ᵐ,20 cent. de diamètre, à fond ordinairement blanc avec bande d'or jaune pâle sur le milieu de chacune des divisions de la corolle, tigrures et taches pourpre-brun ; quelquefois le fond est presque clair et les macules alors s'accusent par un brun plus foncé ; très-rustique. — L. à feuilles lancéolées (Japon). Hauteur : 1 mètre. Fleurs larges d'environ 0ᵐ,12 ; blanches, garnies de papilles. Plusieurs variétés : — L. lancifolium Schramokersii, à fleurs d'un rose-pourpre, à pupilles plus foncées. — L. lancifolium rubrum, à fleurs d'un rose tendre avec teinte carminée, et pupilles pourpre. — L. lancifolium grandiflorum rubrum, à fleurs de 0ᵐ,15 de diamètre avec points purpurins. — L. lancifolium monstruosum rubrum, à très-grandes fleurs blanches avec taches et mouchetures carminées. — L. lancifolium punctatum, à fleurs d'un blanc de chair avec taches rose-tendre. — L. lancifolium corymbiflorum album, roseum, rubrum, à fleurs blanches laniées ou ponctuées de carmin ou de rose.

Toutes ces variétés viennent bien en pleine terre de bruyère ; relever les oignons chaque année en automne ; enlever les vieilles racines épuisées et replanter immédiatement.

LIMNANTHÉS ᴀ ꜰʟᴇᴜʀs ʀᴏsᴇs (Limnanthacées). — Amérique septentrionale. Annuelle ; fleurs à cinq divisions, d'un rose pâle, à longs pédoncules. Semis au printemps et à l'automne ; tenir sous châssis le plant en hiver et le mettre en place au printemps. — L. Douglassii, corolle mi-partie jaune, mi-partie blanche. Même culture.

LIMNOCHARIS ᴅᴇ Hᴜᴍʙᴏʟᴅᴛ (Hydrocharidées). — Fleurs éphémères jaune-soufre, avec nuance orange à l'onglet. Serre tempérée ; bassin.

LIMODORUM ᴅᴇ Tᴀɴᴋᴇʀᴠɪʟʟᴇ (Orchidées). — Hauteur : 0ᵐ,65. Fleurs blanches en dehors, rousses en dedans, avec labelle pourpre-brun-ombre. Multip. de drageons en pots. Terre de bruyère mélangée de terreau de feuilles.

LINARIA a grosses fleurs (Scropnularinées). — Vivace
et souvent bisannuelle. Haute de 0ᵐ,70 ; grandes fleurs violettes avec veines jaunes, et à éperons allongés ; tout l'été.
Pleine terre ; châssis l'hiver. Semis au printemps. — L. des
Alpes à fleurs d'un bleu clair. — L. à fleurs d'Orchis, bleu-
violet, variétés à fleurs pourpres et blanches. Semis de
mars en juin.

LINUM vivace (Linées). — Indigène. Haut de 0ᵐ,35-70 ;
à fleurs d'un joli bleu, juin-août. Variétés à fleurs blanches, roses, violettes et jaunes ; terre franche légère ;
multip. de graines et d'éclats. Il faut changer de place le
L. vivace chaque année à sa défloraison. — L. à grandes
fleurs, formant des touffes de 0ᵐ,20, à grandes fleurs d'un
rouge vif. Multip. de graines semées au printemps en terre
bien fumée ; il fleurit tout l'été. Tous les Lins sont recherchés comme plantes d'ornement, sans parler des usages et
propriétés économiques du lin vulgaire. — L. en arbre.
— L. sous-frutescent. — L. à trois styles. — L. visqueux, etc.

LIPARIA sphérique (Papilionacées). — Afrique. Hauteur : 1ᵐ,30 ; fleurs jaune foncé, épanouies en été. Multip.
de boutures ; terre franche légère.

LIPPIA a trois feuilles, *Verveine citronnelle* (Verbénacées). — Chili. Hauteur : 1 à 2 mètres. Épi de petites fleurs
bleu-purpurin en dedans, blanches en dehors, à odeur
de citron, épanouies de juillet en septembre. Exp. au
midi ; terre franche légère ; arrosements souvent répétés
en été ; orangerie l'hiver. Multip. de boutures herbacées
sur couche et sous cloche.

LIQUIDAMBAR copal, *Copal d'Amérique* (Balsamifluées).
— Hauteur : 12 mètres. Rameaux rougeâtres ; feuilles
rouges au moment de leur chute ; fleurs verdâtres réunies
en boule. Exposition chaude, abritée ; terre humide.
Multip. de grains ; de rejetons, de marcottes en automne
— L. du Levant. Même culture.

LIRIODENDRON tulipiferum. *Tulipier de Virginie* (Magnoliacées). — Très-bel arbre, haut de 30 à 40 mètres, d'un effet à la fois gracieux et solennel ; belles fleurs en forme de Tulipe verte et jaune avec tache orangée en juin et juillet. Semées en automne, en terrines, les graines lèvent ordinairement au printemps suivant : couverture de litière en hiver ; repiquage la troisième année en terre franche, profonde et fraîche ; pas de transplantation : ce n'est qu'à l'âge d'environ 25 ans que la Tulipe fleurit.

LIS. V. *Lilium.*

LIS ASPHODÈLE. V. *Hémérocalle.*

LIS D'ESPAGNE. V. *Iris d'Allemagne.*

LIS JACINTHE. V. *Scille d'Italie.*

LISERON LISET. V. *Convolvulus.*

LISCANTHUS PRINCEPS (Gentianées). — Hauteur : $0^m,70$ à 1 mètre ; fleurs à tube long de $0^m,15$, couleur orange vif ; couleurs vertes sur le limbe. Serre froide l'hiver ; terre bien drainée ; deux ou trois rempotages chaque année.

LITHOSPERMUM SERICEUM, *Buglosse de Virginie ; Orcanette* (Borraginées). — Jolies fleurs jaunes en épi, en été. Terre de bruyère ; exposition au midi. L'Orcanette est employée en teinture.

LOBÉLIE CARDINALE (Lobéliacées). — Originaire de l'Amérique du Nord ; vivace. Haute de $0^m,30$-50 ; grandes fleurs rouge-ponceau en grappe, juillet-octobre. Terre franche légère ; à mi-soleil. Multip. par graines sur couche, sous châssis ou sous cloche. — L. syphilitique ; haute de $0^m,50$; épi terminal de fleurs bleues. Août-octobre. Semis en terre meuble et fraîche, sans couvrir les graines ; au bord de l'eau, de préférence. — L. éclatante, fleurs d'un rouge vif. Multip. de boutures et par racines. Couverture en hiver. Terre franche et légère, fraîche en été ; exposition à mi-soleil. — L. brillante, fleurs pubescentes d'un rouge vif. Même culture ; orangerie l'hiver. — L. rameuse. Hauteur : $0^m,40$; fleurs bleu-cobalt, glacées de blanc en dehors. Variétés à fleurs blan-

ches. Semer sur couche en mars ; hiver en serre temperée ;
mettre en place au printemps ; terre franche et légère.—
L. à feuilles de tabac ; haut. de 2 à 4 mètres. Fleurs d'un
lilas pâle, digitaliformes. Serre chaude ou tempérée. —
L. Érine (du Cap), fleurs ailées, bleuâtres, pointillées de
pourpre sur fond blanc à la gorge. Pots ; massifs ; rochers.
Semis en mars-avril sur couche, et en mai-juin sur place.
— L. Érinus grandiflore ; fleurs azur foncé avec reflets violets, épanouies pendant tout l'été. — E. gr. superba ;
fleurs bleu foncé à centre blanc. — E. speciosa, fleurs
bleu foncé et gorge blanche. — L. E. marmorata. — L.
E. gracilis alba. — L. E. gracilis erecta. — L. Pubescens, etc., etc.

LOCHERIE MAGNIFIQUE (Gesnériacées). — Hauteur:
0ᵐ,30-40 ; fleurs larges d'environ 0ᵐ,06, d'un cramoisi
vif avec mouchetures pourpre-noir. V. Achiménès pour
la culture. — L. feu ; très-belles fleurs rouge-orangé. —
L. pedonculée. Hauteur : 0ᵐ,60. Fleurs longues de 0ᵐ,05
rouge-orangé avec limbe orangé, souvent orné de macules de pourpre. — L. hérissée. Hauteur : 0ᵐ,60.

LODDIGÉSIE A FEUILLES D'OXALIDE (Papilionacées). —
Du Cap. Hauteur : 0ᵐ,70 ; corymbe de fleurs rose-pourpré,
à court étendard. Multip. de boutures ; serre tempérée ;
terre de bruyère.

LOMATIE A FEUILLES DE SILAUS (Protéacées). — Océanie.
Hauteur : 0ᵐ,65. Fleurs blanchâtres ou jaune-soufre épanouies de juin en août. Terre de bruyère.

LONICERA, *Chèvrefeuille* (Caprifoliacées). — On distingue les vrais Chèvrefeuilles, grimpants et volubiles
ayant besoin de tuteurs et de points d'appui, et les Chame-
risiers à tige rameuse, assez forte pour se passer d'un secours étranger.

Chèvrefeuilles proprement dits.

Chèvrefeuilles des jardins ; fleurs rouges en dehors,

épanouies en mai et juin. Variété à feuilles de Chêne et à feuilles panachées. — **Chèvrefeuille de la Chine ou du Japon**; fleurs d'abord blanches, puis rosées ou carminées, à très-suave odeur. Variété Nin-Too ou à fleurs d'or et d'argent; fleurs d'abord blanches, puis jaunes. — **C. des bois**. Indigène; fleurs blanches ou rosées, puis jaunes; très-suave odeur. — **C. de Brown**, fleurs d'un jaune cocciné, ou rouge de sang; très-large feuillage. — **C. pubescent**; fleurs longues infundibuliformes, jaunes en dedans, rouges en dehors, à limbe court presque régulier. — **C. toujours vert**, très-analogue au précédent, mais à feuilles plus grandes. — **C. à fleurs jaunes**; fleurs d'un jaune très-vif, pubescentes à la base; à suave odeur. — **C. Éclatant**; grandes fleurs pourpres ou violacées en dehors, d'un blanc jaunâtre en dedans. — **C. entrelacé**; fleurs d'un violet-rouge en dehors, épanouies en été et en automne.

Ces espèces peuvent supporter les rigueurs de l'hiver sous le climat de Paris; exposition à mi-soleil. Terre fraîche et légère; elles se multiplient de couchages, de drageons enracinés et de semences.

Chamerisiers.

Chamerisier de Tartarie, Cerisier nain. Hauteur : 3 mètres; petites fleurs blanches en dedans, roses en dehors; baies rouges. Multip. de drageons et de graines en tout terrain et à toute exposition. Variétés à fleurs rouges; à fleurs blanches. — **C. de Ledebour** (Asie centrale). Hauteur : 1 à 2 mètres; fleurs jaune-rougeâtre avec bractées rouges; baies noires. Pleine terre meuble et fraîche; multip. de couchages et de boutures. — **C. des Pyrénées**; fleurs d'un blanc rosé, épanouies en mai. Terre légère; exposition au soleil; multip. de marcottes et de graines. — **C. à courts pédoncules** (Japon). Fleurs géminées d'un blanc-aune en dedans, lavées de pourpre en dehors. — **C. Xylos-**

téon, haut de 2ᵐ,30 à 2ᵐ,60 ; fleurs d'un blanc jaunâtre ; haies. — C. d'Ibérie ; fleurs roses ; fruits rouges assez semblables à de petites Cerises. — C. des Alpes, très-analogue au précédent et, comme lui, se multipliant de toute façon.

LOPÉZIE A GRAPPES (Œnothérées). — Mexique. Annuelle ; fleurs d'un rose-rouge, épanouies de mai jusqu'aux gelées ; exposition chaude ; terre légère ; multip. de graines semées en pots, sur couche chaude, au printemps ; repiquage en place.

LOPHOSPERME GRIMPANT (Scrophularinées). — Mexique. Plante grimpante longue de 3 mètres et plus ; fleurs longues d'environ 0ᵐ,04, roses avec taches blanches ou jaunâtres, épanouies d'août en octobre. Semis en mars, sur couche ; repiquage en pots laissés sur couche ; mise en place à la fin de mai. — L. d'Henderson, variété à fleurs jaspées de blanc, etc. ; multip. de boutures ; de graines ; terre riche ; serre tempérée.

LOTUS JACOBÆUS, *Lotier de Saint-Jacques.* — Bisannuel ; haut de 0ᵐ,70 à 1 mètre, à fleurs d'un brun foncé, réunies par trois. Semez-le au printemps sous châssis, il vous donnera des fleurs en août ; terre légère.

LUNAIRE ANNUELLE, *Monnaie du pape* (Crucifères). — Bisannuelle ; hauteur : 1 mètre ; grappes de fleurs rouges. purpurines, blanches ou panachées, en avril-mai. Multip. de graines en tout terrain où elle se sème elle-même.

LUPINUS, *Lupin* (Papilionacées). — Ce genre très-nombreux comprend : 1° des espèces vivaces qu'il faut semer en pot et repiquer en place ; 2° des espèces annuelles, qu'il est préférable de semer immédiatement en place ; la terre de bruyère et même la terre siliceuse à assez bonne exposition suffit à ces plantes, parmi lesquelles nous nous bornerons à citer :

1° Parmi les Lupins annuels : — L. Dumretti superbus ; fleur pourpre-violet, blanc et jaune. — L. varius à fleurs blanches et bleues. — L. venustus à étendard bleu foncé

pourpré, à ailes violacé foncé. — L. sulfureus, longs épis
de fleurs jaune-soufre. — L. subramosus, étendard bleu
vif, ailes bleues, carène blanche avec teinte bleue au sommet. — L. nanus à petites fleurs bleues. — L. changeant,
haut, de 1^m,60; fleurs bleues et jaunes, à très-suave odeur.
— L. luteus à fleurs jaunes. — L. hirsutus à fleurs bleues.
— L. Cruikshanksii. Ces Lupins annuels se contentent
de tout terrain, excepté du terrain calcaire.

2° Parmi les Lupins à racines vivaces : L. triste à fleurs
brunes. — L. rivularis. Hauteur : 1 mètre ; à fleurs d'un
jaune pâle. — L. polyphyllus à longues grappes de fleurs
d'un joli bleu, variété à fleurs blanches. — L. macrophyllus
à fleurs d'un pourpre-brun. — L. Hartwegii à fleurs bleu
clair mêlé de blanc. — L. H. flore pleno, fleurs blanches,
puis d'un blanc-violacé. — L. arboreus. Mexique. Hauteur : 1 à 2 mètres, à fleurs d'un jaune pâle ; cet arbrisseau vit de 4 à 6 ans.

LYCASTE DE SKINNER (Orchidées). — Fleurs de 0^m,15-
18 à fond rose avec taches cramoisies et points jaunes.
Terre de bruyère et mousse. Serre tempérée ou froide. —
L. gigantesque, fleurs à teinte vert-olivâtre avec labelle
violet-orangé.

LYCHNIDE DE CHALCÉDOINE, *Croix de Jérusalem* (Caryophyllées). — Vivace ; hauteur : 1 mètre. Cimes de fleurs avec
corolle à 5 pétales échancrés, opposés, en forme de croix
de Malte et d'un très-beau rouge, juin-juillet. Variétés à
fleurs blanches, d'un blanc safrané, à fleurs roses, à fleurs
doubles de couleur écarlate. Exposition au midi en terre
sèche et légère ; multip. de graines ou de boutures en juin,
ou d'éclats en automne et en février. — Œillet de Dieu.
— Coquelourde. Bisannuelle. Hauteur : 0^m,35 ; corymbe de
fleurs simples ou doubles, écarlate, d'un rouge-pourpre,
blanches. Multip. de graines aussitôt la maturité ; repiquage en mars-avril. — Fleur de Jupiter ; fleurs purpurines ; multip. d'éclats en mars ; même culture. — Véronique des jardiniers. Indigène ; vivace ; haute de 0^m,35 ;

fleurs rouges et blanches laciniées, semblables a ue petits Œillets, mai-août. Multip. par œilletons. Même culture. — Lychnide dioïca, Jacée des jardiniers. Vivace; fleurs roses ou blanches, simples ou doubles, mai-juin, etc., etc.

LYCIET commun (Solanées). — Arbrisseau formant un buisson touffu; fleurs solitaires ou géminées' d'un violet pâle; fruits d'un rouge brillant. Pleine terre ordinaire. Propre à faire des haies, à couvrir les berceaux et les tonnelles. — Lyciet à feuilles lancéolées; fleurs blanc-pourpre. Multip. de boutures et de rejetons. Ces deux espèces réussissent en pleine terre.

LYCOPODE denticulé (Lycopodiacées). — Très-propre à la décoration des rochers artificiels, des cascades, des fontaines; il forme gazon; il tapisse bien les murs des serres. — L. ombreon, tige en parasol, à frondes fines et gracieuses. — L. arborescent. 1 mètre de hauteur; frondes à reflet métallique. — L. bleuâtre; mêmes usages que le Lycopode denticulé; couleur métallique. — L. stolonifère; mêmes usages.

LYCORIS aurea, *Lis jaune doré* (Amaryllidées). — Chine. Hauteur : 0ᵐ,65; ombelle de jolies fleurs jaunes au nombre de 6 ou 10, épanouies en juillet-août; la chaleur donne à leurs anthères un tressaillement très-sensible pendant plusieurs minutes. Terre légère renouvelée chaque année. Serre tempérée.

LYPERIA violacea (Scrophularinées). — Du Cap. Fleurs lilas, longues d'environ 0ᵐ,15 à 0ᵐ,20; terre légère ou de bruyère.

LYSIMAQUE éphémère (Primulacées). — Hauteur : 1 mètre; épi de fleurs blanches en juillet-août; terre franche, un peu humide; exposition au nord. Multip. de graines semées en terre fraîche, ou de l'éclat des pieds; fréquents arrosements.

LYTHRUM salicaria, *Salicaire commune* (Lythrariées). — Indigène et vivace; épis bien garnis de fleurs purpurines en juillet-août. Terre humide; bord de l'eau. Multip.

de drageons. — S. virgatum ; fleurs noires plus nombreuses que dans l'espèce précédente, mais plus grandes, d'un rose pourpre. Même culture.

M

MACLÉANIE ou MACLÉNIE a feuilles en cœur (Éricacées). — Pérou. Hauteur : 1m,50 ; fleurs rouge-orangé, jaunes à leur sommet. Serre tempérée. — M. à fleurs coccinées. Hauteur : 1 mètre ; fleurs rouge-cocciné, avec teinte jaunâtre en dedans. Ces deux plantes se cultivent comme les Bruyères.

MACLEYA a feuilles en cœur (Papavéracées). — Chine. Vivace. Hauteur de 1 mètre à 2 mètres ; fleurs blanches épanouies depuis juillet jusqu'en septembre. Pleine terre ; multip. d'éclats et de graines.

MACLURE épineux, *Oranger des Osages*, *Bois d'arc* (Morées). — Amérique septentrionale ; fleurs femelles verdâtres, réunies en chaton globuleux ; fleurs mâles réunies en chaton spiciforme, juin et juillet. Les Indiens emploient le bois de cet arbre, à faire leurs arcs redoutables. Terre fraîche et substantielle ; multip. par tronçons de racines et par boutures de branches.

MACROMÉRIE a longues étamines (Borraginées). — Mexique. Fleurs en entonnoir, d'un beau jaune, ouvertes en été. Serre tempérée ; terre légère.

MADARIE élégante (Composées). — Chili. Hauteur : 1 mètre ; fleurs jaunes avec rayons rougeâtres à la base, épanouies pendant l'été et l'automne. Semis au printemps ou mieux à l'automne.

MAGNOLIA, *Magnolier* (Magnoliacées). — Amérique septentrionale et Asie. Quelques espèces supportent très-bien le froid, en pleine terre, sous le climat de Paris. En général, il leur faut une terre légère, profonde et fraîche ; la terre de bruyère pure est préférable. Multip. de graines et de boutures. On greffe les variétés roses sur les espèces communes.

Parmi les Magnolias à feuilles persistantes, citons : **M. à**

Fig. 19. — Magnolia à grandes fleurs.

grandes feuilles ; à fleurs larges de 0^m,18 à 0^m,22 de diamètre, blanches, très-odorantes, épanouies de juillet en novembre. Multip. de graines, semées en terrines, dès la maturité, en terre franche, légère, un peu sableuse, terreautée,

21.

couche tiède et châssis au printemps; repiquage en pot à l'automne suivant; puis deux ans d'orangerie avant la mise en pleine terre. Abris pendant l'hiver. Principales variétés: Magnolier ferrugineux. — M. grandiflora oxoniensis. — M. La Galissonnière. — M. à petites feuilles. — M. La Maillardière. — M. tomentosa. — M. stricta. — M. à feuilles rondes. — M. præcox. — M. nain. Haut de $0^m,40$; à fleurs blanches, larges de $0^m,05$ à $0^m,08$. Épanouies toute l'année, en serre tempérée. — M. à fleurs brunes. Chine. Hauteur : 1 mètre à $2^m,70$. Fleurs roussâtres avec ligne carminée obscure; orangerie. Variétés : M. anonœfolia, à fleurs de couleur plus foncée, à feuilles plus larges.

Parmi les Magnolias à feuilles caduques, citons :

Le M. parasol, hauteur 7 à 10 mètres ; grandes fleurs blanches à 9 divisions ou plus, fruit d'un rouge-carminé. Très-rustique. — M. à grandes feuilles ; hauteur de 7 à 10 mètres ; fleurs de $0^m,14$ à $0^m,16$, blanches avec teinte pourprée à la base des trois pétales inférieurs. — M. grêle, fleurs pourpre vif. — M. discolore ; hauteur : 1 mètre à 4 mètres, fleurs blanc de lait en dedans, pourpres en dehors, d'avril en juin. — M. de Thompson; fleurs larges de $0^m,14$ à $0^m,16$. — M. glauque. Arbre de castor; hauteur : 5 mètres; fleurs blanches, de $0^m,08$ à $0^m,10$ de diamètre; terre de bruyère ou terre ordinaire non humide. — M. auriculé; hauteur de 7 à 13 mètres ; fleurs blanches, larges de $0^m,10$ à $0^m,15$. — M. acuminé; fleurs d'un jaune verdâtre, larges de $0^m,08$ à $0^m,11$. Très-rustique. — M. de Campbell (Asie centrale); admirables et très-larges fleurs d'un rouge-carmin foncé en dehors, d'un rose tendre ou d'un blanc carné en dedans. — M. Yulan ; hauteur : 10 à 12 mètres; grandes et nombreuses fleurs à 7 ou 9 divisions; exposition à l'ombre; terre de bruyère. — M. de Soulange, analogue à l'espèce précédente ; fleurs pourpres en dehors, blanches en dedans.

Toutes les espèces de Magnolias à feuilles caduques réussissent bien en pleine terre; mais on fera bien de les élever d'abord en terre de bruyère, à mi-ombre, avant de les planter en une terre franche, légère, un peu fraîche.

MAHONIE RAMPANTE (Berbéridées). — Hauteur : 0ᵐ,40; grappes de fleurs jaunes; baies noires. Terre fraîche et légère. Multip. de graines et de rejetons. Massifs, bosquets. — M. de Fortune. Tout terrain. — M. à grandes feuilles; gros fascicules de fleurs jaunes. — M. intermédiaire. Hauteur : 2 à 3 mètres; panicules de fleurs jaunes. — M. glumacée. Fleurs en grappes maigres et allongées. — M. du Japon. La plus grande espèce que nous connaissions. — M. de Béal (Chine). Hauteur : 2 mètres; feuilles longues de 0ᵐ,50, de onze à dix-sept folioles, à longues dents épineuses; belles fleurs jaunes en grappes. Multip. de bourgeons, piqués sur couche, en terre de bruyère. — M. à fleurs fasciculées. Hauteur : 2 mètres; panicules de fleurs jaunes, avril et mai. — M. à feuilles de Houx; 1 mètre à 1ᵐ,50; fleurs jaunes épanouies en avril et mai; baies pouvant être confites. Terre légère et fraîche.

MALCOLMIA MARITIME, *Giroflée* ou *Julienne de Mahon* (Crucifères). — Annuelle; à fleurs parfumées, d'abord lilas ou rouges, puis violettes ou blanches; variété à fleurs blanches. Semer en place en automne ou au printemps. Pour massifs et bordures.

MALVA CRISPA, *Mauve frisée* (Malvacées). — Cultivée pour ses belles feuilles vertes. Multip. de graines semées dès leur maturité; exposition chaude; tout terrain. — M. campanulée, à fleurs lilas tendre; tout l'été. Semis sur couche au printemps, puis mise en place en pleine terre. — M. musquée, à fleurs rosées ou blanches. — M. de Mauritanie, à fleurs blanches striées de pourpre et de violet. — M. à fleurs écarlates, épanouies de juillet en octobre, semées sur couche au printemps.

MAMILLARIA, *Mamillaire* (Cactées). — Ce genre comprend des plantes grasses couvertes de mamelons coniques (d'où leur nom), terminés chacun par des soies et des épines. On les multiplie de graines et de boutures avec les ger mes ou bourgeons. — M. bicolore; tige prolifère à boules blanches; petites fleurs pourpres. Avec variété monstrueuse. — M. cristata, affecte la forme d'un serpent. — M. à épines cuisantes; faisceau d'épines blanches, sétacées, rayonnantes, avec épines plus fortes naissant au milieu de ces faisceaux. — M. versicolore; fleurs violettes. — M. à vrilles, fleurs roses, plante prolifère, aiguillon inférieur en forme de vrille. — M. couronnée; fleurs d'un rouge-carmin vif. — M. discolore; fleurs rouges en dehors, rosées en dedans. — M. à longues épines; fleurs rosées d'abord, puis d'un rouge briqueté, couronnant le sommet de la plante. — M. à longs mamelons; mesurant souvent $0^m,02$ de grosseur, ornés d'épines longues, molles, rayonnantes; fleurs larges de $0^m,50$, jaune-jonquille en dedans, rougeâtre en dehors. Multip. par boutures des mamelons. — M. polyédrique; mamelons polyédriques armés d'épines; fleurs d'un rouge verdâtre, à bord blanc; tige prolifère. — M. polythèle; hauteur : $0^m,30$; à mamelons coniques armés de quatre aiguillons dont l'inférieur plus long; fleurs violettes; variétés : M. setosa, tentaculata, stuberii, columnaris; serre froide. — M. allongée, à tige mince, à épines, blanc-pourpre; à fleurs purpurines. Serre froide. — M. très-épineuse, épines blanches et épines rouges, plus grandes que les premières; fleurs violettes, réunies en couronne au sommet de la plante. — M. de Shiède, à fleurs blanchâtres, à baies d'un beau rouge. — M. éclatante; mamelons à aréoles cotonneuses; fleurs d'un rouge violacé; tige prolifère. Serre froide.

Citons encore, parmi les variétés de serre tempérée :

M. viridis.	M. gracilis.
M. tenuis.	M. mutabilis.
M. uncinata.	M. formosa.
M. sulcolanata.	M. erecta.
M. sphacelata.	M. deapiens.
M. sphærotricha.	M. crocidata.
M. rodantha.	M. cornifera.
M. pusilla.	M. crinita.
M. pycnacantha.	M. tête de Méduse.
M. pachytèle.	M. semperviva.
M. hystrix.	

MANDIROLA laineuse (Gesnériacées). — Plante couverte de duvet; grandes fleurs digitaliformes, lilas avec veines violettes sur les lobes de côté, et ligne carmin sur le lobe du milieu. — M. multiflore; fleurs violettes; serre chaude. Les M. se cultivent comme les Achimènes.

MANDRAGORE d'automne (Solanées). — Vivace. Fleur campanulée, puis étoilée d'un violet-bleuâtre; fruits vénéneux. Pleine terre; exposition chaude; litière ou couverture de feuilles l'hiver. — M. verna, même culture.

MANETTIE a feuille en cœur (Rubiacées). — Brésil. Plante volubile rameuse; fleurs longues de 0^m,04, pourpre-cocciné, épanouies tout l'été. Multip. de boutures; rabattre sur vieux bois; terre de bruyère; serre tempérée. — M. à fleurs vermillon; fleurs d'un rouge d'abord vermillon, puis pâle et d'un rose tendre, à 4 divisions en croix. Serre tempérée; terre légère et substantielle.

MANGIFERA indica, *Manguier de l'Inde* (Anacardiacées). — Amérique du Sud; petites fleurs rougeâtres; fruit gros comme une noix. Multip. de boutures étouffées; serre chaude.

MANIHOT, *Cassave*, *Manioc* (Euphorbiacées). — Hauteur : 2 mètres; la pulpe de ses racines séchée, puis divisée, donne le tapioca.

MARANTA ou *Galanga zébrée* (Marantacées). — Brésil; feuilles longues d'environ 0^m,50 à 0^m,65; fleurs d'un blanc violacé, avec raie bleue. Multip. de drageons; terre franche, légère; serre chaude. — G. argenté. — G. de Porte. — G. remarquable; feuilles longues de 0^m,20; d'un jaune ferrugineux, avec bandes blanches sur le limbe. — G. lignée de blanc; feuilles d'un vert foncé avec 8 ou 10 lignes parallèles, d'un blanc mat en dessus, d'un violet foncé en dessous. — G. lignée de rouge; 8 ou 10 lignes, rouge-minium, sur les feuilles. — G. fasciée; larges bandes d'un blanc mat. — G. à bandelettes; 12 à 15 bandelettes d'un blanc-jaunâtre. — G. métallique; fleurs violet tendre, bordure noirâtre le long de la nervure du milieu. — G. de

Warscewicz; feuilles d'un vert sombre, avec teinte vert clair; fleurs blanches avec bractées jaunâtres. — M. illustré; feuilles longues de 0ᵐ,20 à 0ᵐ,30; carmin-violacé en dessous, vert foncé en dessus, avec macules blanches ou rosées. — M. de Veitch; feuilles de 0ᵐ,30 de long, sur 0ᵐ,28 de large, vert foncé et vert clair, avec macules en cercle; variété à fond violet. — M. à feuilles striées; d'un vert clair avec rubans jaune-paille. — M. à feuilles arrondies; feuilles de 0ᵐ,15; d'un vert pâle en dessous, d'un vert franc en dessus. — M. orné; feuilles longues de 0ᵐ,12, d'un vert glauque avec bandes curvilignes, rouge cuivré et vert sombre.

Les M. demandent une terre humide, sableuse; exposition à l'ombre; serre chaude; bassinages fréquents sur les feuilles.

MARGUERITE. V. *Bellis perennis.*

MARJOLAINE. V. *Origanum majorana.*

MARRONNIER. V. *Æsculus.*

MATHIOLA. V. *Giroflée.*

MATRICAIRE commune (Composées). — Assez semblable par la forme et l'odeur à la Camomille; on cultive seulement la Matricaire à fleurs doubles; multip. de graines ou d'éclats en terrain frais.

MAURANDIE toujours fleurie (Scrophularinées). — Plante annuelle, grimpante, ligneuse; du Mexique; hauteur de 1ᵐ,50 à 2 mètres; grandes et belles fleurs d'un rose pourpre, mars-septembre. Multip. de semis et de boutures en terre légère substantielle; mettre en place en mai, à exposition chaude; garder le plant en orangerie ou en serre froide l'hiver. — M. Barclayana; originaire du Mexique. Fleurs deux fois plus grandes que les précédentes, d'un beau bleu foncé avec poils bruns, visqueux, sur le calice. Plusieurs variétés.

MAUVE. V. *Malva.*

MAXILLAIRE peinte (Orchidées). — Brésil. Hauteur: 0ᵐ,15; fleur large de 0ᵐ,08, pourpre-orangé en dedans, presque blanche en dehors, avec labelle blanc-jaunâtre moucheté de rouge. Corbeille pleine de sphaigne. Serre chaude, humide.

MÉCONOPSIS a fleurs jaunes (Papavéracées). — Indigène ; vivace ; grandes fleurs jaunes à longs pédoncules. Terre légère, humide ; bordures.

MÉDINILLER a fleurs rouges (Mélastomacées). — Indes ; bouquets de fleurs roses. Multip. de boutures ; terre de bruyère ; serre chaude ; exposition à bonne lumière. — M. magnifique ; fleurs roses, avec bractées rosées.

MÉLALEUQUE (Myrtacées). — Nouvelle-Hollande. Épis de fleurs blanches, jaunâtres ou purpurines ; terre de bruyère, mêlée de terre siliceuse ; orangerie. Multip. de boutures étouffées ou de graines, semées au printemps, en terrines, sous châssis, sur couche ; ces graines ne murissent qu'au bout de deux ans ; repiquage du plant à l'automne. Rempotement annuel.

Parmi les Mélaleuques à feuilles alternes, citons : M. armillaire, à feuilles jaunâtres ou rose-pourpré. — M. gentil ; hauteur : 1 mètre ; à fleurs lilas, frangées sur les bords. — M. à feuilles de Styphélia. — M. à feuilles de Bruyère. — M. à feuilles de Diosma ; longs épis de fleurs d'un jaune verdâtre.

Parmi les Mélaleuques à feuilles opposées, les principaux sont : M. d'Otto, à fleurs d'un lilas tendre, épanouies en avril. — M. éclatant, à fleurs d'un rouge éclatant. — M. à feuilles en croix, à fleurs lilas pâle, réunies en épis glabres, ovales. — M. à feuilles de Millepertuis ; hauteur : 3 à 5 mètres ; à fleurs rouges avec points jaunes ; étamines rouges, très-nombreuses et très-longues. — M. à feuilles de Myrte ; épi cylindrique de fleurs jaunâtres, épanouies en juin.

MELASTOMA du Malabar (Mélastomacées). — Hauteur : 0m,70. Fleurs d'un beau rose, larges d'environ 0m,08 ; épanouies en serre, novembre-décembre ; exposition à l'ombre.

MÉLÈZE d'Europe. V. *Larix europœa.*

MELIA azedarach. *Faux sycomore, Arbre saint, Lilas des Indes, Arbre à chapelet* (Méliacées). — De l'Inde. Grands panicules de fleurs qui rappellent par leur couleur et leur parfum, les fleurs de Lilas. Multip. de graines sur couche; repiquage en pots; orangerie pendant les trois ou quatre premières années; puis pleine terre légère; exposition chaude. — Margousier. Orangerie l'hiver. Ces deux arbres ne supportent'pas les froids rigoureux sous le climat de Paris.

MÉLIANTHE pyramidal, *Pimprenelle d'Afrique* (Zygophyllées). — Hauteur : 2 à 2ᵐ,60; petites fleurs rouges, épanouies en juin-juillet. Pleine terre avec l'abri d'un mur, et bonne exposition chaude; couverture l'hiver ou bien orangerie. — M. à feuilles étroites. Hauteur : 1ᵐ,60 : épis de fleurs d'un jaune-rougeâtre en août.

MÉLILOT bleu, *Baume du Pérou* (Papilionacées). — Annuel; rustique. Haut. : 0ᵐ,70 ; têtes de fleurs d'un bleu pâle, très-odorantes; août. Exposition au midi en terre légère; semis sur place en mars-avril.

MELISSA. V. *Calamintha.*

MENTHE poivrée (Labiées). — A fleurs purpurines, très-parfumées, elle sert à fabriquer les pastilles de menthe. Terre fraîche et ombragée. — M. crépue. — M. à feuilles panachées.

MESEMBRIANTHEMUM. V. *Ficoïde.*

MICHAUXIA campanuloides (Campanulacées). — Trisannuelle. Haute de 1ᵐ,30; fleurs en roue à huit divisions rosées ou blanches et réfléchies, tout l'été. Multip. de graines au printemps en terre sèche, légère et profonde; arrosements modérés. — M. lisse. Bisannuelle. Haute de 1ᵐ,50 à 3 mètres; résiste aux hivers même rigoureux; fleurs d'un blanc jaunâtre juin-juillet. Se multiplie d'elle-même en terre sèche, à exposition chaude.

MIMOSA pudica, *Sensitive* (Mimosées). — Originaire des Antilles; bien connue par ses curieux phénomènes de sensibilité; un souffle, une odeur, un rien l'effraie, la fait se replier sur elle-même. Elle est haute de 0^m,70, donne, en été, ses petites fleurs rouge-violet formant houppes. Semis sous châssis et sur couche; une graine par pot. Craint le froid et doit se conserver en terre chaude ou sous châssis.

MIRABILIS jalapa, *Belle-de-nuit* (Nyctaginées). — Du Pérou. Hauteur : 0^m,65; bouquets de fleurs axillaires, nombreuses, ne s'ouvrant que la nuit; juillet-septembre. Multip. de graines sur couche au printemps; mise en place à la fin de mai. Les racines se replantent. Plusieurs variétés à fleurs blanches, jaunes, panachées, etc.

MONARDE écarlate, *Thé d'Oswégo* (Labiées). — Hauteur : 0^m,70; verticilles de fleurs d'un rouge vif, bien parfumées; juin-août. Multip. en automne par racines.

MORÉE de la Chine, *Iris tigrée* (Iridées). — Hauteur : 0^m,50; fleurs safranées avec macules rouges. Terre légère un peu humide. Multip. de graines semées sur couche en terrine; ou séparation des pieds en mars. Couverture de litière en hiver.

MORELLE. V. *Solanum laciniatum*.

MORINE a longues feuilles (Dipsacées). — Vivace; hauteur : 0^m,70 à 1 mètre; fleurs verticillées blanc-rosé et de longue durée; juillet-septembre. Pleine terre. Multip. de graines semées dès la maturité et d'éclats.

MORNA luisant (Composées). — Hauteur : 0^m,30. Annuel; fleurs jaune-orange aussi durables que celles de l'Immortelle, juillet-novembre. Semis sur couche en mars; mise en place en mai. — M. à grandes feuilles.

MUFLE de veau. V. *Antirrhinum*.

MUGUET de mai. V. *Convallaria maialis*.

MUSA paradisiaca, *Bananier, Figuier d'Adam* (Musacées). — Tiges de 3 à 4 mètres; régime garni de fleurs charnues violâtres; celles de la base du régime deviennent fruits, celles du sommet restent stériles. Pots, caisse et, de préférence, bâche ou encaissement en serre chaude; mélange de terre légère, de terre de bruyère et de terreau ; maintenir la température de 15 à 25 degrés au-dessus de zéro, si l'on veut que le B. donne ses fruits. 4 mètres au moins d'élévation sous le vitrage des serres. Multip. par œilletons. Le B. de la Chine dépasse rarement 1^m,60.

MUSCARI ODORANT, *Jacinthe musquée* (Liliacées). — Plante bulbeuse à fleurs d'un jaune-violâtre, à odeur de musc; fin avril. Multip. de graines et de caïeux en juillet. Changer la plante de place tous les trois ou quatre ans, en octobre.

MYOSOTIS DES MARAIS, *Souvenez-vous de moi* (Borraginées). — Vivace et rustique; haute de 0^m,35; fleurs d'un bleu céleste avec points jaunes, avril-août. Terre humide. Multip. de graines, de boutures ou d'éclats. — M. des Alpes, à fleurs d'un bleu plus tendre que la précédente, se succédant d'avril en juin. Semis en juin-juillet en pépinière; repiquage en septembre. Fait de jolies bordures. — M. des Açores. Semis en août-septembre. Repiquage en pots sous châssis l'hiver; mise en place en mai.

MYRTE COMMUN (Myrtacées). — Cet arbrisseau, originaire de l'Asie occidentale, du nord de l'Afrique et de l'Europe méridionale, se multiplie de graines et plus ordinairement de boutures, de marcottes et de rejetons en terre légère et nourrissante; arrosements fréquents l'été, rares l'hiver; abri dès les premières gelées; orangerie. Le Myrte commun, à fleurs blanches, offre comme variétés le Myrte romain à petites et grandes feuilles; le M. à fleurs doubles; le M. d'Andalousie à feuilles d'oranger. Citons encore : le M. à petites feuilles. Serre tempérée.— M. cotonneux. Serre tempérée; boutures sur couche chaude.

N

NARCISSE DES POETES, *Porion Claudinette* (Amaryllidées).— Indigène. Hauteur : 0^m,32; fleur blanche bordée de pourpre, parfumée; en mai. Terre franche et légère; Multip. de graines ou de caïeux séparés des oignons, qu'il faut lever la deuxième ou la troisième année et replanter en octobre. Arrosements fréquents en temps chaud. — Tazetta à bouquets, indigène; grandes fleurs jaunes odorantes, en mai; beaucoup de variétés et de sous-variétés à fleurs simples ou doubles. — N. Soleil d'or, jaune-soufre avec couronne épaisse jaune-orangé. — N. Grand-Monarque. Grandes fleurs blanchâtres avec couronne jaune pâle. Elle fleurit en janvier-février en pots, ou en carafes pleines d'eau si on l'expose à la lumière, à l'air vif, en le défendant contre les gelées. — N. jonquille. Indigène; fleurs simples ou doubles d'un beau jaune, très-odorantes, en avril. Planter en septembre. Pleine terre; couverture l'hiver. On l'avance en le mettant en pot ou en carafe. — Faux Narcisse, Aiault. Indigène; fleurs jaunes; très-commun dans les prés; bon pour bordures. — N. incomparable, indigène. Vivace. Haut. : de 0ᵐ,30-40; fleur solitaire d'un blanc-jaunâtre avec couronne d'un jaune foncé. — N. multiflore. Le Tout-Blanc, très-odorant; plus tardif que les autres espèces et réussissant très-bien en carafe. Il faut lever chaque année les oignons des Narcisses à fleurs doubles; les oignons des Narcisses à fleurs simples qui ne craignent pas les froids, restent impunément en pleine terre.

NARDOSMIE FRAGRANS, *Héliotrope d'hiver* (Composées). — Haut de 0ᵐ,35 ; fleurs d'un blanc purpurin, à odeur d'Héliotrope. Multip. de racines et d'éclats ; terre franche, mi-soleil.

NEGUNDO ACEROIDES, *Erable negundo* (Acérinées). — A feuilles de Frêne, à fleurs dioïques vertes et pendantes. Multip. de graines et, de préférence, de boutures en terre fraîche. — N. variegatum à feuillage d'un blanc-rosé, puis jaunâtre mêlé de vert. Même culture.

NELUMBIUM, *Nélombo* (Nélombonées). — Originaire de l'Inde ; à grandes feuilles de 0ᵐ,35 à 0ᵐ,80 de diamètre ; à fleurs larges de 0^m,20 à 0^m,25, délicieusement odorantes. Planter les rhizomes, en avril, en baquets de terre vaseuse avec nappe d'eau d'environ 0^m,15, sous châssis bien fermés, exposés au midi ; mise en place (toujours en baquets) en juin ; fleurs vers la mi-août. Culture en serre chaude dans le nord de la France.

NÉMOPHILE REMARQUABLE (Hydrophyllées). — Annuelle, à fleurs axillaires d'un bleu d'azur ; plusieurs variétés à fleurs blanches panachées, etc. — N. maculée à fleurs larges de 3 centimètres, avec tache en forme de coin, d'un violet foncé ou d'un bleu-azuré divisant chaque pétale par le milieu. Les Némophiles sont très-employées en bordures. Semis en sept.-oct. en pépinière pour replanter en avril ; ou semis en mars-juin sur place pour avoir, pour le premier semis, des fleurs de mai en juin ; pour le second semis, des fleurs de juin en août.

NÉPENTHÈS DISTILLATOIRE (Népenthées). — Remarquable par ses ascidies, sortes de petits vases à couvercles et toujours remplis d'eau ; ces vases sont formés par la dilatation des vrilles qui tenaient les feuilles de cette plante ; petites fleurs insignifiantes. Serre à Orchidées ; culture en pots de terre de bruyère brute mêlée de mousse.

NICOTIANA TABACUM, *Tabac ordinaire* (Solanées). — Annuel. Haut de 1^m,40, à fleurs purpurines ; en juillet. Semer en terre substantielle en place ou pour être repiqué. Mise en pot pour le rentrer en serre à l'approche des grands froids.

NIGELLE DE DAMAS, *Cheveux de Vénus* (Renonculacées). — Plante annuelle à fleurs blanches ou bleues avec collerettes, juin-septembre. Semis en place en terre légère ; exposition chaude.

NIVÉOLE DU PRINTEMPS, *Perce-neige* (Amaryllidées). — Indigène ; à fleur blanche solitaire, marquée d'une tache verdâtre sur chacune de ses divisions.

NIVÉOLE d'été (Amaryllidées). — Trompe terminée par 5 ou 6 fleurs d'un blanc de neige avec tache verte sur chacune de leurs divisions. Terre franche, à mi-ombre. Multip. par caïeux plantés en octobre.

NOLANE a feuilles d'arroche (Nolanées). — Annuelle ; tige rameuse et couchée ; grandes fleurs bleues et jaunes en été et en automne. Employée pour les rocailles.

NUPHAR luteum, *Nénuphar jaune* (Nymphéacées). — A feuilles submergées ou flottantes, à fleurs jaunes odorantes. Multip. par division du rhizome ou par graines semées, à la maturité, en terre toujours couverte d'eau.

NYCTÉRINE a feuilles de sélagine (Scrophularinées). — Annuelle ; haute

Fig. 20. — Nicotiana tabacum.

de 0^m,15 ; à fleurs roses odorantes tout l'été ; bonnes pour bordures et massifs. Semis en mars-avril sur couche ; repiquage sur couche pour planter en mai.

NYMPHÆA alba, *Nénuphar blanc, Lis d'eau* (Nymphéacées). — Indigène, à grandes et admirables fleurs d'un blanc pur flottant gracieusement à la surface des eaux tranquilles, épanouies en juin-août. Multipl. par rhizomes ou par graines. Le N. bleu d'Égypte, à superbe fleur bleue parfumée se cultive dans l'aquarium d'une serre chaude ou tempérée.

O

OCIMUM basilicum, *Basilic commun* (Labiées). — Haut de 0m,32 ; à fleurs blanches ou purpurines. Plusieurs variétés. Multip. de graines ou de boutures. Petit Basilic à fleurs blanches épanouies pendant tout l'été. — B. à grandes fleurs blanches. — B. de Ceylan. Serre chaude. — B. à odeur suave, à fleurs d'un blanc rosé, avec étamines violacées. Semis en mars ; serre chaude.

ODONTOGLOSSE agréable (Orchidées). — Fleurs d'un blanc pur, labelle orangée, avec points rouge-vineux. Serre chaude ; tourbe et mousse.

ŒILLET. V. *Dianthus.*

ŒNOTHERA, onagre (Œnothérées). — Ce genre contient beaucoup d'espèces parmi lesquelles nous citerons seulement : l'Œ. à grandes fleurs. Herbe aux ânes ; à grandes fleurs jaunes, odorantes, épanouies en juin-oct. ; semis en place en août ou en septembre. — L'Œ. versicolore ; annuelle ; à fleurs axillaires, rouge nuancé de jaune, larges de 0m,03. — L'Œ. pompeuse, haute de 0m,70 à 1 mètre ; à grandes fleurs blanches odorantes et se succédant depuis juillet jusqu'aux premières gelées, etc., etc. Multip. d'éclats au printemps.

OMPHALODES a feuilles de lin (Borraginées). — A fleurs blanches épanouies en juin-août. Semis au printemps ou en automne. Bordures, touffes.

ONAGRE. V. *Œnothère.*

ONONIS a feuilles rondes, *Bugrane à feuilles rondes* (Papilionacées). — Rustique ; à grappes de fleurs d'un jaune lavé et strié de rose vif. Multip. de graines ou de racines bouturées en tout terrain, toute exposition ; renouveler la plante tous les deux ou trois ans.

ONOPORDE d'Arabie (Composées). — Plante bisannuelle de 2m, 20 à 2m,60 ; à très-grandes fleurs pourpres en gros capitules. Semez au printemps, vous aurez des fleurs l'année suivante.

OPHRIS, V. *Orchis*.

ORANGER, CITRUS AURANTIACUM (Aurantiacées). — On multiplie l'oranger par semis, par boutures et par marcottes dans des pots garnis de terre à Oranger, terreau très-compliqué, autrefois fort employé, et qu'on remplace aujourd'hui par la terre franche avec addition, pour un tiers, de terreau de feuilles et de fumier gras ou de terre de bruyère ; le jeune plant reste trois ans sous châssis et, la quatrième année, on l'expose à l'air, en été. Greffe à écusson ou à la Pontoise. V. *Arbres fruitiers, fruits à pépins*, chap. XII, pour le surplus des détails qu'il est inutile de répéter ici.

ORCHIS (Orchidées). — Pour les Orchidées indigènes, elles réussissent dans les jardins si vous leur donnez la terre et l'exposition qu'elles trouvent dans les prés ou dans les bois, d'où elles viennent originairement : Orchis fusca ; à grands épis de fleurs brunâtres et blanches. — O. militaire ; à fleurs variées de pourpre et de blanc, en forme de casque. — O. taché ; à feuilles et tige tachetées de points rouges, à fleurs ponctuées de blanc et de pourpre. — O. simia ou O. singe ; ainsi nommé, parce qu'il imite plus ou moins un singe suspendu. — O. de Robert ; épi de fleurs verdâtres à labelle pourpre clair, etc. (1).

ORIGANUM MAJORANA, *Marjolaine* (Labiées). — Originaire d'Orient. Cultivé en bordures. — O. Dictame de Crète ; fleurs purpurines en juin-juillet. Multip. de graines et de boutures étouffées ; en terre légère.

ORME, *Ulmus* (Ulmacées). — Indigène. Arbre de première grandeur. On doit le greffer à 0^m,16 de terre. Exposition analogue à celle qui lui réussit à l'état primitif.

_____

(1) Voir encore *Cypripedium*, etc.

ORNITHOGALE pyramidal, *Épi de lait*, *Épi de la vierge* (Liliacées). — Indigène. Hauteur : 0ᵐ,50 ; fleurs blanches étoilées en épis. Pleine terre légère et nourrissante ; ayez soin de lever l'oignon tous les deux ou trois ans pour en séparer les caïeux, qu'il faudra replanter en octobre. — Dame d'onze heures. Haute de 0ᵐ,15 à 0ᵐ,18 ; belles fleurs blanches, étoilées, odorantes, en mai-juin ; elles s'ouvrent vers onze heures et se referment vers trois heures de l'après-midi, pendant une quinzaine de jours, quand brille le soleil. Pleine terre ordinaire.

ORNUS europæa, *Frêne à fleurs* (Oléinées). — De 6 à 10 mètres ; fleurs à pétales colorés ; il produit une sorte de manne. Comme le Frêne à la manne ; originaire d'Orient et d'Italie.

ORPIN. V. *Sedum orpin*.

OSMONDE royale (Fougères). — Indigène ; à grandes feuilles bipennées de 1 à 2 mètres de haut, et terminées par une grappe compacte de globules jaunâtres. La mettre à l'ombre, au pied des rocailles baignées d'eau, où elle produit un très-bel effet.

OXALIDE (Oxalidées). — Ce genre comprend des espèces nombreuses à fleurs très-jolies, blanches, jaunes, roses, pourpres ou rouges, à racines tuberculeuses alimentaires. On les multiplie par bulbilles, par boutures ou par séparation des pieds ; toutes veulent du jour ou de l'air, toutes aiment la terre de bruyère pure ou mélangée et se placent en serre chaude, en serre tempérée ou sous châssis froid ; les espèces annuelles se plantent en touffes, ou bordures, à l'air libre, au printemps. L'Oxalide à fleurs roses, haute de 0ᵐ,15-20, donne tout l'été de petites fleurs roses en grappes lâches. Semis en avril-mai, en place. Corbeilles, bordures, plates-bandes. —O. De Deppe, à dix ou douze fleurs d'un rouge obscur, fait de belles bordures en potagers, etc., etc.

OXIPÉTALE bleu (Asclépiadées). — Plante volubile à grappes de fleurs étoilées d'un bleu azuré, en été. Semis sur couche à l'automne, et repiquage au printemps en place ou en pots ; terre douce et fumée, arrosements modérés.

P

PÆONIA, *Pivoine* (Renonculacées). — A plusieurs tiges hautes de 0^m,35 à 2 mètres, et portant de grandes fleurs aux couleurs variées, en avril, mai et juin. Multip. par divisions de racines, boutures, greffes ou semis ; terre franche ou terre à Oranger avec addition d'un quart de terre de bruyère. — La P. Moutan offre de belles fleurs doubles ou semi-doubles avec étamines d'un jaune d'or, en avril. Beaucoup de variétés. — Pivoine Adonis.

PANDANE ODORANT (Pandanées). — A feuilles gladiées longues de 1 mètre à 1^m,30 ; à fleurs mâles très-odorantes, disposées en panicule ; à fleurs femelles en boule. Serre chaude ; terre à Ananas. Multip. par graines apportées du pays de la plante.

PANICAUT AMÉTHYSTE (Ombellifères). — Indigène. Hauteur : 0^m,65 ; nombreuses fleurs, bleu-améthyste. Multip. de graines semées en terrine dès la maturité, ou en pleine terre, en mars.

PAPAVER SOMNIFERUM, *Pavot des jardins* (Papavéracées). — Annuel ; haut de 0^m,70 à 1^m,30 : variétés doubles de toutes couleurs, excepté la couleur bleue. Multip. de graines semées en place en tout terrain. Si vous semez en automne, vous aurez des fleurs en juin-juillet ; si vous semez en février et en mars, elles viendront en août. — Le P. Coquelicot à fleurs ponceau vif, en juin et juillet, offre des variétés nombreuses à fleurs simples ou doubles, blanches ou roses, ou rouge-écarlate ; on le sème sur place en avril-mai ou à la fin de septembre. — Le P. Cambrique à fleurs jaunes se sème en terre légère humide, à exposition ombragée et ne se laisse pas transplanter. —

Papaver involucré ; fleur d'un rouge vif et d'un bel effet ; repiquer le jeune plant en place. — **P. de Tournefort.** — **P. à bractées.** — **P. safrané.**

PAQUERETTE. V. *Bellis perennis.*

PASSE-FLEUR. V. *Althœa rosea.*

PASSIFLORE GRENADILLE, *Fleur de la Passion* (Passiflorées). — Genre nombreux de plantes grimpantes, armées de vrilles, remarquables par la beauté et la singularité de leurs fleurs où l'on croit voir les instruments de la Passion, d'où leur nom de : Passiflores. — La Passiflore edulis, haute de 6 à 8 mètres ; originaire du Mexique ; ses fruits sont comestibles ; elle porte des fleurs bleues ; on la cultive en serre chaude et en pleine terre avec couverture, l'hiver.

PAULOWNIA IMPÉRIAL (Scrophularinées). — Originaire du Japon, grand et bel arbre haut d'environ 12 mètres, à larges feuilles, à fleurs d'un bleu-violet, ponctuées de brun avec lignes jaunes, à odeur de violette. Se multiplie par tronçons de racines bouturés. Pleine terre.

PAVOT. V. *Papaver.*

PELARGONIUM (Géraniacées). — C'est à tort que l'on confond ce genre composé de près de 600 espèces, presque toutes originaires du Cap, avec le genre Géranium dont il diffère par ses fleurs à pétales inégaux, tandis que le Géranium a ses fleurs régulières. Les variétés nouvelles s'obtiennent par semis faits au printemps sous châssis ou en terrines garnies de terre légère ; dès que les jeunes plants ont acquis assez de force, on les repique dans de petits pots, plus tard dans de grands pots. Si vous ne cherchez pas les variétés, prenez de juillet en sept. des boutures sur des individus choisis. Arrosements modérés ; grands soins de propreté ; température maintenue en serre de 5 à 12 au-dessus de zéro jusqu'en avril, où vos Pélargoniums fleuriront ; alors donnez-leur de l'air : ne les éloignez jamais du vitrage de plus de 1^m,40. Vous rentrerez les Pélargoniums en serre au commencement d'octobre. Citons : le P. d'Endlicher à fleurs roses. — Le P. zonale à fleurs passant de l'écarlate brillant au rose et au blanc pur. — P. à feuilles tachantes. — P. triste. — P. à feuilles de lierre. — P. à fleurs en tête ou Géranium rosat.

Pélargoniums à grandes fleurs.

P. Alphonse Duval.
P. Anacréon.
P. ardens.
P. belle Milanaise.
P. Clara.
P. de Candolle.
P. Egérie.
P. Galathéa.
P. Gloire de Paris.
P. Linnée.
P. le Vésuve.
P. Florence.
P. Neptune.
P. Thisbé.
P. Vulcain.
P. Théophraste.
P. Royal-Albert.
P. Reine blanche, etc.

Pélargoniums de fantaisie.

P. Adonis.
P. Arabella.
P. Bella.
P. delicata.
P. Edith.
P. king of Roses.

P. Rachel.
P. Sarah.
P. Vénus, etc.

Pélargoniums à fleurs écarlates pour pleine terre.

P. Comtesse de Chambord.
P. Beauty.
P. Alice.
P. Archevêque de Paris.
P. bel demonio.
P. Diogène.
P. Gloire des Roses.
P. prince of Wales.
P. Sobiesky.

Pélargoniums à feuilles panachées.

P. Alma.
P. bijou.
P. brillant.
P. cordon pourpre.
P. élégans.
P. Fairy queen.
P. Mary Ellen.
P. M. Lenox.
P. perfection.
P. Reine d'or.
P. Talma.

PENSTÉMON CAMPANULÉ (Scrophularinées). — A fleurs campanulées, rouges en dehors, blanchâtres en dedans : se multiplie de graines, de boutures et d'éclats ; plein air l'été ; en orangerie l'hiver. Plusieurs variétés : à fleurs rouge-carmin, bleu clair, etc., etc.

PERCE-NEIGE. V. *Nivéole du printemps.*

PERILLA NANKINENSIS, *Pérille de Nankin* (Labiées). — Haute de 0^m,60 à 0^m,80 ; feuillage noir-pourpre à reflets métalliques ; fleurs rose-violacé assez insignifiantes, de sept. en nov. Bordures. Semis en mars ou en avril sur couche ; se cultive comme le Basilic.

PERSICAIRE. V. *Polygonum.*

PERVENCHE, V. *Vinca.*

PÉTUNIA odorant (Solanées). — Hauteur : 0^m,70 à
1 mètre ; à grandes fleurs blanches odorantes, été-au-
tomne. Multip. de graines, d'éclats et de boutures en terre
meuble et légère. Semis en mars-avril sur couche, ou en
avril-mai en pépinière, à l'air libre. — P. à fleurs violettes, à fleurs pourpre-violacé, odorantes vers le soir.
Belles variétés obtenues par semis. Treillages, rampes,
balcons, berceaux.

PHLOX (Polémoniacées). — Les couleurs des Phlox
varient suivant les espèces, du violet au pourpre, du rose
au lilas et au purpurin ; les P. atteignent jusqu'à 1 mètre
de hauteur ; multip. de boutures ou par divisions des
touffes en terre de bruyère à mi-ombre ; arrosements
copieux pendant les chaleurs. Parmi les principales espèces, citons : le P. de Drummond ; annuel. — Le P. à feuilles ovales. — Le P. printanier. — Le P. acuminé. — Le P.
sétacé. — Le P. pyramidal, etc., etc. — Le P. à feuilles
subulées.

Les amateurs estiment surtout les Phlox : Alphonse
Karr ; saumon violacé. — Docteur Parnot ; rouge vif. —
Madame Antin ; rouge violacé avec centre pourpre. —
M. Delamarre ; le plus beau de tous. — Comte de Lam-
bertye ; rouge-violacé, centre pourpre. — Pie IX ; couleur
saumonée. — Professeur Kock ; saumoné-violacé. — Souvenir de Rouen ; saumoné-violacé. — Souvenir des Ternes ; fond blanc. — Madame Levrat ; rose avec centre
pourpre, etc.

PHŒNIX, *Dattier* (Palmiers). — Cet arbre s'étiole presque toujours dans nos serres où il lui faut une température de + 22°.

PIED D'ALOUETTE. V. *Delphinium.*

PINUS abies. V. *Abies sapin.*

Les limites de cet ouvrage ne nous permettent pas d'entrer, au sujet des Conifères, dans des détails plus considérables que ceux qu'on trouve à l'article abies.

PISTACHIER terebinthus, *Pistachier térébinthe,* **P.** *sauvage* (Anacardiacées). — Arbrisseau rameux, à feuilles composées de sept à neuf folioles ovales, oblongues, ob-
tuses, vertes et luisantes, un
peu blanchâtres au-dessous,
fleurs petites, paniculées
(juin-juillet), que remplacent des drupes de la grosseur d'un pois. Dans les pays
chauds, cet arbrisseau laisse
couler par les fentes de son
écorce, une résine connue
sous le nom de térébenthine,
d'abord liquide, puis jaunâtre, puis bleuâtre; elle
s'épaissit au contact de l'air.
On peut mettre le P. en
pleine terre, quand il a cinq
ou six ans. — Couverture
l'hiver. Multip. de graines
semées sur couche et sous
châssis au printemps; repiquage en pot. Orangerie.

Fig. 21. — Pistachier.

PITTOSPORUM ondulé (Pittosporées). — Iles Canaries.
Hauteur : 2 mètres; fleurs blanches à odeur de jasmin,
épanouies au printemps. — P. à feuilles épaisses, fleurs
blanches épanouies en mai. Multip. de marcottes et de
boutures. — P. roulé. Fruits semblables à de petits
citrons et contenant des graines couleur de corail. — P. de
la Chine. Hauteur : 3 mètres; fleurs blanches à odeur de
fleur d'oranger, épanouies tout l'été. Multip. de graines,
de boutures et de marcottes; orangerie ou plein air. Les
différents Pittospores se greffent sur le P. ondulé; ils
veulent une terre franche légère ; pots ou caisses.

PLAGIUS a grandes fleurs (Composées). — Algérie.

22.

Vivace. Hauteur : 2 mètres. Disque de fleurons jaune-doré, sans rayons. Multip. de graines ou d'éclats. Orangerie et pleine terre. Arrosements peu fréquents en hiver.

PIVOINE. V. *Pæonia*.

PLANERA CRÉNELÉ, *Orme de Sibérie*, *Zelkoua* (Ulmacées). — Se greffe en fente sur l'Orme commun. — P. à feuilles d'Orme.

PLATANE D'ORIENT (Platanées). — Hauteur : 20 mètres et plus. Floraison en mai. Tout terrain ; mais, de préférence, un sol léger et profond et une situation abritée. Multip. de graines, de couchages et de boutures, — P. à feuilles d'Érable. — P. à feuilles en coin. — P. d'Occident ou de Virginie. Terrain frais ; graines semées dès leur maturité, et recouvertes de mousse menue et humide.

PLATYCARYA DU JAPON (Juglandées). — Son port rappelle celui du Sumac ; ses fleurs mâles sont réunies en chaton comme les fleurs de Saule ; ses fruits ressemblent à ceux de l'Aune.

PLATYCODON A GRANDES FLEURS (Campanulacées). — Large fleur bleue de 0ᵐ,07, épanouie en juillet. Terre de bruyère mélangée ; mi-soleil ; semis au printemps ; repiquage en automne. Variétés à fleurs doubles, blanches, bleues, etc. — P. d'automne. Très-rustique.

PLATYLORIUM ÉLÉGANT (Papilionacées). — Australie ; grandes fleurs jaune-orangé avec tache carminée à la base de l'étendard. — P. à feuilles lancéolées. Hauteur : 1 mètre ; étendard jaune, carène d'un beau rouge. Orangerie ; terre de bruyère. Graines semées sur couche et sous châssis ; serre tempérée.

PLECTRANTHUS A FEUILLES D'ORTIE. — Hauteur : 0ᵐ,70 ; fleurs d'un bleu clair avec teinte violâtre. Terre franche légère, non humide ; multip. de graines. Semis au printemps sur couche tiède et sous châssis. — P. nudiflore ; serre tempérée.

PLEROMA de Bentham (Mélastomacées). — Brésil ;
fleurs larges de 0ᵐ,05, violet-pourpré avec ongles blancs.
Multip. de boutures ; terre légère ; serre chaude.

PLUMBAGO zeylanica, *Dentelaire de Ceylan* (Plombaginées). — Hauteur : 0ᵐ,50 ; fleurs blanches en août-
septembre. Exposition très-chaude ; terre franche ; arro-
sements fréquents en été, rares en hiver. Serre chaude.
Multip. de graines, semis sur couche. — P. grimpante.
— P. rose. Multip. de racines. — P. du Cap. Hauteur :
3 mètres. Fleurs d'un bleu tendre. Serre tempérée. —
P. de lady Larpent (Chine). (Fleurs bleu-cobalt, puis violet. Terre légère et sèche. Multip. d'éclats ; serre tempérée
l'hiver ; pleine terre en mai.

PLUMIERA rubra, *Frangipanier rouge* (Apocynées). —
Fleurs odorantes d'un rouge-clair ; tannée et serre
chaude. Multip. de bouturés. — P. à fleurs jaunes. Même
culture.

PODALYRIA argentée (Papilionacées). — Hauteur :
1ᵐ,60. Fleur d'un blanc laiteux avec calice couleur de
rouille ; multip. de graines et de boutures ; lanière vive ;
orangerie. — P. soyeuse, à fleurs roses. — P. à deux
fleurs d'un joli bleu violacé. Serre tempérée ; terre franche et légère.

PODOCARPUS effilé (Conifères). — Du Cap. Terre de
bruyère mélangée ; orangerie. — P. nucifère. Même culture.

PODOLEPIS a fleurs jaune d'or (Composées). — Hauteur : 0ᵐ,30-33 ; fleurs épanouies en juillet-octobre. —
P. à fleurs carnées. Hauteur : 0ᵐ,70 ; fleurs variant du
rose tendre au blanc pur. Pour ces deux plantes, semis
en avril sur couche, requipage sur couche ; mise en place
en mai.

PODOLOBIUM a feuilles trilobées (Papilionacées). —
Australie. Hauteur : 1ᵐ,60. Fleurs jaunes épanouies en
juin-juillet ; terre de bruyère ; serre tempérée. Multip. de
boutures.

PODOPHYLLUM a feuilles peltées (Berbéridées). — Amérique septentrionale. Rustique, vivace. Fleurs blanches à 9 divisions, dont 3 plus petites. Multip. de rejetons. — P. palmé. — P. de l'Emodus.

POGOSTEMON, *Patchouly* (Labiées). — Indo-Chine. Fleurs violet pâle; ses feuilles fournissent une huile parfumée bien connue. Terre légère; serre tempérée; multip. de boutures.

POINCIANA ou *Poincillade magnifique* (Césalpinées). — Inde. Hauteur : 3 mètres et plus ; fleurs rouge-cocciné ; variété à fleurs jaunes; serre chaude. — P. de Gillies. Hauteur : 2 mètres. Fleurs jaunes; étamines très-longues, pourpre-violacé, formant aigrette. Terre franche légère. Multip. de boutures et de graines. Serre tempérée.

POINSETTIA éclatant (Euphorbiacées). — Mexique. Hauteur : 2 mètres. Fleurs verdâtres à collerette rouge-vermillon ou ponceau vif; variété à bractées jaunes. Rabattre les rameaux après la chute des bractées. — P. heterophylla. Hauteur : 1 mètre. Fleurs avec collerette de bractées écarlates. Serre chaude. Multip. de boutures étouffées. Serre tempérée.

POIS DE SENTEUR. V. *Gesse.*

POLÉMOINE. *Valériane grecque* (Polémoniacées). — Hauteur : 0^m,30 à 0^m,40 ; grappes de fleurs bleues en juin-juillet. Semer en mai en pépinière, mettre en place au printemps suivant. Renouveler la plante chaque année.

POLYGONUM orientale, *Persicaire du Levant. Renouée, du Levant* (Polygonées). — Annuelle. Hauteur : 2 à 3 mètres; fleurs blanches, rouge-amarante, rouge-carmin. Semis en mars, repiquage en terre fraîche et substantielle. — P. à feuille pointue. Hauteur : 1^m,40. Vivace. Fleurs blanches. Semis en mars. — P. de Siebold.

POLYPODIUM doré (Fougères). — Amérique du Sud. Terre douce. Serre chaude. — P. à feuilles épaisses. Hauteur : 1 mètre. Même culture.

PONTEDERIA a feuilles en cœur (Pontédériacées). — Virginie; fleurs bleues, épanouies en mai. Bord des étangs privés d'eau, etc.; terre tourbeuse. Multip. par la séparation des souches. — P. azurée; serre chaude. — P. crassipes, remarquable par le renflement des pétioles qui lui servent de vessies natatoires.

POPULAGE des marais. V. *Caltha.*

POPULUS, *Peuplier* (Salicinées). — Hauteur : 25 à 30 mètres. Multip. de boutures et de plançons. — P. alba. — P. blanc. — Blanc de Hollande. — Ypréau. Indigène. Hauteur : 32 à 40 mètres, feuilles en cœur, vert foncé en dessus, duveteuses et blanches en dessous. — P. grisard ou grisaille : souvent les pétioles de ses feuilles sont rouges — P. Tremble; feuilles ovales, glabres. — P. argenté; hauteur : 22 mètres. — P. cotonneux; feuilles vertes en dessus, très-cautonneuses et blanches en dessous. — P. de Virginie; hauteur : 32 mètres; feuilles cordiformes, à pétioles rouges. — P. de Caroline; craint les gelées. — P. de la baie d'Hudson. — P. d'Italie aime le terrain frais. — P. noir; terrain frais. — P. à grandes dents; hauteur : 16 à 17 mètres, feuilles ovales, aiguës, profondément dentées. — P. du Canada; hauteur : 22 à 26 mètres; feuilles à pétioles jaunâtres, avec glande rougeâtre à la base. — P. du lac Ontario; hauteur : 8 mètres; feuilles cordiformes, glauques, à pétiole pubescent. — P. Caumier. — P. Liard, Tacamahac (Canada); feuilles vert terne en dessus, glauques en dessous; bois à odeur balsamique, bourgeons résineux; il donne la gomme Tacamahac. Terre fraîche

PORION. V. *Narcisse.*

PORPHYROCOMA lanceolata, *Porphyrocome à feuilles lancéolées* (Acanthacées). — Fleurs d'un pourpre bleuâtre avec bractées purpurines.

PORTULA grandiflora, *Pourpier à grandes fleurs* (Portulacées.) — Fleurs larges de $0^m,06$, pourpre-violacé, avec étoile blanche à la partie centrale. Multip. de graines, semées en avril; terre légère et un peu sableuse; exposition au soleil ; arrosements modérés. — P. de Gillies ; fleurs pourpre-violacé. Multip. par bourgeons, ou semis en avril ; pleine terre légère. — P. flore pleno. Multip. de semis et de boutures. — P. Thellussoni, fleurs rouge cocciné, avec sous-variété à fleurs doubles, offrant les nuances du rouge, de l'orangé et du jaune.

POTENTILLE FRUTESCENTE (Rosacées). — Hauteur : mètre. Corymbe de fleurs jaunes tout l'été ; rustique ; multip. de drageons. — P. couleur de sang, fleurs rouge foncé, épanouies en juin. Variétés : P. Hopwoodiana, à fleurs moins rouges. — P. Mac-Nabiana, à fleurs d'un rouge brillant. P. Smoutii, fleurs d'un jaune d'or avec lignes cramoisies. — P. du Népaul. Vivace ; hauteur : 0^m,65 ; fleurs rouge-amarante, épanouies en été et en automne. Terre ordinaire ; exposition à mi-ombre. [Multip. de graines et d'éclats. — P. noir-pourpré (Népaul). Vivace. Hauteur : 0^m,65. Belles fleurs pourpre-noir, épanouies tout l'été. Même culture que la précédente.

PRIESTLEYA LANCÉOLÉ (Papilionacées). — Hauteur : 1 mètre, fleurs jaunes ; épanouies en juin-juillet ; multip. de graines semées en terre légère ou en terre de bruyère. Serre tempérée.

PRIMEVÈRE A GRANDES FEURS (Primulacées). —Indigène et vivace ; à trompes uniflores, à fleurs d'un jaune de soufre passant au vert, par la dessiccation ; variétés nombreuses. — P. oreille d'ours ; à fleurs jaunes, pourpres ou panachées de pourpre, de rouge et de blanc. Terre légère et fraîche ; exposition au nord ou au levant. Multip. par séparation des pieds en automne ou par semis, de décembre en mars, en bonne terre de bruyère. — P. officinale, Fleur de coucou ; à fleurs jaunes, en forme de coupe. — P. élevée ; à hampes plus élevées que la précédente. — P. de Palinure ; à fleurs jaunes. — P. à feuilles de Cortuse ; ombelle de fleurs pourpres, épanouies en avril-mai. Multip. de graines et d'éclats. Terre légère, mi-ombre. Bordures. — P. Sinensis ou P. de la Chine. — P.

candélabre. De 8 à 12 fleurs à limbe rose, à disque jaune, à calice renflé, terre de bruyère mêlée de terreau bien consommé ; serre tempérée. Variétés : roses-doubles ; blanches, blanches-doubles, blanches à cœur brun, panachées, cuivrées. — La P. S. fimbriata, à corolles frangées ; plusieurs variétés à fleurs frangées, blanches ; frangées roses ; frangées panachées ; frangées rouges, à cœur brun ; frangées cuivrées ; frangées blanches, à cœur brun, etc. — P. S. erecta superba, à fleurs d'un rose-rouge-cuivré, avec reflets carminés ou violacés. Multip. de boutures, de graines et d'éclats. Citons encore : P. formosa. — P. integrifolia. — P. longiflora. — P. marginata. — P. viscosa. — P. villosa. — P. capitata.

PRINOS VERTICILLÉ, *Apalanche vert* (Ilicinées). — Amérique septentrionale ; hauteur : 2 mètres ; fleurs blanches en juillet, fruits rouges. Multip. de graines et de marcottes ; terre de bruyère, fraîche ; exposition ombragée. — P. glaber. — P. lucidus. — P. lanceolatus.

PROTANTHÈRE A FLEURS VELUES (Labiées). — Hauteur: 2 mètres ; fleurs blanches, avec ponctuations violacées, épanouies en juillet. Terre légère, mêlée d'un peu de terre de bruyère. Multip. de marcottes et de boutures sur couche et sous châssis. Orangerie.

PROTÉE A GRANDES FEUILLES (Protéacées). — Du Cap ; fleurs panachées de pourpre, de blanc, de jaune, noires au sommet, avec bractées colorées. — P. Lagopède ; épis de fleurs, rouges en dedans, blanches en dehors, épanouies en juin. — P. à fleurs en peloton ; fleurs roussâtres, blanches en dedans, velues en dehors. — P. à feuilles de pin ; fleurs jaune pâle, avec longs pétales filiformes. — P. repens, cordata, pulchella, triternata, canaliculata, etc. Culture des Bruyères ; serre bien éclairée ; terre sablonneuse, légère, bien drainée ; arrosements modérés.

PRUNELLE A GRANDES FLEURS (Labiées). — Indigène, vivace ; épi de fleurs bleues, pourpres, rosées ou blanches.

Exposition découverte ; terre légère. Multip. de graines, en mars, ou d'éclats.

PRUNIER DU JAPON (Rosacées). — Hauteur : 1 mètre ; variétés à fleurs coccinées, à fleurs doubles blanches. — P. Myrobolan. — P. glanduleux ; fleurs roses. — Prunellier à fleurs doubles blanches.

PSIDIUM PYRIFERUM, *Gouyavier-Poire* (Myrtacées). — Hauteur : 3 à 4 mètres, fleurs blanches. — G. de Cattley. Serre tempérée.

PSORALÉE ODORANTE (Papilionacées). — Du Cap. Hauteur : 2ᵐ,50 ; fleurs blanches ou gris de lin. Épanouies en mai. Exposition au soleil ; arrosements nombreux l'été, modérés l'hiver ; terre franche ; orangerie. Multip. de semis faits sur couche chaude et sous châssis.

PSYCHOTRIA A TÊTE BLANCHE (Rubiacées). — Amérique du Sud. Bouquet de fleurs blanches. Multip. de boutures ; serre chaude.

PTARMICA COMMUNE. V. *Herbe à éternuer.*

PTÉLÉA A TROIS FEUILLES, *Orme de Samarie* (Panthoxylées). — De la Caroline. Corymbe de fleurs verdâtres ; graines aromatiques. Multip. de graines semées dès leur maturité et de marcottes ; terre franche légère ; mi-ombre.

PTÉRIDE ARGENTÉE (Fougères). — Folioles divisées par une zone blanchâtre, dans le sens de leur longueur. Pot rempli de terre de bruyère ; serre à Orchidées. — P. tricolore (Inde). Folioles partagées par une bande rose d'abord, puis blanche. Serre chaude.

PTÉROCARYA A FEUILLES DE FRÊNE (Juglandées). — Hauteur : 7 mètres. Épi pendant de fleurs verdâtres ; multip. de marcottes ; pleine terre ; craint le froid.

PTÉROSTIGMA A GRANDES FLEURS (Scrophularinées). — Fleurs d'un bleu violacé, terre légère ; serre tempérée ; multip. de graines et d'éclats.

PULMONAIRE DE VIRGINIE (Borraginées). — Hauteur : 0ᵐ,30. Bouquets de fleurs d'un joli bleu en avril-mai ; variétés à fleurs blanches ou rouges. Multip. par division de racines en terrain frais, à mi-soleil.

PUNICA. V. *Grenadier.*

PYRÈTHRE **des Indes**, *Chrysanthème des Indes* (Composées). — Hauteur : 1 mètre. A fleurs jaunes, blanches ou pourpres. Beaucoup de variétés remontantes, etc. Floraison pour les unes en juillet ; pour d'autres, à la fin de l'automne. — Matricaire commune. — P. rose. — P. à grandes fleurs. — Baume coq. — P. inodore. — P. pompon, etc. Multip. d'éclats ou de boutures en automne, semis au printemps ; terre substantielle.

Q

QUAMOCLIT **écarlate** (Convolvulacées). — Hauteur : 2ᵐ,50 ; à fleurs campanulacées écarlates de juillet en septembre. Semis sur couche en avril et mise en place vers la fin de mai.

QUERCUS **chêne** (Cupulifères). — On distingue deux grandes espèces de Chêne que nous nommerons simplement ici : le Chêne à fleurs et fruits pédonculés ; — le Chêne à fleurs et à fruits sessiles.

Chênes de l'ancien continent : C. commun. — C. rouvre. — C. chevelu. — C. cyprès. — C. noir. — C. Vélani. — C. A. Zang. — C. des teinturiers. — C. Kermès. — C. vert ou C. yeuse. — C. liége.

Chênes du nouveau continent et de l'est de l'Asie : C. à gros fruits. — C. à glands olivaires. — C. blanc d'Amérique. — C. à feuilles en lyre. — C. étoilé. — C. quercitron. — C. rouge. — C. noir. — C. châtaignier. — C. icolore — C. prin. — C. aquatique. — C. des montagnes. C. à lattes. — C. verdoyant, etc.

Donner aux Chênes l'exposition où ils se plaisent natuellement, et les défendre contre les insectes qui les atta-

quent avec acharnement : le Cynips. V. *Insectes nuisibles.*
V. *Yeuse.*

QUEUE DE RENARD. V. *Amarante.*

R

RAMEAU D'OR. V. *Cheiranthus cheiri.*

REINE-MARGUERITE. V. *Callistephus.*

RENONCULE DES JARDINS (Renonculacées).— Vivace;
racine (griffe) à divisions en doigts, réunies à un tronc
qui porte de 1 à 3 yeux à sa partie supérieure. Hauteur :
0^m,16 à 0^m,50; belle fleur blanche à 5 pétales jaunes ou
rouges avec pistils et étamines en grand nombre. Il y a
beaucoup de variétés à fleurs simples semi-doubles et
doubles à nuances très-vives et très-diverses. En général,
il faut à la Renoncule une terre légère et fraîche, même
un peu sablonneuse, mais substantielle et pas trop pierreuse; ajoutez-y un peu de terreau de feuilles. Exposition
au levant. Multip. de graines qui, en terme moyen, mettent environ 40 jours à lever; le jeune plant veut être
préservé contre les gelées, par une bonne litière. Vous
relèverez le plant de la première année pour le mettre en
terre nouvelle. Une tige forte; une corolle pleine et privée de tout indice d'étamines et de pistils; une circonférence bien régulière de l'ensemble de la plante d'environ
0^m,50 de diamètre, voilà ce qui constitue les variétés les
plus remarquables. Sarclage; arrosement jusqu'à défloraison.— R. à feuilles d'Aconit. Bouton d'argent. Indigène;
à jolies petites fleurs très-doubles, d'un blanc pur, épanouies en mai-juin. Multip. d'éclats la troisième année
après la chute de ses feuilles. — R. acre. Bouton d'or.
Indigène. Charmante fleur bombée d'un jaune vif, en
juin; changer de place tous les deux ans. — R. rampante,
Pied de coq; fleurs jaunes doubles dans la variété cul-

tivée. Multip. par filets et coulants en terre franche légère à mi-ombre. Changer de place tous les trois ans

Les Renoncules plantées en automne fleurissent plus tôt, sont plus grandes et plus durables que celles qu'on plante en hiver. Les graines se conservent plusieurs années au sec, renfermées dans des sacs de papier.

RÉSÉDA ODORANT (Résédacées). — Vivace; à fleurs verdâtres, très-odorantes. Toute terre pas trop humide. Semis en place d'avril en juin. Si vous voulez de beaux sujets, coupez la tige montante dès qu'elle commence à marquer fruit; en serre tempérée, vous obtiendrez un arbuste vivant deux ou trois ans et donnant des fleurs tout l'hiver; il atteint quelquefois $2^m,50$. — R. à grandes fleurs. Hauteur : $0^m,40$; semis en avril en place ou en août, mais il lui faut alors un châssis contre les froids de l'hiver, et il se met en place en avril. On voit en Angleterre des Résédas odorants vieux de 8 à 10 ans.

RETINOSPORE A FEUILLE OBTUSE (Conifères). — Japon. Hauteur : 25 à 30 mètres. Multip. de boutures. Serre froide. — R. à feuillage doré. — R. à feuillage panaché; même culture.

RHAMNUS ALATERNUS, *Nerprun alaterne* (Rhamnées). — Hauteur : 3 à 4 mètres; fleurs verdâtres épanouies en avril et juin. Variétés : à feuilles étroites. — R. Hispanicus. — R. auro variegatus. — R. albo variegatus. Exposition au nord; à l'ombre; terre forte et fraîche· Multip. de graines et de marcottes.

RHAPIS EN ÉVENTAIL (Palmiers). — Multip. de rejetons enracinés. Serre tempérée.

RHEXIA DE VIRGINIE (Mélastomacées). — Vivace. Hauteur : $0^m,50$; fleurs rouge-carminé. Terre de bruyère ou de marais; exposition à l'ombre. Semis en plein air; repiquage dans des pots qu'on laissera l'hiver en serre. Séparation des pieds tous les deux ans.

RHIPSOLIS A TIGE DE SALICORNE (Cactées). — Fleurs jaune roussâtre; fruits blancs assez semblables à ceux du Groseillier. — R. à grandes fleurs ; fleurs blanches larges de 0m,20. — R. à cinq côtes, fleurs blanches. — R. à tige rhomboïdale. — R. à longues tiges. — R. comprimée. — R. crispée, etc. Multip. de boutures; serre chaude ou tempérée pour toutes ces espèces.

RHODANTHE DE MANGLES (Composées). — Fleurs d'un blanc argenté avec rayon rose foncé et disque jaune; épanouies tout l'été. Semis en avril sur couche tiède; rempotage en mai.

RHODOCHITON VOLUBILE (Scrophularinées). — Mexique. Fleurs pourpre-noir. Serre tempérée, l'hiver.

RHODODENDRON EN ARBRE (Éricacées). — Originaire du Népaul. Arbre de forme pyramidale à longues feuilles de 0m,14 à 0m,16, à fleurs écarlate rembruni, épanouies en avril-mai. Multip. de graines et par greffe sur le R. Pontique. — R. ferrugineux des Alpes à fleurs d'un rose brillant qui se trouve à 2,000 mètres d'élévation dans ses montagnes natales. — R. Pontique. Haut de 2m,50 à 3 et plus ; à grandes fleurs pourpre violacé en mai; variétés remarquables à fleurs blanches, à feuilles panachées de blanc et de jaune obtenues de graines et ne se perpétuant que par greffe. — R. à fleurs roses, etc., etc. — R. de Catawba à fleurs blanches, roses, lilas, pourpres avec macules de plusieurs nuances.

En général, il faut au R. une terre un peu sableuse, humide; exposition au nord ou au levant. Multip. de greffes et de marcottes ; de graines en couche sourde au printemps, ou en terrines de terre de bruyère toujours entourées d'eau; repiquage du plant la deuxième année, nouveaux repiquages deux ans après. Culture en pot.

RICIN COMMUN, *Palma christi* (Euphorbiacées). — Annuel. Hauteur : 1m,50 à 2 mètres; feuilles à 7 digitations; grappes de fleurs mâles à la base, feuilles au sommet, juillet-août. Terre légère; exposition au midi. Multip. de graines au printemps, en place ; les espèces ligneuses se conservent en orangerie.

ROBINIA PSEUDO-ACACIA, *Robinier-Acacia blanc* (Papilionacées). — Originaire de la Virginie, Amérique septentrionale. Hauteur : 16 à 24 mètres; grappes de fleurs blanches pendantes, fin mai et juin. Multip. de rejetons ou de graines semées peu profondément en mars-avril; terre légère et fraîche. Ses racines sont traçantes; garantir de leur approche les arbres du voisinage.

ROMARIN OFFICINAL (Labiées). — Indigène. Hauteur : 1ᵐ,50 et plus; fleurs d'un bleu pâle en février-mai. Exposition chaude et abritée; terre légère. Multip. de boutures, de marcottes et par éclats des pieds. Variétés panachées de blanc. Arroser et tondre.

RONCE COMMUNE, *Rubus fruticosus.* — Indigène. On cultive les variétés non épineuses à fruits blancs, à feuilles panachées, à fleurs doubles blanches. Terre franche; mi-soleil; taille au printemps.

ROSE TREMIÈRE. V. *Althœa rosea.*

ROSIER ROSE (Rosacées*).* — Les poètes ont célébré la Rose; les siècles n'ont fait que lui confirmer son titre de Reine des fleurs, qu'elle mérite par sa grâce incomparable et sa merveilleuse beauté, son doux parfum, son port élégant.

Il faut au Rosier une bonne terre franche, sèche, sableuse, un peu profonde, fumée avec du fumier de vache; beaucoup d'air; mieux vaut transporter les plants tous les deux ans si les conditions indiquées ci-dessus sont mal remplies.

Choix des Eglantiers : Préférer les Églantiers de deux à trois ans bien vigoureux, dont vous supprimerez une grande partie de la souche, ne conservant qu'un bon talon et les radicelles s'il y en a; rendez bien unie la surface de la plaie avec la serpette ; qu'il ne reste rien des meurtrissures dues à l'action de la scie.

L'Églantier à fruit, longs. R. canina donne promptement de grosses têtes. Plantez en automne si le terrain n'est pas trop humide ; ou bien au printemps, en pépinière.

Mode de reproduction : 1° par semis ; 2° par rejetons enracinés ; 3° par marcottes ; 4° par boutures ; 5° par greffe.

1° Le semis est seul employé pour obtenir de belles variétés à fleurs doubles. Prenez vos graines sur les variétés les plus doubles, les plus gracieuses de forme et de port, les plus riches en nuance ; semez de suite en terrines ou en plates-bandes près d'un mur et abritez en hiver ; si vous choisissez le printemps, laissez d'abord vos graines tremper dans l'eau pendant vingt-quatre heures. Lorsque les plantes ont à peu près 0^m,25 de hauteur, la seconde année, vous les repiquerez en terre légère

Fig. 22. — Rosier.

et substantielle à 0^m,15 de profondeur, en conservant entre chaque pied une distance d'environ 0^m,30 en tous sens ; ce n'est guère que dans le cours de la quatrième année qu'ils montrent leurs fleurs. Les graines des Rosiers Bengale, thé, noisette et Ile-Bourbon semées au printemps donnent quelquefois des fleurs dès la première année. Les Rosiers hybrides (produits par le mélange des poussières séminales d'espèces différentes rapprochées à dessein dans la culture) prennent pour fleurir un temps moyen entre les espèces tardives et hâtives dont ils viennent.

2° Par rejetons : après avoir séparé de leur mère les pousses produites par les racines, vous vous en servirez seulement pour multiplier les individus francs de pied.

3° Par marcottes : vous enfermez une ou plusieurs tiges dans un sillon creux où vous les maintiendrez avec une petite branche formant fourche ; il faut que la marcotte ait un ou deux yeux à découvert en dessus du sol ; au printemps, il se forme autour des yeux enterrés de petits bourrelets à racines nourricières ; alors seulement sevrez la marcotte et plantez-la à part. Ce procédé est usité pour les Rosiers à tiges basses, en buisson ; s'il s'agit de Rosiers à tête, servez-vous d'un pot rempli de bonne terre, soutenu par un support, ayant sur le côté une ouverture large d'environ 2 ou 3 centimètres, par laquelle vous introduirez la branche. Arrosez et couvrez de paille dans l'un et l'autre cas. Pour certaines espèces paresseuses, vous activerez le marcottage en faisant au-dessus de l'endroit où doivent naître les racines une incision, ou une ligature ou une torsion, trois moyens de barrer le passage à la sève descendante et de la retenir au profit de la marcotte.

4° Par boutures (V. *Bouturage*, Iʳᵉ partie). Le bouturage est, à bon droit, préféré pour toutes les variétés à bois tendre : Rosiers noisette, Thé, Bengale, Bourbon et Portland, francs de pied. Mais il ne réussit guère pour les espèces remontantes, à bois dur, pour les Cent-feuilles et les Provins ; il vaut mieux, en les replantant, enterrer la greffe de quelques centimètres, et ainsi il se formera à sa base un bourrelet d'où naîtront les racines ; le rameau greffé sera affranchi.

5° Greffe. On greffe les Rosiers en écusson ou en fente (V. *Greffe*. Iʳᵉ partie). La greffe à écusson, préférable à l'autre, se pratique en mai lorsque le bois du sujet est fort, riche en sève et laisse seulement détacher son écorce. On dit qu'il y a greffe à œil poussant quand les yeux se développent promptement, donnant des bourgeons à fleurs et dont les yeux pourront servir à l'automne pour greffer à œil dormant. La greffe à œil dormant se fait en juillet jusqu'à la mi-septembre, elle reprend vite, mais ne pousse qu'au printemps suivant ; elle dort donc pendant six mois ; d'où son nom. La greffe forcée s'opère en janvier-février ; la greffe en fente ordinaire a lieu en mars-avril ; recouvrir les plaies avec de la cire à greffer. Ne pas vider l'œil de l'écusson qui est le germe de la pousse ; laisser des yeux d'appel au-dessus de l'écusson, afin d'y attirer la séve ; cependant si ces yeux deviennent trop avides, vous les pincerez promptement et à plusieurs fois sans les détruire jusqu'à reprise complète de la greffe.

Taille des Rosiers. — Pour les espèces délicates, on taille après la floraison ; pour les autres, dans les premiers jours de mars, en supprimant toutes les branches malades ou vieilles ; en rabattant sur les rameaux infirmes qu'il faut tailler à trois ou quatre yeux ; quelques variétés veulent être taillées beaucoup plus long ; l'expérience seule sert ici de guide.

Rajeunissement des Rosiers. — Si les Rosiers francs de pied se rajeunissent naturellement grâce à leurs pousses annuelles et à la suppression des branches qui ne donnent plus de fleurs, il est bon d'exposer, en quelques lignes, le moyen indiqué par la *Maison rustique du XIXe siècle*, pour prolonger la vigueur et la vie des Rosiers greffés. « En Angleterre, les horticulteurs les plus habiles ont trouvé le moyen de prolonger la durée des Rosiers greffés sur Églantiers, en les déplantant tous les trois ans vers le milieu de février, avant la reprise de la végétation..... On retranche avec le plus grand soin les racines endommagées, on raccourcit toutes les racines bien portantes, on supprime presque tout ce qui peut exister de chevelu, qui se trouve, à cette époque de l'existence des Rosiers, ou nul ou presque mort ; la tête est ensuite soumise à une taille sévère qui provoque une pousse très-active ; la terre des troncs est, ou renouvelée ou engraissée avec un fumier très-consommé ; le Rosier ainsi disposé y est remis en place tout aussitôt. L'opération doit être conduite assez rapidement pour que la racine du Rosier ne reste pas exposée à l'air au delà du temps rigoureusement indispensable. »

Culture forcée des Rosiers. — [On peut forcer tous les Rosiers mis en pots et rentrés dans une serre tempérée ou chaude, mais d'ordinaire on ne pousse à la floraison hâtive et artificielle que les Rosiers des espèces remontantes, en pleine terre sous châssis chauffés par des réchauds de fumier ou par un thermosiphon. Il faut avoir soin de ménager aux sujets un bon jour, de l'air, des arrosements. La fumée, l'action directe du soleil leur nuisent (V. en outre *Insectes nuisibles*, Ire partie).

Parmi les 3,000 variétés de Rosiers, nous indiquerons les plus intéressantes de chaque tribu.

1re *Tribu.* — *Rosiers de Banks.*

Il y a deux variétés, la blanche et la jaune; celle-ci est préférable et fort employée en palissades, contre les murs où elle produit un gracieux effet, au printemps par ses fleurs, tout l'été par son vert feuillage. Elle n'est pas remontante. Exposition abritée.

2e *Tribu.* — *Rosiers Cannelle.*

Ces Rosiers sont ainsi nommés de la couleur de leur écorce. Généralement dépourvus d'épines, on les préfère pour les massifs des jardins paysagers. Ils ne demandent qu'à être peu taillés. Parmi les principales espèces cultivées, citons : le Rosier des Alpes, avec ses nombreuses variétés. — le R. cannelle, proprement dit, et le R. soufré, à fleurs jaunes, très-doubles et s'ouvrant difficilement. Aucune de ces espèces n'est remontante.

3e *Tribu.* — *Rosiers Pimprenelle.*

Leur type est le R. pimpinellifolia, qui croît sur les montagnes élevées et offre de nombreuses variétés. Les R. pimprenelles veulent être placés au nord, cultivés francs de pied et en touffes, et si vous leur demandez beaucoup de fleurs, taillez-les peu. Les plus belles Roses pimprenelles sont : Persian Yellow, l'Ancienne jaune, et Perpétuelle Stanwell.

4ᵉ Tribu. — Rosiers Cent-feuilles.

Ils ont pour type le R. Cent-feuilles, originaire du nord de la Perse, mais répandu partout depuis bien des siècles. La R. Cent-feuilles (Rose Cabasse) s'appelle avec raison la plus belle Rose du monde; elle n'est pas remontante; par le croisement on obtient des variétés hybrides, belles comme la Rose Cent-feuilles, leur mère, et qui, plus généreuses qu'elle, donnent des fleurs plusieurs fois l'année.

1ʳᵉ Sous-tribu. — Hybrides remontants.

Pie IX.
Mère de saint Louis.
Conseiller Jourdeuil.
Angélina Granger.
Madame Récamier.
Prince Albert.
Clémence Scringe.
Baronne Prévost.
La Reine.
Queen Victoria.
Auguste Mie.
Comte de Montalivet.
Géant des batailles.
Madame Lafay.
Comte de Paris.
Jeanne d'Arc.
Comte de Bourmont.
Colonel de Rougemont.
Etendard de Marengo.
Madame Duchère.
Docteur Arnal.
Duchesse de Montpensier.
Madame Trudeaux.

Pompon de sainte Radegonde.
Madame Aimé.
Aubernon.
Duchesse de Sutherland.
Blanche de Portemer.
Louise Péronny.
Jacques Lafitte.
Laure Ramand.
Madame Phélip.
Inermis.
Baronne Hallez-Claparède.
Béranger.
Caroline de Sansal.
Ludovic Léthaud.
Lady Stuart.
Prince Léon Kotchoubay.
Alexandriue Bachmeteff.
Baron Heckeren de Wassenaër.
Paul Dupuy.
Alfred Colomb.
Léonie Verger.
Ernestine de Barante.

2ᵉ Sous-tribu. — Portlands dits perpétuels.

Rose du Roi.
Madame Teillier.
Bernar.
Sydonie.

Comte de Derby.
Delphine Gay.
Amandine.

Fleurs souvent solitaires; très-odorantes.

3e Sous-tribu. — Cent-feuilles mousseux non remontants.

Blanc unique.
Centifolia cristata.

Larmes.
Mousseux ordinaire.

4e Sous-tribu. — Cent-feuilles mousseux remontants.

Général Drouot.
Pompon perpétuel.

Hermann Kégel.

5e Tribu. — *Rosiers de Provins.*

Type : Rosa Gallica. Les plus belles variétés sont : Camaïeux, la Perle des Panachées, Madame Hardy, la Rubanée.

6e Tribu. — *Rosiers du Bengale.*

Les Roses Bengales sont plus ou moins rouges, plus rarement blanches, très-peu odorantes.

1re sous-tribu : Cramoisie supérieure, Archiduc Charles, Madame Bréon, Madame Bureau, le Pactole, Gloire des Rosamones.

2e sous-tribu : Bengales de l'île Bourbon : Paul et Virginie, Reine des îles Bourbon, Souvenir de la Malmaison, Madame Neyrard, Duchesse de Thuringe, Hermosa, Acidulée, Paul Joseph, Charles Souchet, Mistress Bosanquet, Louise Odier, etc.

7e Tribu. — *Rosiers Thé.*

Les Rosiers de cette tribu ont beaucoup d'analogie avec ceux de la précédente, mais ils sont généralement moins vigoureux; les fleurs d'un coloris varié sont pâles, plus communément blanchâtres ou jaunâtres, plus rarement rouges, à légère odeur de thé :

Devoniensis.
Eugénie Desgaches.
Triomphe du Luxembourg.
Auguste Vacher.
Thé Sombreuil.
Thé Bougère.
Julie Mansais.
Gloire de Dijon.

Thé Hyménée.
Homère.
Thé Clara Sylvain.
Souvenir d'un ami.
Vicomtesse Decazes.
Louise de Savoie.
Safrano.

8e Tribu. — *Rosiers Noisette.*

Les Rosiers de cette tribu sont généralement vigoureux :

Aimée Vibert.
Céline Forestier.
Caroline Marniesse.
Chromatella.

Ophyrie.
Julie de Luynes.
Laïs.
Solfatare.

Marie Chargé	Beauté des prairies.
Vicomtesse d'Avesnes.	De la Grifferaie.
Labiche.	Laure Davoust.
Lamarque.	Belle de Baltimore.

9ᵉ Tribu. — Rosiers multiflores.

Ces Rosiers sont tous grimpants et recherchés pour garnir les berceaux et les murs ; ils jettent leurs élégantes guirlandes fleuries autour des massifs ; parmi les plus belles variétés, citons :

Beauté des prairies.	Laure Davoust.
La Grifferaie.	Belle de Baltimore.

RUDBECKIA ÉLÉGANTE (Composées). — Plante vivace de l'Amérique du Nord. Hauteur : 0ᵐ,70 ; fleurs radiées d'un jaune safrané à disque pourpre-noir, en août. Multip. de boutures et de graines en terre légère ; orangerie l'hiver ; plates-bandes.

RUSCUS ACULEATUS, *Fragon piquant*, *Petit Houx* (Asparaginées). — Indigène, haut de 0ᵐ,65 ; petites fleurs blanches en mai-juin ; fruits rouge de corail, automne-hiver ; multip. de graines et par division du pied, en terre légère.

S

SABOT DE VÉNUS. V. *Cypripedium*.

SACCHARUM OFFICINARUM, *Canne à sucre* (Graminées). — Originaire des Indes. Serre chaude ; humidité et chaleur ; terre riche ; multip. par bouture de la tige coupée en tronçons et par éclats du pied.

SAFRAN. V. *Crocus*.

SAGITTAIRE, *Fléchière* (Alismacées). — Indigène, aquatique. Fleurs blanches ou teintées de pourpre en épi terminal en juin-juillet. Bassins.

SAINFOIN D'ESPAGNE, *Hedisarum coronarium* (Papilionacées). — Bisannuel ; haut de 1ᵐ,50. Fleurs rouges en juillet.

Semis au printemps; le garantir l'hiver par une couverture.

SALICAIRE commune. V. *Lythrum.*

SALIX alba, *Saule commun* (Salicinées). — Hauteur :
13 à 15 mètres. Placez-le dans les terrains humides; les
branches mises dans des trous prennent promptement
racine.

Le Saule pleureur, haut de 10 à 15 mètres, convient
très-bien aux pièces d'eau, etc.; on n'en cultive que l'individu femelle. Les S. se multiplient par marcottes et par
boutures.

SALPIGLOSSIS a feuilles sinuées (Scrophularinées).
— Hauteur : 0^m,70 à 1 mètre; à longues fleurs en entonnoir, striées et nuancées de jaune, de pourpre et de violet,
juillet-août. Semis en place avril-mai à exposition aérée
et chaude.

SALVIA. V. *Sauge.*

SAMBUCUS, *Sureau commun* (Caprifoliacées). — Indigène; haut de 4 à 5 mètres; ombelles de fleurs blanches
en juin. Multip. de boutures très-facile et très-prompte.

SANTOLINE commune, *petit Cyprès* (Composées). — Indigène du midi de la France; hauteur : 0^m,50; capitules
de fleurs d'un beau jaune, à forte odeur, juillet-août. Exposition chaude; terre légère; couverture pendant les
fortes gelées. Multip. d'éclats et de boutures. Bordures;
côteaux des jardins paysagers.

SAPIN. V. *Abies sapin.*

SAPONAIRE officinale (Caryophyllées). — Vivace,
rustique; haute de 0^m,60-70; fleurs rose-violet, odorantes
en juillet. On ne cultive que les variétés à fleurs doubles.
Multip. par division de la touffe; toute terre et toute exposition.

SARRACÉNIE pourpre (Sarracéniées). — Du Canada;
grandes fleurs à cinq pétales rouge-pourpre à l'extérieur,
vertes en dedans. Terre tourbeuse avec mélange de terreau

de feuilles ou de mousse pourrie. Multip. de graines ; châssis en orangerie l'hiver.

SARRÈTE PENNATIFIDE (Composées). — Vivace ; hauteur : 0ᵐ,60 ; capitules de fleurs rose-violacé en juillet.

Fig. 23. — Sarrète des teinturiers.   Fig. 24. — Sauge d'Afrique.

Pleine terre. Multip. par les divisions du pied. — Sarrète des teinturiers.

SARRIETTE, *Satureia* (Labiées). — Indigène. Tige formant touffe ; verticilles de fleurs blanches. Multip. de graines ou de pieds éclatés.

SAUGE OFFICINALE, *Grande Sauge* (Labiées). — A fleurs bleues ou blanches en juillet. Terre légère ; exposition chaude. Multip. de boutures ou d'éclats pour les variétés :
— S. à feuilles tricolores, panachées de rouge et de jaune

ou frisées. — S. Hormin. Annuelle. Haute de 0ᵐ,60-70 ; épi terminal de fleurs d'un rose tendre, à bractées colorées. Variété à bractées rouges, à bractées violettes. Exposition au midi. Semez en place pour repiquer le plant en terre légère. Parmi les autres espèces de S. si nombreuses, si remarquables, citons : la S. éclatante du Brésil à longs épis de fleurs rouge-ponceau très-vif. Serre chaude, orangerie. Multip. de boutures ; — la S. cardinale du Mexique, à corolle velue, d'un rouge-pourpre éblouissant et large de 0ᵐ,06. Même culture ; — la S. dorée du Cap. à fleurs jaunes ; — la S. à fleurs violettes, etc. ; — la S. d'Afrique, etc.

SAULE BLANC. V. *Salix alba.*

SAXIFRAGE a feuilles épaisses (Saxifragées). — De Sibérie. Vivace ; touffes de grandes feuilles ovales ; tige de 0ᵐ,20-80 ; grappes terminales de fleurs d'un beau rose, au printemps. Multip. par drageons. Exposition à mi-soleil ; terre légère et fraîche. — S. cotylédon ou pyramidale, haute de 0ᵐ,60 ; jolies petites fleurs blanches en mai-juin. Multip. de graines ou par bourgeons latéraux. Pleine terre ; mi-soleil ; en pot, en orangerie. — S. ombreuse ou Mignonette ; haute de 0ᵐ,20-32 ; panicules de petites fleurs blanches pointillées de rouge en avril-mai ; bordures. Multip. par division de la touffe.

SCABIEUSE, *Fleur de veuve* (Dipsacées). — Bisannuelle ; haute de 0ᵐ,65 ; capitules de fleurs pourpres, roses, panachées, plus ou moins foncées, plus ou moins veloutées, à odeur de fourmi ou de musc. Terre meuble ; exposition au midi. Semis en place au printemps ou en automne, et repiquage en place ou en pépinière au printemps. — S. du Caucase ; tiges simples et vivaces très-larges ; capitules de fleurs d'un bleu tendre en juin-octobre. Multip. de graines ou d'éclats ; pleine terre.

SCHIZANTHE aILé (Scrophularinées). — Du Chili. Annuel ; haut. de 0ᵐ,40-60 ; panicule terminale de fleurs, lilas-clair avec palais jaune et taches pourpres et violettes.

Semis en pleine terre en septembre ou au printemps.

SCILLE D'ITALIE, *Lis-Jacinthe* (Liliacées). — Hauteur : 0ᵐ,16. Grappe conique de jolies fleurs bleues odorantes en avril-mai. Pleine terre légère. Multip. de caïeux. — S. du Pérou, à fleurs bleues avec variétés à fleurs blanches, à fleurs gris de lin. Même culture. — S. agréable. Hauteur : 0ᵐ,25, fleurs bleues en avril. Graines ou caïeux. — S. campanulée. Hauteur : 0ᵐ,35. Grappe tachée d'un beau bleu-violet en juin.

SCUTELLAIRE A GRANDES FLEURS (Labiées). — De Sibérie. Vivace. Hauteur : 0ᵐ,15-25 ; grandes fleurs bleues disposées en épi. Éclats, graines et boutures. Terre légère.

SEDUM ORPIN, *Herbe aux charpentiers* (Crassulacées). — Indigène. Rustique. Hauteur : 0ᵐ,35-70. Fleurs rouge-purpurin, dans la variété cultivée ; juillet-août. Multip. par éclats ; terre sableuse, mi-soleil. — S. rhodiole. Plante rustique et vivace des Alpes ; fleurs roses odorantes. Terre sèche et sableuse ; exposition à mi-soleil. — S. de Siébold ; fleurs gris de lin ; même culture. — S. à feuilles de Peuplier. Hauteur : 0ᵐ,35 ; petites fleurs odorantes lavées de rose ; culture des plantes grasses, en pot. Tous les Sedums garnissent bien les talus et les rocailles à exposition sèche.

SÉNEÇON D'AFRIQUE (Composées). — Du Cap ; grandes capitules à rayons cramoisi clair, lilas ou blancs, roses, disque d'un jaune d'or, juin-août. Variétés : cramoisi foncé, lilas simple et double, double cramoisi, double blanc rosé, double blanc pur, etc. Vous multiplierez les variétés par boutures et les conserverez l'hiver sous châssis ; elles se reproduisent aussi de graines comme les variétés simples. Semis en mars-avril, en terre terreautée, à bonne exposition, en pépinière ; repiquage en planches et mise en place pour fleurir en octobre.

SHORTIE DE LA CALIFORNIE (Composées). — Annuelle ; haute de 0ᵐ,15 ; à fleurs d'un jaune vif en juin-juillet. Semis en avril en place ; massifs et bordures.

SILÉNÉ A FLEURS ROSES (Caryophyllées). — De Barbarie.

Annuel. Hauteur : 25 centimètres ; fleurs à cinq pétales rose foncé ou blanches, juin-juillet. Semis au printemps en terre légère et chaude. Bordures. — S. armeria, fleurs d'un rose vif, rosées ou blanches en juin-août. Multip. de graines semées sur place en avril. — S. à bouquets. Originaire du Caucase ; bisannuelle ; très-belles fleurs fasciculées, d'un rose foncé. Terre ordinaire mêlée à des platras ; exposition chaude ; arrosements modérés. Semis en juin-juillet en pépinière, repiquage en pépinière ; mise en place au printemps ou à l'automne. — S. gobe-mouches. Plante ainsi appelée, parce qu'elle arrête ces insectes à l'aide de l'enduit visqueux dont est garni le haut de ses tiges. Semis. — S. à fleurs pendantes d'un rose vif. Multip. de graines. Corbeilles, massifs, etc.

SILPHIUM A FEUILLES LACINIÉES (Composées). — Hauteur : 2ᵐ,50 à 3 mètres. Feuilles très-gracieuses ; capitules en grappes, jaunes, larges de 0ᵐ,11, portés sur une forte hampe. Multip. par éclats en terre profonde et légère. — S. à feuilles ternées ; fleurs jaunes en capitules semblables à ceux de notre grand Soleil ou Hélianthe. Terre légère et profonde ; exposition chaude.

SILYBUM MARIANUM, *Chardon Marie* (Composées). — Indigène. Bisannuel. Haut de 1ᵐ,30-60 ; grandes feuilles épanouies avec marbrures blanches ; gros capitules de fleurs pourpres. Multip. de graines, sur place, en avril ; terre fraîche et profonde ; plein midi.

SOLANUM LACINIATUM, *Morelle laciniée* (Solanées). — Bisannuelle. Hauteur : 0ᵐ,35-70 ; larges fleurs bleu clair en avril-juin. Multip. de graines semées sur couche. — Plante aux œufs. — Aubergine blanche. Pleine terre. — Aubergine à fruit écarlate ; semis en mars-avril ; repiquage en terre légère ; arrosements fréquents. — S. à fleur bleue. Serre tempérée pendant l'hiver ; multip. de boutures. — M. marginée, à grappes de fleurs blanches. Même culture. — M. à gros fruits. Même culture. — M. à feuilles de Vélar. Annuelle ; grandes fleurs blanches assez semblables à celles de la pomme de terre. Semis en avril sur couche ; plantation en mai. — M. faux Piment ; fleurs blanches ; fruits jaunes ou rouges semblables à des Cerises, par la forme. Arrosements fréquents en été ; orangerie l'hiver. Multip. de graines semées sur couche chaude. — M. du Texas à fleurs d'un blanc verdâtre. — M. gigantesque. Exposition chaude. Semis en mars-avril sur couche, repiquage sur couche ; mis en place à la fin de mai. — M. Gillo. — Vigne de Judée. — M. ferrugineuse. — M. poilue. — M. robuste. — M. à grosses anthères, etc.

SOLDANELLE des Alpes (Primulacées). — Vivace ; à fleurs campanulées d'un violet-pourpre, en avril. Multip. de graines ou de racines en octobre. Couvrir l'hiver.

SOLEIL. V. *Hélianthe.*

SOLIDAGO, *Verge d'or* (Composées). — Hauteur : 1 mètre à 1,m60 ; nombreux capitules jaunes. Replanter les touffes tous les trois ou quatre ans ; tout terrain. — S. à grandes fleurs. — S. du Canada. — S. nutans. — S. glabra. — S. semperflorens. — S. multiflora, etc.

SORBIER des oiseleurs (Rosacées). — Indigène. Hauteur : 8 mètres ; corymbes de fleurs blanches au printemps ; terre franche et fraîche ; à mi-soleil. — S. domestique. — S. hybride. — S. d'Amérique. — S. à feuilles de Sureau.

SOUCI. V. *Calendula.*

SOUCI D'EAU. V. *Caltha palustris.*

SPIGÉLIE du Maryland (Spigéliacées). — Vivace ; hauteur : 0m30-35 ; fleurs rouges à l'extérieur, jaunes à l'intérieur, en juin. Multip. d'éclats ou de boutures, à mi-soleil en terre de bruyère un peu humide.

SPIRÉE (Rosacées). — Genre de plantes très-nombreuses, très-riche en espèces ornementales, à fleurs blanches, rosées, etc., parmi lesquelles nous citerons seulement : la Reine des prés, ou S. ulmaire indigène, haute de 1 mètre environ, à fleurs simples ou doubles, blanches, disposées en panicules ; variétés à feuilles panachées ; — la S. filipendule, indigène, à fleurs blanches dont on cultive la variété double; — la S. à feuilles lobées, à fleurs roses ; — la S. à feuilles de Prunier, ligneuse et formant buisson, à fleurs d'un blanc pur. — S. Reine des prés, du Canada. Hauteur : 1 mètre. Fleurs roses. — S. à feuilles digitées. Hauteur : 1 mètre. Ombelle de fleurs rosées épanouies en juin-juillet. — S. barbe de bouc ou de chèvre. Europe, Hauteur : 1ᵐ,30. Fleurs blanches à longues étamines. Mi-soleil; terrain frais. — S. à feuilles d'Orme. 1ᵐ,60. Fleurs blanches en grappes. — S. à feuilles d'Obier. Hauteur : 2 à 3 mètres Corymbes de fleurs blanches en mai-juin. — S. des Alpes. Fleurs blanches en juin. — S. flexueuse ; hauteur : 1 mètre. Fleurs blanches. — S. à feuilles de Millepertuis. — S. à feuilles de Chamédrys.

Parmi les Spirées à fleurs roses ou rouges, citons : S. en corymbes; fleurs épanouies en juillet-août. — S. de Fortune ; fleurs roses épanouies pendant une grande partie de l'année. — S. cotonneuse. Terre de bruyère ombragée et humide. — S. de Douglas. Hauteur : 1ᵐ,50. Multip. de boutures et d'éclats. — S. de Billard; fleurs épanouies en juin-septembre. Même culture, etc. Les Spirées veulent, en général, un terrain frais et léger, une exposition à mi-ombre.

SPRÉKÉLIE FORMOSISSIMA, *Croix de Saint-Jacques*, *Amaryllis à fleurs en croix* (Amaryllidées). — Hauteur : 0ᵐ,32. Fleur rouge-pourpre foncé. Orangerie ou serre tempérée ; pas d'arrosements l'hiver. A. saltimbanque, fleurs offrant un gracieux mélange de rouge-cramoisi et de vert vif. Culture des Amaryllidées en général.

SPRENGÉLIE INCARNATE (Epacridées). — Australie. Hauteur : 1,ᵐ30. Fleurs en étoile d'un rouge pâle épanouies tout l'été ; culture des bruyères.

STACHYS ÉCARLATE (Labiées). — Fleurs d'un rouge éclatant épanouies de juin à septembre. Pleine terre l'été; orangerie l'hiver. Semis, boutures ou éclats. — S. laineuse. Hauteur : 0ᵐ,30-40; petites fleurs purpurines. Multip. par division des pieds. Bordures, rocailles.

STACHYTARPHETA CHANGEANT (Verbénacées). — Amérique méridionale. Epi de fleurs rouges d'abord, puis roses, en juillet. Semis au printemps sur couche chaude et sous châssis ; repiquage en pot. Serre chaude.

STANHOPÉE A FLEURS TIGRÉES (Orchidées). — Grandes fleurs à labelle d'un blanc jaunâtre avec points bruns. Culture des Orchidées; en corbeilles ou sur vieux troncs de bois mort. — S. aurantiaca. — S. eburnea. — S. à grandes fleurs. — S. Devoniensis. — S. à deux cornes. — S. guttulata. — S. Wardii. — S. insignis.

STAPÉLIE VELUE (Asclépiadées). — Barbarie. Hauteur : $0^m,50$; fleurs larges de $0^m,14$, couleur lie de vin, odeur puante. Terre fertile; arrosements fréquents en été; nuls en hiver; serre tempérée. Multip. de boutures sur couche et sous châssis. — S. à grandes fleurs; fleurs pourpre noir, épanouies en août; même culture. — Fleur de crapaud, fleurs à fond brun avec taches d'un brun plus foncé. Même culture.

STAPHYLEA A FEUILLES AILÉES, *Nez-coupé, faux Pistachier* ou *Patenôtrier* (Staphyléacées). — Indigène. Hauteur : 5 mètres; fleurs blanches pendantes. Graines ou rejetons. — S. à feuilles ternées. Toute exposition; tout terrain.

STATICE LIMONIUM (Plombaginées) — Indigène. Hauteur : $0^m,70$. Petites fleurs bleues épanouies en été. Terre franche et fraîche; exposition chaude. — L. mucronée. Fleurs d'un violet tendre. — S. frutescent. Fleurs blanches, calice bleu-violet. Terre riche et substantielle. Multip. de boutures; serre froide l'hiver. — S. à feuilles lyrées; fleurs blanches avec calice bleu. Semis sur couche au printemps; orangerie. — S. à segments imbriqués. Même culture. — S. à grandes feuilles, boutures et racines. — S. de Dickson. A fleurs roses. Orangerie. — S. de Fortune, à fleurs jaune d'or. Orangerie l'hiver; terre légère et sableuse. Multip. par éclats au printemps.

STATICE ARMÉRIE. V. *Armeria*.

STRAMOINE. V. *Datura.*

SYRINGA commun ou *Lilas commun* (Oléinées). —
Naturalisé en Europe ; fleurs en thyrse à suave odeur,

Fig. 25. — Syringa ou Lilas de Perse.

épanouies en mai. Il offre des variétés, à feuilles panachées de blanc et de jaune, à fleurs blanc pur, violet
bleuâtre. — L. de Trianon à thyrse d'abord d'un pourpre

foncé passant au violet vif. Multip. de greffes, de boutures ou d'éclats. — L. de Marly, à fleurs plus grandes, d'un violet pourpre. — L. Varin, originaire de Perse ou de Chine ; thyrses bien fournis, allongés, plus fortement colorés que les fleurs du lilas ordinaire.

SYRINGA DES JARDINS (Philadelphées). — Indigène, rustique. Hauteur : 2 à 3 mètres. Fleurs blanches à odeur agréable, mais forte ; en juin. Variétés à feuilles panachées, à fleurs semi-doubles. Terrain léger ; à mi-ombre. Multip. de graines, de greffes, de boutures ou d'éclats.

T

TABAC. V. *Nicotiana.*

TAGÈTE ÉLEVÉ, *Rose d'Inde* (Composées). — Annuel ; belles fleurs jaunes en juillet-octobre. Variétés à capitules doubles d'un jaune plus ou moins foncé. Semis en pleine terre, en mai. — T. étalé ou Œillet d'Inde ; fleurs plus petites jaune-orange en juillet-octobre. Variétés à fleurs doubles ; même culture.

TAMARIX DE NARBONNE (Tamariscinées). — Joli arbrisseau qui ne se dépouille jamais complétement de son feuillage menu et gracieux ; fleurs blanches teintes de pourpre en mai. Terrain frais ; bord de l'eau. Multip. de boutures.

TANAISIE COMMUNE (Composées). — Indigène ; haute de 1 mètre à 1m,30 ; fleurs d'un beau jaune en août. Exposition au midi ; terre franche. Multip. de drageons.

TAXUS. V. *If commun.*

TÉCOMA, *Jasmin de Virginie*, etc. (Bignoniacées.) — Arbrisseau grimpant à griffes ; fleurs rouge-cinabre en août-septembre. Terre franche et fraîche. Multip. de graines en terrines, sur couche, d'éclats, de marcottes, de boutures, de tronçons de racines. Variétés à fleurs rouges et pourpres.

THLASPI vivace. V. *Ibéride.*

THUIA occidental (Conifères). — Haut de 8 mètres;
à rameaux flexibles pendants ou placés à angle droit.
Multip. de graines. — Arbre de vie. — T. gigantesque.
— T. pyramidal. — T. filiforme.

THUNBERGIA ailé (Acanthacées). — Du Bengale:
fleurs jaunes, disque noir-pourpre. Semis sur couche au
printemps; repiquage en pleine terre légère. Variétés à
fleurs blanches, jaune beurre frais, etc.

THYM commun (Labiées). — Vivace. Fleurs blanches
ou purpurines très-odorantes. Plusieurs variétés : à feuilles larges ou étroites ; panaché, etc. Bordures. Usages domestiques. Éclats des pieds ; terre sableuse ; exposition au
midi.

THYMÉLÉE des Alpes (Thymélées). — Plante rustique, formant buisson rampant; petites fleurs odorantes
d'un rose vif. Terre légère ; exposition au midi, mais avec
un peu d'ombre. Multip. de graines ou par greffe. Variétés à fleurs blanches; à feuilles panachées.

TIGRIDA a grandes fleurs, *Queue de paon* (Iridées). —
Hauteur : 0^m,65 ; belles fleurs éphémères à nuances pourpres, jaunes, rouge éclatant. Terre légère; couverture
l'hiver. Multip. de graines et de caïeux.

TILLEUL commun (Tiliacées). — A grandes feuilles à
petites fleurs jaunâtres réunies en grappes et accompagnées d'une bractée foliacée. Multip. de graines, de marcottes et de greffes en terrain frais et sablonneux. — Tilleul d'Amérique. — T. argenté, etc., etc.

TITHONIE a fleurs de tagèt (Composées). — Du
Mexique. Haute de 1^m,50 à 2 mètres. Annuelle; fleurs
d'un jaune-orange très-vif en juillet-septembre. Exposition chaude; semis sur couche en avril.

TOURNEFORTIA, *Faon-Héliotrope* (Borraginées). —
Vivace; à fleurs bleues; pleine terre l'été ; orangerie l'hiver. Cette plante se resème d'elle-même, lève et fleurit la
même année

TOURNESOL (Euphorbiacées). — Annuel; c'est plutôt une plante industrielle qu'une plante d'ornement.

TRACHÉLIUM bleu (Campanulacées). — D'Alger. Hauteur : 0^m,35; petites fleurs d'un bleu-violacé en juillet-août. Terre légère; exposition au midi et pleine terre l'été; orangerie l'hiver. Multip. de graines et de boutures.

TRILLE sessile (Liliacées). — De la Caroline. Elle tire son nom du nombre·ternaire existant dans toutes ses parties; fleur à trois pétales, à trois étamines, à trois styles, calice à trois sépales, capsules à trois loges. Vivace. Hauteur : 0^m,16-22; fleur d'un brun-rougeâtre, en avril. Pleine terre; exposition chaude; garantir l'hiver avec un peu de paille. Multip. de graines ou de racines.

TROÈNE. V. *Ligustrum*.

TROLLIUS d'Europe (Renonculacées). — Hauteur : 0^m,50. Grandes fleurs d'un jaune vif. Terre légère humide et un peu ombragée. Multip. de graines ou d'éclats.

TROPŒOLUM majus, *Grande Capucine* (Tropéolées). — Plante annuelle; grimpante à fleurs d'un beau jaune-orangé. Semis en terre ordinaire après les gelées. — C. de Constantinople, à fleurs plus grandes; individus à fleurs doubles par semis. — C. naine à fleurs jaunes. — C. éclatante. — C. tricolore — C. à fleurs blanches. — C. à court éperon lavé de rouge. — C. de Jaratte. — C. de Moritz, etc., etc.

TUBÉREUSE des jardins (Liliacées). — Du Mexique. Hauteur : 1 mètre à 1^m,25; bel épi de fleurs blanches teintées de rose à odeur enivrante en juillet-août. Plantation sous cloche ou sous châssis au printemps. Multip. de caïeux et mieux d'oignons, en terre fraîche et légère.

TULIPES (Liliacées). — On multiplie les Tulipes par caïeux et par semis en ayant soin: 1° de choisir une bonne exposition au sud-est ou au sud-ouest; une terre franche, meuble, substantielle ou peu sableuse, mais pas humide; 2° de planter du 10 au 25 novembre, en creusant autant de fosses que l'on désire faire de planches ; 3° de relever tous les deux ans, dès que les feuilles sont fanées, pour replanter immédiatement dans un terrain bien préparé : 4° de bien sarcler ; 5° d'abriter contre les froids et les pluies d'hiver.

Le caïeu donne toujours une plante identique à celle dont il provient ; les graines d'une Tulipe n'en reproduisent pas la variété. Une belle Tulipe doit avoir une tige bien droite, bien proportionnée ; la fleur doit avoir 1/5 de plus en longueur qu'en largeur, offrir un fond blanc, des divisions harmonieusement arrondies à leurs sommets, au moins trois couleurs vives et fort tranchées. Les variétés de Tulipes se comptent par centaines. Bornons-nous à citer : la T. de Gessner ou des fleuristes, hampe nue, fleurs à divisions obtuses à fond coloré ou non, d'où deux divisions : Tulipes bizarres et Tulipes à fond blanc ou T. flamandes ; — T. de Tole à fleur rougeâtre-jaune à ses extrémités ; — T. œil de soleil, rouge avec longue tache d'un noir bordé de jaune sur chacune des divisions, etc., etc.

TUSSILAGE odorant. V. *Nardosmie fragrans.*

U

ULMUS, *Orme champêtre* (Ulmacées). — Indigène. Arbre de première grandeur. Il offre plusieurs races : l'Orme pourpre ; — l'O. Tilleul : — l'O. à feuilles larges, etc., etc. Multip. de graines semées dès leur maturité, de marcottes, de greffes ; repiquer au printemps suivant (V. ce que nous avons dit pour les travaux de pépinière en général, Ire partie).

UVULARIA sinensis, *Uvulaire de la Chine* (Mélanthacées). — Fleurs d'un rouge-brun. Multip. de racines, en automne ; pleine terre avec couverture contre les froids.

V

VACCINIUM MYRTILLE (Éricacées). — Indigène. Hauteur : 0^m,40 ; fleurs en grelot, d'un blanc rosé en mai ;
feuilles et baies assez semblables à celles du Myrte d'où
le nom de myrtille. Terre de bruyère. Lieux ombragés,
arides.

VALÉRIANE DES JARDINS (Valérianées). — Indigène. Vivace. Haute de 1^m,30 ; panicules de fleurs blanches odorantes tout l'été. Multip. d'éclats au printemps et en automne. — V. rouge. — V. centranthus. — V. macrosiphon.
Annuelle ; rustique ; à corymbes bien fournis de fleurs
d'un beau rouge. Semis de mars en mai ; repiquer en
place. Variété à fleurs blanches. — **V.** corne d'abondance ; rameuse et prolifère ; fleurs rouges et nombreuses, etc., etc.

VALLISNERIE EN SPIRALE (Hydrocharidées). — Midi de
la France. A fleurs monoïques sur pédoncule en tire-bou-
chon qui se déroule au moment de la fructification. Bassin
de serre.

VANILLE AROMATIQUE (Orchidées). — Du Brésil. Sarmenteuse, grimpante ; à fleurs d'un blanc verdâtre devant
être fécondées artificiellement pour nouer. — Placer contre
un arbre ou contre un mur. Serre chaude, terre substantielle entretenue humide pendant la végétation.

VÉLAR DE PÉTROWSKI (Crucifères). — Annuel. Fleurs
jaune-safrané légèrement odorantes, tout l'été. Multip.
de graines semées à l'automne ou au commencement du
printemps ; pleine terre.

VENIDIUM A FLEUR DE SOUCI (Composées). — Plante
annuelle à grande fleur rouge-orangé à disque brun ; de
juillet en novembre. Semez sur couche en avril ; plantez
en mai.

VÉRATRE BLANC. *Hellébore blanc* (Mélanthacées). —

Indigène. Hauteur : 1 mètre. Fleurs blanchâtres en juin-août. — V. noir, fleurs brunâtres en juin-août. Multip. de bulbes et de graines en terre fraîche et ombragée.

VERBENA AUBLETIA, *Verveine à bouquets* (Verbénacées). — Hauteur : 0ᵐ,35 ; à fleurs violet-pourpre. Multip. de graines semées au printemps ou en automne en tout terrain, à toute exposition. — V. d'Érine, fleurs d'un rouge-violet ; juin-octobre. — V. gentille de Buenos-Ayres, fleurs d'un bleu clair ; printemps, été, automne. — V. petit Chêne ou Chamædrys ; vivace, à fleurs rouge vif ; toute l'année. Multip. de couchage et de boutures à faire chaque année en août. On les rentre en serre tempérée et on les met en pleine terre à la fin de mai suivant. — V. veinée, à fleurs pourpre-violacé ; tout l'été. Orangerie l'hiver. — V. Faux-Teucrium, à fleurs blanches ou rosées, tout l'été ; beaucoup de variétés. — V. à feuilles incisées avec fleurs d'un rose-pourpre, etc. Il faut rentrer les boutures de la V. sous châssis ou en serre tempérée ; pleine terre légère.

VERGE D'OR. V. *Solidago.*

VÉRONIQUE A ÉPIS (Scrophularinées). — Indigène. Hauteur : 0ᵐ,50 ; fleurs bleu tendre ; en août. — V. maritime. Haute de 0ᵐ,65 ; fleurs d'un beau bleu ou blanches ou carnées en épis ; ces deux Véroniques se multiplient par éclats des pieds. — V. Germandrée à fleurs d'un bleu veiné de rouge. — V. Chamædrys ou petit Chêne à fleurs d'un bleu purpurin ; ces deux plantes se multiplient de graines ou d'éclats en tout terrain un peu frais. Bordures. V. à feuilles de Saule ; épis terminaux de fleurs bleu clair. — V. de Lindley ; à fleurs blanc-liliacé. Culture en pleine terre pendant l'été ; arrosements fréquents ; multip. de graines ou de boutures. Ces trois espèces résistent très-bien à la rigueur de nos hivers.

VERVEINE. V. *Verbena.*

VÉTIVER. V. *Andropogon.*

VIBURNUM. V. *Lantana.*

VICTORIA ROYALE (Nymphéacées). — La plus belle et la plus grande des Nymphéacées ; à fleurs blanches d'abord, puis roses, puis rouges ; il lui faut un vaste bassin où l'eau, souvent renouvelée, sera maintenue à + 21°.

VIGNE VIERGE, *Cissus quinquefolia* (Ampélidées). — Arbrisseau grimpant ; de l'Amérique du Nord ; à feuilles d'un beau vert d'abord, puis rouges en automne, à fleurs verdâtres insignifiantes. Terre fraîche ; demi-soleil. Mars. Berceaux.

VINCA MAJOR, *Grande Pervenche* (Apocynées). — Plante rustique indigène ; vivace, grimpante, à nombreuses tiges de 0m,70 à 1m,30 ; fleurs blanches ou d'un bleu tendre en mai-septembre. Variétés à feuilles panachées. Terre ordinaire ; à l'ombre. — Petite Pervenche, fleurs et feuilles plus petites que la précédente, doubles ou simples, pourpres, rouges, blanches, bleues, violâtres. Terre légère ; mi-ombre. Multip. de graines ou de rejetons. — Pervenche de Madagascar ; fleurs axillaires d'un beau rose plus foncé au centre, tout l'été. Variétés à fleurs blanches. Elle est vivace et sous-ligneuse. Terre franche et substantielle. Multip. de graines sur couche et sous châssis.

VIOLETTE ODORANTE (Violariées). — Vivace ; fleurs violettes odorantes en mars-avril. Variétés dites des quatre saisons à fleurs simples ou doubles, roses, panachées. — V. de Parme à fleurs d'un bleu pâle violacé. — V. à grandes fleurs, fleurs jaunes. Terre de bruyère, arrosements très-modérés. — V. tricolore, Pensée annuelle. Indigène. Elle a ses trois pétales inférieurs d'un joli jaune mêlé de blanc, les deux pétales supérieurs d'un violet foncé et velouté ; elle produit de belles sous-variétés. Multip. par semis, éclats et boutures, etc.

VIORNE. V. *Lantana*.

VISCARIA, *Rose du ciel* (Caryophyllées). — Annuelle ; fleurs roses en juillet. Semis en place mars-avril. Conserver l'hiver sous châssis. Variétés à fleurs blanches, ou d'un rose vif.

VOLUBILIS. V. *Ipomée.*

W

WAHLENBERGIA a fleurs de pervenche (Campanulacées). — D'Australie. Fleurs d'un bleu très-vif en dessus, d'un bleu pâle en dessous. Semis au printemps en terre tamisée et fraîche. Quoique vivace, on la traite en France comme plante annuelle. Bordures.

WITLAVIA a grandes fleurs (Hydrophyllées). — De Californie. Annuelle. Fleurs campanulées d'un violet foncé plus pâle au fond de la corolle. Semis en avril en place ou en pot pour repiquer. Elle s'épanouit de bonne heure et dure jusqu'aux gelées.

X

XIMÉNESIE a feuilles d'encélie (Composées). — Du Mexique. Haute de 1 mètre. Annuelle. Fleurons d'un jaune foncé sur disque plus clair en juin-novembre. Terre légère ; exposition au midi. Semis sur couche ou en pleine terre.

Y

YEUSE (Cupulifères). — Plusieurs variétés : Quercus suber. — Q. kermès. L'Yeuse demande un terrain sec et sablonneux.

YUCCA filamenteux (Liliacées). — De Virginie. Feuilles à filaments blancs et pendants ; hampe de 1 mètre à 1^m,50 ; fleurs d'un blanc verdâtre au nombre d'environ 200. Variétés à fleurs blanches ; à feuilles panachées. — Y. superbe. Hauteur : 0^m,70 à 1 mètre. 150 ou 200 fleurs blanches pendantes en forme de petites Tulipes.

Les Yuccas demandent à être préservés de l'humidité et

de la neige. Pleine terre; toute exposition, Multip. de graines et par œilletons enracinés.

Z

ZAUSCHNERIA DE CALIFORNIE (Œnothérées). — Vivace ou sous-ligneuse; tige de 0^m,30; fleurs écarlates. Multip. de graines et plus ordinairement de boutures au prin-temps. Semez-la en mai, elle fleurira en septembre.

ZÉPHIRINE ROSE (Amaryllidées). — De la Havane. Hauteur : 0^m,15-30. Jolie fleur avec ses trois divisions intérieures d'un blanc pur et ses trois extérieures lavées de rose. Multip. par caïeux; pleine terre ; couverture l'hiver.

ZINNIA ROUGE (Composées). — De la Louisiane. Hau-teur : 0^m,50; fleurs à disque jaune avec rayon rouge vif. — Z. élégant du Mexique. Hauteur : 0^m,70 à 1 mètre; belles fleurs à rayons rose-violacé et à disque d'un pour-pre obscur. Variété à fleurs écarlate.; à fleurs blanches, violacées, juillet-novembre, etc., etc. Culture en pleine terre.

ZYGOPÉTALE HÉRISSÉ (Orchidées). — Brésil. Belles fleurs vertes marbrées de brun avec veines rouges. Serre chaude, terre tourbeuse et mousse. V. *Orchis.*

ZYGOPHYLLUM, *Fabagelle commune.* V. *Fabagelle.*

CHAPITRE V

Vocabulaire des principaux termes de Jardinage et de Botanique (1).

A

ACCLIMATER. Accoutumer une plante à la température et aux influences d'un nouveau climat.

ACÉREUSES (feuilles). Se dit des feuilles longues et pointues comme une aiguille : feuilles de Pin.

ACICULAIRES. Feuilles étroites, linéaires, à peu près cylindriques : Acacia.

ACOTYLÉDONES. Se dit des plantes privées de lobes ou cotylédons : Algues, Champignons, Lichens, Mousses, Fougères, etc.

ACUMINÉ. Terminé en pointe longue et mince.

ADHÉRENT. Se dit d'une partie quelconque d'un végétal qui est réunie d'une manière plus ou moins intime avec les parties environnantes.

ADNÉ. Se dit de tout organe attaché latéralement dans toute sa longueur à une autre partie : anthère de la Renoncule.

ADOS. Élévation de terre en forme de dos de bahut, plus large du bas que du haut ; on pratique les ados pour proté-

(1) Nous ne donnerons ici que les notions absolument nécessaires à l'intelligence du livre.

ger une culture contre les intempéries de la mauvaise saison, pour fournir aux primeurs une bonne exposition au midi.

ADVENTIFS, accidentels. Se dit du bourgeon et des racines nés sur des points autres que ceux où on les voit d'ordinaire.

AFFRANCHIR. On dit d'un arbre greffé qu'il s'affranchit, quand, de l'endroit greffé, il jette des racines qui s'enfoncent en terre.

AGRÉGÉES. Fleurs réunies sur un réceptacle commun, avec anthères distinctes : Plombaginées, Valérianées, etc., etc.

AIGRETTE. Réunion de poils de formes variées qui couronnent certaines graines et certains fruits. Ce n'est qu'une forme particulière du limbe du calice, d'après Richard : Valériane, Pissenlit, etc.

AIGRIN, du mot aigre. Nom donné aux Pommiers et aux Poiriers sauvages.

AIGUILLONS. Productions dures et acérées, entièrement composées de tissu cellulaire, qui naissent, en plus ou moins grand nombre, sur les plantes et qui n'adhèrent qu'à la partie superficielle du végétal, ce qui les distingue des épines, lesquelles font corps avec les parties où elles naissent.

AILE. Partie de la corolle papilionacée : Légumineuses.

AILÉ. Tige ailée, celle sur laquelle se prolonge ordinairement le limbe de la feuille : Consoude, etc. ; fruits ailés ceux dont le péricarpe s'élargit en membrane : Orme, Érable.

AISSELLE. Angle rentrant au-dessous de l'attache d'une feuille sur un rameau ou d'un rameau sur une tige. L'aisselle des feuilles contient ordinairement les bourgeons et fort souvent les fleurs qui sont alors dits *axillaires*.

ALBUMEN. Nom donné à cette partie de l'amande qui accompagne l'embryon : Café, Céréales, Pavot, etc., etc.

ALPINES (Plantes). Nom donné non-seulement aux végétaux originaires des Alpes, mais à ceux qui croissent sur d'autres montagnes élevées.

ALTERNES. Se dit de la superposition avec succession mutuelle des mêmes organes d'une plante sur un axe commun. En ce sens les feuilles sont Alternes par opposition aux feuilles opposées ou verticilles. Les pétales sont Alternes aux sépales dans le plus grand nombre de cas ; les étamines sont Alternes aux pétales quand elles sont en même nombre que ceux-ci. Le Chêne, le Cerisier, etc. ont des feuilles alternes.

AMANDE. Graine des fruits, leur partie essentielle.

AMENTACÉ. V. *Chaton.*

AMPLEXICAULE. Se dit de toute partie dont la base entoure la tige ; feuille ou pétiole.

ANDROCÉE. Étamines ou organes mâles.

ANNUELLE (Plante). Celle qui, dans le courant d'une année, germe, fleurit, porte sa graine et meurt.

ANTHÈRE. Extrémité supérieure de l'étamine qui renferme le pollen.

AOUTÉE (Jeune branche). Dont le bois s'est endurci avant l'hiver.

APÉTALE. Fleur sans pétale, par conséquent, sans corolle : Daphné.

APHYLLE. Dépourvue de feuilles : Cuscute.

ARBRE. Végétal dont le tronc ligneux dépasse 6 mètres en élévation.

ARBRISSEAU. Végétal ligneux s'élevant de 1 à 6 mètres.

ARBUSTE. Végétal ligneux ne s'élevant que de 0ᵐ,35 à 1 mètre : Romarin, etc.

ARÊTE. Barbe ou prolongement des balles ou plumes dans les Graminées.

ARTICULÉ. Qui a ou qui simule plusieurs nœuds.

AUBIER. Les couches les plus extérieures du bois dans les arbres dicotylédons et les sous-fibres incrustées de matière résineuse ; il se forme chaque année un nouvel aubier.

B

BACCIFÈRE. Qui porte baies.

BACCIFORME. Ayant la forme d'une baie.

BAIE. Fruit charnu, indéhiscent, dont les graines sont éparses dans une pulpe succulente, à leur maturité.

BALIVEAU. Jeune arbre non taillé et s'élevant droit avec toutes ses branches.

BALLES ou Glumes. Enveloppe florale des Graminées.

BASE. Partie inférieure par laquelle le pétale tient au réceptacle, la feuille à la tige, etc.

BASIFIXE. Attaché par la base.

BASILAIRE (Style). Qui part de la base de l'ovaire.

BASSINER. Arroser légèrement sous forme de pluie fine.

BIFIDE. Fendu profondément en deux.

BIFURQUÉE (Branche ou tige). Qui se divise en deux.

BILABIE. Calice ou corolle dont le limbe offre deux divisions principales ou lèvres situées l'une au-dessus de l'autre.

BILOBÉ. Partagé en deux lobes jusqu'au milieu.

BILOCULAIRE. Présentant deux loges.

BINAGE. Action de biner.

BINER. Donner une seconde façon à une terre, avec une bêche ou une binette, pour l'empêcher de se durcir, ou pour détruire les mauvaises herbes ; profondeur de $0^m,06$ à $0^m,08$.

BIPENNÉ. V. *Penné.*

BISANNUEL. Plante à laquelle il faut deux ans pour porter graine et se flétrir : Digitale.

BITERNÉES. Feuilles portées par un pétiole qui se divise en 2 pétiolules, lesquels se subdivisent eux-mêmes en deux autres.

BORGNE. Privé de bourgeon terminal.

BORNER. Repiquer un jeune plant ; entourer les racines en rapprochant la terre à l'aide du plantoir.

BOURGEON. Sorte de petit tubercule qui renferme les feuilles et les tiges avant leur développement.

BOUTON. Se dit particulièrement des fleurs avant leur épanouissement.

BOUTURE. Branche détachée d'un arbre et plantée convenablement pour qu'elle prenne racine.

BRACTÉES, ou feuilles florales. Petites feuilles sessiles, souvent colorées, voisines des fleurs et quelquefois s'entremêlant à elles : Sauge.

BRINDILLE. Dernière ramification d'une branche; branche à fruit, mince et courte.

BULBE. Tige souterraine, arrondie : Oignon, Lis, etc.

BULBIFÈRE. Qui donne des bulbilles aux articulations des tiges ou à l'aisselle, au lieu de fleurs.

BULBILLE. Petit bulbe né aux aisselles des feuilles de certaines plantes, ou à la place des fleurs.

C

CADUC. Qui tombe très-promptement, aussitôt ses fonctions remplies.

CAIEU. Petit bourgeon qui se forme sur le côté d'un ancien Oignon ou Bulbe : Jacinthe.

CALCARIFORME. En forme d'éperon : corolle des Linéaires, calice des Capucines, etc.

CALICE. V. *Notions de botanique élémentaire*. — Cherchez dans ce vocabulaire les qualificatifs qu'on donne à cette partie de la fleur.

CALICINAL. Qui tient du calice, ou lui ressemble.

CAMBIUM. Les tissus en voie de formation encore gélatineux et mous.

CAMPANIFORME, CAMPANULÉ. Se dit des corolles et des calices en forme de cloche.

CAPILLAIRE. Fin comme un cheveu.

CAPITÉ. Terminé en tête.

CAPOT. Diminutif de couche : Fumier chaud recouvert de 0ᵐ,15 à 0ᵐ,25 de terre pour planter Melons, Concombres, etc.

CAPSULE. Fruit sec à une ou plusieurs loges.

CARÈNE ou NACELLE. Pétales inférieurs et soudés en carène dans les fleurs des Pois, etc., etc.

CAULINAIRE. Attaché à la tige ou qui en dépend.

CHATON. Epi long et flexible, ayant quelque analogie avec une queue ; fleurs incomplètes : Coudrier, Saule, etc.

CHAUME. Tige des Graminées.

CHEVELU. Racines menues comme des cheveux.

CILIÉ. Bordé de poils, disposés à peu près comme les cils des yeux.

CIRRHIFÈRE. Ayant des vrilles.

CLAVIFORME. En forme de massue.

COADNÉES. V. *Connées*.

COLLERETTE ou INVOLUCRE. Première enveloppe de certaines fleurs : Ombellifères, Renonculacées, etc.

COLLET. Point idéal marquant la séparation de la tige d'avec la racine.

COMPOSÉES. Feuilles dont les parties se séparent sans déchirement à la fin de leur vie : Acacia.

CONJUGUÉ. Lié ensemble.

CONNÉES. Feuilles placées vis-à-vis l'une de l'autre sur la tige et soudées par leur base.

CONNECTIF. Partie charnue faisant suite au filet et séparant les deux loges de l'anthère.

COQUE. Capsule, à plusieurs loges, se séparant les unes des autres : Euphorbes.

CORDIFORME. Ayant la forme d'un cœur : feuille du Lilas.

COROLLE. V. le chapitre où il est parlé de la fleur et, dans le Vocabulaire, les qualificatifs qu'on ajoute à ce mot.

CORYMBE. Espèce d'ombelle dont les pédoncules ou rayons partent de points différents, bien que les fleurs arrivent toutes à peu près à la même hauteur et forment une espèce de parasol : Cerisier.

COTYLÉDONS. V. *Notions de botanique élémentaire.*

COUCHAGE. Couchés. V. *Marcotte.*

COURSONS. Branches taillées courtes.

CRAN. Faire un cran, c'est enlever transversalement un petit morceau d'écorce et de bois, au-dessus d'un œil ou d'un bourgeon.

CRÉNELÉE. Feuille garnie de dents larges et arrondies.

CUNÉIFORME. En forme de coin.

CUPULE. Enveloppe du gland.

D

DÉCURRENTE. Feuille dont le limbe se prolonge sur le pétiole ou sur la tige : certains Chardons.

DÉDOSSER. Séparer en plusieurs petites touffes une grosse touffe de racines vivaces.

DÉHISCENCE. Action par laquelle les vulves distinctes, réunies par une soudure, se séparent régulièrement sans déchirement le long de cette soudure.

DEMI-FLEURON. Très-petite fleur à limbe prolongé en languette, du côté extérieur.

DICHOTOMES. Tiges ou branches bifurquées ou subdivisées de deux en deux.

DIGITÉES. Feuilles à folioles imitant une main ouverte : Potentilles.

DIPHYLLE. Qui a deux feuilles.

DRAGEON. Jeune tige souterraine.

DRAINER. Faire écouler l'eau surabondante, au moyen de saignées, de rigoles, de pierrailles, etc., etc.

DRUPE. Fruit charnu à graine unique renfermée dans un noyau osseux : Pêcher, etc.

E

ÉCLATER. Séparer les racines ou les pousses d'une plante.

ENSIFORME. Ayant la forme d'une épée.

EPIPHYLLE. Inflorescence de certaines plantes où l'on s'imagine, à tort, que les fleurs naissent sur les feuilles : Petit-Houx.

EPIPHYTE. Plante qui végète sur d'autres végétaux : Orchidées, etc.

ÉTENDARD. Nom du pétale supérieur dans les fleurs des Pois, du Lupin, etc.

F

FEUILLES. V. les différents adjectifs appliqués aux feuilles.

FIBREUSE. Racine dont le faisceau partant du collet se compose de filets minces, allongés : Blé.

FLOSCULEUX. Capitule composé de fleurons : Chardon.

FOVILLA. Élément essentiel du pollen.

FRONDES. Organes foliacés des fougères.

FUSIFORME. Racine en forme de fuseau.

G

GIBBEUX. Calices ou corolles à renflements ou bosses : Muflier, etc.

GLABRE. Sans poils.

GLADIÉE. V. Ensiforme.

GLANDES. Petits corps vésiculeux, qui se trouvent sur différentes parties des plantes : Myrte, Oranger, etc., et renferent, d'ordinaire, une huile essentielle.

GLAUQUE. Vert bleuâtre.

GYNÉCÉE. Réunion des organes femelles de la plante.

H

HASTÉ. Se dit des feuilles en forme de fer de pique : Liseron des champs, Oseille, etc.

HÉTÉROPHYLLE. Plante ayant des feuilles de différentes formes : Renoncule aquatique, etc.

HYBRIDE. Plantes produites par deux espèces d'un même genre ou même par deux espèces de genres différents; rarement les hybrides donnent des graines fertiles.

HYPOCRATÉRIFORME. Corolle dont le tube droit et allongé se termine brusquement en un limbe étalé : Pervenche.

I

IMBRIQUÉ. Arrangé comme les tuiles d'un toit : Sedum, Joubarbe.

INDÉHISCENT. Qui ne s'ouvre pas.

INERME. Sans épines.

INFLORESCENCE. Arrangement des fleurs sur la plante. Inflorescence en Épi, en Grappe, en Capitule, en Fascicule, en Ombelle. V. ces mots.

INFUNDIBULIFORME. En forme d'entonnoir : Liseron.

INVOLUCRE. V. *Collerette.*

L

LABELLE. Division interne de la fleur des Orchidées.

LABIÉ. En forme de lèvre.

LACINIÉ. Ayant des découpures fines, **inégales** : feuille de Vigne.

LAGÉNIFORME. En forme de bouteille.

LÉGUMINEUSES. Grande famille naturelle dont on trouvera le détail à la culture des genres.

M

MACROPHYLLE. A longues feuilles.

MARCESCENT. Calice et corolle qui se dessèchent sans tomber.

MARCOTTE. Branche tenant à l'arbre et couchée en terre pour lui faire produire des racines.

MEUBLE. Terre douce, se divisant bien.

MICROPHYLLE. A petites feuilles.

N

NECTAIRES. Petits corps distillant une liqueur sucrée.

NUCELLE. Mamelon pulpeux par lequel l'ovule commence à se manifester dans l'ovaire.

O

ŒILLETONS. Rejetons que poussent certaines racines : Artichaut.

OMBELLE. Disposition des fleurs en parasol; lorsque les pédoncules ou les pédicelles partent d'un même point et arrivent au même niveau, l'Ombelle partielle se nomme Ombellule.

ONGLET. Partie inférieure du pétale.

ORBICULAIRE. En forme de cercle.

P

PALMÉE. Feuille à 5 ou 7 divisions qui ressemblent quelque peu à des doigts et se réunissent à un centre commun représentant la paume de la main.

PANICULE. Sorte de grappe composée dont les rameaux inférieurs, plus longs que les supérieurs, donnent à toute l'inflorescence une forme pyramidale : Yucca.

PAPILIONACÉES. Fleurs ainsi appelées à cause de leur prétendue ressemblance avec le papillon. V. *Légumineuses*.

PARIÉTAL. Placenta se prolongeant à peine dans la cavité de l'ovaire : Pavot.

PARIPENNÉE. Feuille composée ne se terminant pas par une foliole impaire.

PECTINÉES. Feuilles ayant leurs découpures placées sur deux rangs parallèles comme les dents d'un peigne.

PÉDÉES ou PÉDALÉES. Feuilles dont le pétiole se divise à son extrémité en deux parties divergentes.

PELTÉ. En forme de bouclier.

PÉNICELLÉ. En forme de pinceau.

PENNATIFIDES. Feuilles à découpures non fendues jusqu'aux trois quarts : Camomille, Romaine.

PHYLLODE. Pétiole dilaté dont le limbe ne se développe pas.

PLACENTA. Organe sur lequel s'insèrent les ovules.

PLUMEUX. Garni de poils disposés comme les barbes d'une plume.

PLURILOCULAIRE. Fruit à plusieurs loges.

PROLIFÈRE. Toute fleur du centre de laquelle sort une autre fleur : quelques Roses et quelques Œillets.

PROVIGNER. Multiplier par provins ou marcottes.

PUBESCENT. Couvert d'un léger duvet.

PULPE. Chair des fruits mous et succulents : Raisin, Groseille, etc.

PYRIFORME. En forme de Poire.

PYXIDE. S'ouvrant comme une boîte à savonnette : Mouron, Jusquiame, etc.

R

RACHIS. Partie du pétiole sur laquelle s'attachent les folioles des feuilles composées.

RACINE. V. les différents qualificatifs qu'on ajoute à ce mot.

RADICANT. Se dit d'une plante dont les branches jettent des racines.

RADIÉ. Disposé en rayons partant d'un centre commun : Pâquerette, etc.

RÉGIME. Nom donné à l'ensemble des grappes de fleurs ou de fruits de quelques végétaux : Palmiers, Bananiers, etc.

RÉNIFORME. En forme de rein.

RÉTICULÉ. Entrelacé comme les mailles d'un filet.

RHIZOME. Tige ressemblant à une racine et s'étendant horizontalement : Iris, etc.

ROCAMBOLE. V. *Bulbille.*

RONCINÉ. Feuille pennatifide et dont les lanières se dirigent de haut en bas : Pissenlit.

ROTACÉE. Fleur en roue.

S

SAGITTÉE. En forme de fer de flèche : la Sagittaire.

SAUVAGEON. Arbre qui n'a point été greffé.

SCABRE. Tiges ou feuilles parsemées de points rudes au toucher.

SÉTACÉE. Feuille déliée comme une soie.

SÉTIGÈRE. Qui porte une ou plusieurs soies.

SINUÉE. Feuille à échancrures arrondies et très-ouvertes : Chêne.

SPADICE. Épi de fleurs incomplètes, enveloppées d'abord dans une sorte de cornet appelé Spathe, les mâles au sommet, les femelles à la base : Pied de veau.

SPATHE. V. *Spadice.* Enveloppe membraneuse propre au Narcisse, etc.

SPATULÉ. Allongé comme une spatule, sorte de cuillère plate dont se servent les pharmaciens, etc.

STIPULES. Sorte de petites feuilles situées à la base des feuilles.

SUBULÉE. Feuille linéaire à sa base et se terminant comme une alène.

SURGEON. Rejetons d'un arbuste.

T

TABLIER. V. *Labelle.*

TERNÉES. Feuilles formant, au nombre de trois, une sorte de collerette autour de la tige ou du rameau.

THYRSE. Panicule dont les pédoncules du milieu sont plus longs qu'aux extrémités.

TOMENTEUX. Chargé de poils serrés : Coquelourde.

TRICUSPIDÉ. Filet ou autre organe à trois pointes.

TRIFIDE. Fendu en trois assez profondément.

TRIFOLIOLÉ. Muni de trois folioles portées sur un pétiole commun : Trèfle.

TUBÉREUSE. Racine très-renflée vers le milieu : Dahlia.

TUBULÉE. Fleur cylindrique terminée en un limbe plus ou moins ouvert et souvent divisé : Jasmin, Lilas, etc.

TURBINÉ. En forme de toupie.

TURION. Le bouton naissant immédiatement sur les rhizomes : Asperge.

U

UNIFLORE. Qui n'a qu'une fleur.

URCÉOLÉ. En forme de grelot.

V

VÉSICULEUX. Calice semblable à une vessie gonflée d'air.

VITTÉES. Se dit des bandelettes remplies d'huile qu'on voit sur les pétales de certains Millepertuis et sur les fruits de quelques Ombellifères.

VIVACE. Plante herbacée qui dure plusieurs années.

VOLUBILE. Tige qui s'enroule d'un seul côté pour tous les individus d'une même espèce.

CHAPITRE VI

Notions de Botanique élémentaire (1).

La Botanique a pour objet l'étude des végétaux qu'elle nous apprend à connaître, à distinguer et à classer.

On appelle *Physique végétale* ou *Botanique organique* cette partie de la science qui considère les végétaux comme des êtres organisés, ayant une sorte de vie, accusée par la structure intérieure, l'action propre à chacun de leurs organes.

Examinez à l'œil nu, ou à l'aide d'un verre grossissan . un végétal, vous verrez qu'il se compose de cellules de forme variable et de vaisseaux ou conduits cylindriques, tantôt seuls, tantôt réunis; de là deux formes principales dans les parties élémentaires de la plante : *tissu cellulaire* et *tissu vasculaire.*

Le *tissu cellulaire* se compose de cellules contiguës les unes aux autres et assez bien comparées à l'écume légère de l'eau de savon vivement agitée; selon les obstacles qu'elles rencontrent, ces cellules modifient leurs formes ; elles communiquent entre elles par des pores très-petits.

Pour vous faire une idée à peu près exacte du *tissu vasculaire*, il faut imaginer des cellules plus ou moins allon-

(1) Nous ne donnerons ici que les notions absolument nécessaires à l'intelligence du livre.

gées et dont les cloisons ont disparu en partie, établissant ainsi une communication directe, plus ou moins continue. S'ils sont resserrés de distance en distance et coupés par des diaphragmes (ou cloisons) percés de trous, on les appelle *vaisseaux en chapelets;* s'ils sont coupés de fentes transversales, on les appelle *fausses trachées;* le nom de *trachées* est réservé aux vaisseaux formés d'un cylindre membraneux, dans l'intérieur duquel s'enroule un fil en spirale assez semblable au fil de cuivre qui forme l'élastique de certaines bretelles. Ce fil est creusé quelque peu en gouttière sur son côté interne; enfin les *vaisseaux propres* sont des tubes courts, non poreux, qui contiennent un suc particulier à chaque plante.

Il y a des plantes qui germent en un jour : le Cresson; à d'autres, il faut des années : Noisetier, Cornouiller, etc.

Trois agents extérieurs concourent au phénomène de la germination : l'eau, la chaleur et l'air. S'il y a périsperme, il se ramollit, se laisse absorber par l'embryon qui rompt ses liens et se développe; s'il n'y a pas périsperme, la germination s'opère beaucoup plus vite : Haricots, Pois, etc. La partie radiculaire s'allonge de haut en bas, vers le centre de la terre; la jeune tige s'élève de bas en haut vers le ciel. On nomme *collet* ou *nœud vital* le point de réunion de la racine et de la tige.

La *racine* sert à fixer le végétal en terre et à lui fournir une grande partie de sa nourriture; elle ne devient jamais verte à l'action de l'air et de la lumière. Quelquefois elle flotte dans l'eau : les Lentilles d'eau; elle se fixe sur le tronc ou la racine d'autres arbres : le Lierre, les Orchidées, les Orobanches; on appelle *racines adventives* des sortes de racines qui se détachent des différents points de la tige de quelques arbres et arbrisseaux, etc. : le Manglier, le Maïs, etc.; ces racines surnuméraires ne se développent en diamètre que quand leur extrémité atteint le sol. La propriété qu'ont les tiges et même les feuilles de certains végétaux d'émettre des racines est fort utilisée pour la bouture et le marcottage (V. les articles relatifs à ces deux opérations). Si vous coupez une branche de Saule ou de Peuplier et que vous l'enfonciez en terre, vous verrez, après quelques jours d'attente, son extrémité inférieure produire des radicelles. Considérée dans son ensemble, la racine offre : 1° le *corps* ou partie moyenne, variant de forme et de consistance, plus ou moins renflé : Carotte ; 2° le *collet* ou *nœud vital*, point de démarcation entre la tige et la racine et d'où part le bourgeon de la tige annuelle dans les racines vivaces ; 3° les *radicelles* ou le chevelu, fibres plus ou moins déliées, très-propres à l'absorption des fluides ambiants (V. pour les différentes espèces de racines le mot *racine* au *Vocabulaire*).

La *tige* est cette partie de la plante qui, croissant en sens inverse de la racine, s'élève vers le ciel pour jouir du soleil et de l'air, pour supporter les feuilles, les fleurs et les fruits quand le végétal en est pourvu ; il ne faut la confondre ni avec la souche ou rhizome, sorte de tige souterraine de certaines plantes vivaces qui court dans le sol et pousse des feuilles et des fleurs par son extrémité antérieure au fur et à mesure que se flétrit l'extrémité postérieure : Muguet, Iris Flambe, — ni avec les *bulbes* ou *oignons*, de forme arrondie ou conique enveloppée d'écailles ou de tuniques d'où sort un rameau à fleurs, véritable pédoncule appelé improprement tige : Porreau, Lis blanc ; — ni enfin avec le *tubercule*, court, renflé, ordinairement assez irrégulier, sans écailles ni tuniques, sorte d'excroissance qui survient aux racines de certaines plantes et offrant à sa surface des bourgeons appelés *yeux* : Pomme de terre.

Nous ne parlerons ici d'une façon un peu détaillée que du *tronc* et du *stipe*, deux espèces de tiges nécessaires à bien connaître pour comprendre un des caractères très-distinctifs, entre les Dicotylédones et les Monocotylédones.

Le *tronc* a pour caractère d'être conique, allongé, c'est-à-dire plus épais à sa base qu'à sa partie supérieure :

Chêne, Frêne, Sapin, etc. ; nu inférieurement il se termine à son sommet par des branches, des rameaux et des ra milles ; il croît en longueur et en épaisseur en augmentant les couches de sa circonférence ; il appartient en propre aux arbres dicotylédonés.

Le *stipe* est formé par une sorte de colonne cylindrique, c'est-à-dire aussi grosse à son sommet qu'à sa base, souvent même plus grosse à sa partie moyenne qu'au deux extrémités, présentant rarement des ramifications et couronnant sa tête d'un bouquet de feuilles et de fleurs : Palmiers, Dracœna, Yucca, etc. Son écorce, quand il en a une, se distingue assez peu de la tige ; il s'accroît en épaisseur en multipliant les filets de sa circonférence ; son accroissement en hauteur se fait par le développement du bouton qui le termine supérieurement.

Coupé transversalement, le tronc des arbres dicotylédonés vous offre, comme on l'a si bien dit (1), une suite d'étuis emboîtés les uns dans les autres et augmentant d'étendue du centre à la circonférence ; vous aurez ici à considérer trois choses principales :

1° Au centre, un canal ou *étui médullaire* qui renferme la moelle ;

2° Des couches formées de fibres et de vaisseaux fortement enlacés, d'autant plus durs et plus foncés qu'ils sont plus près du centre ; on appelle ces couches, *couches ligneuses*, et leur partie la plus tendre se nomme *aubier;* la partie la plus dure constitue le *bois* proprement dit;

3° L'*écorce* formée elle-même de deux couches, l'une intérieure cu *liber*, réunion de minces feuillets ; l'autre extérieure composée de l'*épiderme*, lame mince, presque diaphane, percée d'une multitude d'ouvertures, et qui recouvre toutes les parties du végétal ; de l'*enveloppe herbacée*, lame de tissu cellulaire, le plus ordinairement verte, située au-dessous de l'épiderme, e; de couches cor-

(1) Richard, *Nouveaux éléments de botanique*.

ticales assez peu distinctes du *liber* sur lequel elles s'appliquent.

De la moelle à la circonférence du tronc partent les rayons médullaires d'autant plus larges, plus actifs, qu'ils se rapprochent plus de l'écorce ; vers le centre ils contiennent moins de fécule et de sucs liquides.

Si vous coupez en travers le stipe d'un Palmier, toutes les parties examinées plus haut, fort distinctes dans les dicotylédones, semblent maintenant se confondre ; les faisceaux ligneux se mêlent à la moelle ; à peine l'écorce est-elle visible.

Les végétaux se développent en deux sens : à mesure qu'augmente leur diamètre, augmente aussi leur hauteur. L'accroissement en diamètre a lieu dans les arbres dicotylédones par la transformation annuelle du liber en aubier, de l'aubier en bois et par le renouvellement successif du liber. L'accroissement en hauteur se fait par les jeunes pousses de chaque année ; le tronc est pour ainsi dire formé de cônes très-allongés superposés les uns aux autres ; cette sorte de développement est surtout sensible dans les Pins et dans les Sapins.

Le stipe des monocotylédones croît très-peu en épaisseur, puisque, au lieu de couches concentriques, il se forme d'anneaux superposés ; un Palmier haut de 40 mètres n'a souvent qu'un pied de diamètre.

Les *bourgeons* sont des organes qui renferment, dans leur intérieur, les rudiments des tiges, des branches, des feuilles, des organes de fructification ; ils se développent toujours à l'aisselle des feuilles ou à l'extrémité des rameaux ; des écailles garnies d'un enduit visqueux et résineux, et d'un duvet très-fin les préservent des rigueurs de l'atmosphère.

Le *bourgeon, florifère* ou *fructifère,* renferme une ou plusieurs fleurs sans feuilles ; le *bourgeon foliifère* ne renferme que des feuilles ; le *bourgeon mixte* contient des fleurs et des feuilles. Vous reconnaîtrez le premier à sa forme conique, gonflée : Pommiers, Poiriers, Cerisiers; le second, à sa forme effilée, pointue, allongée : Bois-gentil ; le troisième participe de la forme des autres.

On a comparé avec raison les *feuilles* aux poumons des animaux ; elles puisent dans l'air les fluides nécessaires à l'accroissement du végétal ; elles combinent l'air avec la sève et produisent des liqueurs analogues à notre sang. Avant leur entier développement, elles sont renfermées dans les bourgeons. Vous les trouverez diversement arrangées les unes à l'égard des autres, mais toujours de la même manière dans toutes les plantes de la même espèce, souvent du même genre, quelquefois même de toute une famille naturelle. Cette disposition, dite *préfoliation*, offre de très-bons caractères pour coordonner les genres. — Elles peuvent être *pliées en longueur*, moitié sur moitié. c'est-à-dire que leur partie latérale gauche est appliquée sur la droite de manière que leurs bords se correspondent parfaitement de chaque côté : le Syringa ; — elles peuvent être *pliées de haut en bas* plusieurs fois sur elles-mêmes : l'Aconit ; — elles peuvent être *plissées suivant leur longueur*, de manière à imiter les plis d'un éventail : Vigne, Groseillier ; — elles peuvent être *roulées sur elles-mêmes* en forme de spirale comme dans certains Figuiers, dans l'Abricotier, etc. ; — *leurs bords peuvent être roulés en dehors* ou *en dessous :* le Romarin ; — *leurs bords peuvent être roulés en dedans* ou *en dessus :* Peuplier, Poirier ; — enfin les feuilles peuvent être *roulées en crosse :* Fougères.

On distingue dans la feuille deux faces, l'une supérieure, l'autre inférieure; une base ou point d'attache, un sommet opposé à la base; un contour ou bord. Tantôt la feuille n'a pas de queue, on l'appelle alors *feuille sessile :* Pavot ; tantôt elle en a une connue en botanique sous le nom de *pétiole*, d'où le nom de *feuille pétiolée :* Tilleul, Marronnier d'Inde, etc. Si le limbe avorte, la feuille s'appelle *phyllode :* Acacia à feuilles simples de la Nouvelle-

Hollande. Sur la face inférieure de la feuille, se divise le pétiole en prolongements saillants dits *nervures*, presque toujours simples dans les monocotylédones, très-ramifiées dans les dicotylédones. V. pour le surplus le *Vocabulaire*.

Les feuilles composées ou articulées, c'est-à-dire celles dont les folioles sont attachées par articulation au pétiole commun, présentent des phénomènes de mouvement et d'irritabilité très-remarquables. Les légumineuses, et l'Acacia en particulier, se dressent à mesure que le soleil s'élève à l'horizon et s'abaissent quand il disparaît ; la Sensitive se laisse impressionner par la moindre secousse, par l'ombre d'un nuage, par un gaz, par un parfum, par un léger bruit. L'Hédysarum gyrans a des stipules animées d'un double mouvement de flexion et de torsion sur elles-mêmes, indépendamment de chacune d'elles. La Dionea muscipula offre à l'extrémité de ses feuilles deux lobes bordés de longs cils jaunâtres et raides, garnis de glandules rouges : qu'un insecte se pose dessus, aussitôt les deux lobes se redressent brusquement, se rapprochent et ne se rouvrent qu'après avoir étouffé leur ennemi.

CHAPITRE VII

SECTION PREMIÈRE

Fleur. — Fruit.

Après avoir passé rapidement en revue les parties qui fixent la plante au sol, celles qui lui fournissent, du sein de la terre ou du milieu de l'atmosphère, les fluides aqueux ou aériformes nécessaires à sa nourriture et à son développement, parlons des organes propres à renouveler et à perpétuer l'espèce.

Les végétaux restent à la place où ils sont nés, où ils doivent mourir, mais ils portent le plus souvent sur le même individu le double appareil de la fécondation ; l'hermaphroditisme est aussi commun chez eux qu'il est rare chez les animaux.

La *fleur* est le terme de la végétation de la tige ou du rameau. Elle se compose essentiellement de quatre verticilles qui sont : le calice, la corolle, les étamines et les carpelles (ovaire surmonté du style et du stigmate). Réduite à son dernier degré de simplicité, elle peut n'être formée que par un seul organe sexuel mâle ou femelle, c'est-à-dire une *étamine* ou un *pistil :* les Saules ; de là le nom de *fleur mâle* ou de *fleur femelle ;* on appelle *hermaphrodite* la fleur qui offre réunis les deux organes sexuels, mâle et femelle.

Si nous prenons une fleur complète, voici ce que nous verrons en l'examinant du centre à la circonférence : le pistil ou organe sexuel femelle toujours à la partie centrale de la fleur. Il se compose de *l'ovaire*, du *style* et du *stigmate*. Plus en dehors se montrent les organes sexuels mâles ou *étamines* ordinairement plus nombreuses que les pistils et composées chacune d'un *filet* et d'une *anthère*. En dehors des étamines sont les deux enveloppes florales : l'une, intérieure, la *corolle* dite *monopétale* si elle est formée d'une seule pièce, *polypétale* si elle est formée de plusieurs pièces; — l'autre, extérieure, le *calice* dit *monosépale* ou *polysépale* selon qu'il est composé lui aussi d'une ou de plusieurs pièces. Les *feuilles florales* et les *bractées* n'appartiennent pas en propre à la fleur.

Tantôt la fleur s'attache immédiatement aux branches ou aux rameaux par sa base : *fleur sessile ;* tantôt elle emploie une partie accessoire, une queue simple, en botanique, *pédoncule :* OEillet, fleur pédonculée ; une queue ramifiée, *pédicelle*, la Vigne, le Lilas, *fleur pédicellée*.

Reprenons chacune des parties de la fleur.

Ordinairement on ne rencontre qu'un seul pistil dans une fleur, le Lis, le Pavot, etc ; quelquefois il y en a plusieurs, comme dans les Renoncules, dans la Rose, etc. Le pistil ou les pistils sont souvent attachés à un prolongement particulier du réceptacle nommé *gynophore*, Fraisier, Framboisier.

L'ovaire occupe toujours la partie inférieure du pistil ; il est simple ou composé ; il présente, quand on le coupe longitudinalement, ou en travers une ou plusieurs cavités nommées *loges* dans lesquelles sont contenus les rudiments des graines ou *ovules*. C'est dans l'intérieur de l'ovaire que les ovules sont fécondés, acquièrent leur développement et deviennent graines; on a donc raison de comparer cet organe à l'utérus des animaux. Le plus souvent l'ovaire est libre au fond de la fleur, c'est-à-dire qu'il ne contracte pas d'adhérence avec le calice (Tilleul, Lis); quelquefois il se soude plus ou moins avec la base du calice et ne conserve de libre que son sommet; dans le premier cas, on dit que l'ovaire est *libre* ou *supère;* dans le second, *adhérent* ou *infère;* deux positions qui fournissent des caractères précieux pour le groupement des genres en familles naturelles. V. *Vocabulaire.*

Toutes les fois que l'ovaire est infère, le calice est monosépale.

Le style est ce prolongement plus ou moins filiforme du sommet de l'ovaire qui supporte le stigmate; quelquefois il manque entièrement (Pavot, Tulipe), alors le stigmate est sessile. V. *Vocabulaire.*

Le stigmate est le sommet du style ou de l'ovaire quand manque le style; il reçoit le *pollen* ou substance fécondante dans ses utricules allongés, unis par une matière mucilagineuse; il y a toujours autant de stigmates que de styles distincts ou de divisions manifestes dans le style.

Dans les *étamines*, ou organe sexuel *mâle*, nous remarquerons la partie supérieure ou *anthère*, partie essentielle, espèce de petit sac membraneux; le *pollen*, substance ordinairement formée de petits grains vésiculeux nécessaires à la fécondation; le *filet*, appendice filiforme souvent absent de la fleur.

Le nombre des étamines varie beaucoup dans les différentes plantes; ce fut même de là que Linné prit l'idée de son système de classification. Il appelait *monandres* les fleurs à une seule étamine (Valériane rouge); *diandres*, les fleurs à deux étamines (le Lilas), etc., etc.

Bornons-nous à remarquer que les étamines peuvent être toutes *égales* entre elles (Lis, Tulipes); elles peuvent être *inégales*, c'est-à-dire les unes plus grandes, les autres plus petites dans une même fleur. Tantôt cette disproportion est symétrique ; aussi les Géranium offrent dix étamines, dont cinq grandes et cinq plus petites disposées alternativement. Quand une fleur renferme quatre étamines, dont deux toujours plus courtes, ces étamines s'appellent *didynames* (le Lin, le Mufle-de-veau).

Quand une fleur renferme six étamines, dont quatre constamment plus grandes que les deux autres, on les nomme *tétradynames* (le Radis).

Ordinairement, les étamines sont alternes avec les divisions de la corolle lorsqu'elles égalent en nombre ces divisions (Bourrache) ; d'autres fois, elles sont *opposées* aux pétales (la Vigne).

Les étamines d'une fleur sont appelées *définies*, quand on en compte au plus une douzaine ; *indéfinies*, quand il y en a un nombre plus grand. Elles sont *libres ou distinctes* (dans le Lis) ; soudées par les anthères (dans les Composées) ; soudées par les filets et alors réunies en un, deux, trois ou plusieurs groupes distincts, dont chacun porte le nom d'*adelphie;* on dit *monadelphie*, s'il n'y a qu'un groupe (Mauve), *diadelphie*, s'il y en a deux (Haricot). Dans les Courges, les étamines sont réunies à la fois par les anthères et par les filets.

La *corolle* est la partie intérieure ordinairement colorée du périanthe ou enveloppe florale double ; elle entoure immédiatement les organes de la génération ; elle contient souvent une huile très-volatile qui communique à la plante une odeur caractéristique. Si elle attire justement les regards par l'éclatante beauté dont elle se revêt très-souvent, par la grâce de ses découpures, en botanique, elle n'a qu'une valeur bien inférieure au simple pistil, à l'étamine quelquefois à peine visibles.

La corolle insérée autour de l'ovaire est appelée *périgyne* (Campanule) ; *épigyne*, quand elle se trouve au sommet de l'ovaire (Reine-Marguerite) ; *hypogyne*, si elle est insérée sous l'ovaire (Œillet).

Lorsque ces différentes pièces sont réunies, on dit la

corolle *monopétale* ou *gamopétale* (Liseron); *polypétale*, si ces pièces sont séparées (Rose). La première tombe, d'une seule pièce; la seconde laisse tomber isolément ses pétales.

Dans tout pétale, vous considérerez : 1° *l'onglet* ou partie inférieure rétrécie, plus ou moins allongée, par laquelle il s'attache; 2° la *lame* ou partie élargie qui surmonte l'onglet. On appelle *corolle régulière*, celle dont toutes les incisions et les divisions sont égales entre elles ou dont les parties paraissent disposées régulièrement autour d'un axe commun (Giroflée jaune).

On appelle *corolle irrégulière*, au contraire, celle dont les incisions sont inégales ou dont les parties ne paraissent pas disposées symétriquement autour d'un axe commun fictif (Capucine, Muflier). V. pour les modifications de la corolle le *Vocabulaire*, aux qualificatifs de la corolle. La corolle monopétale offre trois parties distinctes : 1° le *tube*, partie inférieure ordinairement cylindrique et tubuliforme, plus ou moins allongée; 2° le *limbe*, partie supérieure au tube, plus ou moins évasée, quelquefois étalée et même réfléchie; 3° la *gorge*, séparation entre le tube et le limbe.

Le *calice* est l'enveloppe la plus extérieure du périanthe double, ou ce périanthe lui-même, quand il est simple. Le calice a d'ordinaire la consistance et la couleur herbacée de l'écorce qu'il continue; quelquefois il se colore (Fuchsia). V. le *Vocabulaire* au mot *calice*.

On nomme *nectaires* les amas de glandes situés dans l'intérieur de la fleur et qui sécrètent ce liquide mielleux si recherché des abeilles.

On appelle *inflorescence* la disposition générale que les fleurs affectent sur la tige et les autres organes qui les supportent. Si les fleurs naissent seule à seule de différents points de la tige, à plus ou moins de distance les unes des autres, on les dit *solitaires* (Tulipe, Rosier à cent feuilles). Situées au sommet de la tige (Tulipe), on les

appelle *terminales; latérales*, si elles se développent sur les
côtés de la tige ou des rameaux; *axillaires*, quand elles
naissent à l'aisselle des feuilles (Pervenche); *géminées*, si
on les trouve deux par deux partant d'un même point de
la tige (Viola biflore) ; *ternées*, quand elles naissent trois à
trois d'un même point de la tige (Teucrium flavum); *fasciculées* ou *en faisceau*, si elles sortent plus de trois par
trois ensemble d'un même point (Cerisier commun).

La fécondation une fois opérée, les enveloppes florales
se fanent et se détruisent, les étamines tombent, le stigmate et le style abandonnent l'ovaire qui concentre en
lui toute la force vitale de la fleur ; alors s'opère la fructification ; le fruit n'est donc que l'ovaire fécondé et accru.
Il prend alors le nom de *péricarpe* (enveloppe du fruit);
l'ovule devient la graine. Vous remarquerez toujours
trois parties dans le péricarpe : 1° l'*épicarpe*, membrane
extérieure mince qui recouvre le péricarpe et détermine
sa forme; 2° l'*endocarpe*, membrane intérieure qui revêt
la cavité séminifère ; 3° le *sarcocarpe*, partie charnue
située entre les deux membranes précédentes. Si le fruit
provient d'un pistil unique, on l'appelle *simple* (Pêche,
Cerise); *multiple*, s'il provient de plusieurs pistils distincts renfermés dans une même fleur (Fraise, Clématite);
composé, celui qui résulte d'un nombre plus ou moins
considérable de pistils réunis et souvent soudés ensemble,
mais appartenant à des fleurs distinctes (Mûres, Ananas,
Cônes de pin). Le péricarpe *mince* et peu riche en sucs
donne des *fruits secs*; le péricarpe épais et succulent
donne des *fruits charnus* (Abricots, Pêches, Melons). Si
les fruits s'ouvrent par des valves, on les dit *déhiscents;*
s'ils restent clos, on les appelle *indéhiscents*. Selon le
nombre des graines qu'ils renferment, les fruits sont
divisés en *oligospermes* ou fruits ne contenant que peu de
graines ; en *polyspermes* ou fruits contenant beaucoup de
graines.

La graine est au végétal ce que l'œuf est à l'animal ovi-

pare ; elle renferme un corps organisé, qui, dans les conditions favorables, se développera et deviendra un être
parfaitement semblable à celui dont il tire son origine.
La graine vous offre deux parties à considérer : 1° l'*épisperme* ou tégument propre ; 2° l'*amande* contenue dans
l'épisperme. Le point par lequel la graine tenait au péricarpe se nomme *ombilic* ou *hile ;* vous reconnaîtrez sa place
à une sorte de cicatrice de grandeur variable laissée par
la graine à la surface du *tégument propre*. Le centre du
hile représente toujours la base de la graine dont le sommet est indiqué par le point diamétralement opposé au
hile. Il est très-important de considérer la position et surtout la direction des graines relativement à l'axe du péricarpe, lorsque ces graines sont en nombre déterminé ; car,
de là, on tire des caractères excellents pour la coordination
des familles. Quand une graine est comprimée, celle de
ses deux faces qui regarde l'axe du péricarpe se nomme
face proprement dite, l'autre, tournée du côté des parois
du péricarpe se nomme *dos ;* le point de jonction de la face
et du dos représente le *bord* de la graine. — Quand le hile
se trouve sur un des points du bord de la graine, on dit
que la graine est *comprimée ;* on dira, au contraire, qu'elle
est *déprimée*, si le hile se montre sur sa face ou sur son dos.

L'amande est toute la partie d'une graine mûre et parfaite contenue dans la cavité de l'épisperme ; elle a pour
caractère essentiel, de contenir un embryon, c'est-à-dire
un corps capable de reproduire un nouveau végétal de
même espèce. Tantôt l'embryon forme l'amande tout
entière (Haricot, Lentille) ; tantôt à l'embryon se joint
un corps accessoire l'*endosperme* (Blé, Ricin). Les deux
organes diffèrent d'ailleurs tellement par leur structure,
qu'un coup d'œil suffit pour les distinguer. L'embryon,
avons-nous dit plus haut, étant essentiellement destiné à
la germination, doit s'accroître et se développer ; l'endosperme, masse de tissu cellulaire plus ou moins dure,
molle ou charnue, se fane et diminue de volume au lieu

d'en acquérir; il sert de nourriture au jeune embryon. Sa présence ou son absence est un très-bon caractère générique, surtout dans les Monocotylédones.

L'*embryon* est essentiellement formé de quatre parties : 1° du *corps radiculaire*; 2° du *corps cotylédonaire ;* 3° de la *gemmule;* 4° de la *tigelle.*

C'est le *corps radiculaire,* ou la *radicule* qui, par la germination, donne naissance à la racine. Ayant parlé précédemment des plantes monocotylédonées et des plantes dicotylédonées, nous ne reviendrons plus sur ce sujet.

La *gemmule,* petit corps simple ou composé, naît entre les cotylédons, ou dans la cavité même du cotylédon, s'il n'y en a qu'un ; elle forme toujours le premier bourgeon, *gemma,* de là le nom de *gemmule* remplacé quelquefois, mais à tort, par celui de *plumule.* D'elle sortent les *feuilles primordiales.* La *tigelle* ne se montre pas toujours d'une façon très-sensible, parce qu'elle se confond volontiers avec le corps cotylédonaire et la radicule ; quelquefois, lors de la germination, elle soulève hors de terre les cotylédons que, dans cette position, on appelle *épigés.*

SECTION DEUXIÈME

Méthodes.

Trois principaux systèmes ont été employés pour étudier et classer les végétaux, soit dans un ordre systématique, soit d'après une méthode naturelle.

Méthode de Tournefort (V. tableau n° 1). — Tournefort établit 22 classes indiqués dans le tableau ci-après et les divisa en sections ayant pour base : 1° la forme, la consistance et la structure du fruit et même ses usages économiques ; 2° la réunion ou la séparation des organes mâles ou femelles ; 3° la forme des corolles ; 4° la disposition des feuilles.

MÉTHODE DE TOURNEFORT

```
Herbes......  ┌ Fleurs pétalées...  ┌ Simples...  ┌ Corolles mono-   ┌ Régulières ....  ┤ 1. Campaniformes.
              │                     │             │ pétales.....     │                  ┤ 2. Infundibuliformes.
              │                     │             │                  └ Irrégulières...  ┤ 3. Personnées.
              │                     │             │                                     ┤ 4. Labiées.
              │                     │             │                                     ┌ 5. Crucifères.
              │                     │             │                                     │ 6. Rosacées.
              │                     │             │ Corolles poly-   ┌ Régulières ....  │ 7. Ombellifères.
              │                     │             │ pétales.....     │                  │ 8. Caryophyllées.
              │                     │             │                  │                  └ 9. Liliacées.
              │                     │             │                  └ Irrégulières ..  ┌ 10. Papilionacées.
              │                     │             │                                     └ 11. Anomales.
              │                     │             │                                     ┌ 12. Flosculeuses.
              │                     │             └ Composées ...............           ┤ 13. Semi-flosculeuses.
              │                     │                                                   └ 14. Radiées.
              │                     │                                                   ┌ 15. Apétales avec étamines.
              └ Fleurs sans pétales ou apétalées....................                    ┤ 16.   —  sans étamines.
                                                                                        └ 17. Sans fleurs ni fruits.

Arbres .....  ┌ Fleurs sans pétales.................................                    ┌ 18. Arbres apétales.
              │                                                                         └ 19.   —  amentacés.
              └ Fleurs pétalées... ┌ Corolles monopétales..............  20.   —  à fleurs monopétales.
                                   └  —  polypétales .......  ┌ Régulières....  21.   —    —  rosacées.
                                                              └ Irrégulières... 22.   —    —  papilionacées.
```

Système de Linné. — Ce botaniste a divisé les plantes en 24 classes (V. le lableau n° 2), et il prend pour base de sa classification la présence ou l'absence des organes sexuels. Les 10 premières classes sont formées des plantes dont la fleur offre d'une à dix étamines ; la 11ᵉ classe comprend les fleurs à douze étamines ; — la 12ᵉ classe renferme des plantes dont les étamines au nombre de vingt s'insèrent sur le calice ; — la 13ᵉ classe renferme des plantes dont les fleurs ont plus de vingt étamines attachées sur le réceptacle. Pour ces treize premières classes, il fonde les ordres sur le nombre des pistils, et les appelle *monogynie* (fleur à un seul pistil) ; *digynie* (fleur à deux pistils) ; *polygynie* (fleur à plus de deux pistils).

Dans la 14ᵉ classe, il établit deux ordres désignés sous les noms de *gymnospermie*, ayant pour caractère quatre semences nues au fond du calice ; *angiospermie*, ayant pour caractère une capsule polysperme.

La *tétradynamie* ou 15ᵉ classe se divise en *siliqueuse*, quand le fruit est sensiblement plus long que large, et en *siliculeuse*, quand sa longueur ne dépasse guère sa largeur. Il subdivise les 16ᵉ, 17ᵉ et 18ᵉ classes d'après le nombre des étamines.

La *syngénésie* ou 19ᵉ classe renferme six divisions : 1° *polygamie égale :* tous les fleurons et demi-fleurons fertiles et hermaphrodites ; 2° *polygamie superflue :* tous les fleurons et demi-fleurons fertiles, mais non pas tous hermaphrodites ; 3° *polygamie frustranée :* fleurons du centre hermaphrodites et fertiles, demi-fleurons stériles ; 4° *polygamie nécessaire :* fleurons du centre stériles, ceux de la circonférence fertiles ; 5° *polygamie séparée :* chaque fleuron ayant son calice particulier ; 6° *monogamie :* ce dernier ordre ne comprend plus, comme les cinq précédents, des *fleurs composées*, mais seulement celles qui, sans faire partie des composées proprement dites, offrent cependant des étamines soudées par leurs anthères.

Les 20e, 21e et 22e classes forment leurs ordres d'après le nombre des étamines et des pistils.

La *polygamie* ou 23e classe a pour subdivisions: la *monoecie*, quand sur la même plante on trouve des fleurs hermaphrodites et des fleurs unisexuelles ; *dioecie*, quand les fleurs hermaphrodites et unisexuelles sont sur des pieds différents; *trioecie*, quand les fleurs mâles, les fleurs femelles et les fleurs hermaphrodites sont séparées sur des individus distincts.

Enfin la 24e classe ou *cryptogamie* renferme les plantes dépourvues d'embryons et de cotylédon, et dont les organes sexuels échappent à la simple vue par leur petitesse, leur situation, leur forme : les Mousses, les Hépatiques, les fougères, les Champignons et les Algues.

Tableau N° 2.

SYSTÈME DE LINNÉ

	Classes.
1 Étamine.................................... Monandrie....	1
2 — ,................................. Diandrie......	2
3 — .... Triandrie....	3
4 — .... Tétrandrie....	4
5 — .... Pentandrie....	5
6 — .... Hexandrie.....	6
7 — .... Heptandrie....	7
8 — .... Octandrie.....	8
9 — .... Ennéandrie...	9
10 — .... Décandrie.....	10
12 — .... Dodécandrie..	11
20 — insérées sur le calice......... Icosandrie....	12
Plus de 20 étamines insérées sur les réceptacles................... Polyandrie....	13
4 Étamines dont 2 plus courtes........ Didynamie....	14
6 — — Tétradynamie.	15
Étamines soudées par leurs filets — En un seul faisceau... Monadelphie.	16
En deux faisceaux..... Diadelphie....	17
En plusieurs faisceaux. Polyadelphie..	18
Étamines soudées par leurs anthères..... Syngénésie...	19
Étamines soudées avec le pistil................. Gynandrie....	20
Fleurs mâles et fleurs femelles sur le même individu................... Monoecie.....	21
Fleurs mâles et fleurs femelles séparées sur des individus différents........... Dioecie.......	22
Fleurs unisexuelles mélangées de fleurs hermaphrodites........ Polygamie.....	23
Étamines et pistils invisibles à l'œil nu................. Cryptogamie..	24

MÉTHODES.

467

Méthode de Jussieu (V. tabl. n° 3). — Dans sa méthode, incontestablement la meilleure, les divisions n'ont point pour fondement la considération d'un seul organe, mais les caractères offerts par toutes les parties des végétaux : forme de l'embryon, position des étamines relativement au pistil, absence ou présence et forme de la corolle.

———

MÉTHODE DE JUSSIEU

Acotylédones... 1. Acotylédonie.

Monocotylédones.............. {
- Étamines hypogynes............... 2. Monohypogynie.
- — périgynes .... 3. Monopérigynie.
- — épigynes............... 4. Monoépigynie.

Cotylédones. {

Dicotylé-
dones.. {

Monoclines.. {

Apétales. {
- Étamines épigynes............... 5. Épistaminie.
- — périgines............... 6. Péristaminie.
- — hypogynes............... 7. Hypostaminie.

Pétalées. {

Corolle mo-
nopétale.. {
Corolle { hypogyne... 8. Hypocorollie.
{ périgyne.... 9. Péricorollie.
Corolle épigyne..... { 10. Épicorollie synanthérie.
{ 11. — chorysanthérie.

Corolle po-
lypétale... {
- Étamines épigynes . 12. Épipétalie.
- — hypogynes. 13. Hypopétalie.
- — périgynes. 14. Péripétalie.

Diclines... 15. Diclinie.

MÉTHODES.

459

CHAPITRE VIII

Végétaux de pleine terre dont nous conseillons particulièrement l'emploi dans le jardin d'ornement.

ARBRES D'ORNEMENT.

1° *Fleurs peu apparentes.*

Abies (Sapin).
Acer (Erable).
Alnus cordata (Aune, etc.).
Betula (Bouleau).
Broussonnetia.
Catalpa.
Cedrus (Cèdre).
Celtis.
Cupressus (Cyprès).
Fagus (Hêtre).
Fraxinus (Frêne).
Juglans (Noyer).

Larix (Mélèze).
Ornus (Orne).
Pinus (Pin).
Platanus (Platane).
Populus (Peuplier).
Quercus (Chêne).
Salix (Saule).
Taxodium.
Taxus (If).
Thuia.
Ulmus (Orme).

2° *Fleurs apparentes au printemps et en été.*

Æsculus (Marronnier d'Inde).
Cytisus laburnum.
Cerasus f. pleno (Cerisier).
Cornus (Cornouiller).
Elæagus.
Ilex (Houx).
Magnolia.

Malus (Pommier).
Paulownia imperialis.
Robinia (Faux Acacia).
Sorbus (Sorbier).
Tilia (Tilleul),
Sambucus nigra (Sureau noir).

ARBRES ET ARBRISSEAUX A FEUILLES BLANCHATRES OU SATINÉES.

Baccharis.
Hippophæ rhamnoïdes.

Poirier à feuilles de Saule.
Salix alba (Saule blanc).

ARBRES ET ARBUSTES A FRUITS D'ORNEMENT.

Amélanchier vulgaire, fruits noirs.		Mahonia repens,	fruits bleus.
Cornus sanguinea,	—	Prunus épineux,	—
Hedera Helix,	—	Viburnum Tinus,	—
Ligustrum vulgare,	—	Diospyros lotus,	fruits jaunes.
Rubus fruticosus,	—	Hedera chrysocarpa,	—
Cornus alba,	fruits blancs.	Mespilus azarolus,	—
Ilex aquifolium,	—	Arbutus unedo,	fruits rouges.
Clematis sp.,	—	Rosier,	—
Evonymus à larges feuilles,	—	Sureau rameux,	—
Platane oriental,	—	Solanum douce-amère,	—
Chamæcerasus vulgaris, fr. violets.		Sorbus aucuparia,	—
Cornus à feuilles alternes,	—	Taxus baccata,	—
Leycesteria,	—	Vaccinium,	—
Cornus sericea,	fruits bleus.	Viburnum opulus,	—

ARBRES ET ARBRISSEAUX POUR ROCAILLES.

Capparis. Jasmin.
Cistus. Potentilla.
Cotoneaster. Rosier.
Cytisus. Rubus (Ronce).
Fagopyrum.

ARBRES ET ARBRISSEAUX POUR PALISSADES.

Buplèvre. Lycium barbarum.
Buxus sempervirens. Rhamnus alaternus.
Carpinus Betulus. Ribes aureum.
Epine-Vinette. Rosa sempervirens
Fagus sylvatica. Taxus à baies.
Jasminum. Thuia.
Ligustrum. Syringa vulgaris.

ARBRES ET ARBUSTES TOUJOURS VERTS.

Araucaria. Cèdre.
Aucuba japonica. Cyprès toujours vert.
Buis. Ilex.
Bruyère. Jasmin.
Larix. Rosmarinus.
Lauréole (Laurier). Santolina.
Pin. Viburnum Tinus.
Quercus ilex. Yucca.

ARBRES, ARBUSTES ET ARBRISSEAUX A PLACER AU BORD DE L'EAU.

Alnus cordata. Peuplier blanc.
Hortensia et ses variétés. Saule blanc.

26.

ARBUSTES POUR PLATES-BANDES DE TERRE DE BRUYÈRE.

Andromeda racemosa.
Azalea pontica.
Chimonanthus fragrans.
Cléthra à feuilles d'aune.
Cornus florida.

Daphné (ses variétés).
Erica ciliaris, etc.
Magnolia pourpre, etc.
Rhododendron ponticum, etc.
Vaccinium amœnum.

ARBUSTES ET ARBRISSEAUX POUR BOSQUETS.

1° *Arbustes de 0ᵐ,30 à 1 mètre de haut.*

Amygdalus nana.
Artemisia abrotanum.
Betula nana.
Cerasus nana.
Clématis erecta.
Daphne Mezereum.

Erica Mediterranea.
Hydrangea nivea (Hortensia).
Mahonia sp., var.
Spirea lævigata.
Teucrium fruticans.

2° *De hauteur moyenne.*

Amorpha fruticosa.
Amygdalus persica, etc.
Aralia japonica.
Arbutus unedo.
Clematis sp.
Cytisus nigricans.

Lonicera sp.
Mespilus.
Robinia hispida.
Sureau du Canada.
Styrax officinalis.

PLANTES A FLEURS ODORANTES.

Asperula odorata.
Cheiranthus cheiri.
Convallaria maialis.
Datura arborea.
Heliotropium peruvianum.
Helleborus odorus.
Hesperis tristis.
Iris germanica.
Lathyrus odoratum.

Lis blanc, L. martagnon, etc., etc.
Mirabilis Jalapa.
Narcissus odorus, etc.
Œnothera speciosa, etc.
Pæonia edulis.
Reseda odorata.
Verbena teucrioides.
Violette odorante.

FOUGÈRES DE PLEINE TERRE (LIEUX HUMIDES, ROCAILLES).

Adianthum, Cheveu de Vénus.
Aspidium tenue.
Asplenium septentrionale.
Cystopteris fragilis, etc.
Nephrodium Filix-mas, etc.
Onoclea sensibilis.

Osmunda regalis.
Polypodium vulgare, etc.
Pteris aquilina.
Scolopendrum officinarum.
Struthiopteris germanica.

PLANTES POUR ORNER PIÈCES D'EAU ET BASSINS.

1° *Émergées.*

Arundo phragmites.
Carex acuta.
Cyperus longus.
Epilobium hirsutum.
Iris fœtidissima, etc.

Menthe aquatique.
Myosotis palustris.
Rumex aquaticus.
Scirpus sylvaticus.

2° *Submergées.*

Acorus calamus.
Alisma plantago.
Cyperus papyrus.
Equisetum fluviale.
Iris pseudo-acorus.

Nelumbium speciosum.
Nénuphar blanc, etc.
Nymphea alba, etc.
Ranonculus fluitans.
Villarsia nymphoïdes.

PLANTES POUR ORNER LES LIEUX OMBRAGÉS.

Actæa spicata.
Anémone du Japon, etc.
Aquilegia vulgaris.
Arum maculatum.
Asperula odorata.
Dianthus delthoïdes.
Ficaria ranunculoïdes.
Gentiane acaulis.
Impatiens fulva.

Lupinus mutabilis.
Orobus vernus.
Phlox verna.
Pæonia officinalis.
Primula elatior, etc
Pulmonaria mollis.
Saxifraga hypnoïdes.
Scutellaria macrantha.
Sedum populifolium, etc.

PLANTES GRIMPANTES A TIGES LIGNEUSES.

Ampelopsis bipinnata, etc.
Aristolochia sipho.
Bignonia capreolata.
Celastrus scandens.
Cissus orientalis.
Clematis balearica, etc.
Hedera (Lierre, ses variétés).
Jasminum officinale.
Lonicera (Chèvrefeuille), ses var.

Passiflora cærulea.
Rosa Banksiana.
Smilax mauritanica.
Solanum dulcamara.
Sphærostemma.
Vitis (Vigne et ses variétés.
Wistaria de Chine.

PLANTES GRIMPANTES ANNUELLES (OU CULTIVÉES COMME TELLES).

Cobæa scandens.
Cucumis colocynthis.

Petunia violacea.
Phaseolus coccineus.

Cyclanthera.
Ipomæa purpurea, etc.
Lathyrus odorant.

Quamoclit coccinea.
Thunbergia alata.
Tropœolum majus, etc.

PLANTES VIVACES GRIMPANTES (A TIGES ANNUELLES).

Asparagus Broussonnetii.
Bryonia dioica.
Latyrus latifolius.
Phaseolus Caracalla.

Polygonum scandens.
Vicia et quelques-unes de ses variétés.

PLANTES VIVACES A RACINES OU RHIZOMES TUBÉREUX.

Aconit napel,
Anémone coronaria.
Asclepias tuberosa.
Asphodelus ramosus.
Canna indica.
Cyclamen Europæum.
Dahlia variabilis.
Helianthus tuberosus.

Hyoscyamus orientalis (Jusquiame).
Iris xyphium.
Mirabilis Jalapa.
Oxalis Deppei.
Phlomis tuberosa.
Pæonia officinalis, etc.
Ranunculus orientalis.
Veratrum nigrum (Varaire).

PLANTES VIVACES A FEUILLES ODORANTES POUR BORDURES.

Anthemis nobilis.
Brunella grandiflora.
Hyssopus officinalis.
Lavandula spica.
Ocymum basilicum.

Origanum vulgare.
Salvia officinalis.
Santolina tomentosa.
Satureia (variétés).
Thymus serpyllum, etc.

PLANTES ANNUELLES POUR BORDURES.

Agrostemma cœli-rosa,
Clarkia pulchella, etc.
Delphinium Ajacis.
Erysimum Perofskianum.
Gypsophila elegans.
Iberis amara, etc.

Hesperis maritima.
Linaria bipartita.
Nigelle damascœna,
Silene armeria.
Viscaria oculata.

SOUS-ARBRISSEAUX ET PLANTES VIVACES POUR BORDURES DANS LES MASSIFS DE TERRE DE BRUYÈRE.

Calluna erica fl. pleno.
Cornus canadensis.
Erica herbacea.
Epimedium macranthum.
Dodecatheon meadia.
Gentiana acaulis.
Hepatica triloba, etc.

Linaria alpina.
Mimulus moschatus,
Phlox setacea.
Polygala chamœbuxus.
Primula formosa.
Spiræa triloba.
Violette et ses variétés.

PLANTES VIVACES POUR BORDURES.

Acorus gramineus.
Alyssum saxatile.
Anthemis nobilis flore pleno.
Asperula odorata.
Aster Reversii.
Brunella à grandes fleurs.
Campanula cespitosa, etc,
Dianthus deltoides.
Fragaria vesca.
Hyssopus officinalis.
Iris et ses variétés.
Lavandula spica.
Myosotis palustris.

Oxalis Deppei.
Phlox verna.
Primula offic., etc
Santolina tomentosa.
Satureia montana.
Scutellaria macrantha.
Sedum hybridum.
Silene alpestris.
Teucrium chamædrys.
Thymus serpyllum.
Veronica prostrata.
Viola odorata.

PLANTES ET ARBRISSEAUX DE SERRE TEMPÉRÉE OU D'ORANGERIE, DONT ON PEUT SE SERVIR EN POTS OU EN PLEINE TERRE, POUR ORNER LES JARDINS PENDANT LA BELLE SAISON.

Arctotis grandiflora, etc.
Calandrina grandiflora.
Cineraria var.
Fuchsia corymbosa, etc.
Héliotropium du Pérou, etc.
Hypericum de Chine.
Lantana camara.
Linium à grandes fleurs.
Lobelia.

Nierembergia filicaulis.
Pelargonium var.
Petunia violacea, etc.
Polygala speciosa.
Primula de Chine.
Salvia patens, etc.
Selago fasciculata.
Sutherlandia frutescens.
Verbena chamædrifolia.

PLANTES ANNUELLES A SEMER EN AUTOMNE (NORD DE LA FRANCE).

Adonis flammea.
Calliopsis tinctoria.
Centaurea cyanus.
Clarkia pulchella, etc.
Delphinum Ajacis.
Dianthus de Chine (Œillet).

Erysimum Perofskianum.
Eucharidium à grandes fleurs.
Gilia.
Godetia amœna, etc.
Iberis amara, etc.
Silene armeria.

PLANTES BULBEUSES POUR BORDURES.

Amaryllis lutea.
Colchicum autumnale.
Crocus vernus.
Hyacinthus var.

Narcissus bicolor, etc.
Ornithogalum montanum, etc.
Scilla bifolia.
Tulipa gesneriana, etc.

PLANTES A FRUITS D'ORNEMENT.

Biitum virgatum.
Cucumis colocynthis.
Lycopersicum esculentum.
Momordica balsamina.

Pæonia.
Phytolacca decandra.
Solanum porte-œuf.

PLANTES REMARQUABLES PAR LEUR FEUILLAGE.

Acanthus mollis, spinosus.
Amaranthus sanguineus, etc.
Arum d'Italie.
Arundo donax.
Beta vulgaris rubra.
Brassica oler. prolifera, etc.
Canna speciosa.
Chenopodium purpur.
Eryngium amethystinum.
Impatiens fulva, etc.
Malva crispa.

Mesembrianthemum crystallinum.
Nicotiana acuminata.
Phormium tenax.
Rheum ondulatum, etc.
Ricin commun.
Rumex à feuilles en cœur, etc.
Sauge argentée.
Senecio cineraria.
Solanum atrosanguineum.
Yucca gloriosa, etc.

PLANTES VIVACES POUR ROCAILLES.

Aceranthus diphyllus.
Alchemilla hybrida.
Alyssum saxatile.
Anémone du Japon.
Antirrhinum majus.
Asperula odorata.
Astragulus monspessulanus.
Brunella à grandes fleurs.
Campanula (variétés).
Centranthus ruber et variétés.
Cerastium tomentosum.
Cheiranthus cheiri.
Convallaria maialis.
Coronilla montana.
Cotoneaster à feuilles de buis.
Dianthus (Œillet) superbe et variétés.
Ranonculus repens.
Rubus cæsius.
Ruscus aculeatus.
Saxifraga à feuilles en cœur, etc.
Sedum acre et variétés.

Erica (Bruyère) herbacée, etc.
Genista (Genêt) pilosa, etc.
Geranium (variétés).
Gypsophila arenaria, etc.
Helianthemum vulgare.
Iris germanica.
Lathyrus à grandes fleurs.
Linaria (variétés).
Lin à petites feuilles, etc.
Lotus suaveolens.
Lychnis dioica.
Œnothera macrocarpa.
Papaver (Pavot) cambricum.
Penstemon à feuilles en cœur.
Plombago.
Polygonatum vulgare.
Potentille (ses variétés).
Smilacina stellata, etc.
Trifolium (Trèfle rouge).
Vinca (Pervenche grande et petite).
Vinca odorata.
Zauschneria de Californie.

PLANTSE POUR GRANDS MASSIFS.

Achillea filipendulina.
Aconitum napellus, etc., etc.

Iris germanique, etc.
Lupin changeant.

Alcea rosea (Rose trémière), etc.
Amaranthus à queue, etc.
Arundo donax.
Asclepias.
Aster (variétés nombreuses).
Astragalus (variétés).
Canna de l'Inde.
Centaurea d'Afrique, etc.
Dahlia (variétés).
Delphinium (variétés).
Digitale pourpre, etc.
Epilobium spicatum, etc.
Euphorbia (variétés).
Ferula glauca, etc.
Helianthus annuel, etc.
Impatiens.

Lathyrus à larges feuilles.
Malva (Mauve) crispa.
Nicotiana tabacum (Tabac).
Papaver (Pavot), variétés.
Phlox decussata, etc., etc.
Polygonum orientale, etc., etc.
Ricin commun.
Solanum glaucophyllum.
· Solidago du Canada.
Sorghum.
Sylphium lacinatum, etc.
Symphitum asperrimum, etc.
Verbascum.
Véronique élevée, etc.
Yucca gloriosa.

GAZONS.

V. le mot Gazon. Culture des plantes d'ornement.

FIN.

TABLE DES MATIÈRES

DE LA PREMIÈRE PARTIE PAR ORDRE ALPHABÉTIQUE.

(— signifie même mot ou même page. *V.* signifie *voir.*

27.

U

V

Z

FIN DE LA TABLE DES MATIÈRES.

TABLE DES CHAPITRES

PREMIÈRE PARTIE

DEUXIÈME PARTIE

FIN DE LA TABLE DES CHAPITRES.

CORBEIL. — Typ. et stér. du CRÉTÉ FILS.

A LA MÊME LIBRAIRIE

Tous ces volumes cartonnés.. **3 fr.** »
            reliés, toile anglaise........................... 3 fr. 50

Le Cuisinier des cuisiniers, 1,000 recettes de cordon bleu, usuelles, faciles et économiques, par le Dr JOURDAN-LECOINTE. 21e édit. 1 fort vol. in-12, orné de nombreuses gravures sur bois.

Le Guide-Conseil en affaires. Dictionnaire de droit usuel et pratique, spécialement destiné aux propriétaires, locataires, rentiers, négociants, entrepreneurs, ouvriers, cultivateurs, fermiers, etc., par M. PILET DES JARDINS. 1 vol. in-12.

Guide pratique du vétérinaire et du parfait bouvier, contenant tout ce qui a rapport : 1° aux espèces bovine, chevaline, ovine, porcine ; croisements, castrations, maladies et remèdes ; — 2° aux petits quadrupèdes domestiques : lapin, léporide, cochon d'Inde, furet, chien et chat ; — 3° aux oiseaux de basse-cour ; poules, coqs, dindes, oies, canards, pigeons, cygnes, etc. ; — à la conservation des œufs, etc. ; — 4° à la maréchalerie, par une société de vétérinaires et d'éleveurs, sous la direction de M. RIVIÈRE, vétérinaire. 1 volume in-12.

Guide pratique du style épistolaire, ou Traité complet de la correspondance, par M. DURAND, chef d'institution, et M. MESLINS, ancien chef de corresp. de la maison Laffite-Caillard. 1 vol. in-12.

Le Guide pratique du chasseur, contenant la chasse à courre ; — la chasse à tir ; — le dressage des chevaux et des chiens de chasse ; traitement de leurs maladies ; — maniement et entretien des armes ; — engins de chasse : pièges, filets, etc. ; — termes de vénerie, par M. GAETAN DE LA TOUR.

Guide pratique du pêcheur. Traité complet de tout ce qui est relatif à la pêche à la ligne et au filet en eau douce et en mer ; à la préparation des appâts naturels et artificiels ; — à la manière de faire et de raccommoder les filets ; — un calendrier perpétuel du pêcheur ; les lois, ordonnances et règlements sur la pêche, etc., par MM. A. B. MORIN, garde-pêche, et J. MAUDUIT, patron du bateau pêcheur *l'Intrépide.*

Guide pratique pour conserver et recouvrer la santé, ou Traité complet de médecine et de pharmacie domestiques mises à la portée de tout le monde, et contenant les moyens de connaître les maladies par leurs symptômes, de les guérir par l'emploi des remèdes les plus sûrs et les plus efficaces ; de conserver sa santé par l'hygiène, etc., par le Dr VOLLET, ex-interne des hôpitaux de Paris.

Guide pratique de la ménagère et de la mère de famille à la ville et à la campagne. Traité complet de tout ce qui est relatif : au logement ; — à la cave ; — aux domestiques et à la comptabilité ; — à la toilette, à la couture ; — aux provisions de bouche, etc., etc., aux moyens faciles et instantanés de reconnaître les falsifications dont elles sont l'objet, etc. ; — aux usages du monde ; — à la ferme, etc., etc. ; — à la médecine domestique, parfumerie, etc., avec plusieurs centaines de recettes diverses, etc., par A. DE BEAUVILLE. 1 vol. in-12, br............................... 3 fr.

www.ingramcontent.com/pod-product-compliance
Lightning Source LLC
Chambersburg PA
CBHW031613210326
41599CB00021B/3162